Religion in bioethischen Diskursen

Religion in bioethischen Diskursen

Interdisziplinäre, internationale und interreligiöse Perspektiven

Herausgegeben von
Friedemann Voigt

De Gruyter

ISBN 978-3-11-022437-5
e-ISBN 978-3-11-022438-2

Library of Congress Cataloging-in-Publication Data

Religion in bioethischen Diskursen : interdisziplinäre, internationale und interreligiöse Perspektiven / [herausgegeben von] Friedemann Voigt.
p. cm.
In German; 1 contribution in English. Proceedings of a meeting held in Feb. 2009 at the Universität München.
Includes bibliographical references and indexes.
ISBN 978-3-11-022437-5 (23 × 15,5 : alk. paper)
1. Medical ethics – Religious aspects – Congresses. 2. Bioethics – Religious aspects – Congresses. I. Voigt, Friedemann.
R725.55.R444 2010
174.2–dc22

2010021258

Bibliographic information published by the Deutsche Nationalbibliothek

Die Deutsche Nationalbibliothek verzeichnet diese Publikation in der Deutschen Nationalbibliografie; detaillierte bibliografische Daten sind im Internet über http://dnb.d-nb.de abrufbar.

Umschlagfoto: Steven Puetzer/Photographer's Choice RF/Getty Images
∞ Gedruckt auf säurefreiem Papier

Printed in Germany

www.degruyter.com

Inhaltsverzeichnis

Vorwort

Der vorliegende Band geht aus der Arbeit der Forschergruppe „Religion in bioethischen Diskursen" an der Evangelisch-Theologischen Fakultät der Ludwig-Maximilians-Universität München (LMU) und einer von ihr organisierten Tagung hervor, die im Februar 2009 veranstaltet wurde.

Herrn Prof. Dr. Friedrich Wilhelm Graf gilt für Interesse und Unterstützung sowie das Gewähren aller wissenschaftlichen Freiheit herzlicher Dank. Der verbindliche Dank für die Unterstützung durch das Institut Technik – Theologie – Naturwissenschaften geht an seinen Geschäftsführer, Herrn Dr. Stephan Schleissing, und den 1. Vorsitzenden des Vorstands, Herrn Prof. Dr. Christian Albrecht. Dem Münchner Kompetenzzentrum Ethik an der LMU sei für die Unterstützung der Tagung freundlich gedankt. Dem Bundesministerium für Bildung und Forschung bin ich für die finanzielle Unterstützung der Tagung und für den Druckkostenzuschuss zu Dank verpflichtet.

Ein sehr herzlicher Dank geht an die Teilnehmerinnen und Teilnehmer der Tagung für die ausgesprochen konstruktive Diskussionsatmosphäre und die unkomplizierte Bereitstellung der Texte für diesen Band. Ein ebensolcher Dank gilt denjenigen, die nachträglich noch Aufsätze beigesteuert haben und den Band so bereichert und abgerundet haben.

Die Mühen der Korrekturen, notwendigen formalen Angleichungen und der Registererstellung hat vor allem Gina Atzeni auf sich genommen, der ich ganz herzlich danke. Diana Feßl hat die englischsprachigen Texte betreut, Miriam Guggenmos, Johann Schulenburg, Judith Straub und Michael Wallner haben bei den Korrekturen geholfen. Ihnen allen gilt mein aufrichtiger Dank.

Herrn Dr. Stefan Pautler sage ich für die kompetente Hilfe bei der Erstellung der Druckvorlage vielen Dank. Last not least sei Herr Dr. Albrecht Döhnert dankend erwähnt, der die Aufnahme des Bandes in den Verlag Walter de Gruyter ermöglicht hat.

München, Ostern 2010 — Friedemann Voigt

Religion in bioethischen Diskursen. Perspektiven der Forschung

Friedemann Voigt

„Religion in bioethischen Diskursen“ ist ein aktuelles Thema, weil es in den Debatten um Stammzellforschung, Patientenautonomie oder Grüne Gentechnik um das Verständnis der Grenzen des Lebens und menschlicher Einwirkung darauf geht, also um Aspekte, die religiös konnotiert sind. Dementsprechend ist der Umgang mit diesen Themen stets von religiöser Sprache, theologischen Reflexionen und kirchlichen Ansprüchen geprägt und begleitet. Mit der hohen Aktualität, welche diese bioethischen Themen heute auszeichnet, geraten also auch die religiösen Aspekte mit in den Blick, sei es affirmativ oder kritisch, sowohl in normativer wie in analytischer Absicht.

Es verdient bei aller Aktualität jedoch beachtet zu werden, dass „Religion in bioethischen Diskursen“ auch ein Thema ist, das in der langen, komplexen, von zahlreichen Wechselwirkungen, Abstoßungen und Identifizierungen geprägten Geschichte des Verhältnisses von Religion und Ethik seinen Ort hat. Diese scheinbar triviale Feststellung ist geeignet, denjenigen Sichtweisen entgegenzutreten, welche in den bioethischen Debatten der Gegenwart so etwas wie einen Entscheidungskampf in der Frage des Verhältnisses von Religion und Ethik sehen. Wohl aber geht es bei der Frage nach der Religion in bioethischen Diskursen genau darum, wie sich bioethische Diskurse im soziokulturellen Kontext selbst wahrnehmen und thematisieren.

1.

Die Bioethik moderner Prägung ist in den 1960/1970er-Jahren in den USA unter wesentlicher Mitwirkung von Theologen akademischer und kirchlicher Provenienz, insbesondere Seelsorgern entstanden. Mit der zunehmenden Entdeckung von Bedeutung und Tragweite biomedizinischer Forschung und Anwendung hat die Bioethik dann auch die Aufmerksamkeit der Philosophen erfahren. Religiöse und theologische Positionen wurden in der philosophischen Debatte zusehends als weltanschaulich gebundene, partikulare Auffassungen kritisiert, die nicht bzw. nur bedingt verallgemeinerungsfähig sind. Damit kam ein Prozess in Gang, der als „Säkularisierung der Bioethik" bezeichnet wird.[1] Während in normativ-theoretischer Hinsicht also ein Streit darum entstand, ob und in wie weit Religion und Theologie bei den bioethischen Fragen orientierend wirken können, ist in praktischer Hinsicht auf der politischen und der gesellschaftlich-öffentlichen Ebene der Einfluss der Religion auf die bioethisch relevanten Meinungsbildungs- und Entscheidungsprozesse unverkennbar geworden. Vertreter der Kirchen und der Theologie nehmen zu bioethischen Fragen öffentlich Stellung und suchen den Kontakt zu den politischen Entscheidungsträgern bzw. werden auch von diesen konsultiert und einbezogen. Die Entstehung der bioethischen Deliberationskultur mit ihren zahlreichen Varianten an Kommissionen ist ohne die Mitwirkung von Kirchenvertretern, Theologen und Seelsorgern nicht denkbar. Religiöse Sprache und Vorstellungen sind vor allen in den öffentlichen Debatten allgegenwärtig und transportieren teils massive Werturteile und Autoritätsansprüche. Dieses tatsächliche Vorkommen von Religion in bioethischen Diskursen ist dabei gleichermaßen allgegenwärtig wie schwer greifbar.[2] Das mag in normativer Hinsicht besorgt registriert werden, weil es die Komplexität der bioethischen Argumentationen weiter steigert, es hat jedenfalls mit der eigentümlichen religiösen Durchdringung der Kultur zu tun, in deren Zusammenhang sich die Fragestellung von Religion in bioethischen Diskursen vollzieht.

Der mit dem Thema „Religion in bioethischen Diskursen" bezeichnete Fragekreis umfasst also nicht nur die relativ junge Disziplin Bioethik, sondern auch das altehrwürdige Thema der Religion. Damit aber scheint „Religion in bioethischen Diskursen" ein unbegrenzbares, ein unendli-

---

[1] Vgl. etwa Callahan, Daniel (1990), Religion and the Secularization of Bioethics, in: The Hastings Center Report 20, 2–4.

[2] Tanner, Klaus (2009), Die Religion(en) und die Bioethik, in: Joerden, Jan C./Moos, Thorsten/Wewetzer, Christa (Hg.), Stammzellforschung in Europa. Religiöse, ethische und rechtliche Probleme, Frankfurt a. M, Berlin, Bern, Brüssel, New York, Oxford, Wien, 35–54. Zu den Problemen der Verwendung religiöser Sprache in öffentlichen Diskursen vgl. auch Graf, Friedrich Wilhelm (2009), Missbrauchte Götter. Zum Menschenbilderstreit in der Moderne, München.

ches Thema zu werden, denn der spezifisch neuzeitlich Sinn des Religionsbegriffs liegt nicht zuletzt darin, gegenüber allen Definitionsversuchen Unbestimmbarkeit zu repräsentieren. Dies führt nicht nur zu der Mannigfaltigkeit von Definitionen dessen, was Religion sei, sondern macht das Religionsthema zu einem, wenn nicht *dem* exemplarischen Thema der Moderne.

Die Beschäftigung mit der Religion ist mehr als die Untersuchung eines Gegenstandes, sie ist unter Bedingungen des modernen Denkens immer auch gesellschaftliche Selbstthematisierung und zugleich die Reflexion auf die Möglichkeiten und Grenzen solcher Selbstthematisierung. Derart ist die Religion kein exklusiver Gegenstand einer bestimmten Disziplin. Dies ist für die Thematik dieses Bandes von Bedeutung und verdient deshalb kurz vergegenwärtigt zu werden. Seit der Aufklärung hat sich die Unterscheidung von Religion und Theologie herausgebildet, in welcher das Eigenrecht frommer Subjektivität gegenüber lehrhaften und institutionellen Normierungen der Religion zur Geltung gebracht wurde. Mit dieser Emanzipation religiöser Subjektivität verband sich für die Theologie die Aufgabe, sich zu dieser Selbstständigkeit der Religion verhalten zu müssen. Sie musste sich nun als Auslegung der Religion verstehen, was eine Reihe hermeneutischer Probleme aufwarf und bis heute aufwirft, aus denen sich die Pluralität theologischer Ansätze speist. Mit der Betonung einer gegenüber der Theologie selbstständigen (wenn auch in Wechselwirkung sich befindenden) Religion trat zugleich die Entdeckung auf, dass die subjektive Religiosität nicht ohne weiteres mit der kirchlichen Gestalt des Christentums identisch ist. Religion, gefasst als subjektive Frömmigkeit ist vielgestaltig in die individuellen Lebensvollzüge und soziokulturellen Strukturen der Moderne eingelassen. Folglich kommt es zu einer enormen Pluralisierung von Religionskonzepten. Die Anzahl der Definitionen von Religion allein in der neueren Theologie hat seit der Aufklärungszeit sprunghaft zugenommen.[3]

Diese zunächst innerhalb des Christentums sich vollziehende Ausdifferenzierung der Religion in die Unterscheidung von Theologie und Kirche steht in der Folge dann auch immer stärker vor der Herausforderung, dieses Religionsverständnis (einschließlich seiner normativen Annahmen über die Geltung der christlichen Religion) im Vergleich mit den außerchristlichen Religionen zu betrachten. Hier stellte sich alsbald die Frage, ob das westeuropäisch-christliche Religionskonzept ein angemessenes Verständnis dieser anderen Glaubenssysteme überhaupt ermög-

[3] Vgl. Feil, Ernst (1986–2007), Religio, 4 Bde, Göttingen.

licht. Hinzu kommt, dass in der Moderne im zunehmenden Maße Sinnstiftungsangebote politischer, ökonomischer und ästhetischer Art auftreten, die den Status von Religion in Anspruch nehmen oder in dieser Weise wahrgenommen werden.[4]

All dies führt dazu, dass die Theologie über keine Deutungs- und Definitionshoheit über das, was Religion ist, mehr verfügt, sie teilt sie sich mit einer stetig wachsenden Zahl anderer Wissenschaften bzw. muss dies tun. Heute ist das Interesse an der Religion auch dadurch neu belebt, weil aufgrund ihrer prägenden Bedeutung für Mensch und Kultur auch das moderne Recht, das moderne Wirtschaften und die moderne Politik etc. nicht ohne die Berücksichtigung von Religion analysier- und gestaltbar sind.[5]

Eine vorab erfolgende Bestimmung, was die Religion ist, die in bioethischen Diskursen enthalten ist, kann also nur erwarten, wer entweder die moderne Religionsdebatte nicht kennt bzw. versteht oder wer Interesse daran hat, eine bestimmte Religionsdefinition als verbindlich durchzusetzen. Es verdient gerade im bioethischen Zusammenhang der Gedanke Beachtung, dass sich mit dem jeweiligen Religionskonzept, welches in den Gegenwartsdiskursen ins Spiel gebracht wird, auch bestimmte Zwecke und Interessen verbinden.[6] So ist mit dem Titel „Religion in bioethischen Diskursen" eine kulturhermeneutische Herausforderung angezeigt, für die das analytische Instrumentarium erst am Beginn steht und letztlich nur im Kontext der weiteren Aufgabe der Erschließung der Bedeutung der Religion für die Gegenwartskultur erfolgversprechend ist.[7]

---

[4] Vgl. Christophersen, Alf/Voigt, Friedemann (Hg.) (2009), Religionsstifter der Moderne. Von Karl Marx bis Johannes Paul II, München.

[5] Vgl. Graf, Friedrich Wilhelm/Voigt, Friedemann (Hg.) (2010), Religion(en) deuten. Transformationen der Religionsforschung, Berlin, New York.

[6] Vgl. Molendijk, Arie L./Platvoet, Jan G. (Hg.) (1999), The Pragmatics of Defining Religion. Contexts, Concepts and Contests, Leiden, Boston, Köln.

[7] Vgl. dazu Tanner, Klaus (1999), Ethik und Religion, in: Anselm, Reiner/Schleissing, Stephan/ders. (Hg.), Die Kunst des Auslegens. Zur Hermeneutik des Christentums in der Kultur der Gegenwart, Frankfurt a. M., Berlin, Bern, Brüssel, New York, Oxford, Wien. Ansätze zur Ermittlung von Religion in der Bioethik finden sich bei Schwarke, Christian (2000), Die Kultur der Gene. Eine theologische Hermeneutik der Gentechnik, Stuttgart; Pinter, Iris (2003), Einflüsse der christlichen Bioethik auf die deutsche Humangenetik-Debatte, Münster; Bender, Wolfgang/Hauskeller, Christine/Mantzei, Alexandra (Hg.) (2005), Grenzüberschreitungen – Crossing Borders. Kulturelle, religiöse und politische Differenzen im Kontext der Stammzellenforschung weltweit, Münster; Kört-

2.

Die in diesem Band versammelten Beiträge, in der Mehrzahl hervorgegangen aus einer gleichnamigen Tagung,[8] nähern sich dieser Aufgabe aus unterschiedlichen Disziplinen und unterschiedlichen analytischen wie normativen Ansätzen, die dadurch verbunden sind, die Bioethik nicht nur als Ort eines normativen „decision making" zu verstehen, sondern zugleich als paradigmatisches Feld der Austragung und Regelung von ethischen Konflikten in modernen Gesellschaften.

Die im ersten Abschnitt des vorliegenden Bandes zusammengefassten Beiträge bieten nicht nur aus der Perspektive unterschiedlicher Disziplinen Zugänge zur Bedeutung von Religion in der Bioethik, sie reflektieren auch in unterschiedlicher Weise die interdisziplinäre Dimension der Bioethik. So kontrastiert *Christian Kupatt* in seinem Beitrag aus Perspektive des Mediziners den heute in vielen bioethischen Fragen vorherrschenden Eindruck eines Konflikts zwischen religiösem Endlichkeitsbewusstsein und medizinischem Machbarkeitsstreben sowohl mit dem historisch gebildeten Verweis auf die religiösen Wurzeln der modernen Medizin als auch mit dem Hinweis auf eine funktionale Entsprechung von Medizin und Religion in der Bearbeitung von Kontingenz. Im Versuch theologischer und kirchlicher Kritik, die Medizin und Forschung zu bevormunden, sieht Kupatt eine Instrumentalisierung der Religion. Der Aufweis der historischen und strukturfunktionalen Komplementaritäten von Medizin und Religion steht bei ihm im Dienst einer Selbstbegrenzung von medizinischer Wissenschaft wie Theologie durch Orientierung am gelebten Leben. So betrachtet seien die bioethischen Diskurse als „beiderseitiger Lernprozess" von Theologen und Medizinern zu erfassen.

Stärker auf disziplinäre Abgrenzung setzt *Bijan Fateh-Moghadam*, der die Untersuchung des Einflusses der Religion auf die bioethischen Diskurse mit je „disziplineigenen Werkzeugen" fordert. Aufruhend auf der Diagnose einer post-säkularen Gesellschaft, sieht er die Aufgabe des rechtswissenschaftlichen Beitrags darin, die normative Konstruktion

---

ner, Ulrich H. J./Virt, Günter/Engelhardt, Dietrich von/Haslinger, Franz (Hg.) (2006), Lebensanfang und Lebensende in den Weltreligionen. Beiträge zu einer interkulturellen Medizinethik, 2. Auflage, Neukirchen-Vluyn.

[8] Schleissing, Stephan/Zichy, Michael (2009), Religion in bioethischen Diskursen. Internationale und interreligiöse Perspektiven. Rückblick auf ein Symposium vom 18. bis 19. Februar 2009 in München, in: Zeitschrift für Evangelische Ethik 3, 215–219.

des rechtstaatlichen Neutralitätsliberalismus im Verhältnis zu den religiösen Prägungen von Personen und Überzeugungen zu beurteilen. Ingesamt arbeitet sich sein Beitrag, der eine differenzierte Beschreibung unterschiedlicher bioethischer Diskursorte bietet, an der Differenz zwischen einem juristisch normativen Verständnis des Neutralitätsgebots und der gesellschaftlich-politischen Realisierung bioethischer Diskurse ab.

Die Frage wie unter der unabdingbaren Voraussetzung von Interdisziplinarität in den bioethischen Diskursen zugleich disziplinäre Identität bewahrt und entwickelt werden kann, beschäftigt aus theologischer Sichtweise *Reiner Anselm*. Er weist darauf hin, dass in zahlreichen theologischen Versuchen der Bestimmung von Anfang und Ende des Lebens ein „Biologismus" vorwalte, der vermeintliche naturwissenschaftliche Tatsachen mit hoher moralischer Normativität synthetisiere, während vor einer solchen Biologisierung der Ethik heute gerade seitens der Naturwissenschaften immer mehr gewarnt werde. Theologische Kompetenz sei statt in der moralischen Verstärkung biologischer Definitionen vielmehr in einem Menschenbild zu suchen, welches „Sinnerschließungspotenziale für das Handeln in Grenzsituationen des Lebens" bereitstelle. Dazu soll an Stelle der „metatheoretischen" Fragestellung historischer und funktionaler Beziehungen von Religion und medizinischen, rechtlichen usw. Traditionen der Versuch eines dezidiert theologischen Verständnisses von Ethik als „angewandter Anthropologie" treten.

Die Verbindung soziologischer Analyse und theologischer Deutung bietet der Beitrag von *Gina Atzeni und Friedemann Voigt*. Das konkrete Verhalten von religiösen Akteuren, genauer Berufstheologen, in den verschiedenen bioethischen Kommissionstypen wird hinsichtlich seiner Form und Funktion untersucht. Religion in bioethischen Diskursen ist im Agieren der dort engagierten Berufstheologen in Stufen theologischer Reflexivität vorfindlich, in denen sich unterschiedliche theologische Verpflichtungen auf die gelebte Religion finden.

Wurde eingangs gesagt, dass „Religion in bioethischen Diskursen" aufgrund des Religionsbegriffs ein unendliches Thema sei, so ist die Behandlung der Religion in den internationalen bioethischen Diskursen zwar nicht per definitionem, aber faktisch eine unendliche Aufgabe. „Die" Religion tritt empirisch in Gestalt konkreter Religionen, Konfessionen, religiöser Gemeinschaften etc. auf. Diese weisen aber nicht nur national, sondern auch regional starke Differenzen auf, haben unterschiedliche konfessionelle, kulturelle usw. Ausprägungen. Ohne Anspruch auf Vollständigkeit wurde bei der Auswahl der hier präsentierten internationalen Perspektiven auf exemplarische Konstellationen Wert gelegt. So werden neben Israel das protestantisch geprägte Norwegen und das ganz überwiegend katholische Österreich, das in orthodoxen Traditionen stehende Bulgarien und das konfessionsplurale Deutschland genauer betrachtet.

Für Israel hat *Shai Lavi* die dort international vergleichsweise unproblematische Nutzung und Entwicklung medizinischer Hochtechnologie nach religiösen Motiven ihrer Legitimierung untersucht. Die verbreitete Ansicht, Israel sei in bioethischen Fragen religiös liberal geprägt, bestreitet er dabei energisch. Vielmehr sieht er in Israel eine alternative Moderne realisiert, in welcher sich die Legitimation medizinischer Hochtechnologie durch die traditional religiös geprägten Gesetze Israels tatsächlich weniger einer liberalen als vielmehr einer orthodoxen religiösen Auffassung von Medizin und Recht verdankt.

Wesentlich größere Probleme bei der Integration moderner biomedizinischer Fragestellungen in die religiösen und theologischen Traditionen im Rahmen einer postsozialistischen Gesellschaft zeigt das von *Teodora Karamelska* gezeichnete Bild Bulgariens. Die weitgehend antiwestliche und antiintellektuelle Ausrichtung der bulgarischen Orthodoxie verhindert, dass die Kirche dem hohen gesellschaftlichen Bedarf an religiöser Orientierung in Fragen der Biopolitik entsprechen kann. Dieser Orientierungsbedarf wird dagegen von einer neben der organisierten Bulgarisch-Orthodoxen Kirche neu erblühenden populären Religion aufgenommen, welche von engagierten Geistlichen und religiösen Laienbewegungen in Massenmedien wie Fernsehen und Internet dargeboten wird.

Aus anderen Gründen hat sich im katholisch geprägten Österreich eine öffentliche Zurückhaltung, auch der Kirchen, in bioethischen Fragen ergeben. Wie *Michael Zichy* zeigt, wurden die zwei großen, öffentlich geführten Debatten in den 70er- und 90er-Jahren des vergangenen Jahrhunderts um Abtreibung bzw. grüne Gentechnik als hochgradig traumatisierend erlebt und führten so zur Zurückhaltung. So fand die Diskussion um die Stammzellforschung in Österreich – ganz im Gegensatz zum Nachbarn Deutschland – sehr verhalten lange Zeit lediglich als Fachdiskurs statt. Im institutionell verankerten und politisch implementierten Diskurs der Bioethikkommission sind Kirchenvertreter beider Konfessionen paritätisch vertreten, wobei die katholische Position durch weitere, katholisch geprägte Mitglieder faktisch stärker repräsentiert ist. Der öffentliche Diskurs hingegen, der aufgrund der Printmedienlandschaft Österreichs insbesondere im staatlichen Fernsehen stattfindet, wird hauptsächlich von einer wissenschaftszugewandten protestantischen Sichtweise geprägt.

Wie unterschiedlich aber innerhalb des Protestantismus die Haltungen zu Fragen der biomedizinischen Forschung sein können, zeigen demgegenüber die Ausführungen von *Ulla Schmidt* zu Norwegen. 83% der Norweger sind Mitglied der Church of Norway, weshalb sie auch eine Art kirchliche Monopolstellung auf die religiöse Partizipation am bioethischen Diskurs Norwegens beansprucht. Der Schutz der Würde des Menschen und der Anspruch auf körperliche Unversehrtheit, der bereits dem Embryo zusteht, bildet aus Sicht der Staatskirche nicht nur die ethische, sondern auch die rechtliche Grundlage aller weiteren Diskussionen. In der umstrittenen Frage der Embryonenforschung wurde lange Zeit entsprechend restriktiv zu Ungunsten der Forschung entschieden. Im Zuge der Revision von 2006 erfolgte eine vorsichtige Öffnung der kirchlichen Position hin zur Befürwortung der Forschung an überzähligen Embryonen. Tatsächlich kann sich die Staatskirche Norwegens dabei auf eine breite gesellschaftliche Zustimmung zu ihren Positionen berufen.

Wie viel stärker die Debatte in Deutschland durch einen positionellen Pluralismus gekennzeichnet ist, der durchaus selbst religiöse Wurzeln hat, dessen Akzeptanz durch religiöse Akteure und Verlautbarungen jedoch nur vereinzelt zu finden ist, zeigt der Beitrag von *Konrad Hilpert*. Religion ist in den deutschen ethischen Debatten allerorts anwesend: in der Öffentlichkeit durch kirchliche Stellungnahmen, im wissenschaftlichen Diskurs durch Einlassungen von akademischen Theologen, in Ethikkommissionen durch religiöse Akteure unterschiedlicher Prägung. Auf allen diesen Ebenen zeigt sich die religiöse Imprägnierung der Bioethik auch in religiösen Vorstellungen und Topoi, welche implizit und explizit vorhanden sind.

In seinem enzyklopädischen Überblick zu den bioethischen Debatten in der islamischen Welt bedient sich *Thomas Eich* eines akteurzentrierten Ansatzes, der über Institutionen und Zentralgestalten der Diskurse die mannigfaltigen und differenzierten Diskurse beschreibt. Der islamische bioethische Diskurs ist vor allem ein Diskurs der Rechtsgelehrten, welche jedoch zunehmend auch ärztliche Expertisen berücksichtigen. Dies ist jedoch nicht als ein Konflikt zwischen religiöser Tradition und moderner Wissenschaft zu beschreiben, da hierbei die religiöse Prägung auch für die Ärzte von großer Bedeutung sei. Allerdings werde über die ärztliche Expertise eine große Nähe zu den konkreten Problemen biomedizinischer Anwendung und ärztlicher Praxis hergestellt. Die Bioethik ist so keineswegs ein Ort, an dem ein idealisiertes Bild der islamischen Welt vorgegeben oder normativ wirksam wird. Dass es in diesen Diskursen immer um die Frage geht, in welcher Weise moderne Wissenschaft und religiöse Tradition zu verbinden sind, wird von den islamischen religiösen Akteuren auch im bewussten Vergleich zu den westlichen Debatten genau erkannt und mitreflektiert.

In ihrem Beitrag zur jüdischen Bioethik weist *Lilian Marx-Stölting* darauf hin, dass in der deutschen biopolitischen Debatte jüdische Argumente zwar wenig wahrgenommen werden, gleichwohl es einen reichhaltigen Diskurs gibt. Deutlich wird, dass in der jüdischen Ethik ein anderer Bezug zu den biblischen Quellen und ihren Auslegungstraditionen gepflegt wird als in den westeuropäischen, vor allem christlich geprägten Diskursen. Auffällig ist auch, dass trotz erheblicher Differenzen zwischen liberalen und orthodoxen Strömungen im wissenschaftlichen Umgang mit der eigenen Tradition (vor allem der Akzeptanz der historisch-kritischen Forschung), die moderne Medizin einschließlich der mit ihr verbundenen Forschung eine hohe religiöse Motivation und Akzeptanz besitzt. Insgesamt sei der Blick auf die jüdische Bioethik geeignet, aus manchen Engführungen und Sackgassen der deutschen Debatte herauszuführen, weil er zur „Identifizierung vermeintlicher Selbstverständlichkeiten beitragen" und „kulturelle Einflüsse auf Bioethik" sichtbar machen kann.

Wie divergent die christliche Bioethik in Europa ist, haben schon die Beiträge zur internationalen Debatte gezeigt. *Svend Andersen* legt dem die Analyse einer „Gespaltenheit" der europäischen Kultur zugrunde, in der er ihr Charakteristikum erkennt. Er fordert die christliche Theologie und Ethik auf, an Stelle einer Beschwörung eines moralisch homogenen christlichen Abendlandes und des Beklagens seiner Auflösung, zu einem konstruktiven Umgang mit den pluralen, auch christlich-pluralen ethischen Ansichten fortzuschreiten. In der Ausarbeitung des Konzepts von Menschenwürde sieht er einen Weg, auf dem die Religion des Christentums und säkulare Traditionen Europas in den gegenwärtigen ethischen Debatten sich in der Verteidigung und Gestaltung eines ethischen Humanismus verbinden.

3.

Es ist deutlich geworden, dass die in den Überschriften verwendeten Bezeichnungen „interdisziplinär", „international" und „interreligiös" vor allem als Sammelbezeichnungen dienen, unter denen zunächst Darstellungen von Akteuren, Argumenten und Konflikten in den einzelnen Ländern und Religionen erfolgen. Eine interkulturelle Bioethik im Sinne eines Konsenses ist nicht zu konstatieren. Es steht auch die wechselseitige Bezugnahme zwischen den religiösen und theologischen Traditionen im Bereich der Bioethik noch am Anfang. Dies gilt nicht nur für den Bezug zwischen den Religionen und Konfessionen, sondern schon innerhalb der Konfessionen selbst, in denen es, wie die Beiträge zeigen, z. B. zwischen den Argumentationen des norwegischen, des österreichischen und des deutschen Protestantismus durchaus Unterschiede gibt. Es gehört zu den Grundfragen der Ethik, nicht nur der Bioethik, wie mit solchen Differenzen umzugehen ist, die auf der politischen wie kirchlichen Seite von Bemühungen um die Herstellung von Einigkeit begleitet werden.

Für den europäischen Bereich sind aufgrund der politischen und rechtlichen Europäisierungsprozesse schon Schritte in Richtung einer Vereinheitlichung erfolgt.[9] Aber es liegt im Wesen der Sache und des Arbeitsstils der unterschiedlichen Aufgabengebiete, dass der (bio)politische Gestaltungswille eines solchen Einigungsprozesses und die wissenschaftlich-analytische Aufarbeitung der unterschiedlichen kulturellen Traditionen, die in ihm zusammengeführt werden, nicht synchron erfolgen müssen. Der wissenschaftlich redliche Aufweis von Differenzen zwischen Religionen und Ländern verhindert nicht die politisch-rechtliche Zusammenarbeit, ebenso wenig wie politisch-rechtliche Europäisierungsvorgänge die wissenschaftliche Analytik aufhalten.

Vergleichbares gilt für die interreligiösen bzw. ökumenischen Unternehmungen im Bereich der Bioethik. Die Komplexionen, die aus der neuzeitlichen Dynamik der Ausdifferenzierung und Wechselwirkung von Religion, Kirche und Theologie entstehen, lassen sich von ökumenischen Stellungnahmen nicht begrenzen. Das sollte auch nicht die Aufgabe und das Selbstverständnis ökumenischer Unterfangen auf dem Gebiet der Ethik sein. Ihre Bedeutung und Dignität liegt einerseits darin, einen Beitrag zum gesellschaftlichen Orientierungsbedarf zu liefern,

---

[9] Vgl. dazu jetzt Joerden, Jan C./Moos, Thorsten/Wewetzer, Christa (Hg.) (2009), Stammzellforschung in Europa. Religiöse, ethische und rechtliche Probleme, Frankfurt a. M., Berlin, Bern, Brüssel, New York, Oxford; Klinnert, Lars (2009), Der Streit um die europäische Bioethik-Konvention. Zur kirchlichen und gesellschaftlichen Auseinandersetzung um eine menschenwürdige Biomedizin, Göttingen; Körtner, Ulrich H. J./Kopetzki, Christian (Hg.) (2008), Stammzellforschung. Ethische und rechtliche Aspekte, Wien, New York.

andererseits haben sie für den Prozess der ökumenischen Verständigung einen eigenen Wert. Die gesellschaftliche und kirchliche Bedeutung dieser ökumenischen Unternehmungen muss nicht zwingend übereinstimmen. So ergeben sich häufig nicht unerhebliche Differenzen zwischen den Erwartungen, welche solche Initiativen hinsichtlich der Verbindlichkeit ihrer Verlautbarungen haben, und der Bindungswirkung, die diese Aussagen für die Angehörigen der Religionsgemeinschaften und die theologische Reflexion haben. Dies fängt schon bei der Frage an, welchen Verbindlichkeitsgrad (bio-)ethische Verlautbarungen der christlichen Kirchen für ihre Mitglieder haben.[10] Die Grundlagen und Funktionen solcher interkultureller Verlautbarungen sind noch weitgehend unerforscht.[11] Wenn es um die Frage von „Religion in bioethischen Diskursen" geht, ist jedenfalls zu notieren, dass vorschnelle Homogenitätsprätentionen im Bereich theologischer und kirchlicher Stellungnahmen in der deutschen Debatte um die Stammzellforschung gesamtgesellschaftlich wie auch im Bereich von Theologie und Kirche zu sowohl einer problematischen Wahrnehmung der Bedeutung von Religion in bioethischen Diskursen wie persönlichen Verwerfungen geführt haben.[12] Das Bild einer großen und vermeintlich unerschütterlichen „christlichen Bioethik-Koalition", die in Fragen der Biomedizin vor allem als Gegner von Forschungsfreiheit und wissenschaftlichem Fortschritt erscheint, hat dem Ansehen der Kirchen in Gesellschaft, Wissenschaft und Politik durchaus geschadet. Wie wichtig und zugleich schwierig hier eine Korrektur war, zeigt der mühsame und konfliktreiche Weg der Evangelischen Kirche in Deutschland (EKD) von dem entschiedenen „Nein" zur humanen embryonalen Stammzellforschung aus dem Jahr 2002 bis zur Zustimmung zur Stichtagsregelung durch wichtige Vertreter wie Hermann Barth und Wolfgang Huber im Jahr 2007. Von besonderem Interesse ist, dass hier die kirchentheologische Argumentation zu einer aktuellen biopolitischen Frage sich allmählich

---

[10] Vgl. Kreß, Hartmut (2001), Gemeinsame Erklärungen der katholischen und evangelischen Kirche zur Ethik. Verbindliche Lehre oder argumentative Wertorientierung?, in: Zeitschrift für Evangelische Ethik 45, 121–134.

[11] Ansätze dazu in Heft 2 der Zeitschrift für Evangelische Ethik 45 (2001).

[12] Vgl. dazu jetzt auch Kreß, Hartmut (2010), Dogmatisierung ethischer Fragen. Kirchliche Stellungnahmen zu ethischen Themen: Neue Dogmatisierungen, Konfessionalisierungen und die Retardierung der kirchlichen ethischen Urteilsfindung, in: Materialdienst des Konfessionskundlichen Instituts Bensheim 61, 3–9.

die zunächst explizit gegen deren eigene Homogenitätsprätention gewendete Argumentation akademischer Theologie angeeignet hat.[13] Für die Nachhaltigkeit wissenschaftlichen Distinktionsbedarfs dürfen auch und in besonderer Weise die innerkatholischen Differenzen in bioethischen Fragen gelten.[14]

Der vorliegende Band präsentiert und repräsentiert daher ein neues Stadium in der Behandlung der Frage von Religion in bioethischen Diskursen darin, dass er nicht nur die plurale religionskulturelle und theologische Fassung bioethischer Themen konstatiert sowie diesen Pluralismus für ethisch und theologisch legitim erachtet, sondern diesen Pluralismus selbst als eine konstruktive Gestaltungsaufgabe ansieht. Dies zeigen in je individueller Akzentuierung und Profilierung vor allem die theologischen Beiträge. Ob in der Frage nach der spezifischen Leistungsfähigkeit und wissenschaftlichen Selbstbegrenzung theologischer Anthropologie (R. Anselm), ob unter Betonung hermeneutischer Verantwortung des theologischen Ethikers bei der Vermittlung öffentlicher Bedenken und wissenschaftlicher Freiheit (K. Hilpert) oder in dem theologischen Eintreten für einen Humanismus als Ausdruck eines ebenso selbstreflexiven wie differenzbewussten modernen Christentums (S. Andersen), in diesen Beiträgen dokumentiert sich ein theologisch-ethisches Interesse, das die schlechten Alternativen von Homogenitätsprätention oder haltlosem Relativismus ebenso hinter sich gelassen hat, wie es sich darauf berufen kann, dass entgegen der Ankündigungen der Dammbruchrhe-

---

[13] Anselm, Reiner/Körtner, Ulrich H. J. (Hg.) (2003), Streitfall Biomedizin. Urteilsfindung in christlicher Verantwortung, Göttingen. Für den Vorgang der Aneignung dieser Kritik durch Huber und Barth s. Kreß, Hartmut (2008), Humane embryonale Stammzellforschung in der Sicht protestantischer Ethik und die Reform des Stammzellgesetzes in Deutschland am 11. April 2008, in: Körtner, Ulrich H. J./Kopetzki, Christian (Hg.), Stammzellforschung. Ethische und rechtliche Aspekte, Wien, New York, 192—210; und Voigt, Friedemann (2008), Religion und Religionsvertreter in ethischen Diskursen und Kommissionen, in: Zichy, Michael/Grimm, Herwig (Hg.), Praxis in der Ethik. Zur Methodenreflexion in der anwendungsorientierten Moralphilosophie, Berlin, New York, 249–273.

[14] Hilpert, Konrad/Mieth, Dietmar (Hg.) (2006), Kriterien biomedizinischer Ethik. Theologische Beiträge zum gesellschaftlichen Diskurs, Freiburg i. Br.; Hilpert, Konrad (Hg.) (2009), Forschung contra Lebensschutz. Der Streit um die Stammzellforschung, Freiburg i. Br., Basel, Wien.

torik die fortgeschrittene biomedizinische Forschung keineswegs moralisch abgeglitten ist.[15]

Ein neues Stadium in der Erforschung der Religion in bioethischen Diskursen bietet der Band auch darin, dass sich die inzwischen auf breiter disziplinärer Basis erfolgende Beschäftigung mit dem Thema immer stärker wissenschaftlich verbreitert und gleichsam demokratisiert. Die Beschäftigung mit den ethischen Fragestellungen ist längst nicht mehr nur eine Frage der Philosophie und Theologie, sondern hat auch die Rechtswissenschaft,[16] die Soziologie,[17] die Politikwissenschaft[18] und Religionswissenschaften[19] erreicht. Die Bioethik ist längst nicht mehr nur ein Feld von Theorie und Normbildungen, sondern auch Gegenstand gesellschafts-, kultur- und religionstheoretischer Analysen geworden. Sie ist ein Symptom und Symbol der Zeit, an dem der gesellschaftliche Umgang mit Konflikten, die Bildung von Wertgemeinschaften, die Inszenierung und Durchsetzung politischer Interessen etc. erkenn- und analysierbar wird. Das heißt aber auch: Die Interdisziplinarität auf dem Gebiet der Bioethik ist nicht nur eine zwischen den Naturwissenschaften und der Medizin auf der einen sowie einer normativen (philosophischen bzw. theologischen) Ethik auf der anderen Seite – evtl. noch unter Einbeziehung der Rechtswissenschaften. Interdisziplinarität im Bereich der Bioethik bedeutet inzwischen die umfassende Beteiligung von Natur-, Geistes- und Sozialwissenschaften. Zugleich ergeben sich im Kontext der bioethischen Diskurse auch neue Aufgaben, Herausforderungen und Chancen für das Verständnis von Interdisziplinarität. Werden diese ange-

---

15 Tanner, Klaus (2007), Fünf Jahre Stammzellengesetz, in: Zeitschrift für Evangelische Ethik 51, 83–87.

16 Vgl. Kersten, Jens (2004), Das Klonen von Menschen. Eine verfassungs-, europa- und völkerrechtliche Kritik, Tübingen; Vöneky, Silja/Hagedorn, Cornelia/Klados, Miriam/von Achenbach, Jelena von (Hg.) (2009), Legitimation ethischer Entscheidungen im Recht, Heidelberg.

17 Vgl. Rothman, Barbara Katz/Armstrong, Elizabeth/Tiger, Rebecca (Hg.) (2008), Bioethical Issues, Sociological Perspectives, Amsterdam, San Diego.

18 Vgl. Barben, Daniel/Abels, Gabriele (Hg.) (2000), Biotechnologie – Globalisierung – Demokratie, Berlin; vgl. auch die Beiträge in Mayntz, Renate/Neidhardt, Friedhelm/Weingart, Peter/Wengenroth, Ulrich (Hg.) (2008), Wissensproduktion und Wissenstransfer. Wissen im Spannungsfeld von Wissenschaft, Politik und Öffentlichkeit, Bielefeld.

19 Vgl. Eich, Thomas/Hoffmann, Thomas S. (Hg.) (2006), Kulturübergreifende Bioethik. Zwischen globaler Herausforderung und regionaler Perspektive, Freiburg, München.

nommen und genutzt ergeben sich neue Einsichten in den Bereich der Bioethik.[20]

Es gehört zu den Eigentümlichkeiten der Gesprächslage, dass sich die Bioethik, ihre Akteure und Institutionen, mit solchen interdisziplinären Annäherungen häufig schwer tun. Der dann häufig reflexhaft geäußerte Vorbehalt, dabei handle es sich „nur" um Beschreibungen ohne ethischen Wert, soll die damit einhergehende Reflexionszumutung abwehren, sich zur eigenen Partikularität verhalten zu müssen. Die Beschäftigung mit den Voraussetzungen des bioethischen Pluralismus aber bedeutet immer eine Selbstrelativierung der eigenen Position und die Anerkennung der relativen Berechtigung anderer Positionen. Die Fähigkeit, sich auf die mit dieser Ausgangslage gegebene ethische Herausforderung einzulassen, rührt tief an dem Selbstverständnis moderner Ethik und Theologie.[21] Deshalb gibt es hier noch keine fertigen Antworten, sondern im Medium der Bioethik stellen sich die Fragen, welche die moderne Theologie und Ethik begleiten, in neuer Dringlichkeit. Bei aller Aktualität und der sie begleitenden biopolitischen Zeit- und Entscheidungszwänge dürfen diese grundsätzlichen Erwägungen nicht aus dem Blick geraten.

Bei der Konzeption des vorliegenden Bandes stand deshalb nicht die Durchsetzung einer bestimmten bioethischen Position im Vordergrund, sondern das Interesse, neben der internationalen und interreligiösen Kartographierung religiöser Einflüsse auf die bioethischen Diskurse auch unterschiedliche disziplinäre und methodische Zugänge zum Thema zu erfassen.[22] Damit wird freilich in der nicht selten aufgeheizten bioethischen Diskurslage doch zugleich auch Position bezogen: Die Einsicht und Anerkennung unterschiedlicher Positionen und ihrer Voraussetzungen schließt einseitige und rücksichtslose Optionen aus. Es entspricht daher der Intention von Herausgeber und Autoren, die

---

[20] Vgl. etwa die aus einer Kooperation zwischen Theologen und Soziologen entstandenen Beiträge in: Anselm, Reiner (Hg.) (2008), Ethik als Kommunikation. Zur Praxis Klinischer Ethik-Komitees, Göttingen.

[21] Rössler, Dietrich (2003), Die Moral des Pluralismus. Anmerkungen zur evangelischen Ethik im Kontext der neuzeitlichen Gesellschaft, in: Anselm, Reiner/Körtner, Ulrich H. J. (Hg.), Streitfall Biomedizin. Urteilsfindung in christlicher Verantwortung, Göttingen, 179–194.

[22] Vgl. zur Kartographierung der deutschen bioethischen Diskurse die Homepage der Forschergruppe „Religion in bioethischen Diskursen" http://www.ttn-institut.de/portal-bioethik (29.3.2010).

bioethische Debatte selbst als einen Lern- und Bildungsprozess zu begreifen, der reflexiv begleitet werden soll.

Literatur

Anselm, Reiner (Hg.) (2008), Ethik als Kommunikation. Zur Praxis Klinischer Ethik-Komitees, Göttingen.

Anselm, Reiner/Körtner, Ulrich H. J. (Hg.) (2003), Streitfall Biomedizin. Urteilsfindung in christlicher Verantwortung, Göttingen.

Barben, Daniel/Abels, Gabriele (Hg.) (2000), Biotechnologie – Globalisierung – Demokratie, Berlin.

Bender, Wolfgang/Hauskeller, Christine/Mantzei, Alexandra (Hg.) (2005), Grenzüberschreitungen – Crossing Borders. Kulturelle, religiöse und politische Differenzen im Kontext der Stammzellenforschung weltweit, Münster.

Callahan, Daniel (1990), Religion and the Secularization of Bioethics, in: The Hastings Center Report 20, 2–4.

Christophersen, Alf/Voigt, Friedemann (Hg.) (2009), Religionsstifter der Moderne. Von Karl Marx bis Johannes Paul II., München.

Eich, Thomas/Hoffmann, Thomas S. (Hg.) (2006), Kulturübergreifende Bioethik. Zwischen globaler Herausforderung und regionaler Perspektive, Freiburg, München.

Feil, Ernst (1986-2007), Religio, 4 Bde, Göttingen.

Graf, Friedrich Wilhelm (2009), Missbrauchte Götter. Zum Menschenbilderstreit in der Moderne, München.

Graf, Friedrich Wilhelm/Voigt, Friedemann (Hg.) (2010), Religion(en) deuten. Transformationen der Religionsforschung, Berlin, New York.

Hilpert, Konrad (Hg.) (2009), Forschung contra Lebensschutz. Der Streit um die Stammzellforschung, Freiburg i. Br., Basel, Wien.

Hilpert, Konrad/Mieth, Dietmar (Hg.) (2006), Kriterien biomedizinischer Ethik. Theologische Beiträge zum gesellschaftlichen Diskurs, Freiburg i. Br.

Joerden, Jan C./Moos, Thorsten/Wewetzer, Christa (Hg.) (2009), Stammzellforschung in Europa. Religiöse, ethische und rechtliche Probleme, Frankfurt a. M., Berlin, Bern, Brüssel, New York, Oxford.

Kersten, Jens (2004), Das Klonen von Menschen. Eine verfassungs-, europa- und völkerrechtliche Kritik, Tübingen.

Klinnert, Lars (2009), Der Streit um die europäische Bioethik-Konvention. Zur kirchlichen und gesellschaftlichen Auseinandersetzung um eine menschenwürdige Biomedizin, Göttingen.

Körtner, Ulrich H. J./Kopetzki, Christian (Hg.) (2008), Stammzellforschung. Ethische und rechtliche Aspekte, Wien, New York.

Körtner, Ulrich H.J./Virt, Günter/Engelhardt, Dietrich von/Haslinger, Franz (Hg.) (2006), Lebensanfang und Lebensende in den Weltreligionen. Beiträge zu einer interkulturellen Medizinethik, 2. Auflage, Neukirchen-Vluyn.

Kreß, Hartmut (2001), Gemeinsame Erklärungen der katholischen und evangelischen Kirche zur Ethik. Verbindliche Lehre oder argumentative Wertorientierung?, in: Zeitschrift für Evangelische Ethik 45, 121–134.

Kreß, Hartmut (2008), Humane embryonale Stammzellforschung in der Sicht protestantischer Ethik und die Reform des Stammzellgesetzes in Deutschland am 11. April 2008, in: Körtner, Ulrich H. J./Kopetzki, Christian (Hg.), Stammzellforschung. Ethische und rechtliche Aspekte, Wien, New York, 192–210.

Kreß, Hartmut (2010), Dogmatisierung ethischer Fragen. Kirchliche Stellungnahmen zu ethischen Themen: Neue Dogmatisierungen, Konfessionalisierungen und die Retardierung der kirchlichen ethischen Urteilsfindung, in: Materialdienst des Konfessionskundlichen Instituts Bensheim 61, 3–9.

Mayntz, Renate/Neidhardt, Friedhelm/Weingart, Peter/Wengenroth, Ulrich (Hg.) (2008), Wissensproduktion und Wissenstransfer. Wissen im Spannungsfeld von Wissenschaft, Politik und Öffentlichkeit, Bielefeld.

Molendijk, Arie L./Platvoet, Jan G. (Hg.) (1999), The Pragmatics of Defining Religion. Contexts, Concepts and Contests, Leiden, Boston, Köln.

Pinter, Iris (2003), Einflüsse der christlichen Bioethik auf die deutsche Humangenetik-Debatte, Münster.

Rössler, Dietrich (2003), Die Moral des Pluralismus. Anmerkungen zur evangelischen Ethik im Kontext der neuzeitlichen Gesellschaft, in: Anselm, Reiner/Körtner, Ulrich H. J. (Hg.), Streitfall Biomedizin. Urteilsfindung in christlicher Verantwortung, Göttingen, 179–194.

Rothman, Barbara Katz/Armstrong, Elizabeth/Tiger, Rebecca (Hg.) (2008), Bioethical Issues, Sociological Perspectives, Amsterdam, San Diego.

Schleissing, Stephan/Zichy, Michael (2009), Religion in bioethischen Diskursen. Internationale und interreligiöse Perspektiven. Rückblick auf ein Symposium vom 18. bis 19. Februar 2009 in München, in: Zeitschrift für Evangelische Ethik 3, 215–219.

Schwarke, Christian (2000), Die Kultur der Gene. Eine theologische Hermeneutik der Gentechnik, Stuttgart.

Tanner, Klaus (1999), Ethik und Religion, in: Anselm, Reiner/Schleissing, Stephan/ders. (Hg.), Die Kunst des Auslegens. Zur Hermeneutik des Christentums in der Kultur der Gegenwart, Frankfurt a. M., Berlin, Bern, Brüssel, New York, Oxford, Wien.

Tanner, Klaus (2007), Fünf Jahre Stammzellengesetz, in: Zeitschrift für Evangelische Ethik 51, 83–87.

Tanner, Klaus (2009), Die Religion(en) und die Bioethik, in: Joerden, Jan C./Moos, Thorsten/Wewetzer, Christa (Hg.), Stammzellforschung in Europa. Religiöse, ethische und rechtliche Probleme, Frankfurt a. M, Berlin, Bern, Brüssel, New York, Oxford, Wien, 35–54.

Voigt, Friedemann (2008), Religion und Religionsvertreter in ethischen Diskursen und Kommissionen, in: Zichy, Michael/Grimm, Herwig (Hg.), Praxis in der Ethik. Zur Methodenreflexion in der anwendungsorientierten Moralphilosophie, Berlin, New York, 249–273.

Vöneky, Silja/Hagedorn, Cornelia/Klados, Miriam/von Achenbach, Jelena (Hg.) (2009), Legitimation ethischer Entscheidungen im Recht, Heidelberg.

Religion in der Medizin: Ihre Rolle aus der Sicht der Medizin und der medizinischen Ethik

Christian Kupatt

Auf der Tagung Religion in bioethischen Diskursen[1] und in dem aus ihr entstandenen Tagungsband steht nichts Geringeres als die Religion in der Medizin zur Debatte. Entgegen des Vorbilds hitzig geführter, jedoch mit der Anmutung von Routine und Diskursreflexen behafteter Interaktion von Vertretern beider Fakultäten steht kein Schlagabtausch dieser sich aus unterschiedlichen Wissenschaften speisenden Praxen und der diese vertretenden Akteure auf dem Programm. Vielmehr ist es das Desiderat, die legitime Unterschiedlichkeit der Anliegen und Vorgehensweisen medizinischer Handlungsdynamik und religiöser Versprachlichung wahrzunehmen und die daraus entstehenden Parallaxen nicht an der Inkongruenz der Perspektiven zu messen, sondern produktiv für eine präzisere Abstandsbestimmung auf einen gemeinsamen Kosmos zu verwenden – letzteres soll in der Astronomie bereits mit beachtlichem Erfolg durchgeführt worden sein.

Das Vexierspiel der Perspektiven wird nicht einfacher, wenn sich die Tagungsorganisatoren für die Eröffnung einen Referenten genehmigen, dessen Rolle als praktizierender Mediziner, jedoch studierter Theologe und Gen-Ethiker die Unübersichtlichkeit nur zu exazerbieren scheint. Hier scheint Reduktion von Perspektivenpluralismus angezeigt, der im Folgenden darauf beschränkt wird, die Wahrnehmung der Rolle von Religion für die medizinische Praxis zu benennen. Wie immer willkürlich werden Topoi benannt, die – einer bestimmten historischen Entwicklung folgend – in schwelenden, offenen, aber auch wieder abebbenden Konflikten ausgetragen werden. Darüberhinaus ist ein überraschender

[1] Vgl. Schleissing, Stephan/Zichy, Michael (2009), Religion in bioethischen Diskursen. Internationale und interreligiöse Perspektiven. Rückblick auf ein Symposium vom 18. bis 19. Februar 2009 in München, in: Zeitschrift für Evangelische Ethik 3, 215–219.

Befund der aktuellen Lagebeschreibung der, dass eine ganze Reihe von Trends unbemerkt von den klassischen Konfliktlinien stillschweigend aufgenommen wird. Die als *diskrete Veränderungen* bezeichneten Fortschritte fallen offenkundig in die Kategorie der unstrittigen oder konsensfähigen Entwicklungen. Gerade sie können den ständigen Wandel unserer Erwartungen an den sachkundigen Umgang mit Krankheit markieren, ohne die eine Reflexion des durchaus spannungsreichen Verhältnisses von Religion und Medizin unvollständig wäre.

Zum Werdegang des modernen Verhältnisses von Religion und Medizin In der zeitlichen Abfolge von scholastischer Dominanz und praktisch-medizinischer Entwicklung hatte das 527 von Benedikt von Nursia gegründete Kloster Montecassino zunächst eine Krankenstätte für Ordensbrüder in Salerno betrieben. Unter Schirmherrschaft der Benediktiner war die Scuola Medicina Salernitana in der Zeit vom 10. bis zum 13. Jahrhundert jedoch einer erheblichen Ausweitung unterzogen worden, genoss internationalen Ruf und wurde sowohl von Patienten, als auch von Medizinern in großer Zahl aufgesucht; Frauen waren als Studierende wie auch als Lehrende zugelassen. Für die Studierenden gehörte neben Praktischer Medizin auch Theologie, Philosophie und Recht zum Curriculum. Bereits diese Gründungsfakultät war, bedingt durch die ausgezeichnete Literatursammlung von u. a. Galens Werken und zahlreichen Übersetzungen medizinischer Abhandlungen, polyglott: neben griechischen und arabischen wurden insbesondere die jüdischen und römischen Heiltraditionen wachgehalten und in einem frühen Medizinlexikon, der Alphita, zusammengefasst.[2]

Seit dieser frühen Blüte eines religiös motivierten Medizinbetriebs, der es zu internationalem Rang brachte, jedoch letztlich den medizinischen Fakultätsgründungen in Paris, Wien, Prag und Heidelberg im 14. Jahrhundert nicht standhalten konnte, ergab sich für das Fach Medizin eine kontinuierliche Expansion hinsichtlich praktischer Prinzipien, theoretischer Fundierung, Anlehnung an benachbarte Naturwissenschaften und Netzwerkbildung im Verbund der Lebenswissenschaften. Die seit Jahrhunderten manifeste Abgrenzung der Medizin von ihrem vielfältig religiös motivierten Gründungszusammenhang reflektiert die Emanzipation

---

[2] García González, Alejandro (Hg.) (2007), Alphita, Edizione Nazionale ‚La Scuola Medica Salernitana' 2, Florenz; Mandrin, Isabelle (2008), Griechische und griechisch vermittelte Elemente in der Synonymenliste Alphita. Ein Beitrag zur Geschichte der medizinischen Fachterminologie im lateinischen Mittelalter, Bern.

der Wissenschaften von religiöser Hegemonie insgesamt, die als Gründungsdatum moderner Gesellschaften gelten darf.

Zu Beginn des 21. Jahrhunderts lässt sich für die Medizin als Fach eine starke Internationalisierung des praktischen und wissenschaftlichen Austauschs durch Fachgesellschaften sowie durch die enge Vernetzung mit international tätigen Pharma- und Medizingeräte-Herstellern feststellen. Die rasche zeitliche Abfolge neuer Entwicklungen auf sich ständig differenzierenden Anwendungsgebieten aller medizinischen Disziplinen folgt einer diskussionsintensiven, jedoch weithin eigengesetzlichen Dynamik, deren Maßstab die statistisch quantifizierbare Evidenz von Therapieerfolgen ist. Die schiere Komplexität der Innovationen verläuft im Rahmen rechtlicher Regelungen von Studien-Medizin und Zulassungsprozessen. Gleichzeitig entzieht sich die Innovationsdynamik durch ihre Komplexität einer direkten Steuerung durch von außen angetragene Imperative. Diese Binnendynamik bewirkt interessanterweise eine im Vergleich zu anderen Epochen relativ homogene Ausbreitung neuer Behandlungsmethoden über nationale und kulturelle Grenzen hinweg in Industrie- und Schwellenländer. Der durch neue Medien ubiquitär stattfindende Wissenstransfer führt zu einer messbaren Aktualisierung von sich rasch ändernden Therapieformen, nicht nur in universitären Zentren und Krankenhäusern höchster Versorgungsstufen, sondern bis hin in die Praxen niedergelassener Spezialisten und Allgemeinärzte. An dieser Stelle wirkt sich das weltweite Netz medizinischer Fach-Öffentlichkeit erst einmal gesellschafts- und kulturübergreifend standardisierend aus.

1. Änderung der Wahrnehmungshorizonte

Gewiss hat sich die Rolle von Religion für Medizin und Gesellschaft seit der Gründung der Schule von Salerno drastisch geändert und ebenso gewiss haben religiöse Institutionen an direkten Steuerungsmöglichkeiten medizinischer Entwicklungen eingebüßt. Dies gilt selbst dann, wenn man angesichts der polyglotten Quellenverwendung in der Alphita und des internationalen und gleichstellungsorientierten Lehrpersonals vermutet, dass der Einfluss der Scholastik von Montecassino auf die Schule von Salerno moderat war.

Andererseits ist die Präsenz religiöser Akteure als Gesprächspartner in aktuellen medizinethischen Debatten bis in die Gegenwart unverändert hoch, auch wenn die Grenzen von verfasster Religion (ecclesia visibilis) und individueller Religiösität (ecclesia invisibilis) stark verschoben sind und in ethischen Debatten häufig der Pluralismus religiöser Positionen hinter Eindeutigkeitsformeln verfasster Religion zurückzutreten droht.

Gerade die individuelle Bezugnahme auf Religion ist im medizinischen Kontext die eigentlich relevante Leistung: die Versprachlichung von menschlicher Endlichkeitserfahrung im Licht bestimmter Traditionen, hier in der Funktion der Kontingenzbewältigungspraxis[3]. Auch wenn die religiöse Versprachlichung im Zug moderner Individualisierungsschübe deutlich an universeller Geltung, die sie bei der Definition des „Heiligen Kosmos"[4] genoss, eingebüßt hat, so wird ihr auch von außen in säkularen Gesellschaften einige Kompetenz zuerkannt.

Ändern sich am Ort des Individuums fest geglaubte Bestandteile gemeinsamer Lebensvollzüge oder –perspektiven, so ergibt sich die Notwendigkeit der Integration der Änderung in das bestehende Sinnsystem, *vorausgesetzt,* die Änderung wurde nicht antizipiert oder herbeigesehnt. So kann die plötzliche Lösbarkeit einer etablierten medizinischen Dilemma-Situation teilweise erhebliche Irritationen hervorrufen: etablierte Verarbeitungsstrategien, die u. U. erhebliche Energie absorbiert haben, sowie kreative Fluchtwege in den je eigenen „heiligen Kosmos" werden in Frage gestellt. Der Roman „Über den Fluß und in die Wälder"[5] von Ernest Hemingway, dieses sprachgewaltige Endspiel eines Abenteurer-Lebens, würde ad absurdum geführt, wenn der Romanheld, ein von der koronaren Herzerkrankung gezeichneter Kriegsveteran, schlicht durch einen ambulanten Besuch bei einer Herzkatheterpraxis von seinem Leiden – wenn auch auf Zeit – hätte befreit werden können.

Andererseits ist die Behandelbarkeit vieler vor 50 Jahren oder auch 25 Jahren als unheilbar geltender Krankheiten Erfolgsmerkmal einer solidargemeinschaftlichen Anstrengung, die angeborene oder erworbene, zu Lebensverkürzungen führende Krankheiten nicht achselzuckend toleriert. Die Diagnose dieser Erkrankungen auf präziser physiologischer Kenntnis von Krankheitszuständen und deren Behandlung durch pharmakologische Therapie oder gerätetechnische Substitution von Organfunktionen verschiebt den Erwartungshorizont für Erkrankungsfälle erheblich – soweit, dass Gesundheit gelegentlich als „Grundrecht" wahrgenommen wird. Diese Wahrnehmung ist nicht selbstverständlich, sondern versprachlicht eine gelegentlich exponiert, andernfalls jedoch äu-

[3] Lübbe, Herrmann (1986), Religion nach der Aufklärung, Frankfurt a. M.

[4] Luckmann, Thomas (1991), Die unsichtbare Religion, Frankfurt a. M., 135 ff.

[5] Hemingway, Ernest (1951), Über den Fluss und in die Wälder, Hamburg.

ßerst sublim stattfindende Entwicklung. Denn: im Gegensatz zu therapeutischen Dilemmata, die keinen Ausweg kennen, werden Entschärfungen medizinischer Ausweglosigkeiten weit weniger sensationell versprachlicht.

2. Stillschweigende Akzeptanz diskreter Veränderungen: Eine neuartige Umgangsform mit dem medizinischen Fortschritt

An vielen Stellen geschieht die gesellschaftliche Rezeption medizinischer Neuerungen erstaunlich stillschweigend-supportiv, von medialer Aufmerksamkeit weitgehend unbeachtet. Dennoch könne solche Beispiele dazu dienen, den Korridor sich verselbstständigender Erwartungen an den Fortgang medizinischer Entwicklung zu charakterisieren, denn: auch wenn diskrete Veränderungen es nicht in den Rang medialer Sensationalität schaffen, scheinen sie in Übereinstimmung mit den Werte-Horizonten der Beteiligten und dem Normengefüge der involvierten Institutionen zu stehen – andernfalls wäre ein Entwicklungs-Stopp, nicht selten gefolgt von einer breiteren Fachdebatte, die Folge.

Beispielhaft sei – zugegeben mit Lokalkolorit – die weltweit größte Serie von Korrektur-Operationen schwerer angeborener kindlicher Herzfehler in München genannt. Es handelt sich um die Fallot-Tretalogie, die zur sogenannten Blausucht der Kinder führt, da die Lungen das Blut nicht ordnungsgemäß oxygenieren. Nach Jahren der Erstversorgung durch Palliativ-Operationen, die das Problem linderten, jedoch nicht behoben, wurde die vollständige Korrekturoperation Anfang der 1960er-Jahre von dem späteren Ordinarius für Herzchirurgie Klinner initiiert. Das Ergebnis liest sich in bis heute andauernden Auswertungen durch Dissertationen äußerst schlicht: die Lebenserwartung wurde von sieben Jahren auf bis in die vierte Lebensdekade gesteigert, und erst jetzt zeigen sich allmählich Übersterblichkeiten der Patienten gegenüber Normalkollektiven aufgrund maligner Rhythmusstörungen. Erwähnung fand eine solche Vorgehensweise außerhalb der Fachgesellschaften kaum, jedoch ist sie Teil einer fachspezifischen Reaktionsbildung: Seit 2009 wird eine Zertifizierung für Fachärzte verlangt, die sich speziell mit der Behandlung von angeborenen Herzfehlern im Erwachsenenalter befassen, da die Komplexität der Krankheitsbilder die fachspezifische Kompetenz der Erwachsenenkardiologie übersteigt und erst jetzt, aufgrund der besseren Behandelbarkeit, einer langfristige Betreuung im Erwachsenenalter bedarf.

Noch dramatischer, jedoch auch kaum von der Öffentlichkeit bemerkt, entwickelte sich die Kinderonkologie. Waren erst vor 40 Jahren in diesem Bereich erste Studien mit Hochdosis-Chemotherapie durchgeführt worden, so setzten sich Behandlungsschemata für eine Reihe von kindlichen Blutkrebsformen durch, die bei bestimmten Konstellationen in bis zu 80% zu einer kompletten Heilung führen. Wiederum gilt cum grano salis: Dass es Therapieversager gibt, und diese Fälle tragische Schicksale für die Familien bedeuten, wird von Medien korrekt beobachtet, wesentlich seltener jedoch, dass der sogenannte Kinderblutkrebs vor 50 Jahren kategorisch tödlich war.

Ein weiteres Beispiel sind die allmählichen Erfolge der umsichtigen konservativen Therapie für den häufigen Gendefekt der zystischen Fibrose/Mukovsizidose, die die Betroffenen dieser häufigen Erbkrankheit anstelle des zweiten bis fünften Lebensjahres nun das vierte oder fünfte Lebensjahrzehnt erreichen lassen. Dies erstaunt umso mehr, weil es eine kausale Gentherapie, die intensiv beforscht und als kliniknah beleumundet wurde, nach wie vor nicht gibt und die Lungentransplantation häufig lediglich eine temporäre Lösung für durchschnittlich sechs bis sieben Jahre darstellt. Nein, viel schlichter und unspektakulärer ist es die konsequente antibiotische Therapie und Prophylaxe der dauernden Lungenentzündungen gewesen, die eine solche Lebensverlängerung ermöglicht.

Auch die dramatisch verbesserte Behandelbarkeit der sogenannten Frühgeburtlichkeit, d. h. der Kinder, welche vor der 36. Schwangerschaftswoche geboren werden, findet außerhalb von Betroffenen- und Fachkreisen kaum Beachtung, trotz der dramatischen Bedeutung für die betroffenen Eltern und des Nebeneffekts, dass Erfolge der Geburtsmedizin der stärkste Motor für die Anhebung der statistischen Lebenserwartung sind. Und für die andere Seite der an einer Geburt beteiligten Personen, die Mütter, bildet die Angleichung der spezifischen Geburtsrisiken von Primiparae über 35 Jahren mit denen unter 30 Jahren die Voraussetzung dafür, die Vereinbarkeit von Beruf und Familie für akademische Frauenkarrieren anzustreben.

Sieht man sich die genannten Beispiele an, so zeichnet sich ein übereinstimmendes Muster ab. Die Behandlungserfolge jeweils umschriebener Patienten-Minderheiten tendieren hin zu einer Normalisierung ihrer Lebenserwartung oder -verhältnisse. Diese Tendenz ist stets mit einem Motiv politischer Gerechtigkeit kongruent, nämlich der Angleichung der Lebenserwartung als Grundlage selbstbestimmten Lebens. Aufgrund der Wirkmächtigkeit dieser regulativen Idee werden, so meine Interpretation, diese Entwicklungen gewissermaßen rasch in den Grundrechtskatalog eingespeist und in ihrer faktischen Neuheit auch im Rahmen verfasster Religionen kaum zur Kenntnis genommen. Umso überraschender wirken nun Konstellationen, in denen sich diese Kongruenz gerade nicht ergibt.

3. Offene Konflikte: Entspannung durch Fortschritt

Dass sich die Dinge rasch ändern, von Indifferenz und sublimer Zustimmung zu Anmahnung und Fundamentalkritik, kommt bei Konstellationen zum Ausdruck, in denen die medizinische Dynamik in Konflikt mit religiösen Werte- und Sinnsystemen gerät.

Als Beispiel darf die erworbene Immunschwäche AIDS dienen. Bei dieser wurde nach ihrer Erstbeschreibung 1981 eine sprunghafte Ausbreitung beobachtet, die ihr mit heute 33 Millionen Infizierten weltweit den Status einer Pandemie eingetragen hat. Im Umgang mit AIDS gab es in den Anfangsjahren der raschen Verbreitung, in denen noch keine Therapie zur Verfügung stand, dramatische Unterschiede in den politischen Forderungen. In Bayern wurde laut über Quarantäne der Patienten nachgedacht, und ein ehemaliger Münchner Neurologe weigerte sich, aus Sorge um weitere Diskriminierung der Patienten, seine Erkenntnisse über die beginnende Demenz zu veröffentlichen. Zur selben Zeit warben in Kalifornien Basketballstars und andere Celebrities demonstrativ für ein Leben mit AIDS in der Öffentlichkeit.

Über die Aufklärung im Umgang mit der Erkrankung, über Präventivmaßnahmen gegen die Verbreitung des Virus sowie über Möglichkeiten zum Schutz vor einer Ansteckung tobte ein erbitterter Streit, in dem die notwendigen und nachgewiesenermaßen effizienten medizinischen Maßnahmen gelegentlich eine untergeordnete Rolle spielten. Die therapeutische Karriere der sogenannten Triple-Therapie führte zum Abebben einer breiten öffentlichen Debatte über den Umgang mit Erkrankten. Welchen Ausgang die Debatten hierzulande genommen hätten, wenn die Infektion tatsächlich Epidemie-artige Ausmaße erreicht hätte, ist unbekannt. Es soll der Hinweis der Kammer der EKD für nachhaltige Entwicklung von 2007 genügen, dass „viele Kirchen weltweit im Ringen mit den Herausforderungen der Pandemie selbstkritisch anerkannt haben, dass sie selbst oft Teil des Problems gewesen oder teilweise noch sind.“[6]

---

[6] EKD (2007), Für ein Leben in Würde. Die globale Bedrohung durch

Stellt die Geschichte von AIDS ein Beispiel für Konfliktentschärfung durch Fortschritt dar, so gibt es andererseits auch Konfliktverschärfungen durch medizinischen Fortschritt.

4. Schwelende Konflikte

Im Bereich der Entwicklungsbiologie des Menschen werden durch präziseres Verständnis der Entstehung menschlichen Lebens Manipulationen im Bereich der Befruchtung, der Schwangerschaft/des Abbruchs sowie der Geburt (Frühgeburtlichkeit) möglich, die früher unbekannt waren. Dadurch ändert sich die herkömmliche territoriale Zuständigkeit von Religion und Medizin entscheidend. Werden Vorgänge der Befruchtung und Entstehung von Embryonen kontrolliert manipuliert (also: verfügbar), so wächst die Zuständigkeit der Mediziner – und nimmt die Selbstevidenz der Zuständigkeit religiöser Instanzen ab. Nun kann der ganze Bereich unter religiösen Generalverdacht gestellt und gesetzlich stark restringiert werden – an dem Anwachsen des Grundlagenverständnisses und der damit verbundenen Manipulierbarkeit der Vorgänge *in real time* (s. o.) ändert diese Normierung nichts.

Dabei leuchtet aus ärztlicher Perspektive durchaus ein, dass Gesellschaften beispielsweise die Entstehung menschlichen Lebens nicht einfach der Forschungsfreiheit überlassen. Etwas weniger einleuchtend sind normative Schlussfolgerungen, die für das traditionelle religiöse Kontingenzverständnis eine Priorität gegenüber therapeutisch wirksamen Maßnahmen einfordern. Soll man – nun in die Perspektive der genetisch informierten Entscheidung gerückt – entsprechend vorbelasteten Eltern die Selektion von Embryonen, die den mit Sicherheit lebensverkürzenden Brustkrebs-Gendefekt nicht mehr aufweisen, prinzipiell verweigern? Mit welchem aufgeklärten Argument könnte man in einem genetischen Beratungsgespräch die informierten Träger eines Gens, das zu 50–85% im jungen bis mittleren Alter einen tödlichen Tumor erzeugt, dazu verpflichten, ihre Nachkommen mit dieser Hypothek zu befrachten? Der Zwang zur informierten Annahme einer derartigen Kontingenz ist Eltern angesichts bestehender Alternativen schwer zu vermitteln. Auch die stillschweigende Akzeptanz all jener Entwicklungen, die die Norma-

---

HIV/AIDS und die Handlungsmöglichkeiten der Kirche, EKD Texte 91, Hannover, 47.

lisierung der Lebenschancen von spezifischen Krankheitsgruppen befördern, wäre aufgehoben.

Hier bricht nun der Konflikt mit der bestehenden Kontingenzbewältigungspraxis auf – natürlich rüttelt das Auswahlverfahren an der unbedingten Akzeptanz der genetischen Ausstattung des Menschen und fordert an dieser Stelle neue Umgangsformen. Jedoch können diese nicht einfach herausgelöst werden aus dem Gesamttrend, unbillige Krankheitsrisiken solidargemeinschaftlich auszugleichen. Slippery-slope-Argumente wie das Szenario der Herrschaft der Designerbabys sowie die Sorge um Diskriminierung von genetisch Behinderten erscheinen angesichts der Bürde eines individuellen Krankheitsrisikos von 50–80% bei BRCA1 oder 100% bei Mukoviszidose aus ärztlicher Perspektive nachrangig bis abwegig. Dabei wird gar nicht bestritten, dass ein Konflikt mit der Perspektive verfasster Religion, deren Bewältigung von Kontingenzen funktional mit dem Festschreiben von Kontingenzen beginnt, besteht. Die Nicht-Akzeptanz, sondern Veränderung der Kontingenz durch medizinisches Handeln (hier: Selektion eines nicht-erkrankten Embryos) bedeutet einen Übergang eines medizinischen Dilemmas aus der Sphäre der religiös-kulturellen Bewältigung in die Sphäre der medizinisch handelnden Veränderung. Dieser Vorgang ist keineswegs gleichbedeutend mit einer Verfügbarmachung von Lebenschancen, die in ihrer natürlichen Vielfalt unverfügbar bleiben sollten und daher grundrechtlich geschützt werden. Nur: die rechtstheoretisch häufig namhaft gemachte Gleichheit der Lebenschancen[7] kann angesichts möglicher Korrekturen biologisch-kontingenter Nachteile anspruchsvoller ausgelegt werden als der Zwang zur Akzeptanz des Naturgegebenen. An dieser Stelle kennen liberale Religionen und säkulare Gesellschaften keinen Zwang zur Unveränderbarkeit kontingenter therapeutischer Dilemmata, im Gegenteil.

Als zweites Beispiel darf die Debatte um die Verwendung von embryonalen Stammzellen für die Therapie bis heute unbehandelbarer Erkrankungen gelten. Die vorsichtige Öffnung der bundesdeutschen Forschung für die Verwendung menschlicher embryonaler Stammzellen fordert nicht nur die Gesellschaft und ihre religiösen Institutionen, sondern auch die Mediziner selbst im Umgang mit bislang unantastbar und nicht nutzbar geglaubten (Zell-) Beständen heraus, sodass das ärztliche Unbehagen nicht gering und die Suche nach Alternativen für die biomedizinische Wissenschaft groß ist. In diesem Sinn wird hierzulande

[7] Vgl. Rawls, John (1971), A Theory of Justice, Harvard.

die adulte Stammzellforschung und die Erforschung alternativer Quellen wie induzierbarer pluripotenter Stammzellen (iPS) mit großen therapeutischen Erwartungen vorangetrieben und gefördert. An dieser Stelle wird beispielhaft sichtbar, dass die religiöse Grundstimmung auf einen Forschungszweig erheblichen Einfluss ausübt. Dennoch läuft sie nicht der modernen Trennung der Zuständigkeiten von Religion und Medizin zuwider. Im Gegenteil, die relevanten Versprachlichungen des Lebensschutzes in der verfassten Religion werden von vielen Medizinern geteilt. Es darf prognostiziert werden, dass eine territoriale Verschiebung der Zuständigkeit von Religion und Medizin solange ausbleibt, bis sich ein praktisch-therapeutisches Vorgehen abzeichnet, das eine Änderung der bisherigen Grenzziehung – mit allen damit verbundenen Konflikten – rechtfertigen würde.

Ein drittes Feld schwelender Konflikte innerhalb der und zwischen den Perspektiven von Religion und Medizin stellen Entscheidungen am Lebensende dar. Trotz der Veränderungsdynamik der Medizin sind die Konfliktlinien stabil, wiewohl sich die spezifische Handlungsweise der Medizin als wichtige Projektionsfläche für individuelle Patientenpräferenzen, z. B. i. S. der Patientenverfügung, ergibt. Schließlich ist das Arsenal möglicher Handlungen prinzipiell begrenzt: man lässt der Natur ihren Lauf (passive Sterbehilfe), man wendet symptomlindernde Therapien an (Palliativmedizin); man versucht, den Tod mit allen Mitteln herauszuzögern (Maximal-Medizin), oder man unterstützt den Wunsch zu sterben aktiv.

In Deutschland ist die aktive Sterbehilfe gesetzlich verboten. Allerdings ist die Beihilfe zum Selbstmord erlaubt, wenn nicht der ärztlich Tätige qua Garantenpflicht die Lebensverlängerung des Patienten sicherzustellen hat. Ob der Arzt dazu in jeder Situation gezwungen ist, darüber wird innerhalb und außerhalb der Ärzteschaft intensiv gestritten, ein rechtskräftiges Urteil steht aus. Die Tatsache, dass die Erlaubnis des physician assisted suicide in amerikanischen Bundesstaaten und Holland jedoch auf Umfragen unter Ärzten fußte, aus denen klar hervorging, dass eine qualifizierte Minderheit diese Praxis ausübte und eine qualifizierte Mehrheit sie bejahte, macht jedoch ein empirisches Problem deutlich: dass Ärzte sich in Dilemma-Situationen zu der Beihilfe zum Selbstmord veranlasst sehen können.

Interessanterweise entstand auf Patientenseite parallel die Patientenverfügung als Instrument der Begrenzung ärztlichen Aktionismus. Mit dieser Verfügung soll der Patient vor den stereotypen Wiederbelebungsmaßnamen aktueller Intensivmedizin geschützt werden. Mittlerweile ist die Patientenverfügung ein von großen Kirchen zur Verfügung gestelltes Formular. Rechtsgültigkeit besitzt sie in dem Dritten Gesetz zur Änderung des Betreuungsrechts vom 1. September 2009, das der schriftlich niedergelegten Patientenverfügung, aber auch einem sie durchsetzenden Betreuer Vorrang vor der medizinischen Präferenz zuweist. Ausgenommen und der Genehmigung durch ein Betreuungsgericht unterstellt sind allerdings vom Betreuer verfügte Maßnahmen, die möglicherweise ursächlich zu längerdauerndem gesundheitlichen Schaden oder gar Tod führen.[8]

An dieser Stelle haben die Kirchen neben anderen medizinethischen und rechtlichen Akteuren zweifelsfrei zu einer Ausweitung von Patientenautonomie und -rechten beigetragen. Inwieweit diese Ausweitung in ihren anwendungsfähigen Beständen durch die parallele Verschiebung der Einstellung auf der ärztlichen Seite ihre Entsprechung fand, ist eine bisweilen wenig beachtete Frage, auch wenn hier keine perfekte Synchronie beider Entwicklungen suggeriert werden soll.

5. Perspektiven

Die genannten Beispiele, die in der Tat nur exemplarisch Debatten der letzten Jahre widerspiegeln konnten, sollen vor allem zeigen:

Es gibt in der modernen Medizin für einzelne Krankheitsentitäten Verschiebungen von therapeutischen Möglichkeiten, die erheblich sind, jedoch aufgrund ihrer Entwicklungsrichtung hin zu einer Normalisierung der Lebenschancen der Patienten nicht weiter thematisiert werden. Das dabei zugrunde liegende Veränderungspotential hat jedoch große Bedeutung dort, wo der Status quo von Kontingenzen von hoher Bedeutung ist.

Im Konfliktfall zwischen therapeutischer Dynamik und religiöser Kontingenzverarbeitung werden Grenzen definiert, die innerhalb von Gesellschaften die Balance von Veränderungsdruck und Bewahrung des bislang erreichten Niveaus markieren. Dass die Bewahrung des bislang erreichten Niveaus eine Mindestforderung aller aktuellen Medizinstudienprotokolle ist, soll nur beispielhaft für den Sachverhalt angeführt werden, dass in der medizinischen Profession eine erhebliche Sensibilität für diese Balance besteht. Die Parallelität von medizinischer und

[8] Vgl. § 1904 BGB, Fassung vom 1.9.2009.

gesellschaftlicher Entwicklung, z. B. in der Forderung nach Begrenzung des Aktionismus am Lebensende, wird tendenziell unterschätzt.

Die Protagonisten therapeutischer Dynamik, welche nun aktuelle Konfliktfelder enthält – sei es auf den Feldern der vorgeburtlichen Medizin, Sterbehilfe oder Stammzelltherapie – müssen anerkennen, dass ihre Tätigkeit innerhalb eines gesellschaftlichen und rechtlichen Rahmens stattfindet, der die Emanzipation von Natur- und Lebenswissenschaften nur unter den Bedingungen der Kompatibilität mit anderen Kultursphären zulässt. Insofern ist die Interaktion von Medizinern und Vertretern von Kirchen und Religionen ein konstitutives Element der medizinischen Entwicklung.

Allerdings werden bei dieser Entwicklung fest geglaubte Kontingenzen gelegentlich doch verändert, manchmal diskret, manchmal konfliktuös, manchmal an vollkommen anderer Stelle, als die Konfliktparteien vorgesehen haben. Insofern ist die Praxis der institutionalisierten Dauerreflexion über das Wesen und die Grenzen zeitgenössischer krankheitsrelevanter Kontingenzen ein beiderseitiger Lernprozess, der ganz wesentlich durch Alternativlosigkeit gekennzeichnet ist.

Literatur

EKD (2007), Für ein Leben in Würde. Die globale Bedrohung durch HIV/AIDS und die Handlungsmöglichkeiten der Kirche, EKD Texte 91, Hannover.

García González, Alejandro (Hg.) (2007), Alphita, Edizione Nazionale ‚La Scuola Medica Salernitana' 2, Florenz.

Hemingway, Ernest (1951), Über den Fluss und in die Wälder, Hamburg.

Lübbe, Hermann (1986), Religion nach der Aufklärung, Frankfurt a. M.

Luckmann, Thomas (1991), Die unsichtbare Religion, Frankfurt a. M.

Mandrin, Isabelle (2008), Griechische und griechisch vermittelte Elemente in der Synonymenliste Alphita. Ein Beitrag zur Geschichte der medizinischen Fachterminologie im lateinischen Mittelalter, Bern.

Rawls, John (1971), A Theory of Justice, Harvard.

Schleissing, Stephan/Zichy, Michael (2009), Religion in bioethischen Diskursen. Internationale und interreligiöse Perspektiven. Rückblick auf ein Symposium vom 18. bis 19. Februar 2009 in München, in: Zeitschrift für Evangelische Ethik 3, 215–219.

Bioethische Diskurse zwischen Recht, Ethik und Religion. Juristische Perspektiven – Zum Einfluss der Religion in bioethischen Beratungsgremien

Bijan Fateh-Moghadam

1. Die juristische Beobachtung der Religion in bioethischen Diskursen

Der vorliegende Beitrag entfaltet eine dezidiert juristische Perspektive auf den Einfluss der Religion in den bioethischen Diskursen der Gegenwart. Die Betonung des juristischen Beobachterstandpunktes verweist auf die Unmöglichkeit einer nicht-perspektivischen Bestimmung des Verhältnisses von Recht, Ethik und Religion.[1] Es macht einen Unterschied, ob dieses Verhältnis theologisch, moral-philosophisch oder juristisch beobachtet wird.[2] Die Differenz liegt dabei nicht erst in inhaltlich unterschiedlichen Angeboten für die Lösung eines gemeinsamen Problems, sondern darin, dass der Einfluss der Religion auf den bioethischen Diskurs von differenten Disziplinen als je unterschiedliches Bezugsproblem konstruiert und mit disziplineigenen Werkzeugen gelöst wird. So kann die rechtliche Regulierung bioethischer Fragen Religionsgemeinschaften und Theologen vor das Problem stellen, wie sie sich zu Rechtsnormen verhalten sollen, deren Inhalt im Widerspruch zur eigenen theologischen Lehrentwicklung zu stehen scheint. Es sind dann nicht nur inhaltliche Positionen zu bioethischen Fragen, die zwischen den Weltreligionen, ih-

---

1 Als Erkenntnissubjekt mit absolutem „Sehepunkt" oder Totalperspektive käme allenfalls der „eine Gott" in Betracht, wie es in einer Formulierung von Friedrich Wilhelm Graf heißt: „Wir endlichen Geschöpfe hingegen sind unausweichlich an einen bestimmten „Sehepunkt" gebunden und können niemals partikulare Perspektivität überwinden", Graf, Friedrich Wilhelm (2009), Missbrauchte Götter. Zum Menschenbilderstreit in der Moderne, München, 14 f.

2 Darüber hinaus kann dieses Verhältnis selbstverständlich auch historisch, literaturwissenschaftlich, politikwissenschaftlich, ästhetisch und nicht zuletzt soziologisch beobachtet werden.

ren Strömungen und Konfessionen äußerst unterschiedlich ausfallen,[3] sondern auch die jeweilige Haltung zum diskursiven Umgang mit differenten Positionen innerhalb der eigenen Glaubensgemeinschaft sowie zwischen Glaubensgemeinschaft und staatlichen Institutionen.[4]

Der *juristische* Blick konstruiert den Einfluss von Ethik und Religion auf den biopolitischen Diskurs dagegen als spezifisch *rechtliches* Bezugsproblem, namentlich als Problem der rechtlichen Legitimation ethisch-religiöser Begründungen im biopolitischen Diskurs: Religion in bioethischen Diskursen ist cum grano salis rechtsstaatlich bedenklich. Dies gilt jedenfalls dann, wenn partikulare religiöse Vorstellungen des Guten zur Begründung und Durchsetzung von allgemeinverbindlichen freiheitsbeschränkenden Rechtsnormen herangezogen werden sollen.[5] Als Reflexionstheorien des Rechts fragen zudem Rechtstheorie, Rechtssoziologie und Rechtsphilosophie nach den Veränderungen, die sich durch den besonderen Ethikbezug der Fragen der Biopolitik auf das Recht selbst erge-

---

[3] Vgl. dazu die Zusammenstellung von Gutachten zu den Positionen der Weltreligionen zur aktuellen Biomedizin bei Schicktanz, Silke/Tannert, Christof/Wiedemann, Peter (Hg.) (2003), Kulturelle Aspekte der Biomedizin. Bioethik, Religionen und Alltagsperspektiven, Frankfurt a. M.

[4] Hierzu Voigt, Friedemann (2008), Religion und Religionsvertreter in ethischen Diskursen und Kommissionen, in: Zichy, Michael/Grimm, Herwig (Hg.), Praxis in der Ethik. Zur Methodenreflexion in der anwendungsorientierten Moralphilosophie, Berlin, New York 249–273, 257 f. Am Beispiel des römisch-katholischen Lehramtes, welches in der protestantischen Kirche keine Entsprechung finde, sowie am Beispiel der Diskussion um die Möglichkeit eines „normativen Pluralismus“ innerhalb der „protestantischen Ethik“ im Zusammenhang mit Diskussionen des Nationalen Ethikrats (NER) vgl. Voigt (2008), 261 ff.

[5] In diesem Sinne geht etwa das von Thomas Gutmann geleitete rechtsphilosophische Teilprojekt „Normenbegründung im pluralistischen Staat“ des Exzellenzclusters „Religion und Politik in den Kulturen der Moderne und der Vormoderne“ der Westfälischen Wilhelms-Universität Münster davon aus, dass partikulare Vorstellungen des Guten – etwa religiöser Art – als Begründungsressourcen für staatlich gesetzte Normen schlechthin *gesperrt* seien, Projektbeschreibung: http://www.uni-muenster.de/Religion-und-Politik/forschung/projekte/a3.html (15.1.2010). Vgl. auch Gutmann, Thomas (2008), Christliche Imprägnierung des Strafgesetzbuchs?, in: Dreier, Horst/Hilgendorf, Eric (Hg.), Kulturelle Identität als Grund und Grenze des Rechts. Akten der IVR-Tagung vom 28.–30. September 2006 in Würzburg, Stuttgart, 295–313, 304 ff.

ben: Führt die bioethische Debatte zu einer ‚Ethisierung' von Recht und Politik, über die auch ein stärkerer Einfluss der (öffentlichen) Religionen auf Recht und Politik möglich wird?[6] Oder setzt sich die juristische Eigenlogik im praktischen Vollzug rechtlicher Operationen letztlich auch gegen konkurrierende normative Angebote seitens Ethik und Religionen durch?[7]

Der nachfolgende Beitrag geht diesen Fragen in drei Schritten nach: Nach einigen Bemerkungen zum religionssoziologischen Hintergrund der Problemstellung (2.) erfolgt ein Überblick über die normativen Grundlagen der sogenannten ethischen Neutralität des Staates (3.). Der dritte Teil untersucht schließlich, was aus dem zugrundegelegten Neutralitätsliberalismus für die rechtliche Bewertung des Einflusses der Religion in bioethischen Beratungsgremien folgt (4.). Dabei kommt es entscheidend darauf an, das unübersichtliche Feld der biomedizinischen Ethikberatung differenziert zu betrachten.

2. Nach der Säkularisierung – Öffentliche Religionen in der funktional differenzierten Gesellschaft

„Sonntags ausschlafen, ist etwas anderes als die Ablehnung der Sakramente, einen Imbiß nehmen, ist etwas anderes als die Entweihung der Fastenzeit von Yom Kippur [...]."[8] Niklas Luhmann bezieht sich auf dieses Zitat des amerikanischen Rechtstheoretikers Robert M. Cover um deutlich zu machen, dass der Begriff der Säkularisierung auf einen religiösen Beobachter verweist: Säkularisierung bezeichnet die andere

---

[6] So Albers, Marion (2003), Die Institutionalisierung von Ethik-Kommissionen: Zur Renaissance der Ethik im Recht, in: Kritische Vierteljahresschrift für Gesetzgebung und Rechtswissenschaft 86, 419–436.

[7] So Fateh-Moghadam, Bijan/Atzeni, Gina (2009), Ethisch vertretbar im Sinne des Gesetzes. Zum Verhältnis von Ethik und Recht am Beispiel der Praxis von Forschungs-Ethikkommissionen, in: Vöneky, Silja u. a. (Hg.), Legitimation ethischer Entscheidungen im Recht. Interdisziplinäre Untersuchungen, Berlin, Heidelberg, 114–143 sowie Bogner, Alexander (2009), Ethisierung und die Marginalisierung der Ethik. Zur Mikropolitik des Wissens in Ethikräten, in: Soziale Welt 60, 119–137.

[8] Cover, Robert M. (1983), The Supreme Court. 1982 Term. Foreword: Nomos and Narrative, in: Harvard Law Review 97, 4–68, 8. Robert M. Cover vertritt einen pluralistischen Rechtsbegriff, der stark durch die jüdische Talmud-Tradition geprägt ist. Seine kulturalistisch-kommunitaristische Bestimmung des

Seite der Religion, und es ist vor allem die Religion, die beobachtet, dass bestimmte gesellschaftliche Praxen nicht mehr religiös determiniert werden, sondern durch andere gesellschaftliche Subsysteme, etwa das Recht.[9] Für alle anderen Teilsysteme der Gesellschaft wie Recht, Wirtschaft und Politik, die in der Umwelt der Religion operieren, sind die eigenen Operationen indes gerade nicht dadurch bestimmt, dass sie in der Umwelt des Religionssystems erfolgen.[10] Mit anderen Worten: Das Recht bearbeitet und entscheidet selbst konstruierte Rechtsfragen gemäß seiner eigenen Funktionslogik, ohne zu fragen, zu welchen Irritationen dies bei religiösen Beobachtern führen könnte. Aus der Perspektive des Rechts kommt dem Begriff der Säkularisierung daher nur insoweit Bedeutung zu, als er mit der Ausdifferenzierung von Recht, Religion und Politik[11] eine historische Bedingung der eigenen Möglichkeit bezeichnet.[12] Gerade in der biopolitischen Debatte wird jedoch häufig betont, dass sich viele moderne Institutionen der deutschen Rechtsordnung, ungeachtet des beschriebenen Ausdifferenzierungsprozesses, bei historischer Betrachtung auf christlich-theologische Ursprünge zurückführen ließen. Selbst dort wo dies zutrifft, etwa bei zentralen Elementen der Verbrechenslehre im Strafrecht, folgt daraus indes nicht, dass die Interpretation des geltenden Rechts durch seine historische Genese immer schon (oder noch) theologisch infiziert wäre.[13] Die Auslegung und Anwendung des positiven Rechts folgt vielmehr eigenen, rechtsordnungsspezifischen methodischen Regeln des

---

nomos als eines normativen Raums, in dem plurale, gleichwertige, vom Staat unabhängige Erzählungen rechtlichen Institutionen erst ihren Sinn verleihen, unterscheidet sich von der Bestimmung des Rechts als ausdifferenziertem Funktionssystem bei Luhmann.

[9] Luhmann, Niklas (2002), Die Religion der Gesellschaft, Frankfurt a. M., 282 f. mit Fn. 15.

[10] Luhmann (2002), 283.

[11] Vgl. dazu Hofmann, Hasso (2003), Recht, Politik und Religion, in: Juristenzeitung 58, 377–385 und Roellecke, Gerd (2004), Die Entkoppelung von Recht und Religion, in: Juristenzeitung 59, 105–110.

[12] Böckenförde, Ernst-Wolfgang (2006), Die Entstehung des Staates als Vorgang der Säkularisation, in: ders. (Hg.), Recht, Staat, Freiheit. Studien zur Rechtsphilosophie, Staatstheorie und Verfassungsgeschichte, Frankfurt a. M., 92–114, insb. 108.

[13] Gutmann (2008), 298 mit Hinweis auf die Unterscheidung zwischen Genesis und Geltung.

Anschlusses juristischer Argumentation an juristische Argumentation. Ein unmittelbarer Durchgriff auf religiöse oder moralische Begründungsformen ist hierbei – jedenfalls in der westlichen Rechtstradition – gerade ausgeschlossen. So wie gemäß der Lesart Max Webers im Kapitalismus der diesen erst ermöglichende protestantische „Geist der Askese" aus den stahlharten Gehäusen der Sorge um die äußeren Güter entwichen ist,[14] wurden die theologischen Gehalte des Rechts in der modernen, funktional differenzierten Gesellschaft auf säkulare, genauer: rechtsinterne Begründungsformen umgestellt.[15] Genau dies meint schließlich auch der „Primärbegriff der Säkularisation", nämlich den „Entzug oder die Entlassung einer Sache, eines Territoriums oder einer Institution aus kirchlich-geistlicher Observanz und Herrschaft."[16]

Säkularisation bezeichnet dann im Kern aber nichts anderes als funktionale Differenzierung.[17] Säkularisierung ist „als Prozess der funktionalen Ausdifferenzierung verschiedener funktionaler Teilsysteme oder Sphären moderner Gesellschaften" zu verstehen, wie es nunmehr auch bei José Casanova heißt.[18] An diesem Kern der Säku-

---

[14] Weber, Max/Kaesler, Dirk (2004), Die protestantische Ethik und der Geist des Kapitalismus, München, 200 f.

[15] Dass es sich bei den in der höchstrichterlichen Rechtsprechung sehr seltenen Bezugnahmen auf die „christlich-abendländische Tradition" nur noch um Gespenster ehemals tatsächlich religiös-theologisch determinierter Rechtsinstitutionen handelt, wird letztlich auch in der Entscheidung des BVerfG zur Ladenöffnung an Adventssonntagen sichtbar: Auch hier wird unter B.II.3. betont, dass sich der Schutz des Art. 140 GG in Verbindung mit Art. 139 WRV nicht auf einen religiösen oder weltanschaulichen Sinngehalt der Sonn- und Feiertage beschränke. Die Regelung ziele in der „säkularisierten Gesellschafts- und Staatsordnung" (...) auch auf die Verfolgung profaner Ziele wie die der persönlichen Ruhe, Besinnung, Erholung und Zerstreuung, siehe BVerfG, 1 BvR 2857/07 vom 1.12.2009, Absatz-Nr. 154. Unter Anerkennung seiner religiös-christlichen historischen Wurzeln wird der Schutzauftrag von Art. 139 WRV i. V. m. Art. 140 GG damit als Bestandteil des positiven Verfassungsrechts zu einem sozialen Schutzauftrag umgedeutet. Die grundrechtsdogmatische Begründung des Urteils wirft allerdings im Einzelnen zahlreiche Fragen auf, die in der Staatsrechtswissenschaft präsumtiv kontroverse Diskussionen auslösen werden.

[16] Lübbe, Hermann (2003), Säkularisierung. Geschichte eines ideenpolitischen Begriffs, 3. Auflage, Freiburg, 23.

[17] Luhmann (2002), 125 f.: „Der fragwürdige und umstrittene Begriff der ‚Säkularisierung' kann somit durch funktionale Differenzierung definiert werden."

[18] Casanova, José (2008), Public Religions Revisited, in: Große Kracht, Hermann-

larisierungsthese lässt sich ungeachtet der anhaltenden Kritik, der sie ausgesetzt ist,[19] festhalten, wenn man mit José Casanova davon ausgeht, dass die Rede von der Säkularisierung aus drei ganz verschiedenen, ungleichartigen und kein Ganzes bildenden Behauptungen besteht:[20] Erstens Säkularisierung als funktionale Differenzierung, zweitens Säkularisierung als fortschreitender Niedergang religiöser Überzeugungen und drittens Säkularisierung im Sinne einer Beschränkung der Religion auf den Privatbereich. Begründete Kritik richtet sich vor allem gegen die letzten beiden Behauptungen, nicht aber gegen das Primat funktionaler Differenzierung, das für die Beschreibung moderner Gesellschaften geradezu als alternativlos erscheint. Da die Theorie funktionaler Differenzierung die Religion als eigenständiges Funktionssystem betrachtet und ihr damit einen Platz und zudem eine exklusive Aufgabe zuweist,[21] steht sie gerade nicht für die Behauptung

Josef (Hg.), Christentum und Solidarität. Bestandsaufnahmen zu Sozialethik und Religionssoziologie, Paderborn, 313–338, 316. In früheren Arbeiten formuliert Casanova noch deutlich allgemeiner „die Ablösung und Emanzipation weltlicher Bereiche von religiösen Einrichtungen und Normen" bzw. Säkularisierung als „Ausdifferenzierung von religiöser und weltlicher Sphäre", siehe Casanova, José (2004), Religion und Öffentlichkeit. Ein Ost-/Westvergleich, in: Gabriel, Karl/Reuter, Hans-Richard (Hg.), Religion und Gesellschaft. Texte zur Religionssoziologie, Paderborn, 271–293, 273. Die gleichzeitige Verwendung der Begriffe Teilsysteme und Sphären deutet bereits darauf hin, dass der Begriff der funktionalen Differenzierung bei Casanova äußerst unscharf verwendet wird, weshalb die nachfolgenden Ausführungen sich an der klassischen systemtheoretischen Begriffsbestimmung orientieren. Vgl. hierzu Luhmann, Niklas (1998), Die Gesellschaft der Gesellschaft, 2 Bde, Frankfurt a. M., 595 ff. und dort insb. 707–776. Zur Kritik an Casanova vgl. auch Pollack, Detlef (2009), Rückkehr des Religiösen? Studien zum religiösen Wandel in Deutschland und Europa II, Tübingen, 4 ff. und 24 ff. mit Fn. 9.

19 Vgl. zusammenfassend die Beiträge in: After Secularisation (2006), The Hedgehog Review 8, zur Kritik der Kritik an der Säkularisierungsthese vgl. Pollack (2009).

20 Casanova, José (2006), Secularization Revisited: A Reply to Talal Asad, in: Scott, David/Hirschkind, Charles (Hg.), Powers of the Secular Modern: Talal Asad and His Interlocutors, Stanford, CA, 12–30, 12 f.; Casanova (2004), 272.

21 Religion garantiere die Bestimmbarkeit allen Sinnes gegen die miterlebte Verweisung ins Unbestimmbare und könne so höhere Ansprüche an Sinnvergewisserung auch in einem „säkularisierten" gesellschaftlichen Kontext noch befriedigen, siehe Luhmann (2002), 127–129.

eines notwendigen Zusammenhangs von Säkularisierung bzw. Modernisierung und dem generellen Niedergang religiöser Überzeugungen und Verhaltensformen. Der „Begriff der Säkularisierung führt den, der ihn trotz allem benutzt, nicht zu der Hypothese, Religion habe in der Gesellschaft an Bedeutung verloren.“[22] Die von Friedrich Wilhelm Graf eindrucksvoll diagnostizierte „Wiederkehr der Götter“, auch und gerade in sehr weitgehend modernisierten Gesellschaften wie den USA,[23] scheint diese Niedergangs-Annahme zumindest bis auf weiteres auch empirisch zu widerlegen.[24] Quantitative empirische Daten, die einen Bedeutungsrückgang von Formen der traditionellen Religiosität und Kirchlichkeit in Europa belegen,[25] stehen dem nicht entgegen. Denn die Diagnose einer andauernden weltweiten Bedeutung des religiösen Feldes[26] in religiös pluralistischen Gesellschaften ist gerade nicht an quantitative Parameter wie die Kirchgangshäufigkeit, die Konfessionszugehörigkeit oder an Angaben über den Glauben an Gott gebunden. Die Bedeutung von Religion in modernen Gesellschaften wird an Phänomenen sichtbar, die sich eher qualitativ erfassen lassen, von denen hier nur zwei genannt seien: Zum einen in höchstrichterlichen Auseinandersetzungen mit Religionsbezug, die grundlegende Fragen der Verfassung religiös pluraler Gesellschaften verhandeln und regelmäßig eine starke Aufmerksamkeit der Medien auf sich ziehen.[27] Zum anderen

---

22 Luhmann (2002), 284. Vor diesem Hintergrund überrascht es, dass Detlef Pollack die These der Vereinbarkeit von Religion und Moderne als einen generellen Angriff auf die Säkularisierungstheorie zu verstehen scheint, siehe Pollack (2009), 7.

23 Vgl. dazu auch Hochgeschwender, Michael (2007), Amerikanische Religion. Evangelikalismus, Pfingstlertum und Fundamentalismus, Frankfurt a. M.

24 Graf, Friedrich Wilhelm (2005), Die Wiederkehr der Götter. Religion in der modernen Kultur, München, 55 ff.

25 Pollack (2009), 79–100.

26 Bourdieu, Pierre (2009), Religion, Konstanz, 30 ff.

27 Vgl. aus der Rechtsprechung des Bundesverfassungsgerichts die Entscheidungen zum Kruzifix in der Schule (BVerfGE 93, 1 ff.), zum Körperschaftsstatus der Zeugen Jehovas (BVerfGE 102, 370), zum Schächtverbot (BVerfGE 104, 337), zu Sektenwarnungen (BVerfGE 105, 279), zum islamischen Kopftuch der Lehrerin (BVerfGE 108, 282) sowie zuletzt zum Sonntagschutz (BVerfG, 1 BvR 2857/07 vom 1.12.2009). Die Dynamik auf dem Gebiet des Religionsverfassungsrechts fasst Christian Walter in dem Satz zusammen, dass das Staatskirchenrecht des 21. Jahrhunderts nicht mehr das der insoweit ruhigen 1980er und 1990er-Jahren sein werde, siehe Walter, Christian (2008), Religiöse Freiheit

nehmen die akademischen Deutungsversuche des Verhältnisses von Religion und Politik zu, wie nicht zuletzt die Einrichtung von interdisziplinären Forschungsverbünden zeigt,[28] die sich mit der Stellung der Religion in modernen Gesellschaften befassen.[29]

Die zweite Behauptung, die mit der Säkularisierungstheorie verbunden wird, die Doppelthese der Abdrängung der Religion in die Privatsphäre[30] und der Individualisierung der Religion, wie sie zuletzt Ulrich Beck in seinem Essay „Der eigene Gott“[31] vertreten hat, erscheint zunächst nicht unplausibel. So lassen sich zahlreiche Beispiele für die geradezu modische individuelle Suche nach Spiritualität anführen,[32] deren empirische Dimension und Entwicklung aber wenig dokumentiert ist.[33] Ebenso lässt sich aber auch die Gegentendenz einer De-Privatisierung

---

als Gefahr? Eine Gegenrede, in: Das Deutsche Verwaltungsblatt, 1073–1080, 1080. Die Vermehrung juristischer Konflikte mit Religionsbezug (am Beispiel der USA) betont auch Graf (2005), 53 f.

[28] Wie etwa dem bereits erwähnten Exzellenzcluster „Religion und Politik in den Kulturen der Vormoderne und der Moderne“ an der Universität Münster.

[29] Hierbei wird auch nicht die Deutung der Phänomene mit den Phänomenen selbst verwechselt, wie Pollack gegenüber Grafs begriffsgeschichtlichen Analysen, hierzu Graf (2005), 69 ff., kritisiert, siehe Pollack (2009), 3 mit Fn. 2. Die juristische und akademische Beschäftigung mit Religion spiegelt selbstverständlich nicht notwendig eine Zunahme der Bedeutung von Religion im Sinne von quantitativ erfassbaren Zuwächsen beim Kirchgang oder des Glaubens an Gott in der Bevölkerung wider. Sie ist vielmehr selbst Ausdruck einer gesellschaftlichen, in diesen Fällen: juristischen und akademischen Bedeutung von Religion, die sich eben nicht in den von der quantitativen empirischen Religionssoziologie erfassten Daten erschöpft, sondern vor allem mit Prozessen religiöser Pluralisierung zu tun hat, die zu produktiven Irritationen im Rechts- und Wissenschaftssystem führen. Insofern gilt, dass die gesellschaftliche Bedeutung der Religion nicht zuletzt in der Renaissance der Religionssoziologie selbst sichtbaren Ausdruck findet.

[30] Luckmann, Thomas (1991), Die unsichtbare Religion, Frankfurt a. M.

[31] Beck, Ulrich (2008), Der eigene Gott. Von der Friedensfähigkeit und dem Gewaltpotential der Religionen, Frankfurt a. M.

[32] Dazu ausführlich Knoblauch, Hubert (2009), Populäre Religion. Auf dem Weg in eine spirituelle Gesellschaft, Frankfurt a. M.; instruktiv bereits Bourdieu (2009), 243 in seinem Vortrag zur „Auflösung des Religiösen“ aus dem Jahr 1982.

[33] Nach Pollack (2009), 91 und zusammenfassend 101 hat die Modernisierung zumindest keinen negativen Effekt auf bestimmte Formen der außerkirchlichen

und Rückkehr „öffentlicher Religionen" beschreiben.[34] Ungeachtet der Frage, ob es sich hierbei tatsächlich um eine „Rückkehr" handelt, was voraussetzen würde, dass die Religion bereits einmal privatisiert war, wird man sich darauf einigen können, dass die organisierte Religion, in Deutschland vor allem die christlichen Kirchen, aber auch der Zentralrat der Juden und die in der Deutschen Islam Konferenz (DIK) vertretenen muslimischen Dachverbände, eine sichtbar wirkende öffentliche Kraft darstellen.[35] Gerade der Bereich der Biopolitik zeigt, dass von einer (Selbst-)Beschränkung der Religion auf den Privatbereich keine Rede sein kann. Die Frage nach der Rechtfertigung religiöser Einflussnahmen auf das Recht stellt sich nur weil und soweit öffentliche Religionen den Anspruch erheben, an den politischen und rechtlichen Prozessen moderner Gesellschaften aktiv und öffentlich mitwirken zu wollen.[36] Der direkte Kameraschwenk vom obersten italienischen Gerichtshof in Rom auf den Vatikan in einem Bericht der Tagesschau über den tragischen Fall der inzwischen gestorbenen italienischen Wachkomapatientin Eluana Englaro ist ein einprägsamer empirischer Beleg in Form eines medialen Bildes dafür, dass sich die katholische Kirche als konkurrierende normative Deutungsmacht zum Rechtssystem definiert und in dieser Selbstbeschreibung von den Medien ernst genommen wird.[37] Der noch genauer zu analysierende Umstand, dass es in Deutschland offenbar nicht möglich ist, eine gesetzliche Ethikkommission oder einen Deutschen Ethikrat (DER) einzusetzen, ohne dabei Vertreter der christlichen Kirchen und/oder der theologischen Fakultäten zu berücksichtigen, verweist ebenfalls auf die öffentliche und politische Bedeutung der Religion. Auch hieran zeigt sich, dass der quantifizierbare

---

Religiosität und des New Age. Allerdings blieben die Zahlen der Anhänger außerkirchlicher Religiosität insgesamt eher klein.

34 Casanova, José (1994), Public Religions in the Modern World, Chicago, IL,; Casanova (2008).

35 Knoblauch (2009), 201 ff.; 205.

36 Große Kracht, Hermann-Josef (2004), Religionen zwischen Säkularisierung und Entprivatisierung: José Casanovas These vom Wiedererstarken öffentlicher Religionen in der späten Moderne. Einführung, in: Gabriel, Karl/Reuter, Hans-Richard (Hg.), Religion und Gesellschaft. Texte zur Religionssoziologie, Paderborn, 269 f., 270.

37 Sterbehilfestreit in Italien: Italien streitet über Sterbehilfe für Eluana, Tagesthemen vom 6.2.2009, http://www.tagesschau.de/multimedia/video/video446630.html (15.12.2009).

Rückgang an gelebter Religiosität in der Bevölkerung nicht mit der öffentlichen und politischen Bedeutung der institutionalisierten Religion korrelliert.[38]

Genau dieser Befund, dass man sich auch in der funktional differenzierten Gesellschaft auf das Fortbestehen öffentlicher Religionen in einer sich fortwährend säkularisierenden Umwelt einzustellen habe, liegt auch der von Jürgen Habermas eingeführten Konzeption der post-säkularen Gesellschaft zugrunde.[39] Diese post-säkulare Konstellation verlangt von der Religion wie vom Recht reflexive Leistungen in dem Sinne, dass sie auf das Fortbestehen des jeweils anderen Systems zumindest epistemisch eingestellt sein müssen.[40] Die reflexive Leistung des Rechtsstaats besteht in der normativen Konstruktion eines Neutralitätsliberalismus.

3. Das Faktum des Pluralismus und die ethische Neutralität des Staates

3. 1 Das Faktum des Pluralismus

Die politischen Auseinandersetzungen und Rechtskonflikte im Zusammenhang mit bioethischen Fragestellungen weisen eine besondere Nä-

---

[38] Habermas, Jürgen (2007), Die öffentliche Stimme der Religion. Säkularer Staat und Glaubenspluralismus, in: Blätter für deutsche und internationale Politik, 1441, 1443: „Unabhängig von ihrem quantitativen Gewicht können Religionsgemeinschaften einen ‚Sitz' im Leben moderner Gesellschaften behaupten."

[39] Habermas, Jürgen (2005), Zwischen Naturalismus und Religion. Philosophische Aufsätze, Frankfurt a. M., 146; vgl. auch Habermas (2007), 1443.

[40] Habermas (2005), 143. Wobei für die Religion die größere Herausforderung der Säkularisierung darin besteht, sich auf die Bedingungen religiöser Pluralität einzustellen: „Jede Religion muss jetzt damit rechnen, in der gesellschaftlichen Kommunikation als kontingent, als Sache einer Option behandelt zu werden" Luhmann (2002), 313. Dies zeigt etwa die anhaltende Diskussion über die Bedeutung der Anerkennung der Religionsfreiheit durch das Zweite Vatikanische Konzil in der katholischen Theologie, vgl. dazu die Beiträge der von Karl Gabriel veranstalteten Tagung: „Wie fand der Katholizismus zur Religionsfreiheit" vom 11.–13. 3.2009 an der Universität Münster. Den optionalen Charakter der Religion betont auch Charles Taylor, der hierin gerade den Kern des „säkularen Zeitalters" erblickt; ein Zeitalter, indem der Glaube „auch für besonders religiöse Menschen nur eine menschliche Möglichkeit neben anderen ist", siehe Taylor, Charles (2009), Ein säkulares Zeitalter, Frankfurt a. M., 15.

he zu ethischen Orientierungsfragen auf, für die neben dem Recht auch die (Bio-)Ethik bzw. die Moral und die Religion normative Ressourcen bereithalten. Philosophen, Moraltheologen und Religionsvertreter entdecken das neue Berufsbild des Ethik-Experten und beanspruchen Mitspracherechte für die gesellschaftsweit verbindliche Regulierung bioethischer Konfliktlagen. Diese Gemengelage sich überlagernder normativer Bewertungshorizonte, die zu einer Hyper-Materialisierung des Rechts zu führen droht, löst sich auf, wenn man Ethik/Religion, Moral und Recht mit dem Frankfurter Philosophen Rainer Forst als unterschiedliche *Kontexte der Rechtfertigung* begreift.[41] Als Vertreter eines politischen Liberalismus setzt Forst bei der Unterscheidung zwischen dem *ethisch Guten* und dem *moralisch Richtigen*[42] bzw. dem *Rechten*[43] an. Konzeptionen des ethisch Guten, zu denen insbesondere die Religionen zählen, verweisen auf diejenigen Wertvorstellungen und substantiellen ethischen Lehren, die der Einzelne als ethische oder gläubige Person als umfassende Basis eines für ihn gelungenen Lebens betrachtet. Angesichts des *Faktums des vernünftigen Pluralismus,*[44] also eines Pluralismus einander ausschließender, aber gleichwohl vernünftiger umfassender Lehren des Guten, können diese nur einen begrenzten Geltungsanspruch erheben: Was für mich und eventuell für meine Überzeugungs- oder Glaubensgemein-

---

41 Forst, Rainer (2004), Kontexte der Gerechtigkeit. Politische Philosophie jenseits von Liberalismus und Kommunitarismus, Frankfurt a. M.; Forst, Rainer (2007), Das Recht auf Rechtfertigung. Elemente einer konstruktivistischen Theorie der Gerechtigkeit, Frankfurt a. M., 100–126; sowie bereits Habermas, Jürgen (1998), Faktizität und Geltung. Beiträge zur Diskurstheorie des Rechts und des demokratischen Rechtsstaats, Frankfurt a. M., 135 ff.

42 Habermas, Jürgen (1983), Diskursethik – Notizen zu einem Begründungsprogramm, in: ders. (Hg.), Moralbewußtsein und kommunikatives Handeln, Frankfurt a. M., 53–126, 113; Forst (2007), 103 ff.; 108: „Das Wesentliche der Unterscheidung zwischen Ethik und Moral liegt darin, dass in praktischen Konflikten, die nach (ethische Kontexte transzendierenden) Normen des zwischen Menschen strikt Ge- und Verbotenen verlangen, die Rechtfertigungsschwelle angehoben wird und reziprok-allgemein ausweisbare Gründe notwendig sind."

43 Rawls, John (2005), Politischer Liberalismus, Frankfurt a. M., 266 ff.; Rawls, John (1997), Die Idee des politischen Liberalismus. Aufsätze 1978–1989, Frankfurt a. M., 364 ff.

44 Rawls (2005), 106 ff. und 12: „Eine moderne Gesellschaft ist nicht einfach durch einen Pluralismus umfassender religiöser, philosophischer und moralischer Lehren gekennzeichnet, sondern durch einen Pluralismus zwar einander ausschließender, aber gleichwohl vernünftiger umfassender Lehren."

schaft gilt, muss nicht für alle anderen Menschen gelten. Das Faktum des Pluralismus lässt sich besonders eindrücklich am Beispiel religiöser Standpunkte zu grundlegenden Fragen der Bioethik studieren:[45] Lassen sich zumindest noch einige grundlegende Gemeinsamkeiten der beiden großen christlichen Kirchen in Deutschland bei der Bewertung des Status des Embryos feststellen,[46] so werden die Divergenzen spätestens im Vergleich mit den in Deutschland ebenfalls verankerten Weltreligionen des Islams und des Judentums sichtbar: Während die beiden christlichen Kirchen von einer umfassenden Schutzwürdigkeit des Embryos ab dem Zeitpunkt der Kernverschmelzung ausgehen,[47] beginnt die volle Schutzwürdigkeit nach den Vorstellungen des seinerseits stark fragmentierten Islams je nach vertretener Beseelungslehre erst mit dem 40., 80. oder 120. Tag. Es gibt jedoch auch islamische Positionen, die dem Beseelungszeitpunkt keine entscheidende Bedeutung beimessen.[48] Nach der jüdischen Religion bzw. dem jüdischen Gesetz (Halacha) erlangt der Embryo erst mit der Geburt einen eigenständigen Personenstatus, wobei eine erhöhte Schutzwürdigkeit des Embryos bereits mit dem Zeitpunkt der Beseelung am 40. Tag eintritt.[49] Weiterhin unterscheidet die Halacha regelmäßig zwischen der Schutzwürdigkeit des Embryos in vivo (im Mutterleib) und in-vitro (im Labor), was den Interessen der Stammzellforschung entschieden entgegen kommt und sich auch in einer entsprechenden Forschungspraxis in Israel niederschlägt.[50]

---

45 „Gottes Gesetz gibt es nur im Plural", siehe Graf, Friedrich Wilhelm (2006), Moses Vermächtnis. Über göttliche und menschliche Gesetze, München, 86 ff.; 89; vgl. auch Voigt (2008) und die Beiträge in Schicktanz/Tannert/Wiedemann (Hg.) (2003).

46 Dass auch hier Unterschiede im Hinblick auf die praktischen Konsequenzen für die Frage der Zulassung von Forschung an embryonalen Stammzellen bestehen zeigt die Studie von Voigt (2008) auf.

47 Höver, Gerhard/Eibach, Ulrich (2003), Die aktuelle Biomedizin aus der Sicht der christlichen Kirchen, in: Schicktanz/Tannert/Wiedemann (Hg.), 16–55, 22.

48 Ilkilic, Ilhan (2003), Die aktuelle Biomedizin aus der Sicht des Islam, in: Schicktanz/Tannert/Wiedemann (Hg.), 56–83, 62 ff. und zusammenfassend und vergleichend Kraus, Wolfgang (2003), Ein Vergleich der christlichen, islamischen und jüdischen Perspektiven, in: Schicktanz/Tannert/Wiedemann (Hg.), 107–131, 126.

49 Nordmann, Yves/Birnbaum, Michel (2003), Die aktuelle Biomedizin aus der Sicht des Judentums, in: Schicktanz/Tannert/Wiedemann (Hg.), 84–105, 97 ff.

50 Nordmann/Birnbaum (2003), 97 ff. und zusammenfassend 104.

Da sich jede dieser religiösen Positionen ausschließlich auf spezifische autoritative theologische Quellen beruft,[51] die von der jeweils anderen religiösen Position nicht anerkannt werden, scheint die diskursive Auflösung dieser Differenzen im Dialog der Religionsgemeinschaften unmöglich.[52] Hieran kann man sehen, dass politische und rechtliche Entscheidungen über grundlegende Fragen der Bioethik schon praktisch nicht von partikularen Vorstellungen des ethisch Guten oder religiös Gebotenen abhängig gemacht werden können, wenn man nicht eine dieser unvereinbaren religiösen Positionen zur Staatsideologie erheben möchte.

Sollen bioethische Normen mit gesellschaftsweiter Verbindlichkeit ausgestattet werden, so müssen diese also mit einem Geltungsanspruch versehen werden, der sich unabhängig von ethischen oder religiösen Partikularvorstellungen formulieren lässt. Wer einen universellen Geltungsanspruch erhebt, bewegt sich immer schon im Kontext moralischer Rechtfertigung, in dem nur verallgemeinerbare und reziprok geltende Kriterien des moralisch Richtigen bzw. des Gerechten Geltung beanspruchen können. Dieses Gebot öffentlicher Rechtfertigung (public justification) erfordert, dass Freiheitseinschränkungen in einer säkularen Sprache gerechtfertigt werden müssen, die allen Bürgern gleichermaßen zugänglich ist.[53]

Für die Beantwortung konkreter normativer Fragen der Bioethik lassen sich aus dem formalen Prinzip öffentlicher Rechtfertigung aber ebenfalls keine hinreichend konkreten inhaltlichen Vorgaben entnehmen. Das moralische „Recht auf Rechtfertigung“ bleibt daher auf rechtlich-politische Konkretisierung, Institutionalisierung und Interpretation in Verfahren der Rechtsetzung und Rechtsanwendung angewiesen.[54] Nicht obwohl, sondern gerade weil den Fragen der Bioethik fundamentale ethische Wertkonflikte zugrunde liegen, muss die gesellschaftsweit bzw. rechtsordnungsweit verbindliche Lösung bioethischer Konflikte den Ressourcen eines positiven Rechts entnommen werden, das sich selbst seine eigene Grundlage geworden ist. Mit einer

---

51 Man vergleiche nur die Literaturverzeichnisse der oben genannten Gutachten in Schicktanz/Tannert/Wiedemann (Hg.) (2003).

52 Auf die Unterschiedlichkeit der religiösen Positionen in bioethischen Fragen weist auch Graf hin, vgl. Graf (2006), 86; er sieht zugleich, dass dieser Befund die „relative Autonomie weltlichen Rechts“ langfristig stärken dürfte.

53 Rawls (2005), 312 ff.; Habermas (2005), 119 ff., insb. 126 ff.

54 So Forst (2007), 198 mit Fn. 22 und 313.

Formulierung von Jürgen Habermas: Normativ gehaltvolle Botschaften können nur in der Sprache des Rechts *gesellschaftsweit* zirkulieren.[55]

Es lässt sich nun zeigen, dass die oben summarisch dargestellten Grundlagen eines politischen Liberalismus der Struktur des Religionsverfassungsrechts[56] des Grundgesetzes entsprechen.

3. 2 Die ethische Neutralität des Staates – Zum verfassungsrechtlichen Hintergrund

Das deutsche Grundgesetz verpflichtet nicht nur zur formell-institutionellen Trennung von Staat und Kirche, sondern auch materiell zur *weltanschaulich-religiösen Neutralität des Staates*.[57] Das Bundesverfassungsgericht wird nicht müde, diesen Grundsatz in seinen Entscheidungen zum Religionsrecht zu wiederholen. Es leitet ihn aus einer Zusammenschau verschiedener freiheits- und gleichheitsrechtlicher Vorschriften des Religionsverfassungsrechts ab: „Das Grundgesetz legt durch Art. 4 I, Art. 3 III GG sowie durch Art. 136 I und 4 und Art. 137 I WRV in Verbindung mit Art. 140 GG dem Staat als Heimstatt

[55] Habermas (1998), 78.

[56] Zum Begriff und zur Abgrenzung zum traditionellen Begriff des Staatskirchenrechts vgl. die Beiträge in Heinig, Hans Michael/Walter, Christian (Hg.) (2007), Staatskirchenrecht oder Religionsverfassungsrecht? Ein begriffspolitischer Grundsatzstreit, Tübingen sowie Walter, Christian (2006), Religionsverfassungsrecht, Tübingen, 128 ff. und 494 ff.

[57] Morlok, Martin (2004), Art. 4 GG, in: Dreier, Horst (Hg.), Grundgesetz. Kommentar. Präambel, Artikel 1–19, Bd. 1, Tübingen, 484–549, Rn. 146 ff.; Morlok, Martin (2008), Art. 140 GG, in: Dreier, Horst (Hg.), Grundgesetz. Kommentar. Artikel 83–146, Bd. 3, München, 1512–1669, Rn. 36 ff.; Kokott, Juliane (2009), Art. 4, in: Sachs, Michael (Hg.), Grundgesetz. Kommentar, München, 237–274, Rn. 4 f.; Jarass, Hans D./Pieroth, Bodo (2009), Grundgesetz für die Bundesrepublik Deutschland. Kommentar, 10. Auflage, München, Art. 4, Rn. 5 und umfassend Huster, Stefan (2002), Die ethische Neutralität des Staates. Eine liberale Interpretation der Verfassung, Tübingen. Zum gegenwärtigen Stand der Debatte um den Grundsatz der religiös-weltanschaulichen Neutralität in der deutschen Staatsrechtswissenschaft vgl. Heinig, Hans Michael (2009), Verschärfung der oder Abschied von der Neutralität? Zwei verfehlte Alternativen in der Debatte um den herkömmlichen Grundsatz religiös-weltanschaulicher Neutralität, in: Juristenzeitung, 1136–1140.

aller Staatsbürger ohne Ansehen der Person weltanschaulich-religiöse Neutralität auf."[58]

Biomedizinische Normen betreffen indes nicht primär das Verhältnis von Staat und Kirche oder anderen Religionsgemeinschaften, sondern das Verhältnis zwischen Staat und Bürger. Bei der rechtlichen Regulierung der Biomedizin geht es normativ um die Abgrenzung von Freiheitsbereichen in besonders grundrechtssensiblen Bereichen. Die strafrechtlichen Grenzen des Schwangerschaftsabbruchs greifen beispielsweise in das körperbezogene Selbstbestimmungsrecht der Schwangeren ein und berühren zugleich mögliche Rechtspositionen des Embryos, deren Qualität bekanntlich umstritten ist. Der Grundsatz der ethischen Neutralität, verstanden als Gebot der Begründungsneutralität,[59] muss hier in den jeweils betroffenen Grundrechten selbst verankert werden:[60] Niemand muss staatliche Eingriffe in seine Grundrechte hinnehmen, die allein weltanschaulich-religiös begründet sind. Schutzbereich und Schranken der Grundrechte müssen neutral interpretiert werden,[61] d. h. die Gründe, die zur Rechtfertigung des Grundrechtseingriffs angeführt werden, müssen auf neutralen, allgemeingültigen, nicht konfessionell oder weltanschaulich gebundenen Gesichtspunkten beruhen.[62] Die staatliche Neutralitätspflicht in bioethischen Fragen betont auch das BVerfG in seinem 2. Urteil zum Schwangerschaftsabbruch wenn es ausführt, das Lebensrecht des Nasciturus gelte „unabhängig von bestimmten religiösen oder philosophischen Überzeugungen, über die der Rechtsordnung eines religiös-weltanschaulich neutralen Staates kein Urteil zusteht."[63] Das Neutralitätsgebot schützt also, wie Stefan Huster betont, vor Eingriffen „aus den falschen Gründen."[64] Um gute Gründe für die Beschränkung wissenschaftlicher Forschungsvorhaben und individueller Freiheiten geht es auch in den Verhandlungen bioethischer Beratungsgremien, die ein unübersichtliches Feld bilden.

---

[58] BVerfGE 19, 206.

[59] Huster (2002), 633 ff.

[60] Grundlegend Huster (2002), 652 ff.

[61] Huster (2002), 653 ff.

[62] So BVerfGE 24, 236, 247 f. in Bezug auf den Schutzbereich; weitergehend Huster (2002), 653.

[63] BVerfGE 88, 203, 252 (2. Urteil zum Schwangerschaftsabbruch).

[64] Huster (2002), 657.

4. Bioethische Beratungsgremien zwischen Ethik, Religion, Politik und Recht: Hyper-Materialisierung, Ethisierung, Entdifferenzierung?

Vor dem Hintergrund der dargestellten Neutralitätspflicht des Staates überrascht es, dass Recht und Politik in biomedizinischen Kontexten selbst auf Ethik und damit möglicherweise sogar auf Religionen als umfassende Theorien des ethisch Guten zu verweisen scheinen, indem etwa medizinrechtliche Gesetze die „ethische Vertretbarkeit" von Forschungsvorhaben zu einer gesetzlichen Voraussetzung machen, die durch interdisziplinär besetzte Ethikkommissionen zu prüfen ist. Und auch die Einsetzung des mit mehreren religiösen Akteuren besetzten DER wirft Fragen im Hinblick auf das staatliche Neutralitätsgebot auf.

Die im Folgenden zu entfaltende These besteht darin, dass es auch für die Beurteilung ethischer und religiöser Einflüsse in bioethischen Beratungsgremien darauf ankommt, zwischen unterschiedlichen Kontexten der Rechtfertigung zu differenzieren. Es können drei Ebenen der Rechtfertigung unterschieden werden: Die erste Ebene bildet die Anwendung von Rechtsnormen durch Ethikkommissionen im Rahmen von medizinrechtlichen Verwaltungsverfahren (1.). Hierzu gehören insbesondere die Zentrale Ethikkommission des Stammzellgesetzes,[65] die Forschungs-Ethikkommissionen des Arzneimittelgesetzes[66] und die sogenannten Lebendspende-Kommissionen des Transplantationsgesetzes.[67] Die zweite Ebene betrifft neuartige Formen staatlich institutionalisierter und privilegierter Politikberatung in bioethischen Fragen, also insbesondere den DER[68] (2.). Die dritte Ebene bildet die Zivilgesellschaft, in der sich vielfältige bioethische Beratungsgremien i. w. S. identifizieren lassen (3.).

---

65 § 9 Stammzellgesetz = Gesetz zur Sicherstellung des Embryonenschutzes im Zusammenhang mit Einfuhr und Verwendung menschlicher embryonaler Stammzellen (Stammzellgesetz – StZG) vom 28. 6.2002, BGBl. 2002, 2277 ff.

66 §§ 40–42 Arzneimittelgesetz = Gesetz über den Verkehr mit Arzneimitteln (Arzneimittelgesetz – AMG) in der Fassung der Bekanntmachung der Neufassung des Arzneimittelgesetzes vom 12.12.2005, BGBl. 2005, 3394 ff.

67 § 8 III Transplantationsgesetz = Transplantationsgesetz in der Fassung der Bekanntmachung vom 4. 9.2007 (BGBl. I, 2206), das durch Artikel 3 des Gesetzes vom 17. 6.2009 (BGBl. I, 1990) geändert worden ist.

68 § 1 Ethikratgesetz = Gesetz zur Einrichtung des Deutschen Ethikrats (Ethikratgesetz – EthRG) vom 16.7.2007, BGBl. I, 1385.

4. 1 Rechtsanwendung: Ethikkommissionen im Verwaltungsverfahren

Den Rechtfertigungskontext mit der größten Nähe zu dem durch das Neutralitätsgebot verpflichteten Staat bildet die Ebene der Rechtsanwendung durch Ethikkommissionen, die im Rahmen von Verwaltungsverfahren den gesetzlichen Auftrag haben die „ethische Vertretbarkeit" medizinischer Forschungsvorhaben oder Behandlungsmaßnahmen zu beurteilen. Nach dem Selbstverständnis dieser Kommissionen verweist das Recht hier selbst auf einen *außerrechtlichen* Bewertungsmaßstab. So besteht die Aufgabe von Forschungs-Ethikkommissionen gemäß § 2 I 1 der Verordnung über die Ethikkommission des Landes Berlin darin, die ethische Vertretbarkeit *und* die Rechtmäßigkeit klinischer Prüfungen von Arzneimitteln bei Menschen zu bewerten.[69] Nach dieser Lesart führt die Einrichtung gesetzlicher Ethikkommissionen nicht lediglich zu einer Prozeduralisierung des rechtlichen Zulassungsverfahrens, sondern zu einer Hyper-Materialisierung: Sie eröffnet einen konkurrierenden materiell-inhaltlichen Bewertungshorizont, der den rechtlichen überlagert. Im Sinne der These einer „Renaissance der Ethik im Recht" formuliert etwa Marion Albers allgemein für Ethikkommissionen: „Ethik-Kommissionen sollen Entwicklungen und Projekte aus ethischer Sicht beurteilen; ihr Entscheidungsmaßstab stützt sich also auf die ‚Ethik'".[70]

Bei genauerer Betrachtung der rechtlichen Rahmenbedingungen der Ethikkommissionen lässt sich indes zeigen, dass diese Ethisierungs- und Entdifferenzierungsthese nicht überzeugen kann.[71] Die rechtlichen Barrieren für religiöse und ethische Begründungen von hoheitlichem Verwaltungshandeln in grundrechtsrelevanten Bereichen bleiben undurchlässig. Im Kontext rechtlicher Rechtfertigung, in dem gesetzliche Ethikkommissionen immer schon situiert sind, lösen sich als ethisch bezeichnete Entscheidungsmaßstäbe im praktischen Vollzug der Rechtsanwendung notwendig in rechtliche Kriterien auf. Die Tätigkeit der Ethikkommissionen unterliegt den Anforderungen an die öffentliche Rechtfertigung des Verwaltungshandelns, so dass ihre Entscheidungen und Voten nicht auf religiös-weltanschauliche Gründe oder partikulare Konzeptio-

[69] GVBl. für Berlin, 62. Jhg., Nr. 2, vom 20.1.2006, 26.

[70] Albers (2003), 419. Vgl. aber auch die differenzierende Analyse der Autorin ebenda, 427 ff.

[71] Hierzu ausführlich Fateh-Moghadam/Atzeni (2009), 119–129 und dort 129 ff. zu den empirisch-soziologischen Ergebnissen einer qualitativen Studie.

nen des ethisch Guten gestützt werden dürfen. Allerdings macht die Besetzung dieser Kommissionen mit Ethik-Experten, Theologen und Religionsvertretern normative Aporien ihrer rechtlichen Konstruktion sichtbar und wirft Fragen nach der Zweckmäßigkeit der eingerichteten Verfahren auf.

a) Die Zentrale Ethikkommission des Stammzellgesetzes (ZES)
Die ZES ist in dieser Hinsicht die wohl bemerkenswerteste Erscheinung in der bundesdeutschen Kommissionslandschaft. Die Tragödie des normativ widersprüchlichen rechtlichen Status des Embryos in der deutschen Rechtsordnung[72] wiederholt sich auf der verfahrensrechtlichen Ebene als Farce eines ethischen Beratungsverfahrens. Die Einrichtung einer prominent besetzten Zentralen Ethikkommission suggeriert, dass hier grundlegende Fragen der Bioethik verhandelt würden, die sich im Zusammenhang mit der Forschung an embryonalen Stammzellen stellen. Bei genauerem Hinsehen handelt es sich indes lediglich um ein Verfahrensmodell, indem bestimmte, rechtlich eng definierte Voraussetzungen der Forschung an embryonalen Stammzellen unter Einbeziehung interdisziplinären Sachverstandes präventiv geprüft werden. Gemäß § 9 StZG prüft und bewertet die ZES, ob die Voraussetzungen nach § 5 StZG erfüllt sind und das Forschungsvorhaben *in diesem Sinne ethisch vertretbar* ist. Die Voraussetzungen des § 5 StZG beschränken sich auf eine an wissenschaftsinternen Kriterien orientierte Prüfung der Hochrangigkeit der Forschungsziele[73] und der

[72] Der Embryo wird in-vitro stärker geschützt als in-vivo; während das Embryonenschutzgesetz von der Annahme einer vollen (Würde-)Schutzwürdigkeit jeder befruchteten Eizelle ausgeht, ist der Embryo im Mutterleib bis zur Nidation überhaupt nicht geschützt (Spirale; „Pille danach“) und genießt sodann im Rahmen der strafrechtlichen Vorschriften zum Schwangerschaftsabbruch einen abgestuften Schutz, der insgesamt eher schwach ist, wie das Problem der Spätabtreibung zeigt; zum Ganzen vgl. Merkel, Reinhard (2007), Der Schwangerschaftsabbruch, in: Roxin, Claus/Schroth, Ulrich (Hg.), Handbuch des Medizinstrafrechts, 3. Auflage, Stuttgart, 145–231 und Schroth, Ulrich (2007), Stammzellenforschung und Präimplantationsdiagnostik aus juristischer und ethischer Sicht, in: Roxin, Claus/ders. (Hg.), Handbuch des Medizinstrafrechts, 3. Auflage, Stuttgart, 435–461.

[73] Das Gesetz verwendet einen wissenschaftsinternen Begriff der Hochrangigkeit, so auch Birnbacher, Dieter (2003), „Hochrangigkeit“ im Stammzellgesetz – Ein Kommentar aus ethischer Sicht, in: Honnefelder, Ludger/Streffer, Christian (Hg.), Jahrbuch für Wissenschaft und Ethik, Bd. 8, 353–359, 356.

Alternativlosigkeit des Einsatzes von embryonalen Stammzellen. Die eigentlichen normativen Grundentscheidungen, das generelle Verbot der Gewinnung von embryonalen Stammzellen in Deutschland und die (dynamische) Stichtagsregelung für den Import von ausländischen embryonalen Stammzelllinien, hat der Gesetzgeber selbst getroffen, wozu er aus verfassungsrechtlichen Gründen (Vorrang und Vorbehalt des Gesetzes) auch verpflichtet war. Die Ethikkommission ist auf die Prüfung eines denkbar eng formulierten rechtlichen Konditionalprogramms beschränkt: Wenn die Hochrangigkeit und die Alternativlosigkeit zu bejahen sind, dann ist der Import der Stammzellen *ethisch vertretbar im Sinne des Gesetzes*.[74] Die ZES handelt also genau dann rechtswidrig, wenn sie das rechtlich vorgegebene Korsett verlässt und nach eigenen, genuin ethischen Kriterien entscheidet. Dies überwachen das Robert Koch-Institut (RKI) als Genehmigungsbehörde und im Konfliktfall die Verwaltungsgerichte.

Vor diesem Hintergrund stellt sich dann aber die Frage nach der Zweckmäßigkeit der gesetzlichen Zusammensetzung der ZES, die vier Sachverständige aus den Fachrichtungen Ethik und Theologie vorsieht.[75] Es ist nicht leicht zu sehen, wodurch Moralphilosophen, akademische Theologen oder gar Vertreter der Religionsgemeinschaften für die Beurteilung der Voraussetzungen des § 5 Stammzellgesetzes in besonderer Weise qualifiziert sind.[76] Tatsächlich ist die ZES gegenwärtig gleich mit vier religiösen Akteuren, zwei katholischen und zwei evangelischen Theologen, besetzt.[77] Wie sich die Teilnahme an einer Kommission, die die generelle Zulässigkeit der Forschung an aus Embryonen gewonnenen Stammzellen voraussetzt und die von 34 Forschungsanträgen bisher 32 genehmigt hat,[78] mit den jeweiligen

---

[74] So auch Birnbacher (2003), 356: Die Rolle der Ethikkommission werde so auf eine rein symbolische Funktion reduziert.

[75] Die ZES setzt sich gemäß § 8 StZG aus neun Sachverständigen der Fachrichtungen Biologie, Ethik, Medizin und Theologie zusammen. Vier der Sachverständigen werden aus den Fachrichtungen Ethik und Theologie, fünf der Sachverständigen aus den Fachrichtungen Biologie und Medizin berufen.

[76] Kritisch auch Birnbacher (2003), 354 f.

[77] Gemäß den Angaben des RKI (Stand: 15.10.2009); einzusehen unter: http://www.rki.de/cln_160/nn_207092/DE/Content/Gesund/Stammzellen/ZES/Mitglieder/mitglieder__node.html?__nnn=true (15.1.2010).

[78] Für den Zeitraum bis zum 30.11.2008 gemäß den Angaben der Tätigkeitberichte der ZES.

christlich-theologischen Positionen zum moralischen Status des Embryos verträgt, ist eine hier nicht zu diskutierende theologische Frage.[79] Mit Blick auf die oben dargestellten Positionen der Weltreligionen zum Status des Embryos würde die Besetzung der ZES mit Vertretern der jüdischen Religionsgemeinschaft aber prima facie näher liegen.

b) Die Ethikkommissionen des Arzneimittelgesetzes

Die historische Entwicklung der Forschungs-Ethikkommissionen des AMG steht exemplarisch für die Eigendynamik der Verrechtlichung von Ethikkommissionen: Die ursprünglich wissenschaftsinternen, ethischen Beratungsgremien haben sich mit der 12. AMG-Novelle zu Patientenschutzinstitutionen mit Behördencharakter entwickelt.[80] Der Grundsatz der Gesetzmäßigkeit der Verwaltung fungiert hier insofern als *Entdifferenzierungssperre,* als die Entscheidungen der Ethikkommissionen aufgrund gesetzlicher Grundlagen erfolgen müssen, die die wesentlichen Entscheidungen über die Zulässigkeit von klinischen Prüfungen von Arzneimitteln selbst treffen.[81] Die in § 40 ff. AMG abschließend umschriebenen rechtlichen Versagungskriterien[82] für die klinische Prüfung von Arzneimitteln lassen daher zu Recht keinerlei ethischen Spielraum zu.[83]

Auch hier stellen sich Fragen nach der Zweckmäßigkeit der Besetzung der Kommissionen mit Ethik-Experten und religiösen Akteuren, wie sie etwa das Bayerische Ausführungsgesetz zum AMG vorsieht. Diese Position kann von Theologen, Vertretern der Religionsgemeinschaften, Philosophen, aber auch von Ärzten mit „besonderer wissenschaftlicher

---

79 Dass man hier aus theologischer Sicht durchaus zu differenzierenden Ergebnisses kommen kann, zeigt Voigt (2008), 261 ff.

80 Dazu ausführlich Wölk, Florian (2002), Zwischen ethischer Beratung und rechtlicher Kontrolle – Aufgaben und Funktionswandel der Ethikkommissionen in der medizinischen Forschung am Menschen, in: Ethik in der Medizin 14, 252–269; Taupitz, Jochen (2003), Ethikkommissionen in der Politik: Bleibt die Ethik auf der Strecke?, in: Juristenzeitung, 815–821.; Deutsch, Erwin (2006), Das neue Bild der Ethikkommission, in: Medizinrecht 24, 411–416 sowie Fateh-Moghadam/Atzeni (2009).

81 Zur Wesentlichkeitsdoktrin des Bundesverfassungsgerichts vgl. BVerfGE 83, 130, 149 ff.

82 Deutsch (2006), 415.

83 Zur rechtsstaatlichen Notwendigkeit dieser Entwicklung sowie zur Bedeutung des verwaltungsrechtlichen Instituts des Beurteilungsspielraums vgl. ausführlich Fateh-Moghadam/Atzeni (2009), 123 f. und 127 f.

oder beruflicher Erfahrung auf dem Gebiet der Ethik in der Medizin" besetzt werden.[84] Die empirisch-soziologischen Daten zur Praxis der Kommissionen zeigen dabei, dass die Expertise der Ethik-Experten vor allem darin besteht, gerade nicht Experte zu sein, sondern als Laie mit gesundem Menschenverstand einen kritischen Blick auf das Forschungsdesign und die Aufklärungsbögen zu werfen.[85] Vor diesem Hintergrund ist es konsequent und in der Sache vorzugswürdig, wenn die AMG-Ethikkommission des Landes Berlin auf die Beteiligung von Mitgliedern mit „besonderer ethischer Kompetenz" verzichtet und stattdessen, neben den Vertretern der Medizin und der Wissenschaft, schlicht mit „zwei Laien" zu besetzen ist.[86] Bei diesen Laien kann es sich selbstverständlich auch um religiöse Akteure handeln, diese nehmen die Aufgabe dann aber nicht *als solche* war, sondern eben als Laien. Dadurch, dass hier der Laie zum Experten gemacht wird, entsteht dann aus Sicht der Theologie die zunächst überraschende Frage, ob und wie Theologen und andere religiöse Akteure eine besondere „Laienkompetenz" ausbilden können, die sie für die Tätigkeit in Ethikkommissionen qualifiziert.[87]

4. 2 Institutionalisierte Politikberatung – Der Deutsche Ethikrat

Der zweite praktische Kontext in dem sich die Frage nach der Rechtfertigung des Einflusses von religiösen Akteuren stellt, ist die Ebene der staatlich institutionalisierten und privilegierten Politikberatung mit dem

---

84 So die Formulierung in Art. 29c Abs. 1 S. 3 Bayerisches Gesundheitsdienst- und Verbraucherschutzgesetz (GDVG); vgl. Gesetz über den öffentlichen Gesundheits- und Veterinärdienst, die Ernährung und den Verbraucherschutz sowie die Lebensmittelüberwachung (Gesundheitsdienst- und Verbraucherschutzgesetz – GDVG) vom 24.7.2003, GVBl. 2003, 452.

85 Fateh-Moghadam/Atzeni (2009), 139 f. Für den Ethikrat kommt Bogner (2009), 129, zu sehr ähnlichen Ergebnissen: „Niemand muss nachts bei Kant und Rawls nachlesen, um am nächsten Tag in der Kommissionssitzung bestehen zu können."

86 § 2 Abs. 2 S. 3 Nr. 6 des Gesetzes zur Errichtung einer Ethik-Kommission des Landes Berlin vom 7.9.2005, GVBl. Berlin, 61. Jhg., Nr. 32, 16.9.2005, 466. Dies hat zudem den Vorteil, dass es sich bei den Laien gerade nicht um Mediziner oder Wissenschaftler mit ethischer Zusatzqualifikation handeln darf, wie es etwa in Bayern der Fall ist, wodurch etwaige Rollenkonflikte vermieden werden.

87 Vgl. die Anregung von Schleissing, Stephan/Zichy, Michael (2009), Religion in bioethischen Diskursen. Internationale und interreligiöse Perspektiven. Rück-

zentralen Beispiel des DER. Sie bewegt sich zwischen der unmittelbar staatlichen Ebene der Rechtsanwendung und dem allgemeinen praktischen Diskurs der Zivilgesellschaft und ist daher mit Blick auf die Anforderungen an die religiös-weltanschauliche Neutralität des Staates am schwierigsten zu beurteilen. Eine abschließende Antwort wird daher erst am Ende dieses Beitrags, nach der Erörterung der Ebene der Zivilgesellschaft, möglich sein.

Der DER ist ein durch Gesetz eingerichteter unabhängiger Sachverständigenrat zur Bewertung ethischer Fragestellungen in den Lebenswissenschaften.[88] Er soll gemäß der amtlichen Begründung des Ethikratgesetzes zugleich ein nationales Forum des Dialogs über ethische Fragen in den Lebenswissenschaften sein.[89] Zu seinen Aufgaben gehören insbesondere: 1. Die Information der Öffentlichkeit und Förderung der Diskussion in der Gesellschaft unter Einbeziehung der verschiedenen gesellschaftlichen Gruppen (Deliberation „von oben"); 2. Die Erarbeitung von Stellungnahmen sowie von Empfehlungen für politisches und gesetzgeberisches Handeln (Politikberatung) und 3. die Zusammenarbeit mit nationalen Ethikräten und vergleichbaren Einrichtungen anderer Staaten und internationaler Organisationen (Repräsentation).

Diese Aufgaben sollen von einem interdisziplinären Gremium von Personen erfüllt werden, die zu gleichen Teilen vom Bundestag und der Bundesregierung berufen werden. Der DER besteht aus 26 Mitgliedern, die neben naturwissenschaftlichen, medizinischen, sozialen und ökonomischen auch theologische, philosophische, ethische und rechtliche Belange in besonderer Weise repräsentieren sollen.[90] Dabei soll es sich einerseits um Wissenschaftler aus den genannten Wissenschaftsgebieten handeln, andererseits um „anerkannte Personen, die in besonderer Weise mit ethischen Fragen der Lebenswissenschaften vertraut sind."[91] Das Gesetz legt Wert darauf, dass im Ethikrat unterschiedliche „ethische Ansätze" und ein plurales Meinungsspektrum vertreten sind.[92] Der Ethikrat

---

blick auf ein Symposium vom 18. bis 19. Februar 2009 in München, in: Zeitschrift für Evangelische Ethik 3, 215–219.

88 § 1 EthRG, Ethikratgesetz = Gesetz zur Einrichtung des Deutschen Ethikrats (Ethikratgesetz – EthRG) vom 16.7.2007, BGBl. I, 1385.

89 Begründung zum EthRG, BT-Drucks 16/2856.

90 § 4 I 1 EthRG.

91 § 4 I 2 EthRG.

92 § 4 II EthRG, wobei der Begriff „ethische Ansätze" unbestimmt bleibt.

ist von anderen staatlichen Einrichtungen unabhängig und seine Mitglieder üben ihr Amt persönlich und unabhängig aus.[93]

Es handelt sich mithin um ein hybrides Gebilde aus einem institutionalisierten Gremium der *Deliberation von oben*, das die Meinungsvielfalt in der Gesellschaft abbilden und zugleich aktiv strukturieren soll,[94] einem wissenschaftlichen Expertengremium zur Politikberatung und einer Institution, die die Bundesrepublik Deutschland in ethischen Fragen nach außen vertreten soll. Für die Frage der Legitimationsanforderungen ist von Bedeutung, dass der Ethikrat keine verbindlichen Entscheidungen trifft und die Entscheidungen von Bundesregierung und Parlament auch nicht faktisch präjudizieren soll.[95] In der verwaltungsrechtlichen Terminologie von Schmidt-Aßmann handelt es sich mithin nicht um ein Entscheidungsgremium, sondern um ein Gremium privilegierter Beratung.[96] Die Anforderungen an die rechtsstaatliche Legitimation sind hier geringer als bei vergleichbaren unabhängigen Entscheidungsgremien wie der Bundesprüfstelle für jugendgefährdende Medien. Als ein staatliches Gremium privilegierter (Politik-)Beratung ist der Ethikrat aber auch nicht frei von öffentlich-rechtlichen Bindungen. So spricht viel dafür, dass die ethische Neutralitätspflicht des Staates hier zumindest in seinem objektiv-rechtlichen Gehalt in Form des Gleichbehandlungsgebots (Parität)[97] aktiviert wird, das hier als Benachteiligungs- bzw. Bevorzugungsverbot wirkt. *Dass* der Ethikrat überhaupt mit religiösen Akteu-

---

93 § 3 EthRG.

94 Die Idee, die Diskussion in der Gesellschaft, also gewissermaßen den „herrschaftsfreien Diskurs" der „wilden politischen Öffentlichkeit" (Habermas) über bioethische Fragen aktiv von oben zu „fördern" und zu steuern, entspricht dem Paradigma der „Bürgergesellschaft", das in der politischen Soziologie als „verdeckter Paternalismus eines politischen Programms" diskutiert wird, vgl. Sutter, Barbara/Maasen, Sabine (2010), "Bürgergesellschaft". Der verdeckte Paternalismus eines politischen Programms, in: Fateh-Moghadam, Bijan/Sellmaier, Stephan/Vossenkuhl, Wilhelm (Hg.), Grenzen des Paternalismus, Stuttgart, 318–340.

95 Dies soll auch § 4 Abs. 3 EthRG unterstützen, wonach die Mitglieder des Ethikrats weder einer gesetzgebenden Körperschaft des Bundes oder eines Landes noch der Bundesregierung oder einer Landesregierung angehören.

96 Schmidt-Aßmann, Eberhard (2001), Grundrechtspositionen und Legitimationsfragen im öffentlichen Gesundheitswesen. Verfassungsrechtliche Anforderungen an Entscheidungsgremien in der gesetzlichen Krankenversicherung und im Transplantationswesen, Berlin, New York, 79 ff.

97 Morlok (2008), Rn. 41.

ren besetzt werden darf, ist aus Sicht des deutschen Religionsverfassungsrechts, das durch den Grundsatz der „offenen Neutralität" geprägt ist[98], nicht zu beanstanden; *wenn* der Staat aber Religionsgemeinschaften beteiligt, *dann* muss er dies gleichmäßig tun. Auch § 4 II EthRG, nach dem im Ethikrat unterschiedliche ethische Ansätze und ein plurales Meinungsspektrum vertreten sein sollen, scheint auf eine Gleichbehandlung der Religionsgemeinschaften zumindest im Sinne einer abgestuften Chancengleichheit hinzuwirken. Dass die Besetzung des DER unter dem Gesichtspunkt der religiös-weltanschaulichen Neutralität gewissen verfassungsrechtlichen Grenzen unterliegen muss, wird deutlich, wenn man sich den Extremfall vorstellt, der Gesetzgeber hätte einen „Christlichen Deutschen Ethikrat" oder gar einen „Katholischen Deutschen Ethikrat" eingerichtet. Das Beispiel zeigt, dass es auch auf der Ebene staatlich institutionalisierter Politikberatung verfassungsrechtliche Schranken geben muss, die aus der ethischen Neutralität des Staates folgen. In der tatsächlichen Besetzungspraxis wurde das Neutralitätsgebot allerdings nicht beachtet. Der DER wurde mit vier eindeutig religiösen Akteuren, zwei Theologen und zwei Bischöfen besetzt, die sämtlich einer der beiden großen christlichen Kirchen bzw. Konfessionen zugeordnet werden können. Die Diskriminierung anderer Religionsgemeinschaften, insbesondere des Judentums und des Islams wirkt hier um so schwerer, als die Mitglieder des Ethikrats nicht als Repräsentanten von Organisationen, sondern als individuelle Persönlichkeiten berufen werden, so dass die fehlende Organisations- und Vertretungsstruktur der islamischen Religionsgemeinschaft von vornherein kein Problem bereitet. Die engstirnige Beschränkung auf Vertreter der christlichen Konfessionen in einem Gremium, das ethische Grundfragen verhandeln soll, führt zu einer „kontra-

[98] Offene Neutralität ist eine integrierende Neutralität, die religiös-weltanschauliche Äußerungen als Ausdruck der Religionsfreiheit paritätisch unterstützt, vgl. Czermak, Gerhard/Hilgendorf, Eric (2008), Religions- und Weltanschauungsrecht. Eine Einführung, Berlin, 94 f. Im Verfassungsrecht wird auch von einer „hinkenden Trennung" von Staat und Kirche, vgl. Jarass/Pieroth (2009), Art. 4, Rn. 4 und Art. 140/137 WRV, Rn. 2; Brugger, Winfried (2007), Von Feindschaft über Anerkennung zur Identifikation. Staat-Kirche-Modelle und ihr Verhältnis zur Religionsfreiheit, in: Joas, Hans/Wiegandt, Klaus (Hg.), Säkularisierung und die Weltreligionen, Frankfurt a. M., 253–283, 265 oder von einem Kooperationsmodell, vgl. Walter (2006), 96 ff.; Kokott (2009), Rn. 6, gesprochen. Jedenfalls beruht die religionsverfassungsrechtliche Ordnung des Grundgesetzes nicht auf einem strikten Trennungssystem französischer oder us-amerikanischer Provenienz.

produktiven Klerikalisierung"[99] des bioethischen Diskurses und darf in ihrer negativen symbolischen Wirkung für die Integration der religiös pluralistischen deutschen Gesellschaft nicht unterschätzt werden.[100]

Die weitergehende Frage, ob der DER seinen Stellungnahmen und Empfehlungen explizit religiös-weltanschauliche Begründungen zugrunde legen darf, ob diesen also das Neutralitätsgebot im Sinne einer rechtlichen Pflicht zum öffentlichen Vernunftgebrauch trifft, soll im Zusammenhang mit der dritten und letzten Rechtfertigungsebene diskutiert werden.

4. 3 Zivilgesellschaft

Für die Zivilgesellschaft, also das Ensemble der gemeinhin privat genannten Akteure,[101] kann die Neutralitätspflicht des Staates schon begrifflich nicht gelten. Die Neutralitätspflicht trifft den Staat als denjenigen, den die Grundrechte verpflichten. Bürger und Religionsgemeinschaften dürfen vom Staat Neutralität verlangen, nicht aber der Staat vom Bürger. Im Gegenteil: Die Religionsfreiheit und die Kommunikationsgrundrechte sichern den Bürgern, Verbänden und Religionsgemeinschaften einen Freiraum, in dem sie sich als ethische oder gläubige Personen, in den Grenzen der allgemeinen Gesetze,[102] auch öffentlich entfalten können. Interventionen religiöser Akteure zu bioethischen Streifragen durch öffentliche Stellungnahmen, politische Aktionen und durch die Mitwirkung an privat organisierten bioethischen Beratungsgremien bewegen sich vornehmlich in diesem staatsfernen Bereich der Zivilgesellschaft. Beispiele für bioethische Beratungsgremien auf dieser Ebene bilden krankenhausinterne Klinische Ethik-Komitees (KEK) und Ethik-Konsile, die sich organisationsintern mit Einzelfällen beschäftigen, die

---

99 Graf (2006), 85.

100 Vgl. dazu Graf (2009), 85 f. sowie aus politikwissenschaftlicher Perspektive Willems, Ulrich (2004), Weltanschaulich neutraler Staat, christlich-abendländische Kultur und Laizismus. Zu Struktur und Konsequenzen aktueller religionspolitischer Konflikte in der Bundesrepublik, in: Walther, Manfred (Hg.), Religion und Politik. Zur Theorie und Praxis des theologisch-politischen Komplexes, Baden-Baden.

101 Der Begriff geht auf Gramsci zurück, vgl. Gramsci, Antonio (1996), Gefängnishefte, Bd. 7, Heft 12–15, Heft 12, § 1, 1502.

102 Zu den Anforderungen an die Rechts- und Verfassungstreue von Religionsgemeinschaften vgl. Walter (2008), 1076.

ethische Fragen aufwerfen und häufig mit Problemen der Kommunikation zwischen Ärzten, Pflegepersonal, Seelsorgern, Patienten und Angehörigen verbunden sind.[103]

Wie eingangs festgestellt, ist die religiös-weltanschauliche Neutralität des Staates im Kontext zivilgesellschaftlichen Handelns religiöser Akteure nicht berührt, da der Staat und nicht die religiösen Akteure durch das Neutralitätsgebot verpflichtet werden. Den Versuch einer Übertragung des Neutralitätsgebots auf die Beziehungen zwischen Bürgern, privaten Verbänden und Religionsgemeinschaften kann man in Ansätzen erblicken, die die normativen Implikationen einer Pflicht zum öffentlichen Vernunftgebrauch (John Rawls)[104], für jeden Staatsbürger, also auch die religiösen Akteure betonen. Aus einer juristischen Perspektive hat die Debatte über die Reichweite der Pflicht zum öffentlichen Vernunftgebrauch, die sich an einigen neueren Stellungnahmen von Jürgen Habermas entzündet hat,[105] allerdings kaum Relevanz, da die rechtliche Antwort eindeutig ist: Selbstverständlich dürfen Kirchen, Religionsgemeinschaften und Neue religiöse Bewegungen sowie – erst recht – der einzelne Gläubige auch außerhalb ihrer Gemeinden unter dem Schutz der Religions- und Meinungsfreiheit in den „wilden" öffentlichen politischen Diskurs mit ausschließlich theologisch-religiös begründeten Stellungnahmen eingreifen. Rawls hat die Pflicht zum öffentlichen Vernunftgebrauch aus gutem Grund als moralische und nicht als rechtliche Pflicht konstruiert: „This duty, like other political rights and duties, is an intrinsically moral duty. I emphasize that it is not a legal duty, for in that case it would be incompatible with freedom of speech."[106] Eine rechtliche Verpflichtung der Bürger zum öffentlichen Vernunftgebrauch auf der Ebe-

---

103 Dazu Wagner, Elke (2008), Der Arzt und seine Kritiker. Zur Aktivierung authentischer Publika im Krankenhaus, in: Saake, Irmhild/Vogd, Werner (Hg.), Moderne Mythen der Medizin. Studien zur organisierten Krankenbehandlung, Wiesbaden, 265–284.

104 Rawls (2005), 312 ff.; Rawls, John (Hg.) (2002), The Law of Peoples with „The Idea of Public Reason Revisited", 4. Auflage, Cambridge, MA, 132 ff.; dazu Habermas (2005), 123 ff.; vgl. auch das ähnliche Prinzip „säkularer Rechtfertigung" (principle of secular rationale) bei Audi, Robert (2000), Religious Commitment and Secular Reason, Cambridge, MA, 86 ff.

105 Zur Kritik an Habermas vgl. D'Arcais, Paolo Flores (2007), Elf Thesen zu Habermas. Die Weltreligionen sind mächtig genug. Deshalb ist es ein Fehler, wenn Philosophen sie als Sinn-Ressource der Demokratie feiern, in: Die Zeit 48, 22.11., 53 und die (überzeugende) Antwort von Habermas in Habermas (2007).

106 Rawls (Hg.) (2002), 136.

ne der Zivilgesellschaft bedeutete nicht nur eine „säkularistische Überverallgemeinerung“[107], sie würde vielmehr mit dem Prinzip des freedom of speech zugleich die Grundlagen des politischen Liberalismus selbst beseitigen. Es kann also nur darum gehen, ob es ein moralisches Gebot der staatsbürgerlichen Vernunft gibt, das religiösen Akteuren nahe legt, auch in den bioethischen Diskursen der Zivilgesellschaft, ihre Gründe in einer säkularen Sprache zu formulieren, die prinzipiell allen Beteiligten zugänglich ist. Umgekehrt kann auch die von Habermas geforderte Bereitschaft der staatlich-politischen Akteure, religiös formulierte Gründe auf ihren vernünftigen säkularen Gehalt zu prüfen und gegebenenfalls zu übersetzen, nicht als eine rechtliche Verpflichtung betrachtet werden.[108] Die Reichweite der moralischen Pflicht zum öffentlichen Vernunftgebrauch ist hier nicht weiter zu diskutieren.[109]

Für eine rechtliche Theorie der religiös-weltanschaulichen Neutralität des Staates besteht der Vorzug der Konzeption von Habermas darin, dass er deutlicher als andere liberale Philosophen zwischen der staatlichen Ebene und der Ebene der Zivilgesellschaft differenziert: „Wir müssen allerdings die institutionalisierten Deliberations- und Entscheidungsprozesse auf der Ebene der Parlamente, Gerichte, Ministerien und Verwaltungsbehörden klar vom informellen Engagement der Bürger in Zivilgesellschaft und politischer Öffentlichkeit unterscheiden.“[110] Für die hier zu diskutierende rechtliche Reichweite des Neutralitätsgebots kommt es allein auf die von Habermas betonten staatlich-institutionellen Schwellen „zwischen der ‚wilden‘ politischen Öffentlichkeit und den staatlichen Körperschaften an“, deren Funktion es ist Filter zu bilden, „die aus dem Stimmengewirr der öffentlichen Kommunikationsbeiträge nur die säkularen Beiträge durchlassen.“[111] Die abschließend zu beantwortende Frage ist, wo diese Schwelle im hier entwickelten Modell der Rechtfertigungskontexte bioethischer Beratungsgremien verläuft.

---

107 Habermas (2005), 134.

108 Gerade die Formulierung, dass der demokratische Staat nicht wissen könne, ob sich die Gesellschaft nicht von „Ressourcen der Sinn- und Identitätsstiftung“ abschneide, wenn sie die Kommunikation im öffentlichen Raum nicht für religiöse Äußerungen offen halte, siehe Habermas (2007), 1444, ist auf Kritik gestoßen.

109 Dazu Graf (2006), 66 sowie die in Fn. 102 genannten Beiträge.

110 Habermas (2007), 1444.

111 Habermas (2005), 137.

Diese Grenze muss dort gezogen werden, wo sich die Rechtfertigungsanforderungen nicht an private Akteure der Zivilgesellschaft als private Akteure richten, sondern an Institutionen, die im gesetzlichen Auftrag öffentliche Aufgaben erfüllen und organisatorisch der öffentlichen Staatsverwaltung zugeordnet werden können (vgl. Abbildung). Der DER liegt jenseits dieser Schwelle, da er als öffentlich-rechtlich verfasstes Gremium privilegierter Beratung in gesetzlichem Auftrag öffentliche Aufgaben erfüllt und staatsorganisatorisch Teil der unmittelbaren Staatsverwaltung ist. Der DER darf nicht deshalb, weil er unter anderem die Aufgabe hat, die Diskussion in der Gesellschaft zu fördern, so behandelt werden als sei er die Zivilgesellschaft oder als würde er diese abbilden. Indem er die „wilde politische Öffentlichkeit" im Wege der „Deliberation von oben" durch Institutionalisierung bewusst organisiert und steuert, unterscheidet er sich signifikant von den pluralen, netzwerkartigen und unberechenbaren Formen der „Deliberation von unten". Damit soll keineswegs behauptet werden, dass der DER die Öffentlichkeit von vorneherein in eine bestimmte Richtung gezielt beeinflussen möchte. Es kann jedoch nicht bestritten werden, dass seinen veröffentlichten Stellungnahmen eine privilegierte Bedeutung für die politischen Prozesse der Begründung bioethischer Normen zukommt. Als bedeutender staatlicher biopolitischer Akteur erweist sich der DER zudem bereits durch die Auswahl seiner Themen.

Abschließend kann festgestellt werden, dass das Neutralitätsgebot den DER auch in seiner materiell-inhaltlichen Dimension verpflichtet. Das verfassungsrechtliche Gebot ethischer Neutralität des Staates steht explizit religiös-weltanschaulichen Begründungen von Stellungnahmen des DER entgegen. Die empirische Auswertung der Wortprotokolle und der veröffentlichten Stellungnahmen des Nationalen Ethikrats (NER)[112] zeigt, dass die Religionsvertreter in der Praxis des Ethikrats bisher auf einen Gebrauch religiöser und theologischer Sprache verzichtet oder diese nur unter einem Übersetzungsvorbehalt in die Diskussion eingeführt haben.[113] Ob dies Ausdruck einer reflexiven, post-säkularen Vernunft

112 Der NER wurde durch den DER abgelöst.

113 Instruktiv Voigt (2008), 260 ff.; Voigt betont jedoch am Beispiel der von Religionsvertretern geschriebenen Sondervoten, dass auch dort, wo nicht mit expliziten religiösen Begriffen gearbeitet würde, hinter den Voten „theologische Reflexion" stecke. Vgl. auch Bogner (2009), der das empirische Material stärker auf das Problem der Marginalisierung der Fachethik hin untersucht.

ist[114] oder eher das Ergebnis einer Eigendynamik, die die kommunikative Praxis in interdisziplinären Kommissionen gleichsam hinter dem Rücken der Akteure entfaltet, ist eine Frage, die der weiteren soziologischen Aufklärung bedarf.

5. Fazit

Aus juristischer Perspektive stellt der Einfluss religiöser Akteure in bioethischen Beratungsgremien ein Problem der demokratischen und rechtsstaatlichen Legitimation der Rechtfertigung von Normen und Entscheidungen im biopolitischen Diskurs dar: Religion in bioethischen Diskursen ist prima facie rechtsstaatlich bedenklich. Die juristische Bewertung des Einflusses der Religion auf bioethische Beratungsgremien erfordert eine differenzierte Betrachtung des unübersichtlichen Feldes der Bioethik-Beratung. Die Rechtsanwendung durch Ethikkommissionen im Verwaltungsverfahren, die staatlich-institutionalisierte Politikberatung durch den DER und die zivilgesellschaftlichen Formen der Bioethik-Beratung bilden unterschiedliche Kontexte der Rechtfertigung, die dem Neutralitätsgebot unterschiedliche Bedeutung zuweisen. Der religionsverfassungsrechtliche Grundsatz der religiös-weltanschaulichen Neutralität des Staates greift überall dort ein, wo Beratungsgremien öffentliche Aufgaben als Teil der Staatsverwaltung erfüllen. Das Neutralitätsgebot betrifft damit nicht nur die Ethikkommissionen im Verwaltungsverfahren, sondern auch den DER. Die Intensität der Anforderungen an die rechtsstaatliche Legitimation solcher Gremien und die Reichweite der materiell-inhaltlichen Neutralitätspflicht hängen aber auch davon ab, in wieweit ihre Stellungnahmen faktischen oder rechtlichen Einfluss auf individuelle Grundrechtspositionen haben. Vor diesem Hintergrund scheint die tatsächliche Praxis der Besetzung von bioethischen Beratungsgremien mit Religionsvertretern der beiden großen christlichen Kirchen nicht immer zweckmäßig und mit Blick auf das Neutralitätsgebot zum Teil auch rechtsstaatlich bedenklich. Auf der nicht-staatlichen Ebene der Zivilgesellschaft ist der Einfluss der Religion auf bioethische Diskurse, in den Grenzen der allgemeinen Gesetze, nicht nur rechtlich unproblematisch, sondern sogar grundrechtlich geschützt. Das Gebot des öffentlichen Vernunftgebrauchs (Rawls) ist moralischer, nicht rechtlicher Natur.

---

[114] Dazu Voigt (2008), 267 f.

Abbildung: Bioethische Beratungsgremien – Rechtfertigungskontexte

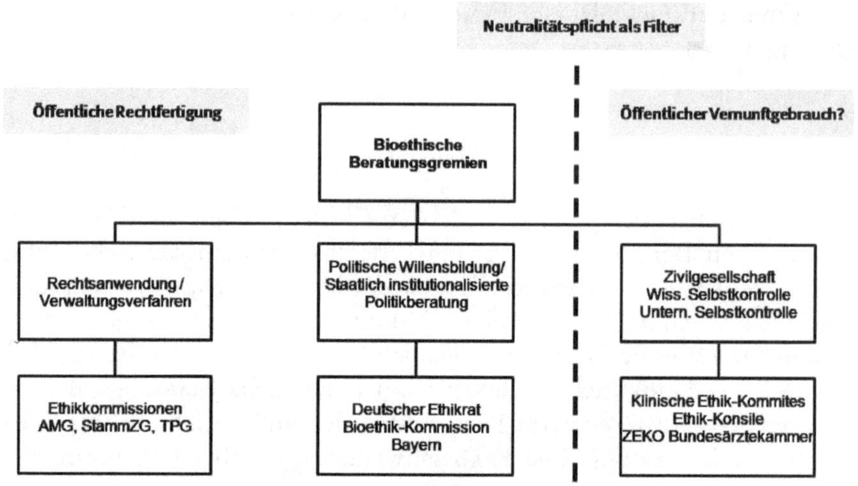

Literatur

After Secularisation (2006), The Hedgehog Review 8.

Albers, Marion (2003), Die Institutionalisierung von Ethik-Kommissionen: Zur Renaissance der Ethik im Recht, in: Kritische Vierteljahresschrift für Gesetzgebung und Rechtswissenschaft 86, 419–436.

Audi, Robert (2000), Religious Commitment and Secular Reason, Cambridge.

Beck, Ulrich (2008), Der eigene Gott. Von der Friedensfähigkeit und dem Gewaltpotential der Religionen, Frankfurt a. M.

Birnbacher, Dieter (2003), „Hochrangigkeit" im Stammzellgesetz – Ein Kommentar aus ethischer Sicht, in: Honnefelder, Ludger/Streffer, Christian (Hg.), Jahrbuch für Wissenschaft und Ethik, Bd. 8, Berlin, New York, 353–359.

Böckenförde, Ernst-Wolfgang (2006), Die Entstehung des Staates als Vorgang der Säkularisation, in: ders. (Hg.), Recht, Staat, Freiheit. Studien zur Rechtsphilosophie, Staatstheorie und Verfassungsgeschichte, Frankfurt a. M., 92–114.

Bogner, Alexander (2009), Ethisierung und die Marginalisierung der Ethik. Zur Mikropolitik des Wissens in Ethikräten, in: Soziale Welt 60, 119–137.

Bourdieu, Pierre (2009), Religion, Konstanz.

Brugger, Winfried (2007), Von Feindschaft über Anerkennung zur Identifikation. Staat-Kirche-Modelle und ihr Verhältnis zur Religionsfreiheit, in: Joas,

Hans/Wiegandt, Klaus (Hg.), Säkularisierung und die Weltreligionen, Frankfurt a. M., 253–283.

Casanova, José (1994), Public Religions in the Modern World, Chicago.

Casanova, José (2004), Religion und Öffentlichkeit. Ein Ost-/Westvergleich, in: Gabriel, Karl/Reuter, Hans-Richard (Hg.), Religion und Gesellschaft. Texte zur Religionssoziologie, Paderborn, 271–293.

Casanova, José (2006), Secularization Revisited: A Reply to Talal Asad, in: Scott, David/Hirschkind, Charles (Hg.), Powers of the Secular Modern: Talal Asad and His Interlocutors, Stanford, 12–30.

Casanova, José (2008), Public Religions Revisited, in: Große Kracht, Hermann-Josef (Hg.), Christentum und Solidarität. Bestandsaufnahmen zu Sozialethik und Religionssoziologie, Paderborn, 313–338.

Cover, Robert M. (1983), The Supreme Court. 1982 Term. Foreword: Nomos and Narrative, in: Harvard Law Review 97, 4–68.

Czermak, Gerhard/Hilgendorf, Eric (2008), Religions- und Weltanschauungsrecht. Eine Einführung, Berlin.

D'Arcais, Paolo Flores (2007), Elf Thesen zu Habermas. Die Weltreligionen sind mächtig genug. Deshalb ist es ein Fehler, wenn Philosophen sie als Sinn-Ressource der Demokratie feiern, in: Die Zeit 48, 22.11., 53.

Deutsch, Erwin (2006), Das neue Bild der Ethikkommission, in: Medizinrecht 24, 411–416.

Fateh-Moghadam, Bijan/Atzeni, Gina (2009), Ethisch vertretbar im Sinne des Gesetzes. Zum Verhältnis von Ethik und Recht am Beispiel der Praxis von Forschungs-Ethikkommisionen, in: Vöneky, Silja u. a. (Hg.), Legitimation ethischer Entscheidungen im Recht. Interdisziplinäre Untersuchungen, Berlin, Heidelberg, 114–143.

Forst, Rainer (2004), Kontexte der Gerechtigkeit. Politische Philosophie jenseits von Liberalismus und Kommunitarismus, Frankfurt a. M.

Forst, Rainer (2007), Das Recht auf Rechtfertigung. Elemente einer konstruktivistischen Theorie der Gerechtigkeit, Frankfurt a. M.

Graf, Friedrich Wilhelm (2005), Die Wiederkehr der Götter. Religion in der modernen Kultur, München.

Graf, Friedrich Wilhelm (2006), Moses Vermächtnis. Über göttliche und menschliche Gesetze, München.

Graf, Friedrich Wilhelm (2009), Missbrauchte Götter. Zum Menschenbilderstreit in der Moderne, München.

Gramsci, Antonio (1996), Gefängnishefte, Bd. 7, Heft 12–15.

Große Kracht, Hermann-Josef (2004), Religionen zwischen Säkularisierung und Entprivatisierung: José Casanovas These vom Wiedererstarken öffentlicher Religionen in der späten Moderne. Einführung, in: Gabriel, Karl/Reuter, Hans-Richard

(Hg.), Religion und Gesellschaft. Texte zur Religionssoziologie, Paderborn, 269–270.

Gutmann, Thomas (2008), Christliche Imprägnierung des Strafgesetzbuchs?, in: Dreier, Horst/Hilgendorf, Eric (Hg.), Kulturelle Identität als Grund und Grenze des Rechts. Akten der IVR-Tagung vom 28.-30. September 2006 in Würzburg, Stuttgart, 295–313.

Habermas, Jürgen (1983), Diskursethik – Notizen zu einem Begründungsprogramm, in: Habermas, Jürgen (Hg.), Moralbewußtsein und kommunikatives Handeln, Frankfurt a. M., 53–126.

Habermas, Jürgen (1998), Faktizität und Geltung. Beiträge zur Diskurstheorie des Rechts und des demokratischen Rechtsstaats, Frankfurt a. M.

Habermas, Jürgen (2005), Zwischen Naturalismus und Religion. Philosophische Aufsätze, Frankfurt a. M.

Habermas, Jürgen (2007), Die öffentliche Stimme der Religion. Säkularer Staat und Glaubenspluralismus, in: Blätter für deutsche und internationale Politik, 1441–1446.

Heinig, Hans Michael (2009), Verschärfung der oder Abschied von der Neutralität? Zwei verfehlte Alternativen in der Debatte um den herkömmlichen Grundsatz religiös-weltanschaulicher Neutralität, in: Juristenzeitung, 1136–1140.

Heinig, Hans Michael/Walter, Christian (Hg.) (2007), Staatskirchenrecht oder Religionsverfassungsrecht? Ein begriffspolitischer Grundsatzstreit, Tübingen.

Hochgeschwender, Michael (2007), Amerikanische Religion. Evangelikalismus, Pfingstlertum und Fundamentalismus, Frankfurt a. M.

Hofmann, Hasso (2003), Recht, Politik und Religion, in: Juristenzeitung 58, 377–385.

Höver, Gerhard/Eibach, Ulrich (2003), Die aktuelle Biomedizin aus der Sicht der christlichen Kirchen, in: Schicktanz, Silke/Tannert, Christof/Wiedemann, Peter (Hg.), Kulturelle Aspekte der Biomedizin. Bioethik, Religionen und Alltagsperspektiven, Frankfurt a. M., 16–55.

Huster, Stefan (2002), Die ethische Neutralität des Staates. Eine liberale Interpretation der Verfassung, Tübingen.

Ilkilic, Ilhan (2003), Die aktuelle Biomedizin aus der Sicht des Islam, in: Schicktanz, Silke/Tannert, Christof/Wiedemann, Peter (Hg.), Kulturelle Aspekte der Biomedizin. Bioethik, Religionen und Alltagsperspektiven, Frankfurt a. M., 56–83.

Jarass, Hans D./Pieroth, Bodo (2009), Grundgesetz für die Bundesrepublik Deutschland. Kommentar, 10. Auflage, München.

Knoblauch, Hubert (2009), Populäre Religion. Auf dem Weg in eine spirituelle Gesellschaft, Frankfurt a. M.

Kokott, Juliane (2009), Art. 4, in: Sachs, Michael (Hg.), Grundgesetz. Kommentar, München, 237–274.

Kraus, Wolfgang (2003), Ein Vergleich der christlichen, islamischen und jüdischen Perspektiven, in: Schicktanz, Silke/Tannert, Christof/Wiedemann, Peter (Hg.), Kulturelle Aspekte der Biomedizin. Bioethik, Religionen und Alltagsperspektiven, Frankfurt a. M., 107–131.

Lübbe, Hermann (2003), Säkularisierung. Geschichte eines ideenpolitischen Begriffs, 3. Auflage, Freiburg.

Luckmann, Thomas (1991), Die unsichtbare Religion, Frankfurt a. M.

Luhmann, Niklas (1998), Die Gesellschaft der Gesellschaft, Frankfurt a. M.

Luhmann, Niklas (2002), Die Religion der Gesellschaft, Frankfurt a. M.

Merkel, Reinhard (2007), Der Schwangerschaftsabbruch, in: Roxin, Claus/Schroth, Ulrich (Hg.), Handbuch des Medizinstrafrechts, 3. Auflage, Stuttgart, 145–231.

Morlok, Martin (2004), Art. 4 GG, in: Dreier, Horst (Hg.), Grundgesetz. Kommentar. Präambel, Artikel 1–19, Bd. 1, Tübingen, 484–549.

Morlok, Martin (2008), Art. 140 GG, in: Dreier, Horst (Hg.), Grundgesetz. Kommentar. Artikel 83–146, Bd. 3, München, 1512–1669.

Nordmann, Yves/Birnbaum, Michel (2003), Die aktuelle Biomedizin aus der Sicht des Judentums, in: Schicktanz, Silke/Tannert, Christof/Wiedemann, Peter (Hg.), Kulturelle Aspekte der Biomedizin. Bioethik, Religionen und Alltagsperspektiven, Frankfurt a. M., 84–105.

Pollack, Detlef (2009), Rückkehr des Religiösen? Studien zum religiösen Wandel in Deutschland und Europa II, Tübingen.

Rawls, John (1997), Die Idee des politischen Liberalismus. Aufsätze 1978–1989, Frankfurt a. M.

Rawls, John (Hg.) (2002), The Law of Peoples with "The Idea of Public Reason Revisited", 4. Auflage, Cambridge, MA.

Rawls, John (2005), Politischer Liberalismus, Frankfurt a. M.

Roellecke, Gerd (2004), Die Entkoppelung von Recht und Religion, in: Juristenzeitung 59, 105–110.

Schicktanz, Silke/Tannert, Christof/Wiedemann, Peter (Hg.) (2003), Kulturelle Aspekte der Biomedizin. Bioethik, Religionen und Alltagsperspektiven, Frankfurt a. M.

Schleissing, Stephan/Zichy, Michael (2009), Religion in bioethischen Diskursen. Internationale und interreligiöse Perspektiven. Rückblick auf ein Symposium vom 18. bis 19. Februar 2009 in München, in: Zeitschrift für Evangelische Ethik 3, 215–219.

Schmidt-Aßmann, Eberhard (2001), Grundrechtspositionen und Legitimationsfragen im öffentlichen Gesundheitswesen. Verfassungsrechtliche Anforderungen an Entscheidungsgremien in der gesetzlichen Krankenversicherung und im Transplantationswesen, Berlin, New York.

Schroth, Ulrich (2007), Stammzellenforschung und Präimplantationsdiagnostik aus juristischer und ethischer Sicht, in: Roxin, Claus/ders. (Hg.), Handbuch des Medizinstrafrechts, 3. Auflage, Stuttgart, 435–461.

Sutter, Barbara/Maasen, Sabine (2010), "Bürgergesellschaft". Der verdeckte Paternalismus eines politischen Programms, in: Fateh-Moghadam, Bijan/Sellmaier, Stephan/Vossenkuhl, Wilhelm (Hg.), Grenzen des Paternalismus, Stuttgart, 318–340.

Taupitz, Jochen (2003), Ethikkommissionen in der Politik: Bleibt die Ethik auf der Strecke?, in: Juristenzeitung, 815–821.

Taylor, Charles (2009), Ein säkulares Zeitalter, Frankfurt a. M.

Voigt, Friedemann (2008), Religion und Religionsvertreter in ethischen Diskursen und Kommissionen, in: Zichy, Michael/Grimm, Herwig (Hg.), Praxis in der Ethik. Zur Methodenreflexion in der anwendungsorientierten Moralphilosophie, Berlin, New York, 249–273.

Wagner, Elke (2008), Der Arzt und seine Kritiker. Zur Aktivierung authentischer Publika im Krankenhaus, in: Saake, Irmhild/Vogd, Werner (Hg.), Moderne Mythen der Medizin. Studien zur organisierten Krankenbehandlung, Wiesbaden, 265–284.

Walter, Christian (2006), Religionsverfassungsrecht, Tübingen.

Walter, Christian (2008), Religiöse Freiheit als Gefahr? Eine Gegenrede, in: Das Deutsche Verwaltungsblatt, 1073–1080.

Weber, Max/Kaesler, Dirk (2004), Die protestantische Ethik und der Geist des Kapitalismus, München.

Willems, Ulrich (2004), Weltanschaulich neutraler Staat, christlich-abendländische Kultur und Laizismus. Zu Struktur und Konsequenzen aktueller religionspolitischer Konflikte in der Bundesrepublik, in: Walther, Manfred (Hg.), Religion und Politik. Zur Theorie und Praxis des theologisch-politischen Komplexes, Baden-Baden.

Wölk, Florian (2002), Zwischen ethischer Beratung und rechtlicher Kontrolle – Aufgaben und Funktionswandel der Ethikkommissionen in der medizinischen Forschung am Menschen, in: Ethik in der Medizin 14, 252–269.

Religion in der Bioethik: Theologische Perspektiven

Reiner Anselm

Die Unterscheidung von Religion und Theologie gehört zu den konstitutiven Merkmalen des neuzeitlichen Protestantismus. Theologie kann den Glauben regulieren, kann seine Kommunikabilität und seine Kompatibilität mit der Tradition und auch mit anderen Realisierungsformen des christlichen Glaubens sicherstellen, sie kann aber nicht selbst an die Stelle des Glaubens treten; theologische Aussagen verhalten sich reflexiv zu den ihr vorgängigen Glaubensäußerungen, ebenso kann die christliche Ethik nur vor dem Hintergrund einer zunächst unabhängig von ihr existierenden christlichen Lebenspraxis entworfen werden. Für beides kann Friedrich Schleiermacher als entscheidender Gewährsmann dienen.[1] So sehr darum die Theologie eine regulative und darin auch eine Orientierung stiftende Funktion beanspruchen kann und soll, so sehr müssen ihre Lehrbildungen sich auch als anschlussfähig für die Selbstwahrnehmung der Glaubenden erweisen. Im Bereich der Bioethik scheint mir dabei die Frage nach dem adäquaten Verständnis des Menschen eine zentrale Rolle zu spielen, ganz im Sinne von Wolfgang Trillhaas' bekannter These, Ethik sei „in jedem Sinne angewandte Anthropologie".[2] Die Herausforderung besteht hier darin, ein Verständnis des Menschseins zu erarbeiten, das sich als ebenso anschlussfähig an die Selbstwahrnehmung und das Frömmigkeitsbewusstsein des Einzelnen erweist, wie es konstitutive Elemente aus der christlichen Tradition, insbesondere auch dem biblischen Zeugnis aufnimmt und zudem auch in der Lage ist, Brücken zu schlagen zu den Lehrbeständen anderer Konfessionen und gerade dadurch sich wiederum als orientierend für den Einzelnen erweist. Wie sehen die Konturen eines Bildes vom Menschen aus, das in der Lage ist, nicht nur der eigenen Tradition und der Selbsterfahrung gerecht zu wer-

---

1 Vgl. Schleiermacher, Friedrich Daniel Ernst (1884), Die christliche Sitte (1843), in: ders., Sämtliche Werke 1. Abt.: Zur Theologie, Bd. 12., 2. Auflage, Berlin, 24.

2 Trillhaas, Wolfgang (1970), Ethik, 3. Auflage, Berlin, 19 u. ö.

den, sondern auch in den Konfliktlagen der Biomedizin orientierend zu wirken?

Nimmt man die Frage des Menschenbildes als Ausgangspunkt, so fällt auf, dass gerade in der offiziell-kirchlichen theologischen Semantik eine auffallende Reduktion stattgefunden hat. Waren die traditionellen Vorstellungsmuster gekennzeichnet durch den Versuch, über bestimmte Leitdifferenzen den Menschen in seiner Komplexität zu erfassen und darüber zugleich Orientierungswissen zu erzeugen, so ist an die Stelle der Duale von Gottebenbildlichkeit und Sündhaftigkeit, von Freiheit und Abhängigkeit, Leib und Seele eine Sprechweise getreten, die bestenfalls vom Menschen als einer biopsychischen Einheit redet, häufig aber bei der Bestimmung des Lebens eines Menschen nur mehr die physiologischen Grundlagen des Lebens in den Blick nimmt: In den bioethischen Diskursen um den Beginn und das Ende des Lebens dominiert gerade auch bei den Kirchen eine Sichtweise, die vorrangig auf das physische Leben abhebt. Dementsprechend wird der Beginn menschlichen Lebens auf den Zeitpunkt der Befruchtung festgesetzt, dementsprechend wird aber auch am Ende des Lebens jede zielgerichtete Verkürzung des Lebens – und das heißt ja: der physischen Grundlagen individuellen Lebens abgelehnt. Der Schutz des Lebens wird fokussiert auf den Schutz der körperlichen Grundlagen individuellen Lebens. Zugleich aber wird damit die Fülle der unterschiedlichen Aspekte, die gerade der religiöse Begriff des Lebens beinhaltet,[3] stark reduziert.

Von diesen ersten Beobachtungen aus ergibt sich nun auch die Gliederung meiner Überlegungen, sie unterteilen sich in eine Bestandsaufnahme im Blick auf einen solchen reduzierten Begriff des Lebens, um dann in einem zweiten Schritt eine Neubelebung und Weiterführung traditioneller theologisch-anthropologischer Bilder vorzuschlagen und deren Orientierung stiftendes Potenzial im Blick auf die bioethischen Konfliktlagen am Beginn und Ende des Lebens auszuloten.

1.

Die eben skizzierte Akzentverschiebung, die in dieser Weise erst in den letzten Jahren zu beobachten ist – noch in dem gemeinsamen ökumenischen Papier „Gott ist ein Freund des Lebens“ von 1989 war mit einem

---

[3] Vgl. dazu jetzt Bahr, Petra/Schaede, Stephan (Hg.) (2009), Das Leben, Bd. 1, Tübingen.

sehr viel umfangreicheren Begriff des Lebens operiert worden –, ist interessant, weil sie nicht nur den Bruch mit der eigenen anthropologischen Tradition ausmacht, sondern mittlerweile fast zu einer Vertauschung der argumentativen Positionen geführt hat: Versuchten zunächst die Vertreter der aufkommenden Naturwissenschaften, den Menschen gegen das Deutungsmonopol der Religion, aber auch der Geisteswissenschaften über seine biologische Basis zu definieren und ihn so zugleich aus dem Sonderstatus gegenüber der anderen belebten Natur herauszunehmen, so bedienen sich heute viele Vertreter der beiden großen christlichen Kirchen einer solchen auf den Körper des Menschen und dessen physiologische Eigenschaften bezogenen Argumentation, um die Spielräume für weitere naturwissenschaftliche Erforschung, aber auch für ein weiteres therapeutisches Ausgreifen eng werden zu lassen. Demgegenüber mehren sich die Stimmen auch auf der Seite der Naturwissenschaften, die ihrerseits vor einer Reduktion des Menschen und einem Biologismus in der Ethik warnen.[4]

Zunächst aber waren es die Naturwissenschaften, die die aus der Antike herkommende und in die christliche Lehrbildung aufgenommene Sicht des Menschen kritisierten und vor allem die Dreiteilung von Leib-Seele-Geist zurückwiesen. Mit dem Entstehen der modernen Naturwis-

---

[4] Vgl. Markl, Hubert: „Im Gegenteil will es mir scheinen, als ob die alleinige Fixierung des Menschenwesens auf den Besitz eines Satzes menschlicher Gene (von denen wir zudem auch noch einen sehr hohen Prozentsatz mit vielen anderen Tieren identisch gemeinsam haben) und die als hochmoralisch bewertete willenlose Hinnahme jedes Zufallsunglücks in der Beschaffenheit dieses Gensatzes, den Gipfel eines Biologismus bedeutet, der den Menschen tatsächlich zum reinen Biowesen degradiert und ihm genau das abspricht, was ihn eigentlich erst zum Menschen macht: Seine kulturbedingende Entscheidungsfreiheit. Wenn dies der Rubikon wäre, den nicht zu überschreiten uns Weisheit riete, dann hieße es für mich genauso viel, wie Freiheit und Selbstverantwortung des Menschen zu entsagen und sich blind hoffend und leidend dem Naturgeschehen auszuliefern. Eine solche Haltung kann ich nicht einmal gottergeben finden, selbst wenn sie uns von christlichen Lehrämtern nahe- oder gar auferlegt wird, denn mir kann kein Gottesverständnis einleuchten, das nicht zu allererst anerkennt, dass der Mensch ein Wesen mit Fähigkeit und Pflicht zur selbstverantwortlichen Lenkung der eigenen Geschicke ist, mit jener Einsichtsfähigkeit, jenem Erfindungsreichtum und jener Willenskraft, die es ihm erlaubte, sich über Jahrhunderttausende hinweg immer mehr von den Schicksalszwängen der Natur zu befreien.“; vgl. ders. (2001), Rom liegt diesseits des Rubikon, in: Süddeutsche Zeitung, 25.6., 14.

senschaft und dem Zerbrechen der überkommenen, teleologischen Weltordnung verlor auch der Gedanke an Plausibilität, dass die Wesensbestandteile des Menschen ein Abbild der zweckmäßigen, die Vernunft des Schöpfers widerspiegelnden Schichtung der Welt seien. Die Folgen dieser Umstellung waren weitreichend und wirken noch heute auf die gesellschaftlichen und ethischen Debatten ein: Denn mit dem Zerfall dieser überkommenen Vorstellung ging nicht nur der Gedanke verlustig, dass die Welt überhaupt ein zweckmäßig geordnetes Ganzes darstelle, sondern auch die daraus abgeleiteten sozialen Ordnungsvorstellungen, die den Primat der geistigen Arbeit vor der körperlichen aber auch den Primat des Mannes vor der Frau vorsahen, verloren ihr Fundament und konnten sich in der Folgezeit nurmehr als depravierte Ideologien halten – hier allerdings mit einer erstaunlichen Beharrungskraft.

Diese Umstellung der Grundkoordinaten des abendländischen Welt- und Menschenbildes führte zu einer neuen, in dieser Weise bis dahin nicht gekannten Aufwertung des Leibes. Diesen gilt es nun zu befreien aus der von Platon herkommenden Dominanz der Seele, die ja zugleich die Dominanz der Macht der Religion über den Menschen ist. Stellvertretend für die Auffassung kann hier ein Zitat von Friedrich Nietzsche aus dem „Zarathustra“ stehen: Nietzsche identifiziert die Unterscheidung von Leib und Seele als eine naive Redeweise eines Kindes, die dem Bewusstsein des aufgeklärten Erwachsenen nicht standhalten kann, wenn er Zarathustra sagen lässt: „‚Leib bin ich und Seele‘ – so redet das Kind. Und warum sollte man nicht wie die Kinder reden? Aber der Erwachte, der Wissende sagt: Leib bin ich ganz und gar, und nichts ausserdem; und Seele ist nur ein Wort für Etwas am Leibe“.[5] Diese neue Wertschätzung des Leibes wird orchestriert von zwei verwandten, sich gegenseitig verstärkenden Bewegungen: Der Entdeckung der Evolutionstheorie und dem Aufstieg der Humanwissenschaften und der Medizin. Von der Theologie wurde dies zunächst als klare Konkurrenz wahrgenommen: Noch mit der distanzierten Abgeklärtheit des Statistikers stellt der Dorpater Sozialethiker Alexander von Oettingen 1868 fest, dass ein signifikanter Zusammenhang zwischen der Attraktivität des Theologie- und des Medizinstudiums bestehe: Immer wenn die Zahl der Medizinstudenten steige, falle die der Theologiestudenten und umgekehrt. Beide Dis-

---

[5] Nietzsche, Friedrich (1999), Also sprach Zarathustra, in: ders., Sämtliche Werke. Kritische Studienausgabe, hg. von Colli, Giorgio/Montinari, Mazzino, Bd. 4, München, Berlin, 39.

ziplinen lägen also miteinander im Wettstreit.[6] Schon deutlich aggressiver und kritischer heißt es beim Heidelberger Systematischen Theologen Ludwig Lemme: „Gerade weil es Menschen gibt, die mehr an den Arzt glauben als an Gott (oft sogar in Form kindlichen Aberglaubens) sollten christliche Familien fest sein in dem unerschütterlichen Gottvertrauen, das menschlichen Rat und menschliche Hilfe nur braucht in Unterordnung unter die göttliche Vorsehung". „In der Tat, eher laufen die meisten Menschen von einem Arzt zum andern, eher versuchen sie es mit allen Mitteln, die ärztliche Wissenschaft und Aberglaube angeben, eher reisen sie von Bad zu Bad, als sie nur einmal mit rechtem Ernst und mit vollem Glauben an Gottes Allmacht und Güte betend an Gottes Thür anklopfen."[7] Auf ihre Weise belegen beide Zitate Bernhard Groethuysens Auffassung, nachdem der Kampf um das aufgeklärte Bürgertum zwischen Naturwissenschaft und Theologie vor allem an den Krankenbetten ausgefochten wurde. Gegenüber dieser Konzentration auf Leib und Körper dient die Redeweise vom Menschen als einer Einheit von Leib und Seele zunächst der Zurückweisung eines solchen naturalistischen Reduktionismus. Um noch Raum für die Themenbestände der Religion, aber auch für die für die Ethik unverzichtbaren Freiheitsgrade zu haben, suchen Theologen und Ethiker eine derart reduktionistische Sicht zurückzuweisen.

Wichtige Bündnispartnerin im Gegenüber zu der mit wachsendem Selbstbewusstsein auftretenden naturwissenschaftlichen, auf die Körperlichkeit fokussierten Sicht des Menschen wird im 20. Jahrhundert, insbesondere nach den Erfahrungen des 1. Weltkriegs, die philosophische Anthropologie[8] – die Disziplin, die auch im Hintergrund von Trillhaas' Diktum von der Ethik als angewandter Anthropologie steht. Denn Trillhaas ging es gerade nicht darum, mit dem Programm einer angewandten Anthropologie einer evolutionären oder empirischen Fundierung der

[6] von Oettingen, Alexander (1868), Die Moralstatistik. Inductiver Nachweis der Gesetzmässigkeit sittlicher Lebensbewegung im Organismus der Menschheit (= Die Moralstatistik und die christliche Sittenlehre. Versuch einer Socialethik auf empirischer Grundlage, Theil 1), Erlangen, 788-790.

[7] Lemme, Ludwig (1905), Christliche Ethik, Bd. 2, Berlin, 681.

[8] Zur Abgrenzung und Einordnung der Disziplinengeschichte vgl. Hartung, Gerald (2004), Das Maß des Menschen. Aporien der philosophischen Anthropologie und ihre Auflösung in der Kulturphilosophie Ernst Cassirers, 2. Auflage, Weilerswist, bes. 11-35.

Ethik das Wort zu reden;[9] sein Interesse gilt der „Frage nach der steten Menschwerdung des Menschen".[10] Nicht was der Mensch ist, solle im Mittelpunkt der Ethik stehen, sondern die Frage, wie weit das Menschliche reiche. Die Aufgabe der Ethik sei es darum, die Grenzen des Humanums und des Menschenmöglichen zu vermessen und dabei deutlich zu machen: „Bis dahin reicht das Menschliche – aber auch: bis dorthin mußt du gelangen, dies mußt du tun, dies mußt du unterlassen, um ein Mensch zu sein".[11] Menschsein ist damit keine Zustandsbeschreibung, sondern eine Aufgabe, die sich eben nicht an die Naturwissenschaften delegieren und durch eine biologisch-physische Analyse des Körpers erfüllen lasse.[12]

In der philosophischen Anthropologie sollte dies mit der Redeweise vom Menschen als des „weltoffenen Wesens" zum Ausdruck gebracht werden. Hier hatten zunächst Max Scheler und Bernhard Groethuysen, dann Arnold Gehlen und vor allem Helmuth Plessner den Gedanken vom Menschen als dem unvollendeten und daher auf Vervollkommnung angelegten Wesen wiederbelebt, ein Konzept, dessen Wurzeln über die Aufklärung und Renaissance zurück bis in die Antike reichen. Mit der philosophischen Anthropologie wollten ihre Protagonisten in erster Linie neue Räume schaffen für eine Selbstdeutung des Menschen, die nicht in dem als *verwirrend* empfundenen Dickicht naturwissenschaftlicher Fakten der modernen biologischen Forschung stehen bleibt und die sich zugleich abhebt von einem *verwirrten* Selbstverständnis des Menschen als eines auf die Diesseitigkeit und die evolutionären Wurzeln reduzierten Wesens, das man für die schrecklichen Erfahrungen des 1. Weltkriegs verantwortlich machte.

Für die deutsche Diskussion ist dabei insbesondere die von Max Scheler beeinflusste Theoriebildung wichtig geworden, die ihrerseits ihren Niederschlag etwa in der theologischen Anthropologie Wolfhart Pannenbergs gefunden hat. Denn indem vor allem Max Scheler herausarbeitete,

---

[9] Dieses Missverständnis scheint aber z. B. bei Ulrich Körtner vorzuliegen, vgl.: Körtner, Ulrich (2007), Ethik und Anthropologie – Das christliche Menschenbild im biotechnischen Zeitalter, in: Zehetmair, Hans (Hg.), Politik aus christlicher Verantwortung, Wiesbaden, 175–188, 178.

[10] Trillhaas, Wolfgang (1959), Ethik, Berlin, 13.

[11] Trillhaas (1959), 22.

[12] Hier ist zugleich der Anknüpfungspunkt an die Formel „Anthropologie statt Geschichtsphilosophie" zu sehen, insofern der Entwicklungsgedanke in das einzelne Individuum verlegt wird.

dass gerade auf der Grundlage einer Analyse der biophysischen Welt die Annahme des Geistes unmittelbar notwendig ist, wenn wir uns selbst als Menschen in der Natur – und nicht etwa nur im Gegenüber zu ihr – verstehen wollen, eröffneten sich wieder Möglichkeiten, die theologische Sicht des Menschen nicht nur adversativ zu den Naturwissenschaften, im Sinne eines Gegenprogramms zu entwerfen, sondern als notwendige Ergänzung zur naturwissenschaftlich-naturalistischen Sicht des Menschen zu profilieren.

Auch die Rechtskultur der Bundesrepublik ist von dieser Sichtweise geprägt, die den Menschen als eine leib-seelische Einheit auffasst, ohne dabei eine Hierarchisierung zwischen beiden vorzunehmen: So hält schon die Eingangssequenz des Grundgesetzes fest, dass die Achtung der Menschenwürde sich nicht nur auf die Gewährung von Meinungs- und Gesinnungsfreiheit bezieht, sondern expliziert über den Art. 2 GG, dass die Menschenwürde als Leitprinzip gerade auch die körperliche Unversehrtheit des Menschen mit einschließt. In einem seiner ersten Urteile zur Menschenwürde hat das Verfassungsgericht klargestellt, dass sich der Schutz der Menschenwürde vorrangig auf die Wahrung der physischen Integrität beziehe. Als Verletzungen der Menschenwürde werden dementsprechend insbesondere „Ächtung, Erniedrigung, Brandmarkung, Entrechtung, Verfolgung, Verschleppung, Versklavung, Zwangsarbeit, Terror und Massenmord“ genannt.[13] Und umgekehrt hielt das 1971 ergangene sog. „Gründgens-Urteil“ fest, dass der Schutz der Menschenwürde und der Persönlichkeitsrechte über den Tod hinaus gelte.

2.

Angesichts dieser starken Verankerung der Unterscheidung zwischen einer auf die biologisch-physiologischen Sicht des Menschen und einer darüber hinausgehenden Konzentration auf das, was das spezifisch Menschliche ausmacht, nämlich den Geist, in der philosophischen, der theologischen und auch der rechtswissenschaftlichen Theoriebildung des 20. Jahrhunderts ist es bemerkenswert, dass die detaillierte Analyse der jüngeren bioethischen Diskurse ein immer gleiches Muster ergibt: Nachdem zunächst in einer Art Abwehr des naturwissenschaftlich-medizinischen Denkens eine nur körperbezogene Sicht abgelehnt und

[13] BVerfGE 1, 97, 104.

statt dessen gerade von der Ethik die Einbeziehung einer Beziehungs- oder aber eben geistig-seelischen Dimension gefordert wurde, kommt es im Zusammenhang der weiteren Auseinandersetzung mit dem jeweiligen Thema zu einem nahezu vollständigen Rückzug der Ethik, gerade auch der kirchlichen Ethik, auf eine vorrangig auf die Körperlichkeit zentrierte Argumentation. Ein paar Beispiele müssen hier als Illustration genügen: In der Auseinandersetzung um den Schwangerschaftsabbruch gibt es – die Bestrebungen zur Disziplinierung des Sexuallebens einmal beiseite gelassen – eine breite Strömung innerhalb der protestantischen Ethik und auch der evangelischen Kirchen, die im Kontext der Liberalisierung des § 218 StGB in den 1970er-Jahren darauf hinweist, dass personale Anerkennung und Akzeptanz für die Menschwerdung eine wichtige, wenn nicht sogar unverzichtbare Voraussetzung sei. Diese Sicht führt dazu, die Situation der Mutter stärker zu berücksichtigen. Im weiteren Verlauf allerdings setzt hier, besonders unter dem Eindruck der Fortschritte in der Reproduktionsmedizin und möglicherweise auch in Abgrenzung zu den weiteren Liberalisierungstendenzen beim Abtreibungsstrafrecht, eine immer stärkere Fixierung auf den naturwissenschaftlich bestimmten Lebensbeginn ein; die Definition menschlichen Lebens von der Befruchtung her wird nun das dominante Paradigma in kirchlich-theologischen Stellungnahmen, bis hin zu der Redeweise vom „embryonalen Menschen", die sich die Repräsentanten der beiden großen Kirchen in Deutschland in der Auseinandersetzung um die rechtliche Regelung der Forschung an menschlichen embryonalen Stammzellen zu eigen machten. Eine ähnliche Entwicklung ließe sich auch bei der Organtransplantation und dem damit verbundenen Hirntod-Kriterium oder auch bei der Frage nach den Grenzen intensivmedizinischer Behandlung herausarbeiten.

Die Analyse dieser Struktur zeigt: Offenbar unter dem Eindruck mangelnder Durchsetzungs- oder Überzeugungskraft der eigenen Argumentationsweise suchen die Vertreter von Theologie und Kirche, sich selbst einer unanfechtbaren, weil naturwissenschaftlich eindeutigen Argumentationsweise zu bedienen. Dass sie dabei weder die Fülle der eigenen Tradition, noch die zu bearbeitenden Phänomene in den Blick bekommen, erscheint demgegenüber als nebensächlich. Ob die entsprechenden Argumentationsmuster die Last, die ihnen dabei zugeschrieben wird, wirklich zu tragen in der Lage sind, wird dabei zunächst nicht weiter diskutiert. Dabei gibt es aber etwa am Lebensbeginn viele Einwände gegen die Vorstellung, dass die Befruchtung bereits den Beginn menschlich-individuellen Lebens darstelle: Zu sehr unterschätzt eine solche Position auf der einen Seite die Bedeutung der Nidation und der damit einhergehenden Wechselwirkungen zwischen dem mütterlichen und dem im Entstehen begriffenen embryonalen Organismus, zu sehr stützt sie sich auf der anderen Seite auf ein Paradigma, das das individuelle Mensch-sein undifferenziert an dem Vorhandensein eines unverwechselbaren genetischen Codes festmacht. Denn angesichts der Komplexität der prozessual, ohne qualitative Sprünge ablaufenden Befruchtungskaskade ist der hier gewählte Zeitpunkt der Verschmelzung von mütterlicher und väterlicher Erbinformation nur dann plausibel, wenn man zahlreiche interpretative Zusatzannahmen macht. In gleichem Maße scheint es mir fragwürdig zu sein, ob der immer häufiger im deutschen kirchlich-theologischen Diskurs anzutreffende Rückgriff auf das Paradigma von der Unantastbarkeit des Lebens im Blick auf die Konfliktlagen am Ende des Lebens wirklich weiterführend ist oder ob es nicht notwendig wäre, das Verhältnis von Lebensschutz und Menschenwürde detaillierter zu bedenken. Hier genügt es gerade am Ende des Lebens nicht, auf den besonderen Charakter des Lebens als eines konditionalen Gutes für die Wahrnehmung von Identität und Personalität zu verweisen. Denn aus der Perspektive der Betroffenen erscheint nur noch der Verzicht auf das Leben als die einzige Möglichkeit, die eigene personale Identität und damit auch die Würde zu wahren und zu erhalten.

Vor diesem Hintergrund erscheint es so, als ob die Vorstellungswelten, insbesondere die Aussagen von Religion *und* Theologie in diesen Zusammenhängen gerade keine tragende Rolle spielen, denn ihr eigenes Sinnerschließungspotenzial kommt hier eben nicht in den Blick. Das leitende Prinzip, nach dem die Vertreter von Theologie und Kirche sich am bioethischen Diskurs beteiligen ist es, so das erste Fazit, offenbar nicht, spezifische Interpretationselemente einer religiösen – und dann auch theologischen Deutung des Menschen mit in den Diskurs einzubringen, sondern vor allem nach Strategien zu suchen, die die eigene Position im Diskurs zu stabilisieren geeignet sind. Es ist, so mein Eindruck, vor allem die Sorge vor Relevanzverlust, die sich hier auswirkt. Allerdings stellt sich vielleicht doch mehr die Frage, ob eine solche Vorgehensweise Kirche und Theologie nicht noch weiter in die Relevanzkrise treibt, insofern sie ihre eigene Stärke, nämlich Tradierung und Adaption von Symbolsystemen, die Sinnverstehen und damit auch überhaupt erst Handeln ermöglichen, verspielen. Um menschliches Leben zu gestalten und in seiner Vielfältigkeit zu beschreiben, bedarf es der Existenz von Symbolsystemen; erst auf deren Grundlage kann Orientierung entstehen.

3.

So interessant eine tiefere Analyse dieser Selbstpositionierung von Kirche und Theologie nach der Verwendung von religiösen, oder vielleicht besser: von theologischen Argumenten in den gegenwärtigen bioethischen Debatten wäre, ich möchte die Frage nach den theologischen Perspektiven auf das Feld der Bioethik aber nicht in einer solchen metatheoretischen Fragestellung aufgehen lassen. Statt dessen möchte ich versuchen plausibel zu machen, dass die spezifischen Problemlagen, die sich am Beginn und am Ende des Lebens stellen, nur dann adäquat beschrieben und verstanden werden können, wenn man sich eines Traditionselements der abendländischen Anthropologie bedient, nämlich der Unterscheidung von Leib und Seele. Wie bereits erwähnt, haben diese Überlegungen eher explorativen Charakter: Sie sollen zugleich zeigen, in welche Richtung der bioethische Diskurs in theologischer Perspektive weitergeführt werden sollte und auch, wie spezifische Traditionselemente des Christentums der christlichen Lehr- und Frömmigkeitstradition in diesem Kontext weiterentwickelt und modifiziert werden können.

Eine solche Weiterentwicklung sollte bei der Rückbesinnung einsetzen, dass der Mensch weder allein durch seine biologischen Funktionen definiert werden kann, noch allein als ein Wesen des Intellekts zu beschreiben ist. Vielmehr ist es das spannungsvolle Aufeinander-Bezogensein von Seele und Bewusstsein auf der einen, Körper und Leiblichkeit auf der anderen Seite, das den Menschen ausmacht. Zu diesem spannungsvollen Aufeinander-Bezogensein gehört es, dass die beiden Aspekte, Seele und Bewusstsein hier, Körperlichkeit bzw. Leiblichkeit dort, nicht einfach zeitgleich und komplementär nebeneinander vorhanden sind. Wir treten nämlich in diese Welt eben nicht als eine leib-seelische Einheit ein, sondern es ist die Herausforderung und die Schwierigkeit des Entwicklungsprozesses, dass wir zu einer solchen Einheit erst werden müssen – und am Ende unseres Lebens eben diese Einheit wieder verlassen müssen. Die alten Traditionsbildungen von der Beseelungslehre und der Unsterblichkeit der Seele haben hier Elemente der Selbstwahrnehmung und auch – v. a. im Blick auf die Frage der Auferstehung – der Frömmigkeit zum Ausdruck gebracht, die aus einer bestimmten Systemlogik dogmatischer Theoriebildung durchaus problematisch erscheinen können, gleichwohl aber nur um den Preis verabschiedet werden können, dass die theologisch-ethische Theoriebildung ihre Haftpunkte in der Selbstwahrnehmung verliert und durchgängig eine kontrafaktische Sprech- und Sichtweise dominiert.[14] Gerade der Einspruch der Dialektischen Theologie hat dabei zu einer – ja auch durchaus gewünschten, aber für das Selbstverständnis des Glaubenden keineswegs unproblematischen – Distanzierung von den Möglichkeiten eines lebensweltlichen Anschlusspunktes für theologische Aussagen, nicht zuletzt im Blick auf die Frage von Tod und Auferstehung geführt.[15] Die Folge davon war hier das schroffe Verwerfen der Vorstellung vom Sterben des Leibes und der Auferstehung der Seele zu Gunsten der von Karl Rahner so genannten „Ganztodthese".[16] Demgegenüber konnte beispielsweise noch Ernst Troeltsch mit großer Sensibilität für die zu Grunde liegenden Probleme der Frömmigkeit und des Selbsterlebens der Glaubenden in seiner Glaubenslehre festhalten: „Das Wesen der Endvollendung kann nur die endgültige Vereinigung mit Gott sein, die im irdischen Leben angebahnt und im Leben nach dem Tode vollendet wird. Im religiös-sittlichen Prozess löst sich der kreatürliche Geist von der Naturbedingtheit los und wächst in ihm immer mehr aus der bloßen Naturhaftigkeit in das göttliche Geistesleben der Vernunft hinein. Dieses Hineinwachsen muß seine Vollendung finden in einer völligen Ablösung von der Natur und in einem völligen Einswerden mit Gott".[17] Etwas pointiert gesagt: Wir kommen als Körper zur Welt, bilden im Prozess des Heranwachsens unser Bewusstsein, unsere Identität und unsere Personalität aus, die schließlich auch unsere physische Existenz überdauert. Der Ort dieser Prozesse ist das, was in der traditionellen Sprache der Theologie mit der Seele bezeichnet wurde. Dies herauszuarbeiten und dabei deutlich zu machen, dass die zu Grunde liegenden Unterscheidungen für eine genaue Beschreibung menschlicher Lebenswirklichkeit – und auch menschlicher Selbsterfahrung – dienlich sind, darin liegt für mich die

---

14 Zur hier angesprochenen Problematik vgl. ausführlich die Überlegungen von Huxel, Kirsten (2006), Unsterblichkeit der Seele versus Ganztodthese? Ein Grundproblem christlicher Eschatologie in ökumenischer Perspektive, in: Neue Zeitschrift für Systematische Theologie und Religionsphilosophie 48, 341–366.

15 Vgl. dazu jetzt etwa auch die Ausführungen von Weinrich, Michael (2003), Auferstehung des Leibes. Von den Grenzen beim diesseitigen Umgang mit dem Jenseits, in: Ebach, Jürgen/Gutmann, Hans-Martin/Frettlöh, Magdalene L./ders., „Dies ist mein Leib". Leibliches, Leibeigenes und Leibhaftiges bei Gott und den Menschen, Gütersloh, 103–143.

16 Vgl. Rahner, Karl (1958), Zur Theologie des Todes, Freiburg u. a.

17 Troeltsch, Ernst (1981), Glaubenslehre. Nach Heidelberger Vorlesungen der Jahre 1911 und 1912, hg. von Gertrud von le Fort, Aalen, 381.

entscheidende Forschungsaufgabe für eine theologische Perspektive auf den Bereich der Bioethik. Hierzu nun bei aller Fragmentarizität ein paar Bemerkungen:

Die Problematik der abendländischen Unterscheidung von Leib und Seele bestand vor allem darin, dass sie dazu tendierte, in Aufnahme von platonischem – oder möglicherweise auch fernöstlichem – Gedankengut, eine Präexistenz der Seele zu behaupten und dann anzunehmen, dass sich diese präexistente Seele für den Zeitraum des irdischen Lebens mit einem Körper verbinde, der gleichzeitig die Entwicklungsmöglichkeiten und die Freiheitsgrade der Seele begrenze. Diese Denkweise führte fast zwangsläufig zum Gedanken der Überordnung der Seele über den Körper, aber auch zur Abqualifizierung des Leiblichen. Ein solches Konzept von Seele ist aus theologischer Perspektive nicht haltbar. Denn es ist weder mit den biblischen Aussagen vereinbar, die davon sprechen, dass die Seele von Gott geschaffen ist, noch lässt es sich mit unseren humanwissenschaftlichen Erkenntnissen und unserem Selbstverständnis vereinbaren. Der Körper ist die notwendige Vorbedingung für die Entwicklung eines individuellen Bewusstseins und einer eigenen Personalität, wobei für mich nach wie vor der – freilich etwas altmodisch klingende – Begriff der Seele am treffendsten ist. Ohne die Voraussetzungen entsprechender neuronaler Strukturen bleibt auch die Rede von der Seele inhaltsleer, auf diesen Sachverhalt hat Hans-Martin Sass durch seine Parallelisierung von Hirntod und Hirnleben schon vor 20 Jahren hingewiesen.[18] Gleichzeitig ist aber die Seele nicht bereits mit der körperlichen Grundlage gegeben. Hier liegt, in enger Übereinstimmung mit den Erkenntnissen der Embryologie und auch unserer Selbsterfahrung, die Bedeutung der theologischen Rede von der Beseelung des werdenden Lebens. Ob man hierbei sich der traduzianischen oder der kreatianischen Variante zuwendet, bedeutet letztlich nur eine etwas andere Akzentuierung; im einen Fall werden die neurobiologischen Grundlagen für die Entwicklung der Seele stärker betont, im anderen Fall – und das scheint mir plausibler – eher die Bedeutung der Umwelt des Einzelnen bei der Entstehung eigener Individualität. Denn gerade der Prozess des Heranwachsens ist doch dadurch gekennzeichnet, dass zunächst einmal Identitäten als fremde, als von außen kommend, an das neue Leben herangetragen werden, die sodann während des Erwachsenwerdens zu seiner eigenen, an der indi-

[18] Sass, Hans-Martin (1989), Hirntod und Hirnleben. Ein Beitrag zur Embryonenforschung und zur Kritik an der Praxis des Schwangerschaftsabbruches, Bochum.

viduellen Geschichte ebenso wie an den Grenzen der eigenen Leiblichkeit gebrochenen Identität oder eben Seele werden müssen: Nicht alle Erwartungen, die an uns als Kinder herangetragen werden, können wir auch realisieren. Die christlich-theologische Rede von der gesonderten Erschaffung der Seele durch Gott scheint mir diesen Prozess in ihrer Symbolik genau abzubilden: Die Seele tritt zu dem werdenden Leben hinzu, zunächst als etwas externes, das aber gebunden ist an die jeweilige Leiblichkeit, ohne in ihr schon aufzugehen. Alle Bildungsprozesse fußen auf dieser Grundannahme: Die bestehen eben darin, die externen Bestimmungen, die sich mit einem einzelnen Leben verbinden, zum Bestandteil der eigenen Identität werden zu lassen. Die Handlungskonsequenzen für die bekannten Konfliktlagen am Anfang des Lebens sind deutlich: Gerade bei den frühen Formen menschlicher Entwicklung handelt es sich eben nicht um embryonale Menschen, sondern um menschliches Leben, das anders behandelt und beurteilt werden kann als das Lebens eines Menschen.[19]

In gleicher Weise gilt dann aber auch für das Ende des Lebens: Der Sterbeprozess lässt sich deuten als ein allmähliches Abtrennen der eigenen Seele von der Leiblichkeit. Verschiedene Beobachtungen, die wir bei Sterbenden machen können, deuten darauf hin. Zum einen neigen gerade Sterbende dazu, die Sorge für den eigenen Körper nicht mehr selbst übernehmen zu wollen, sondern dies an den behandelnden Arzt und das Pflegepersonal zu delegieren – bis hin zum Verzicht auf die eigene Kör-

---

[19] Vgl. Trillhaas (1970), 218 f. „Von wann ab ist eigentlich ein werdendes Leben als ‚menschliches Leben' anzusehen? Es ist ein anthropologisches Problem, von wann ab der Mensch eigentlich ein ‚Mensch' ist. Dieser offenen Frage entspricht die andere, wann eigentlich der sterbende Mensch, dessen Bewußtsein und dessen einzelne Vitalfunktionen zu sehr verschiedenen Zeitpunkten erlöschen (und deren Ende künstlich noch weiter auseinandergelegt werden kann) aufhört ein ‚Mensch' zu sein. Die Alten haben darüber ihre eigenen Theorien gehabt, wann dieses werdende Lebewesen von Gott mit einer menschlichen Seele begabt wird. Sie waren jedenfalls nicht der Ansicht, daß das von Anfang der Schwangerschaft an der Fall sei. Auch die menschliche Gestalt tritt ja erst im Laufe der Zeit, etwa in der achten Woche der Schwangerschaft in Erscheinung."; ähnlich auch die Argumentation in EKD u. a. (1989), Gott ist ein Freund des Lebens. Herausforderungen und Aufgaben beim Schutz des Lebens, Gemeinsame Erklärung des Rates der Evangelischen Kirche in Deutschland und der Deutschen Bischofskonferenz in Verbindung mit den übrigen Mitglieds- und Gastkirchen der Arbeitsgemeinschaft Christlicher Kirchen in der Bundesrepublik Deutschland und Berlin (West), Gütersloh.

perlichkeit im Falle der Sterbehilfe. Zum anderen ist das Nachlassen von Hunger und Durst in diese Richtung zu interpretieren; es ist offenbar der von der eigenen Körperlichkeit gesteuerte Impuls, auf das eigene leibliche Leben zu verzichten – darum ist etwa künstliche Ernährung am Lebensende auch nicht in jedem Falle geboten. Was sich hier zeigt, ist, gerade bei dem Wunsch nach einer dem eigenen Leben entsprechenden Gestaltung des Sterbens, der Respekt vor der eigenen Personalität, zu der es gehört, dass sich im Sterbeprozess die Seele von dem verfallenden Körper abzuspalten beginnt. Dies ermöglicht es, letztlich im Interesse der Wahrung des eigenen Ichs und der eigenen Seele von der eigenen Sterblichkeit abstrahieren zu können und gleichzeitig mit dem eigenen Tod umgehen zu lernen. Die Sphäre der Seele von der Leiblichkeit abzutrennen, ist darin auch eine Umgangsform für die eigene Endlichkeit. Sie setzt das für das eigene Handeln normativ um, was Wittgenstein deskriptiv meinte, als er davon sprach: „Der Tod ist kein Ereignis des Lebens. Den Tod erlebt man nicht“.[20]

Seine Entsprechung findet dieses Paradigma in der trotz allem großen Zurückhaltung gegenüber dem Abfassen von Patientenverfügungen und der Auseinandersetzung mit dem eigenen Sterben. Ein solcher Umgang ist aber nicht einfach Verdrängung, sondern eine Verarbeitung des Todes. Auch in unserer Trauer- und Erinnerungskultur trennen wir nämlich letztlich die verfallende Körperlichkeit von der Erinnerung an die Person des Verstorbenen ab. Und dies entspricht auch durchaus der biblisch-christlichen Vorstellung von der Auferstehung: Denn Auferstehung bedeutet nicht einfach die Rückkehr in den (verfallenden) Leib, sondern eine neue Schöpfung, die eine Verwandlung der eigenen Körperlichkeit mit sich bringt.

4.

Ich komme zum Schluss: Die theologische Aufgabe mit Blick auf die Bioethik, so war mein Ausgangspunkt, sollte es sein, Grundelemente für ein Bild des Menschen zu umreißen, die ein Sinnerschließungspotenzial für das Handeln auch in den Grenzsituationen des Lebens bereitstellen und in diesem Sinne die Grundlage für eine als angewandte Anthropologie verstandene Ethik bilden können. Diese Überlegungen führten mich

[20] Wittgenstein, Ludwig (1984), Tractatus logico-philosophicus, 6.4311, in: ders., Werkausgabe, Bd. 1, Frankfurt a. M., 84.

dazu, die aus der Tradition herkommende Unterscheidung von Leib und Seele in ihrer Bedeutung für Frömmigkeit und Selbstverständnis wiederzubeleben und dadurch zugleich das Potenzial religiöser Bilder und ihre Bedeutung für die Selbstauslegung und für die Orientierungsfindung auch in den Grenzbereichen des Lebens auszuloten. All dies müsste nun gewissermaßen im Gegenzug mit der dogmatischen Lehrtradition, insbesondere mit denjenigen Überlegungen, die etwa zu einer kritischen Sicht des Gedankens von der Unsterblichkeit der Seele in der Dogmatik des 20. Jahrhunderts geführt haben, kontrastiert werden, eine Diskussion, die hier freilich nicht geführt werden kann. Dennoch bleibt die Aufgabe bestehen, zu einer theologischen Lehrbildung zu kommen, die sich als anschlussfähig an das religiöse Selbstverständnis und darin als Orientierung stiftend gerade auch für die ethischen Probleme am Anfang und Ende des Lebens erweist.

Literatur

Bahr, Petra/Schaede, Stephan (Hg.) (2009), Das Leben, Bd. 1, Tübingen.

EKD u. a. (1989), Gott ist ein Freund des Lebens. Herausforderungen und Aufgaben beim Schutz des Lebens, Gemeinsame Erklärung des Rates der Evangelischen Kirche in Deutschland und der Deutschen Bischofskonferenz in Verbindung mit den übrigen Mitglieds- und Gastkirchen der Arbeitsgemeinschaft Christlicher Kirchen in der Bundesrepublik Deutschland und Berlin (West), Gütersloh.

Hartung, Gerald (2004), Das Maß des Menschen. Aporien der philosophischen Anthropologie und ihre Auflösung in der Kulturphilosophie Ernst Cassirers, 2. Auflage, Weilerswist.

Huxel, Kirsten (2006), Unsterblichkeit der Seele versus Ganztodthese? Ein Grundproblem christlicher Eschatologie in ökumenischer Perspektive, in: Neue Zeitschrift für Systematische Theologie und Religionsphilosophie 48, 341-366.

Körtner, Ulrich (2007), Ethik und Anthropologie – Das christliche Menschenbild im biotechnischen Zeitalter, in: Zehetmair, Hans (Hg.), Politik aus christlicher Verantwortung, Wiesbaden, 175–188.

Lemme, Ludwig (1905), Christliche Ethik, Bd. 2, Berlin.

Markl, Hubert (2001), Rom liegt diesseits des Rubikon, Süddeutsche Zeitung, 25.6., 14.

Nietzsche, Friedrich (1999), Also sprach Zarathustra, in: ders., Sämtliche Werke. Kritische Studienausgabe, hg. von Colli, Giorgio/Montinari, Mazzino, Bd. 4, München, Berlin, 39.

Oettingen, Alexander von (1868), Die Moralstatistik. Inductiver Nachweis der Gesetzmässigkeit sittlicher Lebensbewegung im Organismus der Menschheit (= Die Moralstatistik und die christliche Sittenlehre. Versuch einer Socialethik auf empirischer Grundlage, Theil 1), Erlangen.

Rahner, Karl (1958), Zur Theologie des Todes, Freiburg u. a.

Sass, Hans-Martin (1989), Hirntod und Hirnleben. Ein Beitrag zur Embryonenforschung und zur Kritik an der Praxis des Schwangerschaftsabbruches, Bochum.

Schleiermacher, Friedrich Daniel Ernst (1884), Die christliche Sitte (1843), in: ders., Sämtliche Werke 1. Abt.: Zur Theologie, Bd. 12, 2. Auflage, Berlin.

Trillhaas, Wolfgang (1959), Ethik, Berlin.

Trillhaas, Wolfgang (1970), Ethik, 3. Auflage, Berlin.

Troeltsch, Ernst (1981), Glaubenslehre. Nach Heidelberger Vorlesungen der Jahre 1911 und 1912, hg. von Gertrud von le Fort, Aalen.

Weinrich, Michael (2003), Auferstehung des Leibes. Von den Grenzen beim diesseitigen Umgang mit dem Jenseits, in: Ebach, Jürgen/Gutmann, Hans-Martin/Frettlöh, Magdalene L./ders., „Dies ist mein Leib". Leibliches, Leibeigenes und Leibhaftiges bei Gott und den Menschen, Gütersloh, 103–143.

Wittgenstein, Ludwig (1984), Tractatus logico-philosophicus, in: ders., Werkausgabe, Bd. 1, Frankfurt a. M.

The Paradox of Jewish Bioethics in Israel: The Case of Reproductive Technologies[1]

Shai Lavi

As it is well known, but occasionally forgotten, Israel is not a religious state, and with few important exceptions, such as family law, religious institutions and religious authorities have no official standing under Israeli law. And yet, seventy-five percent of the population is Jewish, and approximately one third defines itself as religious.[2] Jewish religion plays an important role in Israeli politics and public opinion, and is especially crucial for understating the regulation of biotechnology in Israel. In fundamental questions of bioethics, in matters concerning life and death, public opinion and state law have been heavily influenced by rabbinic opinion. Jewish law, interpreted by Orthodox rabbis, has played an active role in bioethics committees and legislative initiatives, and practically no national policy has been implemented without rabbinic approval.[3]

Bearing these facts in mind, this paper is devoted to what may be termed "the Israeli paradox of bioethics". The paradox concerns the coexistence of strong traditionalist beliefs along with a highly liberal regulation of reproductive technologies. Though one would expect Jewish law, like most traditions, to be suspicious of biotechnological developments, Israel is considered a leading country in the field and holds, as

---

[1] The author would like to thank the participants of the "Religion in bioethischen Diskursen" conference at the Ludwig-Maximilians-University in Munich for their helpful comments. Special gratitude is owed to Nadav Orian Peer for his thorough research assistance and substantive comments.

[2] Though Israel has a large Arab minority of Muslims, Christians and Druze, non-Jewish religions have had little influence on Israeli bioethics public and legal discourse. Given the main focus of the paper, reference will be made to the non-Jewish minorities only in passing.

[3] Concrete examples will be given in what follows.

we shall see, relatively liberal positions on several of the core questions of bioethics. The question then is: How can one explain Israel's "liberal" regulation, which endorses the use of some of the most advanced biotechnologies, given the dominant influence of religious belief, so commonly associated with conservative ethics?

The uniqueness of the Israeli regulation of biotechnology has been acknowledged by scholars in the field. Most studies have examined the question in specific contexts, including stem-cell research,[4] abortion,[5] genetic testing,[6] and IVF procedures.[7] Two strands of explanations have been prominent in existing literature, and although they have been developed in specific contexts their conclusions can be generalized beyond the individual case studies. The first suggests that Jewish law and religious authority are pro-science, or perhaps more accurately, are not as suspicious of scientific development as at least some of their equally conservative counterparts in the Christian world. The second argues that the liberal regulation of reproductive technologies in Israel is a manifestation of a "pro-natality" approach and a consequence of the high value both Jewish tradition and Israeli society place on fertility and reproduction.[8] Alternative explanations that have been offered, some of which will be mentioned in what follows, have either been technology-specific or have failed to address the relation between religion and regulation, and thus have diminished relevance to the current discussion.

Though the two prevalent explanations contain some truth in them, here a different explanation, or set of explanations, will be offered. Rather than seeing a tension between the conservative approach of Jewish tradition and the modern approach of science, I wish to argue that, if anything, the reverse is true. It is precisely because Judaism is a conservative religion, that Israel has a relatively liberal approach on certain bioethical questions. Of course, whether and to what extent, in the

---

[4] Prainsack, Barbara (2006), Negotiating Life: The Regulation of Embryonic Stem Cell Research and Human Cloning in Israel, in: Social Studies of Science 36, 173–205.

[5] Hashiloni-Dolev, Yael (2007), A Life (Un)Worthy of Living: Reproductive Genetics in Israel and Germany, Dordrecht.

[6] Weiss, Meira (2002), Chosen Body: The Politics of the Body in Israeli Society, Stanford, CA.

[7] Kahn, Susan Martha (2000), Reproducing Jews: A Cultural Account of Assisted Reproduction in Israel, Durham, NC.

[8] A critical examination of these explanations follows in Part 4.

final analysis, this familiar contraposition of "liberal" and "conservative" makes sense, is precisely one of the questions at stake in the following discussion.

The paper is divided into four parts. The first will offer several important examples of Israeli liberal bioethics and demonstrate how the regulation of biotechnology in Israel is liberal precisely where one would expect conservative religious approaches to have their greatest effect. The second will discuss the two existing solutions to this paradox and demonstrate why they are not fully satisfactory. The third will offer the first alternative explanation drawing a distinction between progressive means and conservative ends and apply it to some of the leading cases. The fourth will deepen the understanding of the paradox and its resolution by focusing on reproductive technologies as means regardless of the ends they serve. The article will conclude with some suggestions for further lines of inquiry.

1. The Paradox – Conservative Religion and Liberal Bioethics

As the examples which follow suggest, Israel has very liberal regulations in many fields of bioethics and specifically in those concerning reproductive technologies. The raw figures seem to speak for themselves. Israel has the highest rate of prenatal genetic diagnosis and testing in the world. According to a research from 2006, over 80 % of Israeli women undergo at least one genetic test during their first pregnancy. This exceptionally high rate of genetic testing is made possible by a variety of factors including the availability and easy access of such testing due to availability and accessibility of these services as part of state policy and a socialized medical service.[9]

Israel also performs the highest number of IVF procedures per capita in the world, with approximately 20,000 procedures performed annually. 3,400 fertility treatments per million people are performed in Israel, significantly high when compared to the 300 treatments per million in England. In addition, with 24 recognized fertility centers, there are more fertility clinics in Israel per capita than in any other country.[10]

---

9 Rosner, Guy/Rosner, Serena/Orr-Urtreger, Avi (2009), Genetic Testing in Israel: An Overview, in: Annual Review of Genomics and Human Genetics 10, 175–192.

10 Bundren, Mary Rodgers (2007), Influence of Catholicism, Islam and Judaism

Israel has one of the most lenient regulations of stem-cell research. All forms of stem-cell research are allowed, with the single exception of research for the aim of reproduction. Thus Israel is not only a tourist destination for IVF treatment, but also an exporter of stem-cell lines to Germany and other countries in which the production of stem-cells is restricted or prohibited.[11]

Though abortions in Israel are state regulated and are subject to the approval of a committee for pregnancy termination, and though the rate of abortions in Israel is somewhat lower than that of other Western countries, Israel has one of the most liberal regulations on late abortions. Whereas in most countries a clear demarcating line is drawn between early and late abortions, and most commonly between those performed in the first trimester and those that are performed at later stages of the pregnancy, Israeli law and the Israeli committees, do not draw such distinctions, and practically allow for the practice of abortion up to birth.[12]

2. Common Resolutions of the Paradox

How is it that despite the strong influence of tradition, Israeli law is so permissive? How can this paradox be resolved? Several explanations have been offered in the past, but none are fully satisfactory.

First, scholars have suggested that Jewish religion is essentially "pro-science," or to put it somewhat more accurately, that Jewish law does not limit the development and application of modern technique simply to prevent humans from intervening in divine creation. Quite to the contrary, some scholars have pointed out the obligation of Jews to take part in the betterment of the world, and have cited in this context the Hebrew

---

on the Assisted Reproductive Technologies ("ART") Bioethical and Legal Debate: A Comparative Survey of ART in Italy, Egypt and Israel, in: University of Detroit Mercy School of Law Review 84, 715–746, 742.

11 Watzman, Haim (2003), German Researchers Set to Receive Israeli Stem-cell Shipment, in: Nature 421, 199. A recent report of the Department of Health shows that the number of late abortions has been gradually decreasing, see Evan, Dan (2010), Israel Abortion Rate Fell 10 % from 2000 to 2008, in: Haaretz Online, 5.1., http://www.haaretz.com/hasen/spages/1139708.html (17.03.2010).

12 Hashiloni-Dolev (2007), 29–62.

concept of Kabalistic origins, *Tikkun Olam*, referring to the obligation of Jews to partake in world perfection.

Jewish law in this context is commonly contrasted with Catholic teachings on natural law. J. David Bleich, a leading Jewish bioethicist has formulated this argument concisely, "*In vitro* fertilization has been condemned by some Catholic theologians on the ground that such interference is not morally acceptable because it is a violation of natural law [...]. This argument, however, is alien to Judaism. Since Judaism does not posit a doctrine of natural law as such, these practices, according to Jewish teaching, must be examined solely in light of possible infraction of biblical proscriptions. In the absence of a specific prohibition, man is free to utilize scientific knowledge in order to overcome the impediments of nature."[13]

No doubt there is some truth to this observation, and yet it cannot be accepted as a full resolution of the paradox. While it may be the case that "natural law" has not played a central role in Jewish law, and clearly not to the same degree that it has played in Catholic teachings,[14] one may find in modern Jewish Orthodoxy other deeply rooted conservative tendencies and a general suspicion toward modernity as such.[15] Furthermore, even if Jewish law does not accept "natural law" as an underlying theology, it would be a mistake to conclude with Bleich that Jewish law simply concerns the application of biblical (or rabbinic) proscriptions, and has no underlying world view. As we shall see, Jewish law approaches questions of reproductive technologies with certain presuppositions concerning the nature of our life-world. While these suppositions are not always made fully explicit by rabbinic authorities, and do not involve a "naturalistic" conception of the world, they can nevertheless be identified through close scrutiny.

---

13 Bleich, J. David (1981), Judaism and Healing: Halakhic Perspectives, Jersey City, NJ, 86. For a similar position, see Mackler, Aaron L. (2003), Introduction to Jewish and Catholic Bioethics: A Comparative Analysis, Washington, D. C., 177.

14 Sinclair, Daniel B. (2003), Jewish Biomedical Law: Legal and Extra-legal Dimensions, Oxford, NY, 72.

15 Samet, Moshe (2005), Chapters in the History of Orthodoxy, Jerusalem. But compare with Westreich, Elimelech (Melech) (2009), The Response of Jewish Law to Modern Science and State Laws in German-Speaking Countries in the Nineteenth Century, in: Brunner, José/Lavi, Shai (eds.), Juden und Muslime in Deutschland: Recht, Religion, Identität, Göttingen, 44–62.

A second and more specific solution to the paradox of Israeli regulation of reproductive technology is that both Judaism and Israeli society are pro-natality. Some scholars refer, in this context, to the Biblical command to "be fruitful and multiply" (Genesis, 9:7) and to its interpretation by rabbinic authorities.[16] Others have pointed out the way in which the traditional Jewish imperative has gained special significance due to the history of Jewish persecution, and has re-emerged in more recent times with the Zionist imperative to procreate in the context of the so-called "demographic challenge," namely, the Zionist desire to maintain a Jewish majority in Israel.[17]

An important study of reproductive technologies in Israel makes the following observation, "Relative to other countries, guidelines for genetic research in Israel allow researches considerable freedom [...]. Because of a unique combination of historical, cultural, legal and economic factors, bioethical issues surrounding fertility are very salient in Israel. Female barrenness is a consistent motif in the Bible, and the desire for biological offspring – 'Be fruitful and multiply' – is a profound element of Jewish tradition. The perception of infertility as a 'curse' and of fertility as a 'blessing' pervades Israeli culture, where community life is centered on children. The historical trauma of the Holocaust and the demographic imbalance between Arabs and Jews in the region fuel concerns that the very existence of the Jewish people is threatened."[18]

No doubt, many Israelis take very seriously the "demographic challenge," but even if it is true that Judaism, on the one hand, and Zionism, on the other hand (and the two should not be confused), have contributed to the pro-natality agenda of Israeli society, this cannot explain Israel's bioethics and bio-politics. After all, fundamental Christians in the United States could also be characterized as "pro-natalists," but their starting point leads to dramatically different conclusions. Their "pro-natal" position has led them to strongly oppose embryo-pathic abortions and stem-cell research, while Israeli law permits both.

Thus, even if one accepts the partial truth of the explanations in current literature, certain questions remain open and certain cases remain unexplained. In what follows, I attempt to offer further insight into the

16 Portugese, Jacqueline (1998), Fertility Policy in Israel. The Politics of Religion, Gender, and Nation, Westport, CT, 20–34.

17 Portugese (1998), 45–46.

18 Gross, Michael L./Ravitsky, Vardit (2003), Israel: Bioethics in a Jewish Democratic State, in: Cambridge Quarterly of Healthcare Ethics 12, 247–255, 251.

relation between bioethics and religion in Israel and propose yet another solution, or rather a new approach, to the Israeli bioethical paradox. The explanation offered below will suffer from some of the same problems I have identified in the existing solutions. It will only cover some of the most interesting cases of the Israeli paradox of bioethics, and it will leave certain questions unanswered. Its one clear advantage, however, is that it strives to bring us one step closer to understanding not only the Jewish and Israeli response to reproductive technologies, but the nature of these biotechnologies themselves.

3. Resolving the Paradox I – Setting Apart Means and Ends

The two preceding explanations offer important insight into the paradox of Israeli bioethics. These explanations have, no doubt, a certain degree of explanatory power. What they share in common, however, is the questionable premise that if Israeli regulation of biotechnologies is progressive, the explanation must lie in some progressive aspect of Jewish religion. Either Judaism is pro-science, or it is pro-life, and seeks to better in one way or another human welfare. In what follows a different explanation will be offered, one that takes the conservative aspects of Judaism seriously and suggests that it is precisely this deep-rooted conservatism that has contributed to the pro-biotechnology approach. The examples I wish to explore more closely in this section are sex selection and pre-fertilization genetic testing.

Pre-implantation sex selection has been in use in Western societies since the 1990s. Its primary use has been to prevent hereditary diseases, which are known to be sex-linked. Certain recessive hereditary diseases, such as Duchenne muscular dystrophy and hemophilia, are linked with the X chromosome. These diseases endanger primarily males, because they have a single X chromosome (inherited from the mother and a Y chromosome inherited from the father). Females, even if they inherit the unhealthy gene, would remain unaffected, because they have two sets of X chromosomes, at least one of which would be healthy. Consequently, a pre-implantation selection of a female fetus is the best way to eliminate the potential risk.[19]

---

[19] Schulman, Joseph D./Karabinus, David S. (2005), Scientific Aspects of Preconception Gender Selection, in: Reproductive BioMedicine Online 10, 111–115.

Sex selection becomes much more questionable when elective, that is, when employed for non-medical ends. The most common among these is known as "family balancing," that is, fulfilling the wish of families who already have at least one child to have another child of the opposite sex. As opposed to sex selection on medical grounds, elective sex selection is a highly controversial technology. While the former is legal in practically all Western countries, sex selection for non-medical ends and specifically for "family balancing" is not.[20]

In Israel, unlike many other Western countries, sex selection for non-medical purposes is carefully regulated by the state. It is neither a private service offered on demand as in many clinics in the United States, nor is it outlawed as in many European countries, including Germany.[21] Under the directives set by the Israeli Ministry of Health, sex selection can be authorized by a special national committee in a limited set of cases and on individual basis.

Though Israeli regulation is not especially lenient, sex selection in Israel does stand out in a few important ways. Until 2002 sex selection was only authorized for medical purposes. The only way to select for sex was through prenatal sex selection, namely, through abortion. A study from 1998 compared the positions of geneticists on the question of prenatal (as opposed to pre-implantation) sex selection in 37 countries. Israel came out first. It had the highest rate (68 %) of geneticists who were willing to perform a prenatal diagnosis for a couple with four girls who wanted a boy and would abort a female fetus. Though these findings primarily indicate the lenient approach among geneticists toward abortion, a point to which we shall later return, it also suggests a liberal approach toward sex selection.[22]

In 2002, the first use of pre-implantation sex selection procedure for non-medical ends was authorized in Israel. Several years later, in 2005, the Ministry of Health issued general directives on the matter, which are still in force. The directives set the conditions for the Israeli version of

---

[20] See, for example, Dahl, Edgar (2005), Sex Selection: Laissez Faire or Family Balancing?, in: Health Care Analysis 13, 87–90.

[21] Dahl, Edgar/Hinsch, Klaus-Dieter/Beutel, Manfred/Brosig, Burkhard (2003), Preconception Sex Selection for Non-medical Reasons: A Representative Survey from Germany, in: Human Reproduction 18, 2231–2234.

[22] Wertz, Dorothy C./Fletcher, John C. (1998), Ethical and Social Issues in Prenatal Sex Selection: A Survey of Geneticists in 37 Nations, in: Social Science and Medicine 46, 255–273.

"family balancing" and allow for elective sex selection for parents with four or more children of the same sex, who are interested in a child of the opposite sex. Though the directives are formulated as sex-neutral, both their spirit and their letter reveal the way in which the paradox of Israeli bioethics unfolds. It is precisely for conservative reasons that the most advanced methods are used.

Indeed, in the Israeli context, the desire for sex selection emerges primarily amongst highly traditionalist and religious families, which already have several girls. These families (both Jewish and Muslim) are under social and religious pressure to beget a son. The directives allow sex selection in such cases under two conditions. First, that the applicant family (in fact single mothers are also allowed) will already have four children of the same sex. The second, and more striking condition is that the mental health of the mother, the father, or the planned child will be at considerable risk if sex selection is not performed. This condition makes evident the way in which conservative concerns both religiously and socially motivated, give rise to the use of modern technologies.

Available data reveals that of the 197 applications for sex selection submitted to the committee during the period June 2005 to August 2007, 152 of the couples wished to give birth to a boy and only 45 couples preferred a girl. It is also interesting to point out that 135 of the couples applying to the committee were Jewish and 62 were Muslims. This is roughly double the rate of Muslims in the general population, and assuming that Israeli Muslims are overall likely to be more traditionalists than Israeli Jews (who are mostly non-religious), this could serve as further proof of the role of conservative religious motivations in promoting the use of these technologies.[23]

Though the directives generally limit elective sex selection to "family balancing," they also authorize the committee to diverge from the general rules in exceptional cases according to the committee's discretion. The one prime set of circumstances in which the committee has used its discretion is highly revealing. It concerns the case of priestly (Cohen) families, in which the father suffers from infertility problems. If and

---

[23] Landau, Ruth (2008), Sex Selection for Social Purposes in Israel: Quest for the "Perfect Child" of a Particular Gender or Centuries Old Prejudice Against Women?, in: Journal of Medical Ethics 34, e 10. See also Sher, Carron/Romano-Zelekha, Orly/Green, Manfred S./Shohat, Tamy (2004), Utilization of Prenatal Genetic Testing by Israeli Moslem Women: A National Survey, in: Clinical Genetics 65, 278–283.

when the couple seeks to have a child using donor sperm and IVF treatment, they may confront a social problem. If they have a baby boy, the son, under Jewish Orthodox law, will not belong to the priestly dynasty. When he reaches adulthood, his Bar-Mitzvah, at the age of thirteen, community members will expect him to perform the roles of a priest. Unable to perform these duties, the community will realize that he is not his father's biological son. This may be a source of great embarrassment and distress to both the parents and the child. If, however, rather than a baby boy they have a girl, the problem will not arise. Women, according to Jewish tradition, do not carry in public the role of a priest, and thus the family secret will remain concealed.[24] Strikingly, the committee has often used its discretion to authorize the use of the most advanced means of sex selection in the service of these highly conservative ends.[25]

Another important example of a similar pattern concerns private use of genetic testing by certain sections of the Jewish Ultra-Orthodox community both in Israel and abroad, known as the "Dor Yesharim" program (literally meaning "upright generation"). The program offers free screening to mainly Orthodox young adults, who are contemplating marriage. The program tests for the most prevalent genetic recessive diseases common among Jews, such as Tay-Sachs and cystic fibrosis. The results of the tests, however, are not given to the participants. Rather, participants receive an identification number, which they will be able to use only in order to verify their genetic compatibility with a potential partner. When a man and a woman are both part of the "Dor Yesharim" program, they can submit their identification numbers to the program and receive a simple binary result – compatible or non-compatible. The couple is "compatible" as long as both parties are not carriers of the same recessive trait. Dor Yesharim, in other words, allows participants to avoid the dangers of a potentially risky genetic match, without making the genetic information known even to the participants themselves.[26]

---

[24] Traubmann, Tamara/Shadmi, Haim (2002), Couple Allowed to Choose Baby's Gender to Avoid Halakhic Dilemma, in: Haaretz Daily, 18.10.

[25] Exact numbers have not been made public.

[26] Ekstein, Joseph/Katzenstein, Howard (2001), The Dor Yeshorim Story: Community-Based Carrier Screening for Tay-Sachs Disease, in: Advances in Genetics 44, 297–310. Raz, Aviad E./Vizner, Yafa (2008), Carrier Matching and Collective Socialization in Community Genetics: Dor Yershorim and the Reinforcement of Stigma, in: Social Science and Medicine 67, 1361–1369.

Dor Yesharim uses the traditional mechanisms of "match making" (*shidech*) and offers them a new spin. Here again we find the most advanced use of medical technique by the most conservative religious communities and for markedly conservative motivations. The motivation for Dor Yesharim is not simply to prevent genetic defects. Paradoxically, this advanced form of genetic testing stems from the desire to avoid medical abortion for traditionalist reasons. Though, as we shall soon see, the opposition to abortion under Jewish law is not as strict as it is among Catholics and some Protestants, many Orthodox Jews believe that abortion should be avoided, if possible. Thus, in other words, it is precisely the conservative opposition to abortion that leads to the liberal use of pre-marital genetic testing.

4. Resolving the Paradox II – New Technologies and Old Ontologies

The first solution I have offered to the paradox of Israeli reproductive biotechnologies is based on the distinction between means and ends. The use of the most progressive biotechnological means is justified on highly conservative grounds. The paradox is resolved simply by pointing out the subservience of means to ends. Otherwise questionable technologies become legitimate, once they are employed in the service of legitimately desired ends.

This resolution of the paradox, even if correct, may not be fully satisfactory. The problem is not the partiality of the explanation and its applicability to some, but not to all of the examples offered in the exposition. After all, our intent from the outset has not been to offer a single key that will unlock all doors. Rather the problem arises even in the cases in which the above analysis is applicable. The resolution of the paradox seems to sidestep what is probably the most important tension between biotechnologies and religion, namely the question of the legitimacy of the means themselves regardless of the ends they seek to achieve.

Indeed, what is often unsettling about modern biotechnologies, especially from a traditionalist and religious perspective, is not the intended ends of the technology, but rather the way the means transform (quite often unintentionally) deeply rooted conceptions of human existence. To give a somewhat simplified example, what many find unsettling about reproductive human cloning is not the fact that clones can be put in the service of morally questionable ends, but simply that human clones, regardless of their potential use or abuse, challenge and perhaps undermine our notions of what it means to be human, namely, a sense of individual uniqueness.[27]

Indeed, one of the major concerns about biotechnology is that it fundamentally alters the world we live in, along with the way in which we comprehend our world.[28] Biotechnological developments, under this account, are not neutral means, the moral evaluation of which depends on the ends they will serve. Rather, biotechnology (as all technology) has a transformative power to alter our life-world and our world-view. It is in this sense that we speak of ourselves as inhabiting a "technological world," a world deeply shaped by a technological world-view. By changing our world and challenging our basic conceptions of the world, biotechnology puts into question what may be termed traditional "ontologies". The power of biotechnologies to transform foundational structures of the modern world has been long documented by scholars of science and technology.[29] Specifically, reproductive technologies have been said to transform kinship structures, conceptions of personhood, and the determination of beginning and end of life.[30] It is this attribute of modern biotechnologies, which has led many conservative minds to object to biotechnological developments *as such* regardless of their use and ends.

Thus, in this part, I will set aside the evaluation of biotechnologies as means in the service of ends, and focus the attention on the role that biotechnologies play in transforming traditional "ontologies". Consequently, a new formulation of the Israeli paradox of bioethics emerges. How is it that Israeli law and Israeli society, which are heavily influenced by tradition and religion, are nevertheless open to the use of biotechnolo-

---

27 Habermas, Jürgen (2003), The Future of Human Nature, Cambridge, UK.

28 Borgmann, Albert (1984), Technology and the Character of Contemporary Life: A Philosophical Inquiry, Chicago, IL, London, 9–12, 40–78. For a more determinist view, see Ellul, Jacques (1964), The Technological Society, New York, 79–147.

29 The most important contribution to the subject remains Heidegger, Martin (1993), The Question Concerning Technology, in: Krell, David (ed.), Basic Writings, New York, 311–341.

30 Strathern, Marilyn (1995), Displacing Knolwedge: Technology and the Consequences for Kinship, in: Ginsburg, Faye D./Rapp, Rayna (eds.), Conceiving the New World Order: The Global Politics of Reproduction, Berkeley, CA, 346–363.

gies, which are known to transform the basic categories of our world such as family, personhood and life?

The resolution of this newly formulated paradox lies, I will argue, in challenging its basic premise. Do biotechnologies necessarily undermine traditional ontologies? Is it not possible to use modern reproductive technologies without altering the basic structures of our life-world? If this is possible and, as I shall argue, this is indeed the case with at least certain reproductive biotechnologies in Israel, then the paradox of bioethics is once again resolved. As long as reproductive technologies can be put in use without altering traditional life-world structures and traditionalist world-views there is no source of tension between progress and tradition.

To return again to the simple case of human cloning, the latter, like many modern technologies raises concerns because it has the power to transform our understanding of ourselves as unique individuals created in the image of God, to use the language of religion. If one accepts along with the technology of human cloning the world-image that it offers, then the tension between traditionalist ontologies and modern ones becomes manifest. If, however, one rejects the notion that human identity depends on one's genetic makeup and thus rejects the idea that cloning in fact "duplicates" human existence, then the "ontological" objection to reproductive cloning disappears. Indeed, this is precisely the position that at least some Israeli ethicists have taken on this question, a position which, as we shall see, has had clear ramifications to the regulation of cloning.[31] More generally and more nuanced, this is what has often taken place when Jewish law has confronted reproductive technologies. Leading rabbinic authorities have accepted the use of the technologies, while at the same time denying the technologies a world transforming power.

An interesting example has been documented by Susan Kahn in her study of assisted conception in Israel. The rabbis in many of the highly conservative communities she studied, were quick to give their blessing to a variety of forms of assisted reproduction from egg donation to surrogate motherhood, while at the same time preserving traditional structures of kinship. Kahn juxtaposes her finding to those of STS (Science and Technology Studies) scholar, Marilyn Strathern, who has claimed

---

[31] Ravel, Michel (2004), Hakdama: Reka Madayi v' Dilemot Musariot [Introduction: Scientific Background and Moral Dilemmas], in: Raziel, Yonatan (ed.), Shibut Geneti. Mabat Torani: Asufat Ma'amarim [Genetic Cloning. A Jewish Perspective: A Collection of Essays], Jerusalem, 10–21.

that the new reproductive technologies have undermined traditional kinship structures. Kahn, critically examining the applicability of Strathern's argument to the Jewish-Israeli case, asks "While kinship is being destabilized in Euro-America, what havoc are the new reproductive technologies wreaking on Jewish ideas about kinship in Israel? Does 'nature' play a grounding function for Jewish conceptions of kinship in the same way Strathern claims it does for Euro-American conceptions of kinship? And if so, does the confrontation with new reproductive technologies have the same dislocating effect? Or do Jewish beliefs about kinship emerge from a different set of foundational assumptions that are somehow more resilient to the conceptual challenges posed by new reproductive technologies?"[32]

The cases discussed in the preceding section may also be understood within this framework. Elective sex selection in priestly families, to take one example, does not simply involve the use of modern techniques to promote traditionalist ends. More deeply understood, elective sex selection allows families and communities which use reproductive technologies to preserve the traditional conception of the family. By selecting a baby girl the appearance of traditional kinship structures is maintained. Though modern reproductive technologies have often led to the transformation of the traditional familial structures and to the creation of new forms of kinship, here the reverse is true. The most modern techniques are used to preserve the integrity of the traditional family structure at least to outer appearance.

The same is true in the case of the "Dor Yesharim" program. What is striking about the project is not only and not simply that modern technique is used by the most conservative religious groups, but rather the way in which the technology is used. It allows participants to take advantage of modern technique, while rejecting the modern "ontology" that commonly goes along with it. By keeping the genetic information concealed one of the effects of genetic testing on the life-world and world-image of the religious community involved is avoided. Not only the surrounding family and friends but the participants themselves cannot think of themselves as carriers of genetically inherited diseases. The common maxim of gene technology and information – knowledge is power – is here at least to a certain extent subverted and ignorance prevails.

In the remainder of this section, I wish to discuss another interesting example that belongs to a similar category of cases. It concerns the

---

[32] Kahn (2000), 164.

determination of the beginning of life, and specifically the status of the embryo, which has gained much less scholarly attention in comparison to the ample discussion of the status of the fetus.[33] Indeed, it has often been remarked that one of the most important reasons for the so-called "liberal" position that Israeli law has on abortion originates from the ethical and religious status attributed to the fetus. According to Jewish sources the fetus achieves the status of a human being only after its birth or, to be more accurate, once its head emerges out of the womb. Though very few rabbinic authorities would condone abortion, and most would acknowledge a *halakhic* prohibition on its practice, the prohibition is understood to be grounded in a lower level of legal authority, in so-called "rabbinic" authority, rather than to the higher level of "biblical" authority.

More interesting for our purposes is the status of the embryo and its implications for stem-cell research in Israel. As mentioned above, Israel has one of the more lenient regulations of stem-cell research, and here too a connection can be drawn between the rabbinic position on the legal status of the fertilized egg and the Israeli regulation of the research. The interesting question, however, is why is it that Jewish law does not offer even the minimum legal protection to the fertilized egg, as it offers to the fetus?

The Jewish position concerning the status of the fertilized egg is based on the Talmud,[34] which says that before the 40th day the fetus is "mayim be' alma", no more than plain water. Whether this passage is understood literally, that is that the substance of the fertilized egg even when in the womb resembles mere water, or figuratively, indicating that the fetus at this early stage is nothing significant, the conclusion is clear – neither abortion at this early stage, nor *a fortiori* the destruction of the fertilized egg (for example, for the purpose of creating stem-cells) at the pre-implantation stage, raise any normative difficulties.

The Jewish position, however, cannot be taken for granted. What is striking is not the traditional Jewish position itself, but rather the fact that it did not change given current knowledge of the potentiality for life that exists in the fertilized egg even prior to implantation. The sense of anomaly is heightened once the Jewish position is compared with that of

---

33 I discuss the case of stem-cell research and the status of the embryo more elaborately in Lavi, Shai (2008), From Bioethics to Bio-optics: The Case of Embryonic Stem-Cell, in: Law, Culture and Humanities 4, 339–351.

34 Tractate Yevamot, 69 B.

the Catholic Church. Though both started off holding similar positions, the Catholic Church now strongly objects to stem-cell research.[35] Up to the mid-nineteenth century, the Catholic Church like rabbinic authorities held the position that ensoulment does not begin before the 40th day.[36] While the Catholic Church along with other Christian communities adopted a modern approach to the question, and in light of scientific discovery and technological advancement redefined the beginning of life as the moment of conception, Jewish authorities, with no known exception, have rejected this interpretation and maintained their traditional approach.

Thus, in the final analysis, it is on the basis of this "traditionalist" interpretation of the fertilized egg as merely water, that Jewish religion adopted its "progressive" approach to stem-cell research. The Jewish, and to a large extent the Israeli position, is in fact based on a traditionalist and pre-modern understanding of the nature of the fetus and embryo. In counter-position, some Christian authorities have incorporated the views of modern science into their religious teachings, seeing the potentiality for life already in the fertilized egg. In this sense the so-called "fundamentalist" approach is in fact grounded in the most advanced scientific understanding, which sees the potentiality for life in an entity the size of which is smaller than the dot at the end of this sentence.

To make the argument clear, it is important to emphasize that the difference between the Jewish and Catholic approach cannot simply be described as an ethical dispute about the moral value of the embryonic life-form. The more fundamental difference lies in a clash between a traditionalist "ontology" and a modern one. The two competing views can be conceived as two distinct ways of seeing the world, the first phenomenological and the second scientific. Phenomenology, in this con-

---

[35] Indeed, the strongest objection to embryonic stem-cell research is based on the claimed sanctity of life of the embryo. In order to produce embryonic stem cells the inner cell mass (ICM) must be removed. The cells may regenerate indefinitely, but the embryo will not survive. The most extreme objection to embryonic stem-cell research views the embryo as human life worthy of legal protection. There are other more moderate Christian and non-Christian objections to embryonic stem-cell research, but this objection has been the most influential, at least in the United States, and has led to the restrictions imposed by the Federal Government on the funding of embryonic stem-cell research.

[36] Haldane, John/Lee, Patrick (2003), Aquinas on Human Ensoulment, Abortion and the Value of Life, in: Philosophy 78, 255-278.

text, signifies the way in which things appear to us within our day-to-day lay cultural experience. The scientific approach captures the way things appear to us mediated by scientific knowledge and technique. To give a simple example, from a phenomenological approach the sun sets into the sea, whereas from a scientific approach the earth revolves around itself. There is nothing wrong or incorrect about the phenomenological conceptualization of the world; it captures precisely the way we experience things in our day-to-day life, and precisely for this reason it is at odds with modern science, which is interested in the way the world appears through the lenses of scientific inquiry and technique, rather than in the way the world appears to us through everyday experience.[37]

On the basis of this distinction the pre-modern conception of life that is characteristic of religious traditions, including Judaism, as phenomenological, whereas the modern conception of life characteristic of modernized religions, including Catholicism, which sees the embryo as having a potential for human life, is scientific. Traditional religions did not see the embryo as a human life-form before there was a perceived, phenomenological experience of human life. True, religions are accustomed to talking about "souls" and other extrasensory entities, but at least according to mainstream traditional Catholic and Jewish views the soul only attaches itself to bodies that have at least a minimal outer resemblance to human form. This is the reason why the Talmud says that an embryo is considered to be mere water prior to the 40th day – it has the phenomenological appearance of a liquid.[38] The difference between 40 days and 90 days may be arbitrary, but the difference between 40 days and 4 days is essential. By contrast, the non-traditional, modern conception of life is non-phenomenological and is based on the scientific conceptualization of the embryo as having a potentiality for life. The optics of modern science is the precondition that enables certain religious groups to claim that the IVF embryo is invested with human life and strongly object to its use in scientific research. It was precisely by rejecting this optics that Ronald Reagan Jr., the late Republican President's son, could claim in 2004 before the Democratic National Convention in

---

[37] On the schizophrenic nature of modern humanity in its ability to see the world both phenomenologically and scientifically, see Heidegger, Martin/Fink, Eugen (1993), Heraclitus Seminar, Evanston, IL, 23.

[38] Even if one rejects the literal interpretation of the attribution of "water" to the early embryo, it is still clear that the Talmud does not view the embryo in its early stages as human, because it does not resemble the human form in any way.

Boston that "one can *see* the difference between a mass of embryonic stem cells and an actual human being, who has a body and mind, fingers and toes."[39]

Thus, stem-cell research may serve as another example of how Jewish law is open to scientific and medical development without accepting the scientific and medical framework. The somewhat paradoxical flip side of the same coin is that the reason for the conflict between modern technology and certain modern theological positions, such as that of the contemporary Catholic Church, is that the two "camps" in fact speak the same language.

5. Conclusion

This paper started off with a simple observation. The regulation of reproductive technologies in Israel appears striking to both expert and lay observers. How can a country in which public debate on biotechnologies is dominated by religious authority of a highly conservative world view turn out to exercise one of the most liberal regulations?

Two of the most popular answers to this question were examined – Jewish law as pro-science and Jewish law as pro-reproduction. The resolution of the paradox each of these offers is to deny the attribution of a conservative outlook to Jewish religion. While there is, no doubt, some truth to these explanations, the paper presented a different approach claiming that it is precisely because the Jewish approach to biotechnology is conservative that the State of Israel has liberal regulations.

The alternative model was introduced in two stages. First, we have seen how cutting edge reproductive technologies have been employed for the advancement of conservative ends. Second, the argument was made that the more fundamental paradox of Israeli bioethics concerns the threat that these biotechnologies may pose to "traditionalist ontologies" regardless of the ends they serve. This paradox was resolved once we recognize that the specific use of biotechnological means under Jewish law may allow the community to accept the use of advanced technologies, while rejecting their world-transforming power. The reframing of biotechnologies may allow the Jewish community to maintain "tra-

---

[39] Quoted in Jasanoff, Sheila (2005), Designs of Nature: Science and Democracy in Europe and the United States, Princeton, NJ, 196.

ditional ontologies" even while using the most advanced reproductive technologies.

Several questions remain open for further investigation. First, how comprehensive is the approach offered here? To what extent can the analysis be expanded beyond the case of reproductive technologies? One interesting example on the other end of life concerns determining the time of death. Indeed, several leading Orthodox rabbis have rejected the modern definition of brain death and have insisted on maintaining the traditional definition of the cessation of respiration and heartbeat. Their position has influenced Israeli law, which recognizes the right of patients to choose their definition of death, in the sense that doctors are required to continue life-sustaining treatment until the cessation of heart and lung functions on patient demand. The difference between the old definition of heart-lung death and the new definition of brain death parallels the distinction between a phenomenological and scientific ontology. While respiration and heartbeat are phenomenologically observable signs of life, electronic currents in the brain can only be detected with the mediation of science.

This latter example gives rise to another open question. The rabbinic insistence on the traditional ontology of death has led to what is often considered to be a "conservative" rather than "progressive" bio-ethical position, namely to the denial of the new definition of death and with it to the objection to heart transplants (and the transplantation of other vital organs). This raises the question as to what precisely is meant by these concepts, and how helpful they are for understanding the legal regulation of Israeli biotechnology under the influence of Jewish law. In fact, part of what this paper has sought to achieve is to put into question precisely this often taken for granted contrast.

References

Bleich, J. David (1981), Judaism and Healing: Halakhic Perspectives, Jersey City, NJ, 86.

Borgmann, Albert (1984), Technology and the Character of Contemporary Life: A Philosophical Inquiry, Chicago, IL, London.

Bundren, Mary Rodgers (2007), Influence of Catholicism, Islam and Judaism on the Assisted Reproductive Technologies ("ART") Bioethical and Legal Debate: A Comparative Survey of ART in Italy, Egypt and Israel, in: University of Detroit Mercy School of Law Review 84, 715–746.

Dahl, Edgar (2005), Sex Selection: Laissez Faire or Family Balancing?, in: Health Care Analysis 13, 87–90.

Dahl, Edgar/Hinsch, Klaus-Dieter/Beutel, Manfred/Brosig, Burkhard (2003), Preconception Sex Selection for Non-medical Reasons: A Representative Survey from Germany, in: Human Reproduction 18, 2231–2234.

Ekstein, Joseph/Katzenstein, Howard (2001), The Dor Yeshorim Story: Community-Based Carrier Screening for Tay-Sachs Disease, in: Advances in Genetics 44, 297–310.

Ellul, Jacques (1964), The Technological Society, New York.

Evan, Dan (2010), Israel Abortion Rate Fell 10 % from 2000 to 2008, in: Haaretz Online, 5.1., http://www.haaretz.com/hasen/spages/1139708.html (17.03.2010).

Gross, Michael L./Ravitsky, Vardit (2003), Israel: Bioethics in a Jewish Democratic State, in: Cambridge Quarterly of Healthcare Ethics 12, 247–255.

Habermas, Jürgen (2003), The Future of Human Nature, Cambridge, UK.

Haldane, John/Lee, Patrick (2003), Aquinas on Human Ensoulment, Abortion and the Value of Life, in: Philosophy 78, 255–278.

Hashiloni-Dolev, Yael (2007), A Life (Un)Worthy of Living: Reproductive Genetics in Israel and Germany, Dordrecht.

Heidegger, Martin (1993), The Question Concerning Technology, in: Krell, David (ed.), Basic Writings, New York, 311–341.

Heidegger, Martin/Fink, Eugen (1993), Heraclitus Seminar, Evanston, IL, 23.

Jasanoff, Sheila (2005), Designs of Nature: Science and Democracy in Europe and the United States, Princeton, NJ.

Kahn, Susan Martha (2000), Reproducing Jews: A Cultural Account of Assisted Reproduction in Israel, Durham, NC.

Landau, Ruth (2008), Sex Selection for Social Purposes in Israel: Quest for the "Perfect Child" of a Particular Gender or Centuries Old Prejudice Against Women?, in: Journal of Medical Ethics 34, e 10.

Lavi, Shai (2008), From Bioethics to Bio-optics: The Case of Embryonic Stem-Cell, in: Law, Culture and Humanities 4, 339–351.

Mackler, Aaron L. (2003), Introduction to Jewish and Catholic Bioethics: A Comparative Analysis, Washington, D. C., 177.

Portugese, Jacqueline (1998), Fertility Policy in Israel. The Politics of Religion, Gender, and Nation, Westport, CT.

Prainsack, Barbara (2006), Negotiating Life: The Regulation of Embryonic Stem Cell Research and Human Cloning in Israel, in: Social Studies of Science 36, 173–205.

Ravel, Michel (2004), Hakdama: Reka Madayi v' Dilemot Musariot [Introduction: Scientific Background and Moral Dilemmas], in: Raziel, Yonatan (ed.), Shibut

Geneti. Mabat Torani: Asufat Ma'amarim [Genetic Cloning. A Jewish Perspective: A Collection of Essays], Jerusalem,10–21.

Raz, Aviad E./Vizner, Yafa (2008), Carrier Matching and Collective Socialization in Community Genetics: Dor Yershorim and the Reinforcement of Stigma, in: Social Science and Medicine 67, 1361–1369.

Rosner, Guy/Rosner, Serena/Orr-Urtreger, Avi (2009), Genetic Testing in Israel: An Overview, in: Annual Review of Genomics and Human Genetics 10, 175–192.

Samet, Moshe (2005), Chapters in the History of Orthodoxy, Jerusalem.

Schulman, Joseph D./Karabinus, David S. (2005), Scientific Aspects of Preconception Gender Selection, in: Reproductive BioMedicine Online 10, 111–115.

Sher, Carron/Romano-Zelekha, Orly/Green, Manfred S./Shohat, Tamy (2004), Utilization of Prenatal Genetic Testing by Israeli Moslem Women: A National Survey, in: Clinical Genetics 65, 278–283.

Sinclair, Daniel B. (2003), Jewish Biomedical Law: Legal and Extra-legal Dimensions, Oxford, NY.

Strathern, Marilyn (1995), Displacing Knowledge: Technology and the Consequences for Kinship, in: Ginsburg, Faye D./Rapp, Rayna (eds.), Conceiving the New World Order: The Global Politics of Reproduction, Berkeley, CA, 346–363.

Tractate Yevamot, 69 B.

Traubmann, Tamara/Shadmi, Haim (2002), Couple Allowed to Choose Baby's Gender to Avoid Halakhic Dilemma, in: Haaretz Daily, 18.10.

Watzman, Haim (2003), German Researchers Set to Receive Israeli Stem-cell Shipment, in: Nature 421, 199.

Weiss, Meira (2002), Chosen Body: The Politics of the Body in Israeli Society, Stanford, CA.

Wertz, Dorothy C./Fletcher, John C. (1998), Ethical and Social Issues in Prenatal Sex Selection: A Survey of Geneticists in 37 Nations, in: Social Science and Medicine 46, 255–273.

Westreich, Elimelech (Melech) (2009), The Response of Jewish Law to Modern Science and State Laws in German-Speaking Countries in the Nineteenth Century, in: Brunner, José/Lavi, Shai (eds.), Juden und Muslime in Deutschland: Recht, Religion, Identität, Göttingen, 44–62.

Bioethische Fragen in Bulgarien aus orthodoxer Sicht

TEODORA KARAMELSKA

Nach den politischen Umbrüchen im ehemals kommunistisch regierten und religionsfeindlichen Bulgarien 1989 ist die religiöse Lage, ähnlich wie in den anderen post-sozialistischen Ländern, die sich durch einen Entwicklungsvorsprung in Bezug auf die Säkularisation kennzeichnen,[1] mit vielen Herausforderungen verbunden. Bekanntlich brachte die Wende individuelle Religionsfreiheit und ein neues Verhältnis der Religionsgemeinschaften zum Staat, auch die gesellschaftliche Stellung und Handlungsräume der Orthodoxen Kirche haben sich entwickelt.

---

[1] Im Vergleich zu den westeuropäischen Gesellschaften stehen der Umfang und die Intensität des Säkularierungsprozesses in sozialistischen Ländern Osteuropas nicht im Zeichen der Modernisierungs- und Individualisierungsprozesse, sondern vielmehr im Zeichen der gewaltsam durchgesetzten atheistischen Ideologie der kommunistischen Regime. Durch das Religionsgesetz von 1949 wurde die freie Religionsausübung in Bulgarien z. B. stark begrenzt, indem die kirchliche Institution eng an die staatlichen Machtstrukturen gebunden war. Durch zahlreiche administrative Maßnahmen wurden kirchliche Leitungsorgane entmachtet, viele Geistliche wurden ermordet, andere wurden vom Geheimdienst rekrutiert. Das Recht auf antireligiöse Propaganda führte dazu, dass binnen zwei Jahrzehnten die Orthodoxe Kirche ihre Überzeugungs- und Mobilisierungskraft verlor und in eine soziale Isolation geriet. Das innerkirchliche Leben ist zerstört und die Orthodoxie hat allmählich das Wesen einer Volksfrömmigkeit angenommen. Die forcierte Säkularisierungsdynamik ist insbesondere in den 1970er-Jahren fortgesetzt worden, als die sogenannten „bürgerlichen Rituale", Ersatzformen zur kirchlichen Eheschließung, Taufe und Beerdigung, offiziell etabliert wurden. Diese haben zusätzlich dazu beitragen, dass sich die säkulare Weltanschauung der Bürger verfestigt hat. Mehr dazu: Metodiev, Momchil (2007), Obezlichavaneto na Pravoslavnata čurkva ot komunisticheskata durjava [Die Entmachtung der Kirche durch den kommunistischen Staat], in: Hristijanstvo i kultura 21, 4–12; Chureshki, Stefan (2004), Pravoslavieto i komunismut v Bãlgaria 1944–1960 [Die Orthodoxie und der Kommunismus in Bulgarien 1944–1960], Sofia.

Das betrifft vor allem die öffentlichen Erwartungen hinsichtlich der Aufarbeitung der kommunistischen Vergangenheit, bzw. der Kollaboration zwischen dem kirchlichen Milieu und den Sicherheitsdiensten einerseits sowie hinsichtlich verstärkter diakonischer Dienstleistungen[2] katholischer und protestantischer Prägung andererseits. Außerdem haben die gravierende wirtschaftliche Fragmentierung, die Zersplitterung des überkommenen verbindlichen Wertesystems und die Umwandlung der sozialen Sicherungssysteme neue Spannungsfelder zwischen Kirche und Staat hervorgebracht. Zur Intensivierung dieses Diskurses hat zudem das massive Eindringen der neuen religiösen Bewegungen Anfang der 1990er-Jahre beigetragen[3]. Nicht zuletzt wurde auf diese Weise das Thema des Umfangs und der Dimensionen einer möglichen Revitalisierung der institutionalisierten Kirchlichkeit in der weniger stark funktional ausdifferenzierten bulgarischen Gesellschaft auf die Agenda gebracht.[4]

---

[2] Vgl. zudem Kirov, Dimităr/Nushev, Kostadin (2007), Sočialnata misija na Bălgarskata pravoslavna čurkva [Soziale Mission der Bulgarisch-Orthodoxen Kirche], Sofia; Groen, Basilius/Stojanow, Valery (Hg.) (2003), Bulgarien auf dem Weg. Kirche – Staat – Gesellschaft, Varna, Wien; Stefanov, Stefan (2008), Sočialnata misija na Bălgarskata pravoslavna čurkva [Soziale Mission der Bulgarisch-Orthodoxen Kirche], Schumen.

[3] Nushev, Kostadin (2007), Predgovor [Vorwort], in: Veroispovedanija i novi religiosni dvijenija v Bulgaria – problemi i perspektivi na praga na Evropejskija sujuz [Glaubensgemeinschaften und neue religiöse Bewegungen in Bulgarien – Probleme und Perspektiven an der Schwelle zur EU], Sofia, 4–12.

[4] Trotz bestimmter wirtschaftlicher und sozialpolitischer Fortschritte im Laufe der gesamten Umstrukturierung des bulgarischen Staates nach 1989, kritisiert die Europäische Kommission in einer Serie von Sonderberichten immer noch die mangelnde oder nicht überzeugende Umsetzung rechtsstaatlicher Prinzipien, vgl. den Zwischenbericht über die Fortschritte Bulgariens bei der Justizreform sowie bei der Bekämpfung von Korruption und organisierter Kriminalität, European Commission (2009), Interim Report from the Comission to the European Parliament and the Council. On Progress in Bulgaria under the Co-operation and Verification Mechanism, http://eur-lex.europa.eu/LexUriServ/LexUriServ.do?uri=COM:2009:0069:FIN:EN:PDF (15.1.2010). http://ec.europa.eu/dgs/secretariat_general/cvm/docs/bulgaria_report_20080201_en.pdf, (15.1.10). Die Entwicklungsdefizite in vielen Sphären des sozialen Lebens könnte man einerseits als Erbe des totalitären Staatsmodells sozialistischer Prägung betrachten, andererseits als Folge neuer Netzwerke informeller Art, die die Ausbildung der einzelnen gesellschaftlichen Subsysteme verhindern oder nicht zulassen, dass Politik, Wirtschaft, Massenmedien,

Im Folgenden werden zuerst kurz einige Aspekte dieser gegenwärtigen Situation der Bulgarisch-Orthodoxen Kirche (BOK) skizziert und darauf in einem zweiten Punkt die kirchlichen Stellungnahmen zu Fragen der Bioethik dargelegt. Den Abschluss bilden im dritten Teil die Forschungsergebnisse der internationalen soziologischen Langzeitstudie European v 2008. Anhand empirischer Daten über die unterschiedliche Intensität und Ausprägung der individuellen Religiosität der bulgarischen Bürger werden ihre Einstellungen zu ethischen Fragen im Bereich der Medizin und Gentechnik erläutert.

1. Die BOK heute: eine knappe Skizze

Für das ekklesiologische Selbstverständnis der Orthodoxie ist die eucharistische Zentrierung allen kirchlichen Handelns prägend, und erst in diesem sinnstiftenden Kontext werden der Diakonie (der so genannten „Liturgie nach der Liturgie") und dem kirchenpolitischen Engagement Bedeutung zugemessen. Die kontemplative orthodoxe Religiosität, die in der Regel ethischen Aktivismus hemmt, hat Formen der Vergemeinschaftung hervorgebracht, die sich von den westeuropäischen funktional und strukturell in vielen Hinsichten unterscheiden. Kulturgeschichtlich haben die systematische Verfolgung der Kirche während des Sozialismus sowie die planmäßige atheistische Erziehung (die in zwei bis drei Generationen tiefe Spuren hinterlassen hat und bis heute nachwirkt), aber auch die nicht selten theatralische Inszenierung der Gottesdienste in Altkirchenslawisch (das für die meisten Bulgaren unverständlich ist) dazu beigetragen, dass die Glaubensüberzeugungen und die christlichen Gehalte sich nur rudimentär in Handlungsorientierungen der Bürger transformieren lassen. So entspringen beispielsweise die Bemühungen um eine ausgeprägte diakonische Arbeit – sofern diese, wegen des Mangels an allgemein anerkannten Richtlinien der Kirche in Bezug auf die neuen geistigen und sozialen Problemkonstellationen nach der Wende, über-

---

Wissenschaft und Forschung etc. in ihren Funktionen eine gewisse Autonomie entwickeln. Mehr dazu: Znepolski, Ivaylo (2008), Bălgarskijat komunisum. Soziokulturni cherti i vlastova traektoria [Der Kommunismus in Bulgarien. Soziokulturelle Merkmale und Wandlungsprozesse der Machtstrukturen], SofiaM; Tchalakov, Ivan/Bundjulov, Andrey u. a. (2008), Mrejite na prehoda. Kakvo vsăstnost se sluči v Bălgaria sled 1989 [Die Netzwerke des Übergangsprozesses. Was ist eigentlich in Bulgarien nach 1989 passiert], Sofia.

haupt vorhanden sind – der Eigeninitiative einzelner Priester.[5] Dem orthodoxen Kirchenrecht nach haben die Priester, die das Gemeindeleben verwalten und nicht zum Zölibat verpflichtet sind, einen geringeren Einfluss auf die gesamte Kirchenpolitik als die Mönche, welche die eigentlichen Entscheidungsträger sind.[6] Ihre weltablehnende Askese ist oft mit der Absage verbunden, sich mit konkreteren Vorschlägen für Gesetzgebungsinitiativen oder unterschiedlichen Maßnahmen mit geschlechtsspezifischem Schwerpunkt konsequent zu engagieren. Zusätzlich werden Entscheidungsfindungen bzw. die Ausarbeitung von offiziellen Stellungnahmen durch das kirchenrechtlich verbindliche synodale Prinzip erschwert.

Zugleich ist für die Orthodoxie eine kulturhistorisch bedingte Überbetonung des nationalen Bewusstseins kennzeichnend. Deswegen erstaunt es nicht, dass nach der Wende Politiker aller Parteien religiöse Traditionen zur Konstitution des bulgarischen Selbstbildes verwendet haben. Obwohl in geringerem Maße als in anderen orthodoxen Ländern (speziell in Griechenland, Serbien und Russland), gibt es auch in Bulgarien die Tendenz, mittels der Religion die Nation zu heiligen.[7] Dies ist insbesondere seit der EU-Mitgliedschaft Bulgariens im Jahr 2007 der Fall, da diese weithin lediglich mit einem Prozess des Verlustes kultureller Identität identifiziert wird. In diesem Sinne erweist sich die Religionszugehörigkeit weniger als nachhaltiger Bezugspunkt für die Gestaltung existenzieller Erfahrungen und zur Bekräftigung individueller Identität, sondern dient eher der „hintergründigen Spannungsbewältigung“[8] auf kollektiver Ebene. Diese Entwicklung wirft immer mehr Fragen auf; Fragen nach den Folgen des Rückgriffs auf religiöse Symbole im engeren Sinne, nach dem ansteigenden politischen Einfluss religiöser Orthodoxien,[9] nach der politischen Instrumentalisierung der Kirche, bzw. nach der

---

5 Mehr dazu: Hristov, Kliment (2009), Sočialni griji ili sočialna čurkva [Sozaldienstleisung oder soziale Kirche], in: Foreign Policy, 24–28.

6 Ustav na Bãlgarskata pravoslavna čurkva – Bãlgarska Patriaršhija [Satzung der BOK – bulgarisches Patriarchat vom 11. Dezember 2008] (2009), in: Čurkoven vestnik 9, 1.

7 Rees, Wilhelm (Hg.) (2007), Katholische Kirche im neuen Europa. Religionsunterricht, Finanzierung und Ehe in kirchlichem und staatlichem Recht, Münster u. a., 376.

8 Krech, Volkhard (1999), Religionssoziologie, Bielefeld, 21.

9 Habermas, Jürgen (2005), Zwischen Naturalismus und Religion. Philosophische Aufsätze, Frankfurt a. M.

Wiederbelebung des Phyletismus, also der theologischen Rechtfertigung der nationalistischen Ideologie „ein Volk, ein Staat, eine Kirche". Symptomatisch hierfür ist die Rhetorik vieler bulgarischer Geistlicher, einschließlich Bischöfen, die durch ihre öffentlichen Äußerungen oder Predigten die Laien darin unterstützen, die Orthodoxie als eine antiwestliche Grundhaltung und Alternative zur zunehmend „un-patriarchalischen" und „(über)technisierten" Welt der modernen Zivilisation wahrzunehmen. Auch die neuen Spiritualitätsformen aller Art werden von der kirchlichen Institution mit massiven Vorurteilen belegt und gelegentlich zur Prägung neuer Feindbilder benutzt. Die Orthodoxie wird als Hüterin von Moral und nationalen Werten gepriesen, welche vor religiösem Pluralismus und ausländischen ‚Sekten' und Kulten beschützt werden müssen.[10]

Diese Tendenz verstärkt sich mit dem neuen Religionsgesetz, das von der Regierung unter dem ehemaligen bulgarischen Zaren Simeon Sakskoburggotski initiiert und vom Parlament im Jahre 2002 verabschiedet wurde.[11] Gemäß dem Gesetz ist die Orthodoxie ein tragendes Element der nationalen Identität. In der Präambel wird zwar die Glaubens- und Gewissensfreiheit aller Bürger garantiert, die Trennung von Kirche und Staat gewährleistet und die politische Nichteinmischung in kirchliche Angelegenheiten grundsätzlich gefordert; es wird aber gleichzeitig die besondere Rolle der BOK in Geschichte und Gegenwart hervorgehoben, derzufolge sie ex lege mehr Rechte im Vergleich zu den anderen Glaubensgemeinschaften im Land genießt (§ 4, Art. 13 Bulgarische Verfassung). Diese mangelnde Gleichbehandlung der Religionen in Bulgarien ist der Grund, warum auch einige internationale Organisationen für Bürger- und Menschenrechte das Religionsgesetz als „restriktiv" und diskriminierend bezeichnen.[12]

---

[10] Vgl. Döpmann, Hans-Dieter (2001), Gottes auserwähltes Volk im Verständnis der Bulgaren, in: Mosser, Alois (Hg.), Gottes auserwählte Völker: Erwählungsvorstellungen und kollektive Selbstfindung, Frankfurt a. M., 273–294.

[11] Vgl. Berov, Hristo (2009), Duržava i veroizpovedanija – normativna uredba na religijata i religiosnite obštnosti v Bãlgaria [Staat und Konfessionen – Gesetzgebung im Bereich der Religionsausübung und -gemeinschaften in Bulgarien], Sofia.

[12] Bãlgarski helzingski komitet (2004), Religioznata svoboda v Bãlgaria prez 2004. Doklad na fondazija Tolerantost und Bãlgarski helzingski komitet [Bericht des Bulgarischen Helsinki-Komitees über die Religionsfreiheit],

Im Geist des konfessionellen Isolationismus verbreitete sich seit Ende der 1990er-Jahre ein Misstrauen der bulgarischen Bischöfe gegenüber den Versuchen interreligiöser und interkonfessioneller Zusammenarbeit in den Gremien der Europäischen Union, im Ökumenischen Rat der Kirchen (ÖRK) und der Konferenz Europäischer Kirchen.[13] Die antiökumenische Haltung lässt sich nicht nur als eine Reaktion der BOK auf Tendenzen der Gleichsetzung von Toleranz und Unverbindlichkeit und zu Säkularisierungstendenzen in den westeuropäischen liberalen Gesellschaften deuten, sondern auch als Zeichen der Unfähigkeit des bulgarischen Episkopats zur differenzierten, konstruktiven Auseinandersetzung mit anderen christlichen Konfessionen und Kirchentraditionen.

Während der letzten zwanzig Jahre nutzten die kirchlichen Amtsträger die neuentstandenen Formen der Medienkommunikation nicht adäquat für eine zeitgemäße Öffentlichkeitsarbeit. Die kirchennahen Zeitungen und Fachzeitschriften widmen sich schwerpunktmäßig streng theologischen Fragestellungen oder den Regularien des Kirchenjahres und sind seltener Forum zur Besprechung gesellschaftlich und politisch relevanter Probleme. Erst seit diesem Jahr verfügt die Heilige Synode über eine offizielle Internetseite: http://www.bg-patriarshia.bg/, die aber bislang nur Informationen über kirchliche Strukturen zum Download enthält.[14] Zwar symbolisch öffentlich präsent, hat die Kirche insgesamt jedoch

---

http://www.bghelsinki.org/upload/resources/2005_Religious%20freedom%20report%20in%202004_bg.doc (15.1.2010).

[13] Im Mai 1998 hat die BOK den Beschluss gefasst, ihre Mitgliedschaft im ÖRK zu beenden, siehe hierzu die Erklärung der Heiligen Synode: Izjavlenie na Svetija Sinod vuv vrãzka s učastieto na Bãlgarskata pravoslavna čurkva v ikumeničeskoto dvijenie [Erklärung der Heiligen Synode bezüglich der Teilnahme von BOK an der ökumenischen Bewegung] (1998), in: Čurkoven vestnik 11, 1.

[14] Wichtiger für die kirchliche Öffentlichkeit sind zwei Internetforen geworden, die als Laieninitiativen aus dem Kreis kirchlich orientierter Intellektueller entstanden sind: www.dveri.bg (15.1.2010) und www.pravoslavie.bg (15.1.2010); Geiselmann, Christian (2008), Zwischen Stagnation und Aufbruch. Nach dem Ende des Razkol versucht die orthodoxe Kirche in Bulgarien, eine ihr gemäße gesellschaftliche Stellung wiederzuerlangen, in: Groen, Basilius/Stojanow, Valery (Hg.), Bulgarien auf dem Weg. Kirche – Staat – Gesellschaft, Varna, Wien, 173–198, 197. Diese Foren sind mittlerweile zu einem zentralen Medium der modernen kirchlichen Öffentlichkeit in Bulgarien geworden. Hier finden Diskussionen statt, von rein theologischen Fragen bis hin zu aktuellen kirchenpolitischen Problemen wie z. B. der Einstellung der Orthodoxie zur Geschlechtergleichstellung, zur aktiven Sterbehilfe, zu Rock-Musik, Yoga und

einen relativ geringen Einfluss auf politische Entscheidungen und das Regierungshandeln[15]. Die meisten zum Teil religiös motivierten politischen Gesetzgebungsverfahren, u. a. im Bereich der Bioethik, sind in der Regel Initiativen der zwei im Parlament vertretenen christdemokratischen Parteien (Demokraten für ein starkes Bulgarien (DSB) und Union der demokratischen Kräfte (SDS)), die sich als Vertreter und Nachfolger der antikommunistischen Transformationsbewegung der frühen 1990er-Jahre verstehen und Mitglieder der Europäischen Volkspartei sind.

2. Weltanschauliche Positionen der Orthodoxie und die Einstellung der bulgarischen Kirche zu einzelnen Themen der Bioethik

Die spezifische Aufmerksamkeit, die in der Orthodoxie dem eucharistischen Kirchenverständnis gilt, wurde bereits betont: Es wird angenommen, dass sich die Gemeinschaft der Gläubigen grundsätzlich im Empfangen und Feiern des Heiligen Abendmahls vollzieht. Inzwischen hört man Stimmen aus dem orthodoxen Klerus, die darauf insistieren, dass durch die Entwicklung der globalisierten, hochindustrialisierten Welt und durch deren prägenden Einfluss auf die Lebensordnungen die christliche Anthropologie mehr Gewicht als bisher erhalten sollte.[16] Als wichtige Grundfrage erweist sich neben

---

Homöopathie. Auf der Internetseite www.pravoslavie.bg gibt es eine Rubrik „Bioethik", welche die Positionen von Theologen, Geistlichen und Laien zu bioethischen Fragestellungen enthält, welche jedoch für die offizielle Position der BOK nicht verbindlich sind. In Bulgarien gibt es wenige Fernsehsendungen, die Probleme der christlichen Ethik, Anthropologie und Seelsorge thematisieren. Die bekanntesten – „Glauben und Gesellschaft", siehe http://www.bnt.bg/ (15.1.2010) und „Quartett der Professoren" werden von Universitätstheologen und -philosophen gestaltet, existieren aber erst seit den letzten Jahren und sind nicht während der Hauptsendezeit zu sehen.

15 Hier wurden jüngst Schritte in Richtung auf Veränderung dieser Situation unternommen: am 20.01.2010 hat die bulgarische Regierung die Zentrale Ethikkommission unter der Leitung des Vizegesundheitsministers ins Leben gerufen. Diesem Fachgremium gehören neun Personen an, darunter ein Vertreter der BOK. Die Hauptaufgabe der Kommission wird die Ausarbeitung von Stellungnahmen zu deontologischen Fragen im Bereich der Pharmakologie sein.

16 Ware, Kallistos (2007), Pogled kăm minaloto – vodestata tema na XX vek [Einen Blick auf die Vergangenheit – das Leitthema des 20. Jahrhunderts], in: Hristijanstvo i kultura 23, 29–42.

der Frage „Was ist die Kirche?“ auch „Was ist der Mensch?“ oder theologisch formuliert: „Was bedeutet die menschliche Existenz als Person σχέσει-πρόσωπον im Verhältnis zur Dreieinigkeit Gottes?“, insbesondere in Hinblick auf mögliche Eingriffe in das menschliche Genom.

Konkretere theologische Fachbegriffe im Bereich der Bioethik hat die BOK aber noch nicht entwickelt. Der „Missbrauch“ der Schöpfung, sowohl in Bezug auf der Umwelt als auch auf die Natur des Menschen, wird vom Episkopat – mit der allgemeinen Begründung, dass der Mensch als „Gottes Bild und Gleichnis“ geschaffen sei und außerdem für sich selbst ein Geheimnis darstelle – ausgesprochen und eindeutig als „Sünde“ bezeichnet. Obwohl die BOK „Freude“ über den wissenschaftlichen Fortschritt und speziell über die Humanmedizin äußert und ihre Forschungsleistungen „begrüßt“, weigert sie sich, zu konkreten Gesetzen offiziell detailliert Stellung zu beziehen. Das oberste Kirchenorgan beschränkt sich darauf, pauschale Formulierungen aus der Stellungnahme der Russisch-Orthodoxen Kirche (ROK) zu „menschlicher Würde, Freiheit und Rechten“ zu übernehmen, die „den unbedingten besonderen Wert der menschlichen Würde“ oder „die Würde des vorgeburtlichen Lebens“ betonen.[17] In der theologischen Fachliteratur sind überwiegend bildhafte Beschreibungen und rhetorische Figuren zu finden wie z. B., dass die Entzifferung des Genoms eine „Vorstufe zu einer Welt [ist], die ihre festesten Grundlagen zerstört, und in der sich ähnlich wie beim Turmbau zu Babel unser zweiter Niedergang abzeichnet“, oder dass „die Sünde Adams nun mit einem neuen Gesicht vorkommt: dem Gesicht der genetischen Modifikationen“.[18]

Bevor auf die im Allgemeinen wenig differenzierten Stellungnahmen der Orthodoxie zu bioethischen Fragen wie Organspende, Sterbehilfe, Klonen oder In-vitro-Fertilisation eingegangen wird, lässt sich Folgendes zusammenfassend feststellen: Wenn sich einzelne Priester oder Vertreter des bulgarisch-orthodoxen Episkopats zum Thema Bioethik äußern, folgen sie den Formulierungen der anderen orthodoxen Landes-

---

[17] Russian Orthodox Church Moscow Patriarchate (2006), Declaration on Human Rights and Dignity, http://www.pravoslavieto.com/docs/human_rights/declaration_ru_en.htm (15.1.2010).

[18] Vgl. hierzu den Vortrag von Mitropolit Nikolay, Kloniraneto: prenachertavaneto na čhoveka [Das Klonen: eine Umbildung des Menschen], gehalten auf dem 8. Theologischen Kongress, Athen, September 1999, http://www.pravoslavie.bg/content/view/10501/62/ (15.1.2010).

kirchen, primär der Russischen und Griechischen. Letztere hat 1999 ihr eigenes Zentrum für bioethischen Medizin und Deontologie ins Leben gerufen und betreibt in diesem Bereich aktiv Politik.

2.1 Organspende und Transplantation

Organspende und Transplantation sind die einzigen Themen, zu welchen die BOK eine öffentliche Erklärung abgegeben hat, und zwar erst am 19.12.2007, obwohl das Gesetz über die Transplantation von Organen, Geweben und Zellen – zur Zeit das einzige bulgarische Gesetz, das bioethische Fragen regelt – bereits seit 01.01.2004 in Kraft ist. Nach diesem Gesetz werden sämtliche Vorschriften zur Aufbewahrung und Behandlung von Stammzellen, zur In-vitro-Fertilisation und anderen spezifisch medizinischen Eingriffen geregelt.[19] Den Anlass für die Veröffentlichung der kirchlichen Stellungnahme stellten die Parlamentsdebatten im Jahre 2006 um die Zustimmungslösung im Transplantationsgesetz dar.[20] Die alte Regelung sah vor, dass der potentielle Organspender seine Bereitschaft zur Spende zu Lebzeiten ausdrücklich erklären muss, um eine postmortale Organentnahme und -spende zu ermöglichen. Diese Regelung wurde mit der Gesetzesänderung durch die sogenannte Widerspruchsregelung ersetzt, wonach jeder Bürger als potentieller Organspender in Betracht kommt, sofern er seinen Widerspruch nicht ausdrücklich festgelegt hat.

In ihrer Erklärung hat die Synode fast wörtlich das entsprechende Dokument der Synodalen Kommission für Bioethik der Griechisch-

---

[19] Geregelt im Gesetz zur Transplantation von Organen, Gewebe und Zellen, in Kraft seit 2003.

[20] Mehr zu den parlamentarischen Debatten 2002–2006, Verträgen zwischen dem bulgarischen Gesundheitsministerium und der amerikanischen Firma „Osteotech", ihrer französischen Abteilung „Ost Development" und dem deutschen Konzern „Cytonet" in: Petkova, Kristina/Hristov, Todor/Boyadjieva, Pepka (2009), Prisvojavane na simvolnata energija na naukata: parlamentarni debati vurhu bălgarskoto zakonodatelstvo v oblastta na biotechnologiite [Aneignung der symbolischen Kraft der Wissenschaft: Parlamentsdebatten zur bulgarischen Biotechnologie-Gesetzgebung], in: Soziologicheski problemi 1–2, Sofia, 308–329; die Position von Lăčezar Tošhev, SDS-Abgeordneter, Vorsitzender der Kommission für Menschenrechte und Glaubensgemeinschaften der 40. Nationalversammlung: Tošhev, Lăčezar (2007), Bălgaria izbra bioetikata [Bulgarien wählte die Bioethik], http://www.bio-ethics.net/BG/resourcesBG.htm (15.1.2010).

Orthodoxen Kirche (GOK) wiedergegeben. Die Organspende wird rhetorisch als „gesegnet" begrüßt, da sie sich als ein Zeichen der Nächstenliebe deuten lässt und gleichzeitig eine medizinische Behandlung darstellt, die keine Veränderung der für den jeweiligen Rezipienten konstitutiven, persönlichkeitsbestimmenden Merkmale oder geistigen Einstellungen impliziert. Als Beleg dafür sind die Worte von Jesus Christus aus dem Johannes-Evangelium hinzugefügt: „Niemand hat größere Liebe denn die, dass er sein Leben lässt für seine Freunde" (Joh 15,13). „Der Organspender ist ein Mitbruder, der nicht einfach seine Organe spendet, sondern Leben und Hoffnung. Spenden ist eine bewusste und gewollt getroffene Entscheidung, ein Zeichen der Liebe und Zuwendung."[21] Gleichzeitig wird der besondere Wert der Forderung betont, dass der Spender aus freiem Willen seine Bereitschaft zur Organspende zu Lebzeiten bekundet. Die Abschaffung dieser gesetzlichen Regelung wird als „moralisch inakzeptabel" zurückgewiesen, weil „es ohne bewusste Erklärung keine Spende gibt". Zudem sollte die Transplantation auf keine Weise die körperliche oder seelische Integrität des Organempfängers gefährden. Weiter versucht die BOK, den illegalen Organhandel zu unterbinden: als „unzulässig" charakterisiert man „jede unfreiwillige Körperverletzung und Belastung [...] sowie alle Tätigkeiten, die darauf gerichtet sind, menschliche Armut auszunutzen; außerdem die künstliche Produktion bestimmter Arten von Zellen als Ersatzteillager für zukünftige Behandlungen."[22]

2.2 Sterbehilfe

Die GOK ist die erste aller orthodoxen Kirchen, die eine Erklärung zum Thema Klonen und aktive Sterbehilfe abgegeben hat. Sie hat diesbezügliche Forderungen an die griechische Regierung gestellt und insistiert darauf, dass ihre Vertreter in die Staatskommission für Bioethik berufen werden. Dieser Erklärung folgend, nimmt die BOK die Sterbehilfe als „Selbstmord" wahr. In ihren öffentlichen Äußerungen oder Ansprachen behaupten einzelne Bischöfe, dass jeder Eingriff in das Leben vor dem von Gott gewollten Moment die Chancen auf Rettung des Kran-

---

[21] Posizija na Svetija Sinod na Bălgarskata pravoslavna čurkva po Zakona za transplantazija na organi, tăkani i kletki [Stellungnahme der Heiligen Synode der BOK über das Gesetz für Transplantation von Organen, Gewebe und Zellen] (2007), http://bg-patriarshia.bg/index.php?file=attitude_1.xml (15.1.2010).

[22] Ebd.

ken gefährdet. In diesem Punkt bezieht sie sich auf die entsprechenden Regelungen des bulgarischen Strafgesetzes und auf den ärztlichen Berufskodex, die jede Herbeiführung des Todes von unheilbar Kranken als Beihilfe zum Suizid und damit als strafbar betrachten: „Der Arzt hat kein Recht, unabhängig von den jeweiligen Umständen, einen Sterbeprozess gezielt in Gang zu setzen. Er ist verpflichtet, für das Leben des Kranken mit allen wissenschaftlich anerkannten Mitteln bis zur Feststellung des Hirntodes zu kämpfen."[23]

2.3 Therapeutisches Klonen

Das bulgarische Gesundheitsgesetz verbietet das reproduktive Klonen von menschlichen Wesen.[24] Die BOK schließt sich dieser Regelung an, da das Klonen ein völlig neues Verständnis des Lebens impliziere und dessen individuelle Ausprägung und Vielfalt zerstören könnte. Sie übernimmt ihre Position aus der Erklärung der Fachkommission für Bioethik der GOK, ohne dabei selbst zusätzliche Argumente anzuführen.[25] Die ethischen Probleme, die in dieser Hinsicht formuliert werden, sind folgende: Inwieweit ist die Verwirklichung wissenschaftlicher Projekte angemessen, wenn einerseits Embryonen dafür gezüchtet werden müssen, um an ihnen zu forschen, wenn andererseits unabsehbare organische Abweichungen möglich sind, die entweder zum Tod der Embryonen schon während der Schwangerschaft, oder zu einem Leben mit schweren Defiziten führen können. Eine weitere Frage, die in diesem Zusammenhang gestellt wird, bezieht sich auf den Handel mit Embryonen in Ländern wie Bulgarien, in denen das staatliche Rechtssystem in vielerlei Hinsicht unterentwickelt ist und ineffizient funktioniert.

Wie wenig die kirchlichen Vertreter in Bulgarien über diese Problematik nachdenken, zeigt z. B. eine Äußerung von Bischof Tichon aus der Auslandsdiözese Mittel- und Westeuropa. Im Jahre 2007 behauptete er im Interview für eine der meistgelesenen Tageszeitung in Bulgarien: „im

---

23 Kodex na profesionalnata etika na lekarite [Ethische Richtlinien der Bulgarischen Ärztevereins] (2000), in: Dărjaven vestnik 79, 7, § 30, 31.

24 Vgl. Das Gesundheitsgesetz von 2005.

25 Klonirane na embrionalni kletki. Pressuobstenie na Sveti Sinod na Grăzkata pravoslavna čărkva, Spezialna komisija po bioetika [Das Klonen der menschlichen Embryozellen. Pressemitteilung der Heiligen Synode der Griechisch-Orthodoxen Kirche, Fachkommission für Bioethik] (2000), http://www.bg-patriarshia.bg/index.php?file=cloning.xml (15.1.2010).

Unterschied zum katholischen Verständnis, erhält ein Kind der orthodoxen Lehre nach seine Seele erst mit dem ersten Atemzug, d. h. mit der Fähigkeit ein von der Mutter unabhängiges Leben zu führen".[26] Eine solche These widerspricht ausdrücklich der Überlieferung der Kirchenväter und der orthodoxen Glaubenslehre insgesamt: „der Mensch, der noch nicht geboren ist, ist auch ein Mensch" (vgl. Basilius der Große).[27]

2.4 In-vitro-Fertilisation

Obwohl dieses Verfahren zur Behandlung der Kinderlosigkeit erst seit dem 1. April 2009 teilweise staatlich finanziert wird, sind in den letzten zehn Jahren in Bulgarien insgesamt 19 Kliniken zur künstlichen Befruchtung entstanden. Die Anzahl der Paare mit verminderter Fruchtbarkeit oder Sterilität liegt bei 270 000 und ist ein wichtiges Thema auf der politischen Agenda.[28] Anlehnend an die Sozialdoktrin der ROK,[29] weist die BOK die In-vitro-Fertilisation inoffiziell mit dem Argument zurück, dass Embryonen dabei aussortiert oder für eine zukünftige Übertragung tiefgefroren aufbewahrt werden; kinderlosen Paaren empfiehlt die Kirche die Adoption.

In diesem Zusammenhang ist eine öffentliche politische Debatte zu erwähnen, die durch eine Äußerung der ehemaligen bulgarischen Sozialministerin Emilia Maslarova im April 2008 ausgelöst wurde. Nach einer Reihe journalistischer Reportagen sowie einem Film der BBC über die Lebensbedingungen in bulgarischen sozialen Einrichtungen für schwerbehinderte Waisenkinder hat die Sozialministerin die Einführung obligatorischer Pränataldiagnostik befürwortet, um auf diese Weise „so weit als möglich" postnatale Behinderungen bei Kindern zu verhindern. Der Vorschlag der Ministerin geht weiter und sieht nicht nur Strafen für die Frauen vor, die sich dieser diagnostischen Untersuchungen im Rahmen der ersten drei Schwangerschaftsmonate nicht unterzie-

[26] Episkop Tichon (2007), Abortăt e grjah, no ne e prestăplenie [Die Abreibung ist eine Sünde, aber keine Straftat], in: 24 časa, 10.9., 12.

[27] Našhata vjara. Pravoslaven katehisis [Unser Glauben. Orthodoxer Katechismus] (1991), Sofia.

[28] Anfang 2009 ist ein staatlicher Found „In-vitro" am Gesundheitsministerium ins Leben gerufen worden.

[29] Die Grundlagen der Sozialdoktrin der ROK können in deutscher Übersetzung auf der Internetseite des Kirchlichen Außenamts des Moskauer Patriarchats eingesehen werden: http://orthodoxeurope.org/page/3/16.aspx (15.1.2010).

hen, sondern auch die Kürzung ihres Kindergeldes. Wie in vielen europäischen Staaten sind Vorsorgeuntersuchungen des ungeborenen Kindes und der Schwangeren auch in Bulgarien ein Recht, aber keine Verpflichtung und werden gewollt, häufig bei Hinweisen auf familiäre Vorbelastungen, durchgeführt. Die einzige religiös motivierte Reaktion auf den Vorschlag der Ministerin kam vom Vizevorsitzenden der Partei DSB Kalin Yanakiev. Er ist ein anerkannter Philosophie-Professor der Sofioter Universität, der sich als „christlich denkender Intellektueller und Politiker" bezeichnet[30]. Yanakiev kommentiert die Aussage als indirekte „Eugenik". Seiner Meinung nach, wird der Staat eine große Anzahl von Frauen zur Abtreibung („d. h. Mord") drängen, dazu noch diejenige, die sich um ein Kind mit Behinderungen kümmern möchten, durch Kürzung der Familienbeihilfe sanktionieren: „Ich möchte mich aphoristisch äußern: Frau Maslarova will das Leiden beseitigen, indem sie das Mitleid zerstört. Dies ist eine Utopie, und zwar eine unmenschliche Utopie. Das Leiden kann nicht aus dieser sündhaften Welt beseitigt werden. Es sollte ihm aber mit Zuwendung und Beihilfe begegnet werden. Dies ist die Hauptpflicht des Staates und insbesondere die Aufgabe eines Sozialministers."[31] Yanakiev insistiert unter anderem darauf, dass „die politischen Parteien in den demokratischen und hochentwickelten Ländern sich eben in Bezug auf ihre Positionen zu bioethischen Fragen unterscheiden", und bezeichnet die rechtskonservative Politik als „einen guten Sozialpartner der Kirche". Die Kirche „kann und sollte öffentlich Stellung nehmen, auch zu den politischen Problemen der Gegenwart. [...] Die christliche Kirche sollte eine Grundforderung an die Politik haben: die konkreten gesellschaftlichen Problemsituationen im Geist der Naturgesetze zu lösen, d. h. gemäß dem Gesetz der menschlichen Natur, oder einfacher gesagt: den Normen der allgemeinen Sittlichkeit, die von unserem Schöpfer gegeben sind."[32]

An dieser Debatte beteiligt sich außerdem der Universitätsprofessor für praktische Philosophie, Stilijan Yotov.[33] Er lehnt die obligatorische Einführung von Gentests in der vorgeburtlichen Diagnostik ebenfalls

---

30 Yanakiev, Kalin (2008), Estestvenijat zakon i vlastta otljavo [Das natürliche Gesetz und die linke Politik], in: Kultura 20, 9–11.

31 Yanakiev (2008).

32 Yanakiev (2008).

33 Yotov, Stilijan (2008), Ima li prava embrionăt? [Hat ein Embryo Menschenrechte?], in: Kultura 20, 12. Yotov bezieht sich diesbezüglich auch auf Lübbe, Weyma (2006), Prenatalnata i predimplatationnata selekčija sled genen test kato pro-

ab, bezieht sich aber nicht auf theologische Hintergründe, sondern verortet die Debatte im breiteren Kontext der Menschenrechte – Rechte der Embryonen und insbesondere Rechte der Mütter. Seiner Argumentation nach besteht der Sinn der freiwilligen Pränataldiagnostik in der legitimen Erweiterung der Handlungskompetenz und Entscheidungsfähigkeit der Frauen. Yotov bestreitet die These von Yanakiev nicht, bezeichnet die religiöse Überzeugung, die das Leben als „Gabe Gottes" wahrnimmt jedoch als „Gesinnungsethik", die sich im bulgarischen postsozialistischen soziokulturellen Kontext schwer durchsetzen lässt. Yotovs Meinung nach „überfordert" eine solche theologische Denkweise die ohne jegliche religiöse Werte sozialisierten bulgarischen Bürger, bzw. die politischen Entscheidungsträger.[34]

3. European Values Study Bulgarien 2008: Schwerpunkte Religiosität, Bioethik[35]

3.1 Umfang und Methodik der Langzeitstudie

Die vierte Erhebung der European Values Study (EVS) umfasst 44 europäische Länder.[36] Die quantitative Untersuchung findet alle neun Jah-

---

blem na diskriminačijata [Pränatal- und Präimplantationsdiagnostik nach Gentests als Diskriminierungsproblem], in: Soziologicheski problemi 1–2, 243–252.

34 Die Analyse der politischen Debatte bioethischer Fragen auf Ebene der Gesetzgebung zeigt, dass auch Politikern sachliche Kompetenz in gesellschaftlich immer relevanter werdenden Problemkonstellationen fehlt, wie z. B. in der Frage nach dem biotechnischen Umgang mit Embryonen zu Fortpflanzungszwecken, vgl. Petkova/Hristov/Boyadjieva (2009).

35 Ausführungen anhand der Ergebnisse von EVS zu weiteren Fragen wie zur politischen Partizipation der Bürger, zur Vertrauenskrise der gesellschaftlichen Institutionen, zur wirtschaftlichen Aktivität, zu Frauendiskriminierung und zur Einstellungen gegenüber Ausländern, zur Bewertung der EU-Mitgliedschaft Bulgariens, zu neuen Familienstrukturen, zu neuen Formen der sozialen Unsicherheit etc. in: Fotev, Georgi (Hg.) (2009), Evropejskite čennosti v dneschnoto bălgarsko obstestvo [Die europäischen Werte in der bulgarischen Gesellschaft heute], Sofia.

36 European Values Study, Fourth Wave 2008, http://www.europeanvaluesstudy.eu/ (15.1.2010).

re statt. An der vorangehenden Erhebung (1999) nahmen 33 europäische Länder teil. Die Fragebogen sind für alle Respondenten europaweit identisch, wobei mehrere gesellschaftliche Lebensbereiche berücksichtigt sind.[37] Im Fokus der Aufmerksamkeit stehen die sozialen Werteinstellungen in den EU-Mitgliedsstaaten und anderen europäischen Ländern zu: EU, Nationalstolz, Familie, Arbeit, Politik, Ausbildung, gesellschaftlicher Solidarität, Toleranz sowie zu den sozialen Sicherungssystemen. Eine weitere Komponente der Untersuchung bezieht sich auf die Wohlfahrt, Zufriedenheit mit dem Leben, Kontrolle und Selbstkontrolle, Vertrauen in öffentliche Institutionen, und die Vitalität der Zivilgesellschaft. Die EVS ist auch die bisher bei weitem umfangreichste Studie zur Erfassung der Religionen in Europa. Zudem generiert sie mittlerweile[38] Daten für die Einstellungen der Bürger zu bioethischen Fragen, sodass sich eine Korrelation zwischen diesen letzten zwei Themenbereichen feststellen lässt.

3.2 Allgemeine Tendenzen

Zwei allgemeine Tendenzen sind zu beobachten: Ohne dass man eine radikale Umwandlung der Werteeinstellungen im Vergleich zu 1999 beobachten kann, steigt in Bulgarien die Wertschätzung der individuellen Freiheit und der Marktwirtschaftsprinzipien, zumindest im Bereich des Arbeitsmarkts, deutlich. Persönliche Freiheit erhält doppelt so hohe Zu-

---

[37] Die Stichprobe in Bulgarien umfasst 1 500 Respondenten. Beim Auswahlverfahren wurde die Methodik von Leslie Kish benutzt, die eine präzise Kontrolle der Standardabweichung zulässt. Die Informationen wurden anhand eines standardisierten Fragebogens im Zeitraum von April bis Juni 2008 gesammelt. Am akademischen Forschungsteam nahmen der Bulgarische Soziologieverein, die Sofioter Universität „Hl. Kliment Ohridski", das Institut für Soziologie an der Bulgarischen Akademie der Wissenschaften, die Assoiation für Sozialforschungen und Market LINKS – ein Dienstleistungsunternehmen für die Markt- und Meinungsforschung – teil.

[38] Schon die erste Erhebung der EVS (1981) enthält eine Frage zur Sterbehilfe. Die Bewertungen wissenschaftlicher Experimente an menschlichen Embryonen, genetischer Modifizierung von Nahrungsmitteln und der In-vitro-Fertilisation werden entsprechend ihrer zunehmenden gesellschaftlichen Relevanz in Europa erst seit der vierten Erhebung (2008) erfasst.

stimmungswerte wie soziale Gerechtigkeit. Gleichzeitig haben sich Enttäuschung über und Misstrauen gegenüber ausnahmslos allen öffentlichen Institutionen erheblich erhöht, besonders stark gilt das für die politischen Institutionen: Parlament, politische Parteien, aber auch Justiz, Gesundheitssystem, Polizei u. a. Dieses Misstrauen nimmt allmählich ein gefährliches Ausmaß an, weil es nicht nur in politische Apathie, sondern auch in steigende Enttäuschung über die Demokratie insgesamt übergeht. Die einzigen Ausnahmen sind zwei Institutionen, die aber gleichzeitig gewissermaßen „außerhalb" der bulgarischen Gesellschaft stehen: die Kirche und die Europäische Union.[39]

Welches Vertrauen haben Sie zu den folgenden Institutionen (kein – 1; nicht groß – 2, groß – 3, sehr groß – 4):

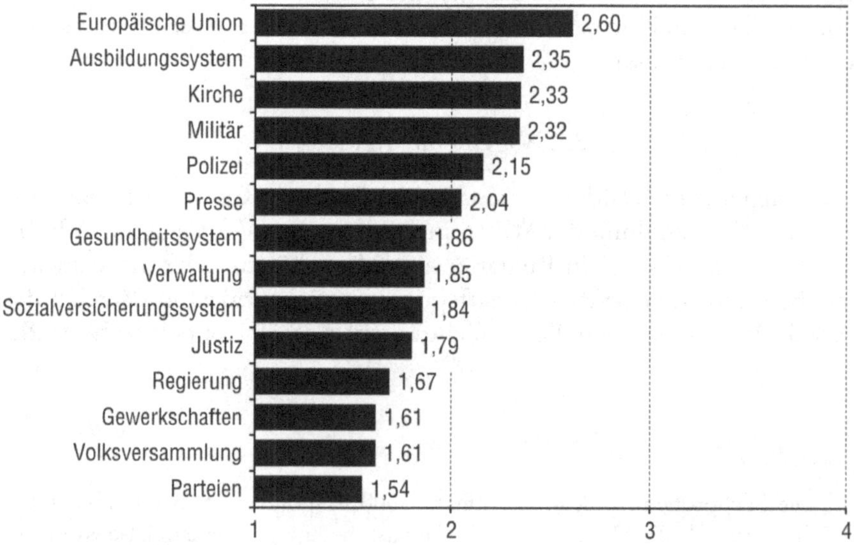

[39] Die Vertrauenswerte des Ausbildungssystems sowie des Militärs sind ähnlich gut wie die der Kirche, wobei hierfür zwei Hauptgründe zu erwähnen sind. Obwohl das Bildungswesen weitgehend von den Transformationsprozessen nach 1989 betroffen ist (was die Finanzierung der Bildungseinrichtungen, die Qualität der Lehre und den Bildungsstand der Bevölkerung anbelangt), wird Bildung von den bulgarischen Bürgern traditionell als grundlegende Voraussetzung für wirtschaftliche Prosperität, Erhöhung der sozialen Sicherheit und nicht zuletzt für Mobilität und die Möglichkeit zur Auswanderung betrachtet. Die Vertrauenswerte des Ausbildungssystems sind je nach Bildungsniveau der Befragten unterschiedlich: am höchsten unter den Respondenten mit Grund- und Sekundarbildung und am niedrigsten unter den Respondenten mit Hochschulabschluss.

Das hohe Vertrauen der kirchlichen Institution gegenüber lässt sich zum Teil mit dem Kollaps des kommunistischen Systems – mit seiner einheitlichen Ideologie und seinen normativen Monopolansprüchen – erklären, der nun Platz für neue Weltanschauungen gemacht hat.[40] Gleichzeitig stellt sich bei genauerer Betrachtung der weiteren Angaben fest, dass das zunehmende Vertrauen der Bürger in die institutionalisierte Religiosität nicht auf alle Bereiche der sozialen Aktivität prägenden Einfluss ausübt. Die Religion zählt z. B. nicht zu den zentralen Werten der Bulgaren wie Arbeit, Familie, Freizeit und Freundeskreis. Im Gegenteil: sie wird von nur 17.6% der Befragten als „sehr wichtig" angegeben und ist an vorletzter Stelle (vor der Politik). 31.5% der Respondenten haben geantwortet, dass die Religion keine Bedeutung für sie hat, wiederum in direkter Nähe zur Politik (für 41.0% ist sie „nicht wichtig").

Vgl. mehr zum Thema: Geiselmann, Christian/Theessen, Johann (2005), Erwachsenenpolitik und Bildungspolitik in Bulgarien: Grundlagen, Entwicklungen, Perspektiven, Bonn. Eine entscheidende Rolle für die zunehmenden Vertrauenswerte des Militärs spielt weitgehend die NATO-Mitgliedschaft Bulgariens seit 2004, infolge derer die Streitkräfte stark verkleinert und modernisiert wurden. Auf diese Weise hat Bulgarien nicht nur zusätzliche außenpolitische Sicherheit und Stabilität in Südosteuropa, sondern auch mehr Möglichkeiten zum Ausbau der Zusammenarbeit mit anderen EU-Ländern und Schutz gegen den Einfluss Russlands erreicht. Mehr zum Thema Vertrauen in die sozialen Institutionen in: Boyadjieva (2009), 52–55.

40 Der Stichprobe nach sind die bulgarischen Bürger, die ihre Zugehörigkeit zur Orthodoxie offen bekennen (879 von 1500) bezüglich Geschlecht und Wohnort auf folgende Weise verteilt: 44.0% sind Männer und 56.0% sind Frauen. In Sofia leben 14.8%, der größte Anteil Orthodoxer (61.9%) stammt aus „anderen Städten", und vom Land – 23.2%. Diese Verteilung ist nicht überraschend, weil die Möglichkeiten zur Selbstverwirklichung in den kleineren Ortschaften traditionell begrenzter sind und die religiösen Riten stärkeren Einfluss auf die individuelle und kollektive Identität haben. Was den Ausbildungsstand und das monatliche Haushaltseinkommen anbelangt, hat der größte Teil unter den Orthodoxen einen Schul- und Hochschulabschluss, ist aber in der Haushaltsgruppe mit einem Budget unter 180 Euro monatlich – insgesamt 82.3%.

Inwieweit sind die folgenden Dinge wichtig in Ihrem Leben:

		Gesamt
Basis		1500
Arbeit	Sehr wichtig	60.5%
	Ziemlich wichtig	27.9%
	Nicht wichtig	7.1%
	Überhaupt nicht wichtig	2.7%
	Ich weiß nicht	0.5%
	Ohne Antwort	1.3%
Familie	Sehr wichtig	85.1%
	Ziemlich wichtig	13.3%
	Nicht wichtig	0.4%
	Überhaupt nicht wichtig	0.2%
	Ich weiß nicht	0.4%
	Ohne Antwort	0.5%
Freunde und Bekannte	Sehr wichtig	38.3%
	Ziemlich wichtig	52.4%
	Nicht wichtig	7.9%
	Überhaupt nicht wichtig	0.4%
	Ich weiß nicht	0.4%
	Ohne Antwort	0.6%
Freizeit	Sehr wichtig	27.2%
	Ziemlich wichtig	54.6%
	Nicht wichtig	14.7%
	Überhaupt nicht wichtig	2.0%
	Ich weiß nicht	0.5%
	Ohne Antwort	1.1%
Politik	Sehr wichtig	7.4%
	Ziemlich wichtig	24.0%
	Nicht wichtig	41.0%
	Überhaupt nicht wichtig	24.6%
	Ich weiß nicht	1.6%
	Ohne Antwort	1.4%
Religion	Sehr wichtig	17.6%
	Ziemlich wichtig	34.2%
	Nicht wichtig	31.5%
	Überhaupt nicht wichtig	11.9%
	Ich weiß nicht	3.1%
	Ohne Antwort	1.8%

Gibt die Kirche/Geben die Kirchen in Ihrem Land eine ausreichende Antwort auf:

		Gesamt
Basis		1500
die moralischen Probleme und Bedürfnisse des Menschen	Ja	31.7%
	Nein	47.4%
	Ich weiß nicht	18.7%
	Ohne Antwort	2.3%
Probleme des Familienlebens	Ja	20.0%
	Nein	60.5%
	Ich weiß nicht	16.7%
	Ohne Antwort	2.8%
geistige Bedürfnisse des Menschen	Ja	46.8%
	Nein	34.9%
	Ich weiß nicht	15.5%
	Ohne Antwort	2.7%
die aktuellen sozialen Probleme des Landes	Ja	11.2%
	Nein	69.5%
	Ich weiß nicht	16.2%
	Ohne Antwort	3.1%

Religiöse Zugehörigkeit

		Gesamt
Basis		1500
Gehören Sie zu einer Glaubensgemeinschaft?	Ja	73.3%
	Nein	26.0%
	Ich weiß nicht	0.4%
	Ohne Antwort	0.3%

		Gesamt
Basis		1500
Welche?	Orthodoxie	58.6%
	Islam	12.8%
	Katholizismus	0.3%
	Protestantismus	0.2%
	Andere	0.7%
	Bezieht sich nicht auf mich	26.7%
	Ich weiß nicht	0.1%
	Ohne Antwort	0.6%

Eine andere Grundfrage, die in diesem Zusammenhang zu beantworten ist, lautet: Hat die Religion insgesamt oder nur die traditionelle kirchliche Glaubenslehre ihre Relevanz bei der Gestaltung von Lebensordnungen in der bulgarischen Gesellschaft verloren? Die Daten zeigen z. B., dass die meisten Respondenten unabhängig von ihrer Konfessionszugehörigkeit an eine transzendente Kraft glauben: 32.4% von ihnen glauben, dass Gott existiert, 45.1% an unpersönliche geistige Mächte, nur 10.2% bestreiten die Existenz jeder übernatürlichen Dimension. Es wird deutlich, dass der Atheismus seine Überzeugungskraft als Weltanschauung nach der Wende allmählich verloren hat.

Inwieweit trifft diese Behauptung auf Sie zu: „Ich habe meinen eigenen Zugang zu Gott und brauche die Hilfe der Kirche nicht"

		Gesamt
Basis		1500
„Ich habe meinen eigenen Zugang zu Gott und brauche die Hilfe der Kirche nicht "	Überhaupt nicht	24.5%
	2	9.0%
	3	18.7%
	4	12.4%
	In sehr großem Maß	22.0%
	Ich weiß nicht	7.2%
	Ohne Antwort	6.2%

Trotz der Versuche der religiösen Institutionen, diese persönliche Erfahrung auf einem kollektiven Niveau zu organisieren, behauptet ein Fünftel der befragten Orthodoxen (22%), dass sie mit Gott auf ihre eigene Weise Kontakt aufnehmen, ohne hierfür die Hilfe des Klerus zu benötigen oder Gottesdienste zu besuchen. Das große Interesse an „Übernatürlichem", ungeachtet der institutionellen Vermittlung der Kirche, verweist auf die Tendenz, dass man die Spiritualität eher als eine Mischung von sinnlicher Unmittelbarkeit und abstrakten Vorstellungen, als persönliche Angelegenheit wahrnimmt.

Abgesehen von Hochzeiten, Taufen und Beerdigungen, wie oft besuchten Sie in letzter Zeit die Gottesdienste?

		Gesamt
Basis		1500
Abgesehen von Hochzeiten, Taufen und Beerdigungen, wie oft besuchen Sie in letzter Zeit die Gottesdienste?	Mehr als einmal pro Woche	1.1%
	Einmal pro Woche	4.4%
	Einmal pro Monat	9.2%
	Nur an bestimmten religiösen Festen	45.5%
	Einmal pro Jahr	5.8%
	Seltener als einmal pro Jahr	7.9%

	Nie, praktisch nie	24.9%
	Ich weiß nicht	0.7%
	Ohne Antwort	0.6%

Die niedrige Anzahl der Respondenten, die Gottesdienste nicht nur zu bestimmten Anlässen, sondern regelmäßig besuchen, zeigt, dass sich individuelle Glaubenserfahrungen nicht problemlos in aktive Teilnahme am Kirchengeschehen übersetzen lassen. Wie könnte man dann die festgestellte fehlende Übereinstimmung zwischen dem gestiegenen Vertrauen in die Religion und die kirchliche Institution, einerseits, und der geringen Teilnahme an den Gottesdiensten andererseits erklären? In den hoch differenzierten modernen Gesellschaften wird die Religion – ohne sich dabei als konstitutives Element bei den Sozialisierungsprozessen etablieren zu können – neben anderen Sinnquellen als eine bestimmende Ressource zur Selbstbeschreibung des Individuums verwendet (nach dem Bricolage-Prinzip).[41] Die Daten der European Values Study bestätigen diese Tendenz zur Vermischung verschiedener Werte und Glaubensvorstellungen der gegenwärtigen säkularisierten europäischen Gesellschaften: „Die Religionszugehörigkeit des Einzelnen ist heute keine unwiderruflich feststehende Tatsache, keine Gegebenheit, an der man ebenso wenig etwas verändern kann wie an seinem genetischen Erbe; sie wird vielmehr zum Objekt seiner Wahl, zu einem Produkt jenes Prozesses, in dem er seine Welt und sein Selbst konstruiert und konstituiert".[42] In diesem Sinne findet auch in Bulgarien die Religionsausübung verstärkt im Privaten statt.[43] Die zunehmende soziale Unsicherheit und die Prekarisierung der Arbeit tragen zusätzlich dazu bei, dass die neu entstehenden geistigen Bedürfnisse zum Teil von extatischen und esoterischen Formen der Glaubenshaltungen befriedigt werden.[44] In der Tat wird das Christentum von Bulgaren eher als ein symbolisch orientierendes Wissen wahrgenommen und nicht als Handlungsorientierung;

---

41 Gradev, Vladimir (2008), Duhovnijat eter na religijata [Der geistige Äther der Religion], in: Kultura 28, 10.

42 Berger zit. nach Joas, Hans (2004), Braucht der Mensch Religion?, Freiburg, 34.

43 Habermas, Jürgen (2009), Revitalisiraneto na svetovnite religii. Predizvikatelstva pred edno sekularno samorazbirane na modernostta? [Die Revitalisierung der Weltreligionen. Herausforderung für ein säkulares Selbstverständnis der Moderne?], in Hristijanstvo i kultura 42, 38–52, 39; Taylor, Charles (2006), Raznovidnostite na religijata dnes: Preosmisljane na William James [Varieties of Religion Today: William James Revisited], Sofia, 89.

44 Habermas (2009).

es wird oft nur bei Grenzerfahrungen in Anspruch genommen (Taufe, Trauung, Beerdigung).

Halten Sie einen Gottesdienst bei den folgenden Ereignissen für wichtig?

		Gesamt
Basis		1500
Geburt	Ja	58.1%
	Nein	25.3%
	Ich weiß nicht	14.5%
	Ohne Antwort	2.1%
Hochzeit	Ja	69.8%
	Nein	17.4%
	Ich weiß nicht	10.3%
	Ohne Antwort	2.5%
Tod	Ja	78.1%
	Nein	11.0%
	Ich weiß nicht	9.4%
	Ohne Antwort	1.5%

Inwieweit sind Sie mit einer der beiden Behauptungen einverstanden?

		Gesamt
Basis		1500
Politiker, die nicht an Gott glauben, sind nicht geeignet für gesellschaftliches Engagement	Völlig einverstanden	10.6%
	Einverstanden	16.9%
	Weder einverstanden noch nicht einverstanden	21.6%
	Nicht einverstanden	31.2%
	Absolut nicht einverstanden	6.4%
	Ich weiß nicht	11.1%
	Ohne Antwort	2.1%
Die religiösen Führer sollten keinen Einfluss auf die Regierungsentscheidungen ausüben	Völlig einverstanden	23.9%
	Einverstanden	36.5%
	Weder einverstanden noch nicht einverstanden	18.2%
	Nicht einverstanden	7.7%
	Absolut nicht einverstanden	0.4%
	Ich weiß nicht	11.2%
	Ohne Antwort	2.1%

Ein zusätzliches Element dieser diffusen Religiosität zeigen die Angaben über die theologischen Grundkenntnisse der sich als orthodox bezeichnenden Respondenten. Die meisten von ihnen haben sich nie mit der Dogmenlehre der Orthodoxie vertraut gemacht.[45] Infolge dessen lehnt die Hälfte der orthodoxen Bulgaren beispielsweise den Glauben an ein Leben im Jenseits ab, bzw. die Basisüberzeugung des Christentums, dass man die „Auferstehung der Toten und das ewige Leben" erwartet. Die mangelnde religiöse Aufklärung lässt sich hauptsächlich als Folge des Verbots des Religionsunterrichts während des Kommunismus erklären, gleichzeitig ist sie aber mit der Unfähigkeit des Klerus verbunden, evidente Begründungsargumente für die existenziellen Fragen der Gegenwart zu formulieren. Schließlich ist sie ein auffälliges Zeichen für die gestörte Verbindung zwischen Priesterschaft und Gemeindemitgliedern.[46]

[45] Jede öffentliche Form religionspädagogischer Tätigkeit war während der sozialistischen Periode zwischen 1948 und 1989 gänzlich verboten. Erst mit dem Schuljahr 1997/98 führte das damalige Bildungsministerium versuchsweise Religionsunterricht für die SchülerInnen der 2. bis 4. Jahrgangsstufe ein, der von theologisch gebildeten LehrerInnen als Wahlfach im Umfang von zwei Wochenstunden erteilt wird. Dabei werden die verschiedenen Religionen in ihrem kulturellen Kontext behandelt. Der derzeit an staatlichen Schulen nur von Orthodoxen und Muslimen angebotene Religionsunterricht ist fakultativ, die Leistungen werden nicht benotet. Daneben werden in Literatur-, Geschichts-, und Ethikunterricht Grundinformationen über die religiösen Werte, die „in der europäischen Kultur anerkannt sind" vermittelt. Die Heilige Synode strebt jedoch die Einführung des Religionsunterrichts als Pflichtfach an und wird in ihren Forderungen vom Muftirat Bulgariens unterstützt. Für Jugendliche, die diesen Unterricht nicht besuchen, ist Ethik als verbindliches Ersatzfach vorgesehen. Mehr dazu: Andonov, Bojidar (2000), Der Religionsunterricht in Bulgarien. Geschichte, Gegenwart und Zukunft religiöser Bildung in der orthodoxen Kirche Bulgariens, Essen.

[46] EVS liefert z. B. Daten, die zeigen, dass die Tätigkeit der kirchlichen Vertreter den Erwartungen der Bürger nicht entsprechen. Der Anteil der befragten Personen, die der Meinung sind, dass die Priester und die kirchlichen Leitungsorgane nicht adäquat auf die moralischen Probleme der Gegenwart reagieren, liegt bei 47.4% (für 1999: 43.3%). Für 60.5% berücksichtigt die Kirche die Probleme des Familienlebens nicht hinreichend (im Jahre 1999 betrug dieser Anteil 55.9%), und 69.5% sind der Meinung, dass sie keine befriedigenden soziale Dienste leistet (65.8% im 1999).

Glauben Sie an:

		Gesamt
Basis		1500
Gott	Ja	67,3%
	Nein	21,7%
	Ich weiß nicht	9,2%
	Ohne Antwort	1,8%
Jenseitiges Leben	Ja	24.1%
	Nein	52.3%
	Ich weiß nicht	20.0%
	Ohne Antwort	3.6%
Hölle	Ja	22.3%
	Nein	55.2%
	Ich weiß nicht	19.3%
	Ohne Antwort	3.2%
Paradies	Ja	25.5%
	Nein	51.8%
	Ich weiß nicht	19.3%
	Ohne Antwort	3.4%
Sünde	Ja	51.9%
	Nein	30.6%
	Ich weiß nicht	14.3%
	Ohne Antwort	3.3%

Betrachten wir die Auswertung zu den Fragen der Bioethik:

		Gesamt
Basis		1500
Sterbehilfe (Herbeiführung des Todes von unheilbar Kranken)	Ist nie berechtigt	28.8%
	2	5.4%
	3	4.7%
	4	3.4%
	5	16.3%
	6	4.0%
	7	4.3%
	8	4.6%
	9	3.9%
	Ist immer berechtigt	8.1%
	Ich weiß nicht	14.5%
	Ohne Antwort	1.9%

Wissenschaftliche Experimente mit menschlichen Embryonen	Sind nie berechtigt	55.2%
	2	6.3%
	3	4.4%
	4	2.0%
	5	6.0%
	6	1.8%
	7	1.5%
	8	1.0%
	9	0.5%
	Ist immer berechtigt	2.1%
	Ich weiß nicht	16.9%
	Ohne Antwort	2,3%
Genetische Modifizierung der Nahrungsmittel	Ist nie berechtigt	55.2%
	2	6.3%
	3	4.4%
	4	2.0%
	5	6.0%
	6	1.8%
	7	1.5%
	8	1.0%
	9	0.5%
	Ist immer berechtigt	2.1%
	Ich weiß nicht	16.9%
	Ohne Antwort	2.3%
Künstliche Befruchtung oder Invitro-Fertilisation	Ist nie berechtigt	9.0%
	2	1.2%
	3	1.7%
	4	1.8%
	5	8,1%
	6	3.9%
	7	4.7%
	8	9.8%
	9	9.9%
	Ist immer berechtigt	38.8%
	Ich weiß nicht	9.2%
	Ohne Antwort	1.7%

In Bezug auf Sterbehilfe, wissenschaftlichen Experimente mit menschlichen Embryonen und genetische Modifizierung von Nahrungsmitteln zeigen die Angaben, dass sich die Befragten an die restriktiven Formulierungen des Gesundheitsgesetzes und des Strafgesetzes halten, wobei diese Einstellungen gleichzeitig auch den jeweiligen kirchlichen Verordnungen entsprechen. Wenn es aber um die Auswertung der In-vitro-Fertilisation geht, zeigt sich eine andere Tendenz. Obwohl die BOK die künstliche Befruchtung zurückweist, befürwortet ein großer Teil der Befragten diese Methode der medizinisch assistierten Reproduktion. Diese Nichtübereinstimmung zeigt, dass der Mangel an theologisch vertieften und gleichzeitig verständlich dargestellten Lehrinhalten zu bioethischen Fragen die normativen Forderungen und regulativen Ansprüche der Orthodoxen Kirche begrenzt, und dass bei bestimmten existenziellen Entscheidungssituation die kirchlichen Stellungnahmen nicht überzeugend genug sind, um von den bulgarischen Bürgern in praktisches Handeln umgesetzt zu werden.

Einige Schlussbemerkungen

Der Anteil der Befragten im Rahmen von EVS 2008, die der Meinung sind, dass religiöse Fragestellungen für sie nicht relevant sind, ist im Vergleich zu anderen Themenbereichen der Untersuchung relativ groß: durchschnittlich ca. 20%. Die Angaben zeigen, dass die Religiosität, bzw. die Orthodoxie als die größte Glaubensgemeinschaft und traditioneller Bestandteil der nationalen Kultur eine begrenzte Bedeutung für das gesellschaftliche Leben der bulgarischen Bürger hat (im Ausbildungssystem, Gesundheitswesen, Sozialdienstleistung, sowie im Bereich der Bioethik), und dass sie eher als nominale Zugehörigkeit wahrgenommen wird (die sog. „Ostern-Orthodoxie"). Der deklarierten Bedeutung der christlichen Werte entspricht meist kein religiöses Erlebnis, sodass die orthodoxe Religiosität sich mehr als ideologisches Konstrukt denn als kohärentes Wertesystem deuten lässt. Die Kirche liefert keine differenzierten Konzepte, die einer systematischen theologischen Aufarbeitung der bioethischen Themen zugrunde gelegt sein könnten. In der Tat hat die Orthodoxie in Bulgarien zwanzig Jahre nach dem Fall des Eisernen Vorhangs keine kommunikative Kompetenz entwickelt, um ihr Wissen und ihre christlichen Botschaften zu vermitteln, und räumt auf diese Weise den Platz für Argumentationsfiguren nicht-religiöser Prägung in den politischen und gesellschaftlichen Debatten zur Bioethik, die sich insbesondere seit der EU-Mitgliedschaft Bulgariens allmählich intensivieren.

Literatur

Andonov, Bojidar (2000), Der Religionsunterricht in Bulgarien. Geschichte, Gegenwart und Zukunft religiöser Bildung in der orthodoxen Kirche Bulgariens, Essen.

Bãlgarski helzingski komitet (2004), Religioznata svoboda v Bãlgaria prez 2004, Doklad na fondazija Tolerantost und Bãlgarski helzingski komitet, http://www.bghelsinki.org/upload/resources/2005_Religious%20freedom%20report%20in%202004_bg.doc (15.1.2010).

Berov, Hristo (2009), Duržava i veroizpovedanija – normativna uredba na religijata i religiosnite obštnosti v Bãlgaria, Sofia.

Chureshki, Stefan (2004), Pravoslavieto i komunismut v Bãlgaria 1944-1960, Sofia.

Die Grundlagen der Sozialdoktrin der Russisch-Orthodoxen Kirche (2001), http://orthodoxeurope.org/page/3/16.aspx (15.1.2010).

Döpmann, Hans-Dieter (2001), Gottes auserwähltes Volk im Verständnis der Bulgaren, in: Mosser, Alois (Hg.), Gottes auserwählte Völker: Erwählungsvorstellungen und kollektive Selbstfindung in der Geschichte, Frankfurt a. M., 273–294.

Episkop Tichon (2007), Abortãt e grjah, no ne e prestuplenie, in: 24 čhasa, 10. 9., 12.

European Commission (2009), Interim Report from the Comission to the European Parliament and the Council. On Progress in Bulgaria under the Co-operation and Verification Mechanism, http://eur-lex.europa.eu/LexUriServ/LexUriServ.do?uri=COM:2009:0069:FIN:EN:PDF (15.1.2010).

European Values Study, Fourth Wave 2008, http://www.europeanvalues-study.eu/ (15.1.2010).

Fotev, Georgi (Hg.) (2009), Evropejskite čennosti v dneschnoto bãlgarsko obstestvo, Sofia.

Geiselmann, Christian (2008), Zwischen Stagnation und Aufbruch. Nach dem Ende des Razkol versucht die orthodoxe Kirche in Bulgarien, eine ihr gemäße gesellschaftliche Stellung wiederzuerlangen, in: Groen, Basilius/Stojanow, Valery (Hg.), Bulgarien auf dem Weg. Kirche – Staat – Gesellschaft, Varna, Wien, 173–198.

Geiselmann, Christian/Theessen, Johann (2005), Erwachsenenpolitik und Bildungspolitik in Bulgarien: Grundlagen, Entwicklungen, Perspektiven, Bonn.

Gradev, Vladimir (2008), Duhovnijat eter na religijata, in: Kultura 28, 10.

Habermas, Jürgen (2005), Zwischen Naturalismus und Religion. Philosophische Aufsätze, Frankfurt a. M.

Habermas, Jürgen (2009), Revitalisiraneto na svetovnite religii. Predizvikatelstva pred edno sekularno samorazbirane na modernostta?, in: Hristijanstvo i kultura 42, 38–52.

Hristov, Kliment (2009), Sočialni griji ili sočialna čurkva, in: Foreign Policy, 24–28.

Izjavlenie na Svetija Sinod vuv vrãzka s učastieto na Bãlgarskata pravoslavna čurkva ikumeničeskoto dvijenie (1998), in: Čurkoven vestnik 11, 1.

Joas, Hans (2004), Braucht der Mensch Religion?, Freiburg.

Kirov, Dimitãr/Nushev, Kostadin (2007), Sočialnata misija na Bãlgarskata pravoslavna čurkva, Sofia.

Klonirane na embrionalni kletki. Pressuobstenie na Sveti Sinod na Grãzkata pravoslavna čãrkva. Spezialna komisija po bioetika (2000), http://www.bg-patriarshia.bg/index.php?file=cloning.xml (15.1.2010).

Kodex na profesionalnata etika na lekarite (2000), in: Dãrjaven vestnik 79, 7.

Krech, Volkhard (1999), Religionssoziologie, Bielefeld.

Lübbe, Weyma (2006), Prenatalnata i predimplatationnata selekčija sled genen test kato problem na diskriminačijata, in: Soziologicheski problemi 1–2, 243–252.

Metodiev, Momchil (2007), Obezlichavaneto na Pravoslavnata čurkva ot komunisticheskata durjava, in: Hristijanstvo i kultura 21, 4–12.

Našhata vjara. Pravoslaven katehisis i pravoslavno bogoslujenie (1991), Sofia.

Nushev, Kostadin (2007), Predgovor, in: Veroispovedanija i novi religiosni dvijenija v Bulgaria – problemi i perspektivi na praga na Evropejskija sujuz, Sofia, 4–12.

Petkova, Kristina/Hristov, Todor/Boyadjieva, Pepka (2009), Prisvojavane na simvolnata energija na naukata: parlamentarni debati vurhu bãlgarskoto zakonodatelstvo v oblastta na biotechnologiite, in: Soziologicheski problemi 1-2, 308–329.

Posizija na Svetija Sinod na Bãlgarskata pravoslavna čurkva po Zakona za transplantazija na organi, tãkani i kletki (2007), http://bg-patriarshia.bg/index.php?file=attitude_1.xml (15.1.2010).

Rees, Wilhelm (Hg.) (2007), Katholische Kirche im neuen Europa. Religionsunterricht, Finanzierung und Ehe in kirchlichem und staatlichem Recht, Münster u. a.

Russian Orthodox Church Moscow Patriarchate (2006), Declaration on Human Rights and Dignity, http://www.pravoslavieto.com/docs/human_rights/declaration_ru_en.htm (15.1.2010).

Stefanov, Stefan (2008), Sočialnata misija na Bãlgarskata pravoslavna čurkva, Schumen.

Taylor, Charles (2006), Raznovidnostite na religijata dnes: Preosmisljane na William James, Sofia.

Tchalakov, Ivan/Bundjulov, Andrey u. a. (2008), Mrejite na prehoda. Kakvo vsãstnost se sluči v Bãlgaria sled 1989, Sofia.

Tošhev, Lãčezar (2007), Bãlgaria izbra bioetikata, http://www.bio-ethics.net/BG/resourcesBG.htm (15.1.2010).

Ustav na Bãlgarskata pravoslavna čurkva – Bãlgarska Patriaršhija (2009), in: Čurkoven vestnik 9, 1.

Ware, Kallistos (2007), Pogled kãm minaloto – vodestata tema na XX vek, in: Hristijanstvo i kultura 23, 29–42.

Yanakiev, Kalin (2008), Estestvenijat zakon i vlastta otljavo, in: Kultura 20, 9–11.

Yotov, Stilijan (2008), Ima li prava embrionăt?, in: Kultura 20, 12.

Znepolski, Ivaylo (2008), Bălgarskijat komunisum. Soziokulturni cherti i vlastova traektoria, Sofia.

Religion in den bioethischen Diskursen Österreichs

Michael Zichy

Die Frage nach der Rolle von Religion in bioethischen Diskursen erfordert zunächst die Bestimmung zweier Begriffe: Diskurs und Religion. Hier soll Diskurs im alltagssprachlichen Sinne von „Diskussion", vor allem „öffentlicher Diskussion" verstanden werden. Diese vage Definition geht einerseits über den engen Begriff von Diskurs als rationalen, verständigungs- bzw. konsensorientierten Austausch von Argumenten hinaus, so wie ihn Habermas eingeführt hat.[1] Eine solche Engführung ließe für die vorliegende Untersuchung kaum noch Material zu. Andererseits ist diese Definition enger als der Diskursbegriff Foucaults, der als Diskurs all jene miteinander verflochtenen sprachlichen Äußerungen einer geschichtlichen Epoche versteht, in denen sich die grundlegenden Strukturen des Denkens dieser Epoche manifestieren und durch die diese Strukturen zugleich konstituiert werden.[2] Ein solcher Diskursbegriff würde den Untersuchungsgegenstand grenzenlos zerfließen und die Untersuchung selbst zu einem beinahe unmöglichen Unterfangen werden lassen.

Der Begriff der Religion, für den es wie für den Diskursbegriff keine allgemein anerkannte Definition gibt, soll hier ebenfalls alltagssprachlich gefasst werden: Als Religion und zur Religion gehörend gilt das, was allgemein als Religion erkannt und ihr zugeordnet wird, d. h. die bekannten Religionen und all das an Institutionen, Personen, Praktiken und Gedanken, die sich ohne weiteres als religiöse entziffern lassen bzw. mit den bekannten Religionen üblicherweise in Verbindung gebracht werden.

Diese beiden begrifflichen Bestimmungen werden um eine thematische Fokussierung ergänzt: Die Untersuchung der Rolle der Religion in

---

1 Vgl. Habermas, Jürgen (1991), Erläuterungen zur Diskursethik, in: ders., Erläuterungen zur Diskursethik, Frankfurt a. M., 119-226.

2 Vgl. Foucault, Michel (1991), Die Ordnung des Diskurses, 10. Auflage, Frankfurt a. M.

den bioethischen Diskursen Österreichs beschränkt sich auf den Diskurs über die Gewinnung und Beforschung von humanen embryonalen Stammzellen. Abgesehen davon, dass eine Untersuchung aller bioethischer Diskurse schlicht zu umfangreich ist und nicht in der nötigen Tiefe durchgeführt werden könnte, ist diese Einschränkung dadurch berechtigt, dass das Thema der embryonalen Stammzellen ein bioethischer Brennpunkt ist, der für die bioethische Debatte insgesamt durchaus exemplarischen Charakter hat.

Die Untersuchung entfaltet sich in vier Schritten: Nachdem zunächst ein paar allgemeine Eigenheiten des österreichischen bioethischen Diskurses in den Blick genommen werden, rückt der Fokus auf die österreichische Diskussion der embryonalen Stammzellforschung. In einem dritten Schritt wird kurz die diesbezügliche österreichische Rechtslage dargestellt. Die Analyse der Rolle der Religion in dieser Debatte, von einigen methodischen Überlegungen eingeleitet, wird im vierten Kapitel geleistet. Einige zusammenfassende Schlussbemerkungen finden sich dann im Fazit.

1. Allgemeine Bemerkungen zum bioethischen Diskurs in Österreich

Bei der Diskussion bioethischer Fragestellungen in Österreich fallen zunächst drei Dinge ins Auge:[3] Erstens hat sie im internationalen Vergleich spät und eher zögerlich begonnen. So wurde die österreichische Bioethikkommission beim Bundeskanzleramt vom damaligen Bundeskanzler Wolfgang Schüssel erst im Sommer 2001 eingesetzt; ihre konstituierende Sitzung hielt sie am 2. Juli 2001 ab.[4] Das französische

[3] Zum österreichischen bioethischen Diskurs vgl. folgende Beiträge: Körtner, Ulrich (2008), Stammzellforschung: Der bisherige Diskurs in der Bioethikkommission beim Bundeskanzleramt, in: ders./Kopetzki, Christian (Hg.), Stammzellforschung. Ethische und rechtliche Aspekte, Wien, New York, 1–11; Gmeiner, Robert (2003a), Biopolitische Debatten in Österreich, in: Zeitschrift für Biopolitik 2, 159-168; Gmeiner, Robert, (2003b), Biopolitik in der XXII. Legislaturperiode, in: Journal für Rechtspolitik 11, 170–179; Gmeiner, Robert (2006), Spotlights on the Bioethical and Biopolitical Debate in Austria, in: Acta Medica Lithuanica 13, 23–33; Grabner, Petra (2003), Schlaglichter auf die österreichische biopolitische Debatte, in: Österreichische Zeitschrift für Politikwissenschaft 32, 201–211.

[4] Vgl. http://www.bka.gv.at/bioethik (15.1.2010).

Pendant existierte zu diesem Zeitpunkt bereits seit 18,[5] das dänische seit 13[6] und das italienische seit 11 Jahren.[7] Zweitens findet der seit diesem Zeitpunkt institutionalisierte bioethische Diskurs, wie auch Kommentatoren immer wieder monieren, in Österreich in einem sehr begrenzten Umfang statt. Er verschwand zwischenzeitlich wieder von der Tagesordnung bzw. erweckte überhaupt den Eindruck, sich in seiner Institutionalisierung zu erschöpfen. Einen breiten öffentlichen Diskurs über bioethische Themen gab und gibt es in Österreich – mit Ausnahme der Diskussionen um die Abtreibungsregelung in den 1970ern und die grüne Gentechnik in den 1990ern – nicht, wie jüngst auch Helga Nowotny, die Vizepräsidentin des European Research Council, in einem Interview geklagt hat: „Was in Österreich im Vergleich zu anderen Ländern auffällt, ist, wie wenig öffentliche Diskussion es über bioethische Fragen gibt. Vom öffentlichen Verhandlungsraum sind wir also weit entfernt. Es ist so, als würde hier alles im Verborgenen ausgehandelt werden, was dazu führt, dass wir weder eine individuelle noch eine kollektive Moral zu haben scheinen.“[8] Im Vergleich mit den Debatten in Deutschland fällt drittens auf, dass in Österreich das Spektrum der in der – rudimentären – Debatte zugelassenen Argumente und Sprecher breiter und die Auseinandersetzung generell nicht so auf eine ethische Argumentation fokussiert ist. In Deutschland kommt es anhand des Schlagwortes Ethik zu einer deutlicheren Ausgrenzung bestimmter Aussageformen und deren Sprecher als in Österreich.[9]

Für den Umstand, dass es in Österreich – mit den zwei genannten Ausnahmen – keine breiten öffentlichen Debatten über bioethische Fragestellungen gibt, lassen sich mehrere Ursachen ausmachen:

Ein erster Grund liegt darin, dass Österreich in der Vergangenheit die zwei erwähnten Debatten erlebt hat, die breit geführt und mit unge-

---

5 Vgl. http://www.ccne-ethique.fr (15.1.2010); ferner Maio, Giovanni (1995), Die französische nationale Ethikkommission. Entstehungsgeschichte, Arbeitsweise und Bedeutung am Beispiel ihrer Empfehlungen zur Embryonenforschung, in: Zeitschrift für medizinische Ethik 41, 291–299.

6 Vgl. http://www.etiskraad.dk (15.1.2010).

7 Vgl. http://www.palazzochigi.it/bioetica (15.1.2010).

8 Alles im Verborgenen ausgehandelt (2009), in: Der Standard, 29.09.

9 Vgl. Inthorn, Julia (2008), Ethische Konfliktlinien in der öffentlichen Kommunikation über Stammzellforschung, in: Körtner, Ulrich/Kopetzki, Christian (Hg.), Stammzellforschung. Ethische und rechtliche Aspekte, Wien, New York, 93–105, 96 f.

wöhnlicher Heftigkeit ausgefochten wurden und das Land stark polarisierten: die in der ersten Hälfte der 1970er Jahre anlässlich der Neuformulierung des Abtreibungsrecht ausgefochtene Debatte über die sogenannte Fristenlösung und die in der zweiten Hälfte der 1990er Jahren dominierende, in einem Volksbegehren gipfelnde Diskussion über die grüne Gentechnik.[10] Beide Debatten wurden als traumatisierend erfahren und wirken sich in Bezug auf alle anderen bioethischen Themen als wahre Diskussionshemmer aus, da es keiner mehr wagt, Themen anzurühren, die im Entferntesten an die beiden Debatten erinnern und alte Wunden wieder neu aufreißen könnten. Beide Debatten schwelen weiterhin im Untergrund, flackern immer wieder auf und sorgen in der stark an Konsens und Harmonie orientierten österreichischen Gesellschaft für unerwünschte Kontroversen und Spannungen. In den Worten von Robert Gmeiner, dem ehemaligen Leiter des Geschäftsstelle der österreichischen Bioethikkomission: „[...] potential groups of activists [...] would rather not touch a (biopolitical) issue. This approach seems to have its roots in a fear that a broad political debate about biomedicine and biotechnology might bring back disputes which no one wants again (e. g., ‚Fristenlösung') or might launch public discussions of a kind (such as the GMO conflict) no one wants to face again."[11] Streit ist in Österreich nicht erwünscht, und schon gar nicht dort, wo unüberwindbare weltanschauliche Gegensätze jede Hoffnung auf eine Einigung rauben.

Ein zweiter Grund für den schwach ausgeprägten bioethischen Diskurs in Österreich ist das Fehlen von Printmedien, in denen zu diesen Themen ausführliche Beiträge publiziert werden könnten.[12] In Österreich gibt es keine mit der Frankfurter Allgemeinen, der Süddeutschen Zeitung, der Neuen Zürcher Zeitung oder der Zeit vergleichbare Qualitätszeitung, die in Österreich zu einer breiten gesellschaftlichen und niveauvollen Diskussion bioethischer Themen einen ähnlichen Beitrag leistet wie diese in ihren jeweiligen Ländern. Das Fehlen eines derartigen Mediums in Österreich hängt aber eben auch damit zusammen, dass Interessierten gerade die genannten deutschsprachigen Blätter zur Verfügung stehen und es in Österreich daher schlicht keinen Markt mehr gibt. Die mediale Wahrnehmung bioethischer Themen beschränkt sich

[10] Zur Gentechnikdebatte vgl. Grabner, Petra (1999), Technik, Politik und Gesellschaft. Eine Untersuchung am Beispiel des österreichischen Gentechnikgesetzes, Frankfurt a. M.

[11] Gmeiner (2006), 28.

[12] Vgl. Gmeiner (2003a), 162 und Gmeiner (2006), 28.

in Österreich aus diesem Grund im Wesentlichen auf die bloße und knappe Berichterstattung, ausführlicheren Diskussionen wird selten Raum gegeben.

Ein dritter Grund liegt in der auch von Wissenschaftlern immer wieder beklagten Skepsis der österreichischen Bevölkerung gegenüber Wissenschaft und Technik im Allgemeinen und Biotechnologie im Besonderen.[13] Schon die Gentechnikdebatte der 1990er Jahre ließ eine allgemeine technikkritische bis –feindliche Grundstimmung erkennen.[14] In einer Eurobarometerumfrage aus dem Jahre 1996 zu diesem Thema erwies sich Österreich als das gegenüber der grünen Gentechnik am kritischsten eingestellte der befragten Länder.[15] Auch wenn in den folgenden Jahren die Zustimmung zu Biotechnologie und Gentechnik etwas stieg, blieb sie doch unter dem europäischen Durchschnitt.[16] Und in der Eurobarometerumfrage 2005 zu sozialen Werten, Wissenschaft und Technologie war Österreich das einzige Land, in dem eine Mehrheit der Befragten (57%) *nicht* der Meinung war, dass Biotechnologie und Gentechnik positive Effekte für die Gesellschaft haben werden.[17]

---

[13] Auch das Institut für Höhere Studien in Wien spricht in seinem Bericht über Stammzellen und Embryonenschutz „[...] von den befragten ForscherInnen als advers empfundenen gesetzlichen und gesellschaftlichen Rahmenbedingungen für Forschung an hES [humanen embryonalen Stammzellen]"; Grießler, Erich u. a. (2008), Stammzellen und Embryonenschutz. Status quo, Rechtsvergleich und öffentliche Debatte am Beispiel ausgewählter europäischer Staaten, Projektbericht des Instituts für Höhere Studien, Wien, 119, http://www.bka.gv.at/DocView.axd?CobId=32188 (15.1.2010); vgl. ferner Gmeiner (2003a), 160.

[14] Vgl. Körtner, Ulrich (2002), Forschung an embryonalen Stammzellen. Zur Diskussion und Gesetzeslage in Österreich, in: Theologische Zeitschrift 58, 339-358, 340; Gmeiner (2003), 160; Gmeiner (2006), 24 f. Zu berücksichtigen ist allerdings, dass die Zustimmungswerte in Bezug auf unterschiedliche Techniksparten, also etwa zwischen roter und grüner Gentechnik, und noch stärker zwischen Informationstechnologie und Biotechnologie, erheblich voneinander abweichen.

[15] Vgl. Spezial-Eurobarometer 108/46.1 (1997), The Europeans and modern biotechnology, http://ec.europa.eu/public_opinion/archives/ebs/ebs_108_en.pdf (15.1.2010).

[16] Vgl. Spezial-Eurobarometer 177/58.0 (2003), Europeans and Biotechnology in 2002, http://ec.europa.eu/public_opinion/archives/ebs/ebs_177_en.pdf (15.1.2010).

[17] Vgl. Spezial-Eurobarometer 225/63.1 (2005), Social values, Science and Tech-

Ein vierter Grund liegt schließlich in dem Umstand, dass in Österreich bestehende bzw. funktionierende Vereinbarungen und Regelungen über strittige Themen generell nicht gerne neu debattiert und verändert werden. Im Hintergrund steht die Überlegung, dass bei einer Neuverhandlung die Möglichkeit nicht auszuschließen ist, dass die eigene Position geschwächt wird. Der Aspekt der Risikovermeidung steht folglich vor dem Aspekt der Chancenergreifung. In den Worten von Gmeiner: „Potential participants must also have in mind that a debate could – with regard to their particular goals – change the legal framework in a non-desirable manner. And most of the contributors realise that their previous handling (or better: non handling) of these issues was quite a good way (in German ‚man fährt gut damit'): so why should one change the approach? "[18]

Diese vier Faktoren haben zur Folge, dass breite gesellschaftliche Debatten über bioethische Themen in Österreich ausbleiben. Es gibt aber sehr wohl einen akademischen Diskurs über bioethische Themen, der – von der Öffentlichkeit kaum wahrgenommen – in wissenschaftlichen Fachpublikationen, auf wissenschaftlichen Tagungen und in den entsprechenden Institutionen stattfindet.[19] Zu den aktivsten Institutionen zählen dabei die österreichische Bioethikkommission und das 1993 gegründete und seit 2004 als interdisziplinäre Forschungsplattform der Katholisch-Theologischen, der Evangelisch-Theologischen und der Rechtswissenschaftlichen Fakultäten der Universität Wien geführte Institut für Ethik und Recht in der Medizin.[20]

Die Aufgabe der Bioethikkommission besteht gemäß der entsprechenden Verordnung in der „Beratung [...] des Bundeskanzlers in allen gesellschaftlichen, naturwissenschaftlichen und rechtlichen Fragen aus ethischer Sicht, die sich im Zusammenhang der Entwicklung der Wissenschaften auf dem Gebiet der Humanmedizin und -biologie ergeben."[21] Die Kommission ist auf unbegrenzte Zeit eingesetzt, ihr können

---

nology, http://ec.europa.eu/public_opinion/archives/ebs/ebs_225_report_en.pdf (15.1.2010).

[18] Gmeiner (2006), 25. Ein durchaus ähnliches Phänomen lässt sich in Deutschland im Zusammenhang mit der überfälligen Neufassung des Embryonenschutzgesetzes feststellen.

[19] Eine kleine Zusammenstellung von Tagungen aus den Jahren 1999–2003 findet sich in: Gmeiner (2003a), 162 ff.

[20] Vgl. http://www.univie.ac.at/ethik-und-recht-in-der-medizin (15.1.2010).

[21] § 2 Abs 1 Verordnung BGB1. II 2001/226. Zur Bioethikkommission vgl.

zwischen 15 und 25 Mitglieder angehören, die aus den relevanten Fachrichtungen stammen sollen und vom Bundeskanzler auf zwei Jahre bestellt werden. Eine Wiederbestellung von Mitgliedern ist zulässig, ihre Zugehörigkeit ist jedoch auf insgesamt 6 Jahre beschränkt. Die Tatsache, dass der Kanzler bei der Auswahl der Mitglieder an kein von der Öffentlichkeit kontrollierbares Verfahren gebunden ist, hat insofern Kritik auf sich gezogen, als dies die Bestellung von Mitgliedern intransparent und die Kommission für politische Instrumentalisierungen anfällig mache.[22]

Wiewohl in der Verordnung zur Bioethikkommission die „Information und Förderung der Diskussion über wichtige Erkenntnisse der Humanmedizin und -biologie und über die damit verbundenen ethischen Fragen in der Gesellschaft“ explizit als erste Aufgabe der Kommission genannt wird, ist sie bislang – was ihr den Titel „die unsichtbare Kommission“ eingetragen hat – nur wenig in der Öffentlichkeit in Erscheinung getreten.[23] Im Unterschied zum Deutschen Ethikrat, dessen Sitzungsprotokolle auf der Homepage der Einrichtung eingesehen werden können,[24] sind auch die Protokolle der Sitzungen der österreichischen Bioethikkommission nicht öffentlich zugänglich.

Insgesamt lässt sich also für den österreichischen bioethischen Diskurs mit Ausnahme der vergangenen Debatten um die Abtreibung und die grüne Gentechnik festhalten, dass er als ein öffentlicher, gesellschaftlicher kaum stattfindet, sondern beinahe ausschließlich in – schwer zugänglichen – akademischen Fachgremien geführt wird.

Gmeiner, Robert/Körtner, Ulrich (2002), Die Bioethikkommission beim Bundeskanzleramt – Aufgaben, Arbeitsweise, Bedeutung, in: Recht der Medizin 6, 164–173; Huber, Johannes/Gmeiner, Robert (2003), Zwischenbilanz der Bioethikkommission beim Bundeskanzleramt, in: Khol, Andreas/Ofner, Günther/Burkert-Dottolo, Günther R. (Hg.), Österreichisches Jahrbuch für Politik, 497–515; Wolfslehner, Doris (2007), Die Bioethikkommission beim Bundeskanzleramt. Neuausrichtung in der vierten Amtsperiode, in: Recht der Medizin 6, 172–174.

22 Vgl. Prat, Enrique (2007), Bioethikkommission: Neustart nach Ende mit Schrecken?, in: Die Presse, 24.08.

23 Vgl. Gottweis, Herbert (2001), Die unsichtbare Kommission, in: Der Standard, 13.12.; ferner Prat (2007).

24 http://www.ethikrat.org/sitzungen (15.1.2010).

2. Der ethische Diskurs über die embryonale Stammzellforschung in Österreich

Was für den österreichischen bioethischen Diskurs insgesamt gilt, nämlich dass er spät begann und nur mit geringer Intensität geführt wurde, gilt insbesondere auch für die österreichische Diskussion um die Stammzellforschung. Zu den oben genannten Faktoren, die einer breiten Diskussion bioethischer Themen im Wege stehen, kommt im Falle der Stammzellforschung hinzu, dass sie für Österreich wirtschaftlich und wissenschaftlich bzw. wissenschaftspolitisch nicht von großer Bedeutung ist. Es entstehen daher aus dem Land selbst kaum Impulse, die kräftig genug wären, die Thematik auf die politische Agenda zu setzen. Dem entspricht, dass es bislang nicht eine einzige parlamentarische Debatte zu dem Thema gab; eine solche wurde zwar schon mehrmals ins Auge gefasst, dann aber doch nicht in Angriff genommen.

Wenn das Thema der embryonalen Stammzellforschung die Gesellschaft auch kaum erreicht hat, so wurde es doch im Rahmen mehrerer wissenschaftlicher Tagungen besprochen und hat einige Fachgremien beschäftigt. Allen voran die Bioethikkommission beim Bundeskanzleramt und seit seiner Neuaufstellung im Jahre 2004 auch das Institut für Ethik und Recht in der Medizin, das allerdings personelle Überschneidungen mit ersterer aufweist. Am Rande an der Diskussion beteiligt waren bzw. sind noch folgende weitere Einrichtungen: die Bioethikkommission *für* die österreichische Bundesregierung, eine von Behindertenverbänden und Lebensschutzorganisationen aufgestellte Gegeneinrichtung zu der als einseitig besetzt kritisierten österreichischen Bioethikkommission; die Forschungsstelle für Ethik und Wissenschaft im Dialog der Universität Wien, der Wiener Beirat für Bio- und Medizinrecht als „Ergänzung der Bioethikkommission auf regionaler Ebene"; das von der österreichischen katholischen Bischofskonferenz getragenen Institut für medizinische Anthropologie und Bioethik (IMABE). Von diesen sind heute allerdings nur noch die beiden letztgenannten aktiv.

Ihren ersten – und bisher auch einzigen – Höhepunkt erlebte die Debatte um die embryonale Stammzellforschung gleich zu ihrem Beginn in den Jahren 2001/02, als es um die Frage ging, ob die Forschung an humanen embryonalen Stammzellen im Rahmen des 6. Forschungsrahmenprogramms (RP) der EU – und dies würde bedeuten: auch mit österreichischen Steuergeldern – gefördert werden sollte. Anlässlich dieser Fragestellung arbeitete die österreichische Bioethikkommission eine sechsseitige Stellungnahme aus, in der sie einen Konsens über die Ablehnung der Förderung der verbrauchenden Embryonenforschung und des therapeutischen Klonens erzielte, sich aber ansonsten als zutiefst gespalten erwies: mit einer Mehrheit von 11 von insgesamt 19 Stimmen sprach sich die Kommission für eine Förderung der embryonalen Stammzellforschung aus, allerdings unter strikteren Bedingungen als in der ersten Lesung des 6. RP vorgesehen:

„a) Es sollte sich um alternativlose hochrangige (peer-reviewed) Forschungsprojekte handeln. Für Grundlagenforschung sind überall dort tierische embryonale Stammzell-Linien oder humane adulte Stammzellen zu verwenden, wo dies möglich ist.

b) Es sollten nur solche Stammzell-Linien verwendet werden dürfen, die von Embryonen stammen, welche ausschließlich für die medizinisch assistierte Fortpflanzung (IVF) gezeugt wurden, aber nicht mehr implantiert werden können.

c) Es muss eine ungekaufte informierte Zustimmung der Spender vorliegen.

d) Es sollten bis auf weiteres nur solche Stammzell-Linien verwendet werden dürfen, die bereits vor einem bestimmten Stichtag existierten, um die Herstellung und die Zerstörung von bei der IVF anfallenden „überzähligen" Embryonen für die Stammzellforschung nicht zu fördern.

e) Es sollten die Forschungsvorhaben von einer unabhängigen, interdisziplinär zusammengesetzten Kommission beurteilt werden, die mit den örtlichen Ethikkommissionen zusammenarbeitet.

f) Es sollten sämtliche, d. h. auch negative Forschungsergebnisse, gemeldet und veröffentlicht werden müssen, analog zur Veröffentlichung von ‚adverse events'."[25]

Eine Minderheit von 8 Mitgliedern lehnte demgegenüber jede Förderung und Forschung an humanen embryonalen Stammzellen ab.[26]

---

[25] Bioethikkommission beim Bundeskanzleramt (2002), Beschluss der Bioethikkommission beim Bundeskanzleramt vom 3. April und 8. Mai 2002. Stellungnahme der Bioethikkommission zu Fragen der Stammzellenforschung im Kontext des 6. Rahmenprogramms der EU im Bereich der Forschung, technologischen Entwicklung und Demonstration als Beitrag zur Verwirklichung des europäischen Forschungsraums (2002–2006), Wien, 3 f., http://www.bka.gv.at/DocView.axd?CobId=1115 (15.1.2010).

[26] Für eine soziologische, auf Interviews zurückgreifende Analyse der Entscheidungsprozesse dieser Stellungnahme vgl. Bogner, Alexander/Menz, Wolfgang (2005), Bioethical Controversies and Political Advice: The Production of Ethi-

Teilweise als Reaktion auf die Stellungnahme der Bioethikkommission entstanden zu dieser Zeit vier weitere Stellungnahmen, von denen drei eine ablehnende Haltung einnahmen: Gegen eine Forschung an embryonalen Stammzellen sprachen sich die Katholische Bischofskonferenz, das Institut für medizinische Anthropologie und Bioethik und in einer gemeinsamen Resolution die Katholisch-Theologischen Fakultäten der österreichischen Universitäten aus. Die beiden evangelischen Kirchen in Österreich sprachen sich in ihrer 2001 erschienenen gemeinsamen Denkschrift zur Biomedizin hingegen – unter restriktiven Bedingungen – für eine solche Forschung aus. Ebenfalls für eine Forschung plädierte – etwas verspätet – der österreichische Fonds zur Förderung von Wissenschaft und Forschung (FWF), das österreichische Äquivalent zur Deutschen Forschungsgemeinschaft, in seiner knappen Stellungnahme im Zusammenhang mit dem 6. RP der EU aus dem Jahre 2003, in der er sich den damals von der EU-Kommission vorgeschlagenen Leitlinien zur Forschung mit humanen embryonalen Stammzellen anschloss. Er hob dabei ausdrücklich drei Punkte hervor: die Ablehnung jeglicher Art des Klonens (inklusive des sogenannten therapeutischen Klonens); die alleinige Verwendung von Stammzelllinien, die aus überzähligen Embryonen, die vor dem 27. Juni 2002 (das Datum des Beschlusses zum 6. RP) erzeugt wurden; die Hochrangigkeit des Forschungsvorhabens sowie die Alternativlosigkeit der Benützung humaner embryonaler Stammzellen für das Vorhaben. Die Stellungnahme schließt mit der Bemerkung, dass „der FWF eine sehr breit angelegte, länderübergreifende Diskussion der wissenschaftlichen und ethischen Fragen für wichtig [hält]."[27] Freilich hat der FWF dazu in Österreich wenig beigetragen.

Das Thema der humanen embryonalen Stammzellen beschäftigte die österreichische Bioethikkommission noch ein weiteres Mal. In der ausführlichen Stellungnahme vom Frühjahr 2009 sprach sich wiederum eine Mehrheit von 17 von insgesamt 25 Mitgliedern für die Forschung an em-

---

cal Expertise and its Role in the Substantiation of Political Decision-Making, in: Maasen, Sabine/Weingart, Peter (Hg.), Democratization of Expertise? Exploring Novel Forms of Scientific Advice in Political Decision-Making, Dordrecht, 21–40.

[27] Fonds zur Förderung von Wissenschaft und Forschung (2003), Stellungnahme des FWF zu Fragen der Stammzellenforschung – In Zusammenhang mit dem 6. Rahmenprogramm, Wien, abrufbar unter http://www.fwf.ac.at/de/News/stammzellen_stellungnahme.html (15.1.2010).

bryonalen Stammzellen, für die Gewinnung von embryonalen Stammzelllinien aus überzähligen Embryonen (und ausdrücklich gegen die Herstellung von Forschungsembryonen), für das therapeutische Klonen und für die Herstellung von Cybriden, d. h. Mensch-Tier-Mischembryonen sowie für eine dementsprechende rechtliche Regulierung aus, während 5 Mitglieder in einem Minderheitsvotum gegen diese Forschung argumentierte.[28] Über die Veröffentlichung der Stellungnahme wurde in den Medien berichtet, die Stellungnahme wurde nur mit geringem Echo kommentiert oder diskutiert.

Interessant ist, dass sich die Auseinandersetzung um die embryonale Stammzellforschung – zumindest auf Ebene der zugänglichen Dokumente – weitestgehend in der Bekanntmachung von Positionierungen erschöpft; ein Austausch von Argumenten findet so gut wie nicht statt. Auch die einzelnen Positionen selbst werden – mit Ausnahme der Stellungnahmen der Bioethikkommission und der Denkschrift der evangelischen Kirchen – in der Regel ohne große argumentative Anstrengungen begründet.

Bemerkenswert ist darüber hinaus, dass die Frage nach dem ontologischen und moralischen Status des Embryos, die als die ethische Kernfrage dieser Debatte gilt, in der ersten Stellungnahme der Bioethikkommission aus dem Jahre 2002 keine ausschlaggebende Rolle spielt. Gegner wie Befürworter der embryonalen Stammzellforschung lassen diese Frage letztlich offen. In der ausführlichen Stellungnahme aus dem Jahre 2009 freilich erhält die Frage dann größeres Gewicht. Die Kommissionsmehrheit hält, nach einer gradualistischen Argumentation, klar fest, dass es „[…] weder angemessen noch verfassungsrechtlich begründbar [ist], befruchtete Eizellen hinsichtlich ihres rechtlichen Schutzes einem lebenden (geborenen) Menschen in seiner Personalität gleichzustellen. Dies ist in der Rechtsordnung auch sonst nicht der Fall. Eine Person im Vollsinn des Begriffs wird der Embryo erst im Laufe seiner weiteren Entwicklung; zur Person im Rechtssinn wird er erst mit der Geburt. Die befruchtete Eizelle und die ersten Stadien ihrer Entwicklung stehen jedenfalls noch außerhalb jenes Schutzes, der den Personen zukommt. Dem kann weder die ‚Potenzialität' noch die ‚Individualität' der befruchteten Eizelle oder die Kontinuität ihrer Entwicklung zum Men-

[28] Bioethikkommission beim Bundeskanzleramt (2009), Forschung an humanen embryonalen Stammzellen. Stellungnahme der Bioethikkommission beim Bundeskanzleramt, Wien, http://www.bka.gv.at/DocView.axd?CobId=34240 (15.1.2010).

schen entgegen gehalten werden."[29] Die Kommissionsminderheit dagegen hält demgegenüber fest: „Das Leben von uns Menschen stückt sich nicht aus Lebensabschnitten zusammen, sondern bildet eine unteilbare dynamische Einheit. Wer einen Lebensabschnitt vernichtet, vernichtet nicht bloß einen Teil des Lebens, sondern dieses selbst. Die Anerkennung eines Lebensschutzes kann demnach nur ein Bekenntnis zu einem umfassenden Lebensschutz sein. Umfassend heißt: von Anfang an das ganze Leben umfassend und eine Gradualisierung ausschließend."[30]

3. Die österreichische Rechtslage zur embryonalen Stammzellforschung

Wiewohl es in Österreich seit 2001 eine institutionalisierte Debatte über die humane embryonale Stammzellforschung gibt und von mehreren Seiten, zuletzt vehement von der österreichischen Bioethikkommission, die Empfehlung kam, die Stammzellforschung auch in Österreich rechtlich zu regulieren, hat trotz mehrmaligen Beteuerungen, die Thematik zu behandeln, bis dato keine parlamentarische Debatte zu dem Thema stattgefunden und gibt es daher bislang auch kein eigenes Gesetz, das diese Forschung regeln würde. Angesichts der Tatsache, dass das österreichische Fortpflanzungsmedizingesetz, das die künstliche Befruchtung regelt, erst 10 Jahre nach der Geburt des ersten österreichischen Retortenbabys formuliert wurde, muss dies allerdings nicht weiter erstaunen. Und so stellt sich die Stammzellforschungs-Gesetzeslage heute weiterhin, wie eine österreichische Tageszeitung bissig vermerkte, „auf den ersten Blick streng katholisch, auf den zweiten anarchisch" dar.[31]

Im österreichischen Recht gibt es keine ausdrücklichen Regelungen über die Gewinnung, die Einfuhr oder die Verwendung von humanen embryonalen Stammzellen. Insbesondere existiert kein dem deutschen Rechtsstand entsprechendes Embryonenschutzgesetz oder Stammzellgesetz. Auch gibt es in Österreich weder einen grundrechtlich veranker-

---

[29] Bioethikkommission beim Bundeskanzleramt (2009), 49. Zu den verschiedenen Argumenten in der Frage nach dem Status des Embryos vgl. Damschen, Gregor/Schönecker, Dieter (Hg.) (2003), Der moralische Status menschlicher Embryonen. Pro und contra Spezies-, Kontinuums-, Identitäts- und Potentialitätsargument, Berlin, New York; ferner Wagner-Westerhausen, Katja (2008), Die Statusfrage in der Bioethik, Berlin.

[30] Bioethikkommission beim Bundeskanzleramt (2009), 52.

[31] „Lächerliche" Rechtslage (2008), in: Der Standard, 09.01.

ten Schutz von Embryonen noch eine grundrechtliche Verankerung der Menschenwürde, von der man unter Umständen einen Schutz des embryonalen Lebens ableiten könnte. Wohl gibt es einen einfachgesetzlichen Schutz des Embryos, bei dem allerdings umstritten ist, ob er nicht der grundrechtlich garantierten Freiheit der Wissenschaft in Forschung und Lehre entgegensteht und daher verfassungswidrig ist. Der grundrechtliche Schutz des Lebens setzt in Österreich erst mit der Geburt ein.[32]

Gewisse rechtliche Beschränkungen für die Forschung an humanen embryonalen Stammzellen ergeben sich allerdings implizit aus allgemeiner formulierten Vorschriften. Solche finden sich insbesondere in dem Fortpflanzungsmedizingesetz (FMedG) aus dem Jahre 1992, das die „medizinisch unterstütze Fortpflanzung", d. h. die „Anwendung medizinischer Methoden zur Herbeiführung einer Schwangerschaft anders als durch Geschlechtsverkehr" (§ 1 Abs 1 FMedG) regelt. Das FMedG enthält in § 9 Abs 1 Satz 1 und 2 folgende für die Stammzellforschung relevante Bestimmung: „Entwicklungsfähige Zellen dürfen nicht für andere Zwecke als für medizinisch unterstütze Fortpflanzungen verwendet werden. Sie dürfen nur insoweit untersucht und behandelt werden, als dies nach dem Stand der medizinischen Wissenschaft und Erfahrung zur Herbeiführung einer Schwangerschaft erforderlich ist." Der in diesem Zusammenhang entscheidende Begriff „entwicklungsfähige Zellen" findet sich in § 1 Abs 3 FMedG präzisiert: „Entwicklungsfähige Zellen sind befruchtete Eizellen und daraus entwickelte Zellen".

Aus diesen Bestimmungen ergibt sich zunächst einmal ein Verbot der Forschung mit menschlichen Embryonen. Das Verwendungsverbot des § 9 Abs 1 FMedG schließt daher auch die Ableitung bzw. Gewinnung von embryonalen Stammzellen aus In-vitro-Embryonen zu Forschungszwecken aus.

Ob neben der Gewinnung von humanen embryonalen Stammzellen aus Embryonen auch die Forschung an (importierten) Stammzellen verboten ist, hängt von der Interpretation des eigentümlichen Begriffs der „entwicklungsfähigen Zelle" bzw. seiner Erläuterung „befruchtete Eizellen und daraus entwickelte Zellen" ab und ist umstritten. Nach mehrheitlicher Auffassung sind darunter aber nur totipotente Zellen zu verstehen.

[32] Zur Rechtslage in Österreich vgl. Kopetzki, Christian (2008), Stammzellforschung in Österreich – eine Bestandsaufnahme des geltenden Rechts, in: ders./Körtner, Ulrich (Hg.), Stammzellforschung. Ethische und rechtliche Aspekte, Wien, New York, 269–296; ferner Körtner (2002).

Demgemäß wäre in Österreich eine Forschung mit importierten pluripotenten humanen embryonalen Stammzellen gestattet. Eine weitergehende Regelung zu Verwendung, Überlassung und Import von pluripotenten embryonalen Stammzellen ist nicht gegeben.

Ob sich aus diesen Bestimmungen ein Verbot des therapeutischen Klonens ableiten lässt, hängt ebenfalls von der Interpretation des Terminus „entwicklungsfähige Zelle“ ab. Nach dominierender Rechtsauslegung liegt hier kein implizites Verbot des therapeutischen Klonens vor, da Klonen nicht als Befruchtungsvorgang und eine geklonte Zelle nicht als „befruchtete Eizelle“ zu deuten ist. Auch gegen die Reprogrammierung und die Herstellung von Cybriden, d. h. Mensch-Tier-Embryonen liegen nach mehrheitlicher Auffassung keine impliziten Verbote vor.

Zusammenfassend lässt sich daher feststellen, dass in Österreich die Gewinnung von embryonalen Stammzellen aus Embryonen verboten ist, der Import und die Forschung an diesen Zellen aber mangels einschlägiger Verbotsnormen ebenso rechtlich zulässig ist wie das therapeutische Klonen, die Reprogrammierung und die Herstellung von Cybriden. Das Fehlen einer expliziten Regulierung hat aber dennoch erheblich zur Verunsicherung beigetragen und in der Folge die Etablierung einer österreichischen Stammzellforschung verhindert bzw. sogar zur Abwanderung bestehender Projekte ins Ausland geführt.[33]

4. Religion im österreichischen bioethischen Diskurs über die Stammzellforschung

4.1 Zum Problem der Sichtbarkeit von Religion

Die Analyse der Rolle der Religion in Bioethikdiskursen steht vor zwei Schwierigkeiten: Ist schon der bioethische Diskurs in Österreich als solcher kaum zu erfassen, da er sich – weitgehend unsichtbar – hinter den verschlossenen Türen von Kommissionen, Politikerbüros und bischöflichen Palais abspielt, so gilt dies noch viel mehr für die Religion in diesem Diskurs. Dies hängt zunächst auch mit der oben erwähnten notorischen Schwierigkeit zusammen, Religion zu definieren, die zu grundsätzlichen Identifikations- und Abgrenzungsproblemen führt; diese Schwierigkeit

---

[33] Vgl. Grießler u. a. (2008), 119; Schmidt, Veronika (2008), Forschung in Österreich: „Hinter vorgehaltener Hand“, in: Die Presse, 29.01.; Umstrittene Zellen ohne Kontrolle (2009), in: Der Standard, 24.03.

soll hier aber nicht weiter besprochen werden, da hier ohnehin nur mit einem sehr groben Religionsbegriff operiert wird. Schwerer wiegt die weitere Schwierigkeit, dass sich Religion deswegen kaum fassen lässt, da sie großteils unsichtbar ist. So ist Religion in modernen westlichen Gesellschaften in den privaten Bereich verdrängt. Im säkularen, der weltanschaulichen Neutralität verpflichteten Staat und in öffentlichen Debatten, in denen um universelle Geltungsansprüche gefochten wird, haben nach mehrheitlicher Überzeugung und etablierter Praxis weltanschaulich gebundene Argumente keinen Platz. Wenn sich religiöse Überzeugungen an diesen Orten Geltung verschaffen wollen, so müssen sie sich folglich in allgemeingültige und mithin säkulare Argumente kleiden, hinter denen sie dann aber verschwinden. Dies hat zur Folge, dass Religion nur dort sichtbar wird, wo sie von säkular begründeten Ansichten abweicht. Dort hingegen, wo sie mit säkular begründeten Meinungen übereinstimmt, ist sie unsichtbar. Die Verdrängung der Religion aus den öffentlichen Foren hat darüber hinaus zur Folge, dass sie ihren Einfluss über verdeckte Kanäle und politische Hinterzimmer geltend macht.

Vor dem Hintergrund und im Bewusstsein dieser Schwierigkeiten wird im Folgenden versucht, Religion und ihre Rolle in dem ethischen Diskurs über die embryonale Stammzellforschung in Österreich auf vier unterschiedlichen Ebenen zu fassen:[34]

1. Religionsvertretung: Religion wird dort sichtbar, wo sie in Gestalt von Institutionen oder Personen auftritt, die einen klaren Bezug zur Religion aufweisen, wie etwa kirchliche Einrichtungen oder aber offizielle Repräsentanten. Sichtbar ist Religion auch dort, wo sich Personen aus persönlicher Überzeugung gebunden fühlen und dies entweder explizit aussprechen oder aber eindeutige Indizien vorliegen wie z. B. die Zugehörigkeit zu einer religiösen Vereinigung. Die Zugehörigkeit zum Opus Dei oder der Päpstlichen Akademie des Lebens könnten etwa mit guten Gründen als ein solches Indiz gewertet werden.

2. Argumente, Ideen und Positionen: Auf dieser Ebene tritt das Problem auf, dass Religion nur dort sichtbar ist, wo sie sich von säkularer Argumentation und Positionierung unterscheidet. Dies ist entweder dann der Fall, wenn explizit auf religiöse oder theologische Begriffe und Kon-

[34] Dieser Zugang ist inspiriert durch die Überlegungen in: Voigt, Friedemann (2008), Religion und Religionsvertreter in ethischen Diskursen und Kommissionen, in: Grimm, Herwig/Zichy, Michael (Hg.), Praxis in der Ethik. Zur Methodenreflexion in der anwendungsorientierten Moralphilosophie, Berlin, New York, 249–273.

zepte zurückgegriffen wird, wie z. B. „Gottesebenbildlichkeit“, „Heiligkeit des Lebens“, „Schöpfung“, oder wenn auf als säkular geltende Argumente zurückgegriffen wird, die aber erst vor einem religiösen bzw. theologischen Deutungshintergrund ihre Überzeugungskraft entwickeln können, wie dies z. B. bei den sogenannten SKIP-Argumenten zum moralischen Status des Embryos[35] sowie bei bestimmten Tutiorismus- und Naturrechtsargumentationen der Fall ist.

3. Handlungen und Entscheidungen: Religion wird auf der Ebene der – etwa politischen – Handlungen und Entscheidungen dann sichtbar, wenn diese eine Nähe zu bekannten religiösen Positionen aufweisen und offenkundig religiös beeinflusst sind.

4. Kultur: Die Kultur einer Gesellschaft bildet unter anderem jenen Hintergrund des Diskurses, der ihm Plausibilität verschafft. Sie bildet jenes Gewebe an auch normativen Überzeugungen und Meinungen, die allgemein bekannt, wenn auch nicht unbedingt von allen anerkannt sind. Die Rolle der Religion auf dieser Ebene ist unbestreitbar, aber im einzelnen schwer zu fassen. Durch sozialwissenschaftliche Studien lässt sich die Rolle der Religion aber zum Teil in bestimmten Aspekten erheben.

4.2 Die Rolle der Religion im österreichischen Diskurs über die Stammzellforschung

Um über die Rolle der Religion in bestimmten Diskursen Aufschluss zu erhalten, ist es sinnvoll, zunächst einen Blick auf ihre Bedeutung für den kulturellen Hintergrund, vor dem diese Debatten stattfinden, zu werfen. In Bezug auf Österreich legen einige sozialwissenschaftlichen Daten nahe, dass die Religion eine wichtige Rolle für diesen Horizont spielt. So sind nach der letzten Volkszählung aus dem Jahre 2001 73,6% der österreichischen Bevölkerung katholisch, 4,7% evangelisch, 4,3% muslimisch, 2,2% christlich-orthodox.[36] Dass es sich bei diesen Zahlen aber nicht nur um „Taufscheinchristen“ bzw. offiziell als religiös Registrierte handelt,

[35] Das Kürzel SKIP steht für die vier wichtigsten Argumente, mit denen üblicherweise begründet wird, weswegen Embryonen in moralischer Hinsicht als vollwertige Menschen zu gelten haben: das Speziesargument, das Kontinuitätsargument, das Identitätsargument und das Potentialitätsargument. Zu den Argumenten im Detail vgl. Damschen/Schönecker (2003).

[36] Statistik Austria (2007), Bevölkerung nach dem Religionsbekenntnis und Bundesländern 1951 bis 2001, Wien, http://www.statistik-austria.at/web_de/statistiken/bevoelkerung/volkszaehlungen/bevoelkerung_

die aber jeden persönlichen Bezug zur Religion verloren haben, sondern diese Zahlen in etwa den tatsächlichen Prozentsatz der religiösen Bevölkerung widerspiegeln, wird durch die Daten der World Value Survey aus dem Jahre 1999 nahegelegt. Dieser Studie zufolge definieren sich in Österreich 79,5% als religiös – für westeuropäische Verhältnisse ist dies sehr hoch[37] –, für 65,2% spielt Gott eine eher wichtige bis sehr wichtige Rolle im Leben, 62% erfahren Trost und Kraft aus der Religion.[38]

In Bezug auf die für die embryonale Stammzellforschung relevante Frage nach der Zulässigkeit von Forschung mit Embryonen vertraten laut World Value Survey 1999 79,9% der befragten Österreicher die Meinung, dass diese Forschung „unter keinen Umständen" zu rechtfertigen sei. In der Eurobarometerumfrage aus dem Jahre 2005, in der der Schutz der Würde des ungeborenen Lebens von 68% der Befragten als sehr wichtig (vierthöchster Wert, EU-Durchschnitt: 53%) und von weiteren 25% als wichtig eingestuft wurde, zeigt sich wenig erstaunlich, dass es einen positiven Zusammenhang zwischen der Religiosität und der Frage nach der Würde des ungeborenen Lebens gibt.[39] Zu berücksichtigen ist allerdings, dass bei Fragen, die die eigene Lebensführung unmittelbarer und stärker betreffen als die Forschung an Embryonen, wie z. B. Verhütung, In-vitro-Fertilisation, Scheidung und Abtreibung, die Zustimmungsrate zu katholischen Positionen wesentlich geringer ist. So sind etwa nach der World Value Survey 1999 in Österreich nur 23,7% der Befragten der Meinung, Abtreibung lasse sich unter keinen Umständen rechtfertigen. 62% waren der Meinung, dass die Kirche auf moralische Fragen keine Antwort gebe, und 82% waren der Ansicht, dass Kirchenführer die Regierung nicht beeinflussen sollten.

---

nach_demographischen_merkmalen/022885.html (15.1.2010). Insbesondere die Zahl der Katholiken dürfte inzwischen um einige Prozentpunkte abgenommen haben.

37 Zum Vergleich: Deutschland 45,6%, Westdeutschland 58,1%, Frankreich 44,4%.

38 World Values Survey 1999, http://www.worldvaluessurvey.com (15.1.2010). In die Daten der World Values Survey 1999 wurden die Daten der European Values Study 1999/2000, http://zacat.gesis.org/webview/index.jsp (15.1.2010), eingearbeitet.

39 Spezial-Eurobarometer 225/63.1 (2005); vgl. ferner die Studie: Datler, Georg/Kerschbaum, Johann/Schulz, Wolfgang (2005), Religion und Kirche in Österreich. Bekenntnis ohne Folgen?, in: SWS-Rundschau 4, 1–23.

Für die Rolle der Religion in der österreichischen Kultur lässt sich also das ohnehin Offensichtliche festhalten, dass die österreichische Kultur tief katholisch geprägt ist. Für die Frage der Stammzellforschung bedeutet dies, dass die katholische Position nach wie vor den Standard definiert, der allgemein bekannt ist und demgegenüber Abweichungen als begründungsbedürftig gelten. Die Position der katholischen Kirche bildet daher in Österreich für Fragen der Forschung an humanen embryonalen Stammzellen – aber auch für viele andere bioethische Fragestellungen – jenen immer noch prägekräftigen Horizont, vor dem die Diskussion stattfindet und auf den sie sich beständig beziehen muss.

Über Institutionen und Personen war und ist die Kirche im österreichischen Diskurs um die Stammzellforschung stark vertreten. So haben die beiden evangelischen Kirchen 2001 eine gemeinsame Denkschrift herausgegeben, die sich in elf Kapiteln mit einschlägigen bioethischen Fragestellungen auseinandersetzt. In der Frage der Stammzellforschung findet sie zu einer zurückhaltend liberalen Position, die vor allem die Gewinnung von Stammzellen aus überzähligen Embryonen für legitim hält.[40] Ebenfalls 2001 veröffentlichte die katholische Bischofskonferenz eine knappe Stellungnahme in einer Presseerklärung, in der sie unter anderem ein allgemeines Verbot der Gewinnung und Forschung an menschlichen Embryonen forderte. Die mit einem moralisierenden Unterton ausgestattete, fast schon drohende Einleitung verrät dabei viel über das Selbstverständnis der katholischen Kirche in Österreich: „Die Österreichische Bischofskonferenz erwartet mit Sorge mehrere Entscheidungen der politischen Verantwortungsträger. Es wird sich zeigen, inwieweit die österreichische Bundesregierung bereit ist, in wesentlichen Grundsatzfragen mit einer gewissen Unabhängigkeit von Mehrheitsverhältnissen in der EU und von den Wirtschaftsinteressen mancher einen ethisch verantwortbaren, eigenständigen Weg zu gehen."[41] 2002 brachten sich die Katholisch-Theologischen Fakultäten

[40] Evangelische Kirche A. und H. B. in Österreich (2001), Verantwortung für das Leben. Eine evangelische Denkschrift zu Fragen der Biomedizin, Wien, abrufbar unter http://www.evang.at/fileadmin/evang.at/doc_reden/verantwortung.pdf (15.1.2010). Zum Verhältnis von evangelischer und katholischer Position in Österreich vgl. Körtner, Ulrich (2003), Bioethische Ökumene? Chancen und Grenzen ökumenischer Ethik am Beispiel der Biomedizin, in: ders./Anselm, Reiner (Hg.), Streitfall Biomedizin. Urteilsfindung in christlicher Verantwortung, Göttingen, 71–96.

[41] Österreichische Bischofskonferenz (2001), Presseerklärungen der Herbstvoll-

der österreichischen Universitäten mit einer Stellungnahme in die Diskussion ein, die im Wesentlichen die strikt restriktive Position der Bischofskonferenz teilt. Ein nahes Verhältnis zu den Kirchen hatte auch die mittlerweile aufgelöste, von Lebensschutz und Behindertenorganisationen eingerichtete Bioethikkommission *für* die österreichische Bundesregierung.

Längerfristig präsent im bioethischen Diskurs im Allgemeinen und in den Diskussionen über die Stammzellforschung im Besonderen sind die christlichen Kirchen in Österreich über das Institut für Medizinische Anthropologie und Bioethik, eine Einrichtung der katholischen Bischofskonferenz, die sich seit 2002 regelmäßig mit Erklärungen, Stellungnahmen und Studien in die Debatte einschaltet,[42] und über das Institut für Ethik und Recht in der Medizin an der Universität Wien, das als eine gemeinsame Forschungsplattform der Evangelisch-Theologischen, der Katholisch-Theologischen und der Rechtswissenschaftlichen Fakultät der Universität Wien fungiert und das neben der Österreichischen Bioethikkommission der wichtigste Träger bioethischer Auseinandersetzungen in Österreich ist.

Die Bedeutung dieser institutionellen Diskursteilnehmer wird dann deutlich, wenn man sich vor Augen hält, dass – zumindest der öffentliche Diskurs – beinahe ausschließlich über diese Institutionen geführt wird. Andere Teilnehmer bzw. Institutionen sind in der Debatte um die Stammzellforschung kaum präsent.

Auch personell sind die Kirchen in der Debatte um die Stammzellforschung stark vertreten. So fällt auf, dass die öffentliche Debatte auf den Internet-Seiten des öffentlich-rechtlichen Fernsehens (ORF) beinahe ausschließlich über Kirchenvertreter läuft. Eine ungewöhnliche Sonderstellung kommt hier Ulrich Körtner zu, Professor für Systematische Theologie an der Evangelisch-Theologischen Fakultät der Universität Wien, der die bioethischen Themen auf der Internetseite des ORF bearbeitet, regelmäßig in Zeitungen, Fernsehen und Radio zu Wort kommt, langjähriges Mitglied der Bioethikkommission sowie Vorstand des Instituts für Recht und Ethik in der Medizin und darüber hinaus der Hauptverfasser der erwähnten evangelischen Denkschrift ist; verkürzt gesagt:

---

versammlung der Österreichischen Bischofskonferenz, vom 6. bis 8. November 2001 in Wien, Wien, Punkt 8. Bioethik, http://www.bischofskonferenz.at/content/site/dokumente/presseerklaerungen/2001/article/55.html (15.1.2010).

42 Vgl. http://www.imabe.org (15.1.2010).

Ulrich Körtner *ist* der öffentliche Diskurs – nicht nur – zur Stammzellforschung in Österreich.

Die katholische Kirche hält sich demgegenüber personell in den öffentlichen Debatten etwas im Hintergrund. In der österreichischen Bioethikkommission ist sie mit dem Moraltheologen und Priester Günter Virt vertreten. Darüber hinaus ist von mehreren anderen Mitgliedern der Bioethikkommission bekannt, dass sie dem Katholizismus nahe stehen, sich in der Öffentlichkeit auch entsprechend geäußert und in den Abstimmungen entsprechend verhalten haben.

Während Religion über Institutionen und Personen stark im Diskurs über die Stammzellforschung präsent ist, ist sie es über religiöse oder theologische Konzepte kaum. Explizit theologische Argumente und Konzepte kommen lediglich in fachwissenschaftlichen, theologischen Publikationen vor, in der öffentlichen Debatte spielen sie hingegen keine Rolle. Auch die evangelische Denkschrift greift in der Frage der Stammzellforschung nur am Rande auf theologische Argumente zurück. Allerdings erörtert sie ausführlich die theologischen Grundlagen ethischer Urteilsbildung. In der Frage des moralischen Status vertritt sie einen Tutiorismus; theologisch wird hierbei argumentiert, dass dieser am ehesten einer biblisch-theologischen Anthropologie entspreche.

Anders als die explizit religiösen und theologischen Argumente und Konzepte spielen implizit religiöse oder theologische Argumentationsfiguren – allen voran die SKIP-Argumente – eine gewisse Rolle in der Diskussion. Vor allem im jüngsten Papier der Bioethikkommission zur embryonalen Stammzellforschung – zuvor aber schon in ihrem Bericht zur Präimplantationsdiagnostik[43] – wird die Frage nach dem Status den Embryos zur entscheidenden, breiten Raum einnehmenden Schlüsselfrage. In beiden Papieren wird die ablehnende Haltung der Kommissionsminderheit eben mit den SKIP-Argumenten und damit mit dem moralischen Status des Embryos und seiner Schutzwürdigkeit begründet.

Auf der Ebene der politischen Handlungen und Entscheidungen im Bereich der Bioethik ist die Rolle der Religion bzw. der Kirchen schwer auszumachen. Dies hängt zum einen damit zusammen, dass politische Handlungen und Entscheidungen in aller Regel öffentlich nicht religiös

---

[43] Bioethikkommission beim Bundeskanzleramt (2004), Präimplantationsdiagnostik (PID), Wien, http://www.bundeskanzleramt.at/DocView.axd?CobId=6415 (15.1.2010). Zu dem Bericht vgl. Gmeiner, Robert (2004), Präimplantationsdiagnostik (PID). Der Bericht der österreichischen Bioethikkommission, in: Zeitschrift für Biopolitik 3, 181-188.

begründet werden, was es schwer macht, die Motivation und Ursachen für eine Handlung und Entscheidung eindeutig zu identifizieren. Zum anderen hat es damit zu tun, dass die Kirchen ihren Einfluss in politischen Hinterzimmern geltend zu machen versuchen, wodurch ihre Lobbyarbeit ebenso intransparent wird wie die anderer Interessensgemeinschaften auch.

Tatsache ist, dass die katholische Kirche in Österreich – gerade auch aufgrund ihrer engen Verbindungen zu einer der beiden großen politischen Parteien, der Österreichischen Volkspartei (ÖVP) – einen spürbaren Einfluss auf die österreichische Biopolitik und insofern auch auf die bioethischen Debatten hat. Der Einfluss ist offenbar – wie die Abstimmungsergebnisse nahe legen – nicht groß genug, um eine konservative Mehrheit in der Bioethikkommission durchzusetzen, aber er ist groß genug, um eine politische Debatte über einige bioethische Streitthemen, wie etwa die der Stammzellforschung oder der PID, nicht auf die parlamentarische Tagesordnung kommen zu lassen. Illustrieren lässt sich die Rolle der Kirche bzw. der Religion durch eine Episode aus den Jahren 2001/02: Die damalige ÖVP-Ministerin für Wissenschaft, Kunst und Forschung hatte im Dezember 2001 auf einer Sitzung des EU-Forschungsministerrates in Bezug auf die Frage der Förderung der Stammzellforschung im Rahmen des 6. RP den Standpunkt vertreten, Österreich lehne die Forschung an überzähligen Embryonen ab, lehne die Gewinnung von embryonalen Stammzelllinien ab und lehne darüber hinaus auch die Förderung der Forschung an bereits etablierten humanen embryonalen Stammzelllinien ab. Die Ministerin wandte sich dann allerdings an die österreichische Bioethikkommission mit der Bitte, eine österreichische Position in dieser Frage auszuarbeiten. Die Bioethikkommission kam, wie bereits geschildert, mehrheitlich zu der Auffassung, dass die Forschungen an bereits etablierten Stammzelllinien unter gewissen strengen Bedingungen ethisch gerechtfertigt seien.

Die Ministerin, die sich später in einem Interview öffentlich dazu bekannte, die verbrauchende Embryonenforschung für eine „Horrorvision" zu halten,[44] und mit ihr die Bundesregierung machten sich dann allerdings das der katholischen Lehrmeinung entsprechende Minderheitsvotum der Stellungnahme zur Grundlage und stimmte als einziges Land gegen die Verabschiedung des 6. RP. In Zusammenarbeit mit anderen kritisch eingestellten Ländern erwirkte Österreich in der Folge ein Mora-

[44] „Für Forschungszwecke Embryonen umzubringen ist eine Horrorvision" (2003), in: Der Standard, 19.10.

torium der EU-Förderung von Forschungen an embryonalen Stammzellen, das aber Ende 2003 auslief.[45]

Das Bemerkenswerte an dieser Episode ist, dass sie der oben zitierten „Drohung“ der katholischen Bischofskonferenz ihre Lächerlichkeit nimmt und den großen Einfluss der katholischen Kirche und katholischen Gedankenguts auf die damalige ÖVP-Regierung dokumentiert. Die Geschichte sollte aber nicht dazu führen, den Einfluss der katholischen Kirche in Österreich überzubewerten. Der Einfluss reicht dahin, Diskussionen über bioethische Themen zu verschleppen und ihre rechtliche Regelung zu verzögern, da es sich keiner leisten kann, sich mit ihr politisch zu überwerfen. Ihr Einfluss reicht aber nicht aus, um strenge Verbote durchzusetzen. Dafür spricht eben auch die Tatsache, dass es in Österreich bislang kein gesetzliches Verbot der Forschung mit embryonalen Stammzellen gibt und ein solches offenbar nicht einmal im Sinne der Minderheit der Bioethikkommission war, wie Körtner einmal zu Bericht gab: „Da offenbar niemand in Österreich an gesetzlich verankerte Forschungsverbote denkt – nicht einmal die Minderheit in der Bioethikkommission des Bundeskanzlers – ist das Lavieren der Wissenschaftsministerin nicht mehr als ein innenpolitisches Manöver, mit welchem offenbar die römisch-katholische Kirche und konservative Wählerkreise besänftigt werden sollen.

Schließlich haben der Vorsitzende der Bischofskonferenz, Kardinal Schönborn, und der für Europafragen zuständige Bischof Kapellari nichts unversucht gelassen, um politischen Druck auszuüben.

Man mag das politische Resultat im Stillen als Sieg der Diplomatie über einen fundamentalistischen Moralismus feiern [...]. Bioethisch verantwortungsvoll ist das alles nicht.“[46]

5. Fazit

Zusammenfassend lässt sich festhalten, dass in Österreich ein öffentlicher bioethischer Diskurs im Allgemeinen und über die embryonale Stammzellforschung im Besonderen nur in sehr geringem Ausmaß ge-

---

[45] Vgl. Körtner (2002); ferner Kneucker, Raoul (2008), Stammzellforschung: Europäische und österreichische Forschungspolitik, in: Körtner, Ulrich/Kopetzki, Christian (Hg.), Stammzellforschung. Ethische und rechtliche Aspekte, Wien, New York, 62–76.

[46] Körtner, Ulrich (ohne Jahresangabe), Stammzellforschung: Die Doppel-

führt wird. Wohl gibt es einen Fachdiskurs, der aber von der Öffentlichkeit kaum wahrgenommen wird. Der bestehende bioethische Diskurs wird von religiösen Akteuren, d. h. kirchlichen oder kirchennahen Institutionen und Personen dominiert. Es gibt zwar auch dezidiert nicht religiös gebundene Stimmen, diese sind aber kaum präsent. Trotz dieser Dominanz spielen religiöse bzw. theologische Argumente und Konzepte im Diskurs nur am Rande eine Rolle. Dies hängt unter anderem damit zusammen, dass der Austausch von Argumenten in der Auseinandersetzung insgesamt keine große Bedeutung hat.

Österreich ist ein zutiefst katholisch geprägtes Land. Aus diesem Grund ist unter den religiösen Positionen – trotz der Präsenz der liberalen evangelischen Stimme – die des katholischen Christentums für den österreichischen Bioethikdiskurs maßgeblich. In Fragen, in Bezug auf die in der Gesellschaft wenig Fachwissen vorhanden und keine unmittelbare Betroffenheit gegeben ist, definiert der Katholizismus die orientierungsgebende Norm. Die im Vergleich zu anderen Ländern große politische Macht, die der katholischen Kirche daraus erwächst, wirkt sich in Österreich dahingehend aus, dass Diskurse, in denen sie keinen Verhandlungsspielraum sieht und sich daher in der Defensive befindet, blockiert und verzögert werden – nicht unbedingt aktiv, aber auf jeden Fall passiv. Als der wichtigste Gegenpol zu liberalen Auffassungen regt die katholische Kirche gleichzeitig mit ihren restriktiven Positionen in den Fachgremien zu einer vertieften Argumentation an. Während sie also einerseits den öffentlichen Diskurs behindert, ruft sie andererseits in den Fachzirkeln zu einer intensivierten Auseinandersetzung auf. Bremsend und Reflexion einfordernd trägt sie möglicherweise gerade auf diese Weise insgesamt zu einem bedächtigen Umgang mit den Möglichkeiten der Biomedizin bei.

Literatur

Alles im Verborgenen ausgehandelt (2009), in: Der Standard, 30.09.

Bioethikkommission beim Bundeskanzleramt (2002), Beschluss der Bioethikkommission beim Bundeskanzleramt vom 3. April und 8. Mai 2002. Stellungnahme der Bioethikkommission zu Fragen der Stammzellenforschung im Kontext des 6. Rahmenprogramms der EU im Bereich der Forschung, technologischen Entwicklung

moral der österreichischen Biopolitik, http://sciencev1.orf.at/science/koertner/51548 (15.1.2010).

und Demonstration als Beitrag zur Verwirklichung des europäischen Forschungsraums (2002–2006), Wien, http://www.bka.gv.at/DocView.axd?CobId=1115 (15.1.2010).

Bioethikkommission beim Bundeskanzleramt (2004), Präimplantationsdiagnostik (PID), Wien, http://www.bundeskanzleramt.at/DocView.axd?CobId=6415 (15.1.2010).

Bioethikkommission beim Bundeskanzleramt (2009), Forschung an humanen embryonalen Stammzellen. Stellungnahme der Bioethikkommission beim Bundeskanzleramt, Wien, http://www.bka.gv.at/DocView.axd?CobId=34240 (15.1.2010).

Bogner, Alexander/Menz, Wolfgang (2005), Bioethical Controversies and Political Advice: The Production of Ethical Expertise and its Role in the Substantiation of Political Decision-Making, in: Maasen, Sabine/Weingart, Peter (Hg.), Democratization of Expertise? Exploring Novel Forms of Scientific Advice in Political Decision-Making, Dordrecht, 21–40.

Damschen, Gregor/Schönecker, Dieter (Hg.) (2003), Der moralische Status menschlicher Embryonen. Pro und contra Spezies-, Kontinuums-, Identitäts- und Potentialitätsargument, Berlin, New York.

Datler, Georg/Kerschbaum, Johann/Schulz, Wolfgang (2005), Religion und Kirche in Österreich. Bekenntnis ohne Folgen?, in: SWS-Rundschau 4, 1–23.

European Values Study 1999/2000, http://zacat.gesis.org/webview/index.jsp (15.1.2010).

Evangelische Kirche A. und H. B. in Österreich (2001), Verantwortung für das Leben. Eine evangelische Denkschrift zu Fragen der Biomedizin, Wien, http://www.evang.at/fileadmin/evang.at/doc_reden/verantwortung.pdf (15.1.2010).

Fonds zur Förderung von Wissenschaft und Forschung (2003), Stellungnahme des FWF zu Fragen der Stammzellenforschung – In Zusammenhang mit dem 6. Rahmenprogramm, Wien, http://www.fwf.ac.at/de/News/stammzellen_stellungnahme.html (15.1.2010).

Foucault, Michel (1991), Die Ordnung des Diskurses, 10. Auflage, Frankfurt a. M.

„Für Forschungszwecke Embryonen umzubringen ist eine Horrorvision" (2003), in: Der Standard, 19.10.

Gmeiner, Robert (2003a), Biopolitische Debatten in Österreich, in: Zeitschrift für Biopolitik 2, 159–168.

Gmeiner, Robert (2003b), Biopolitik in der XXII. Legislaturperiode, in: Journal für Rechtspolitik 11, 170–179.

Gmeiner, Robert (2004), Präimplantationsdiagnostik (PID). Der Bericht der österreichischen Bioethikkommission, in: Zeitschrift für Biopolitik 3, 181–188.

Gmeiner, Robert (2006), Spotlights on the Bioethical and Biopolitical Debate in Austria, in: Acta Medica Lithuanica 13, 23–33.

Gmeiner, Robert/Körtner, Ulrich (2002), Die Bioethikkommission beim Bundeskanzleramt – Aufgaben, Arbeitsweise, Bedeutung, in: Recht der Medizin 6, 164–173.

Gottweis, Herbert (2001), Die unsichtbare Kommission, in: Der Standard, 13.12.

Grabner, Petra (1999), Technik, Politik und Gesellschaft. Eine Untersuchung am Beispiel des österreichischen Gentechnikgesetzes, Frankfurt a. M.

Grabner, Petra (2003), Schlaglichter auf die österreichische biopolitische Debatte, in: Österreichische Zeitschrift für Politikwissenschaft 32, 201–211.

Grießler, Erich u. a. (2008), Stammzellen und Embryonenschutz. Status quo, Rechtsvergleich und öffentliche Debatte am Beispiel ausgewählter europäischer Staaten, Projektbericht des Instituts für Höhere Studien, Wien, http://www.bka.gv.at/DocView.axd?CobId=32188 (15.1.2010).

Habermas, Jürgen (1991), Erläuterungen zur Diskursethik, in: ders., Erläuterungen zur Diskursethik, Frankfurt a. M., 119–226.

Huber, Johannes/Gmeiner, Robert (2003), Zwischenbilanz der Bioethikkommission beim Bundeskanzleramt, in: Khol, Andreas/Ofner, Günther/Burkert-Dottolo, Günther R. (Hg.), Österreichisches Jahrbuch für Politik, 497–515.

Inthorn, Julia (2008), Ethische Konfliktlinien in der öffentlichen Kommunikation über Stammzellforschung, in: Körtner, Ulrich/Kopetzki, Christian (Hg.), Stammzellforschung. Ethische und rechtliche Aspekte, Wien, New York, 93–105.

Kneucker, Raoul (2008), Stammzellforschung: Europäische und österreichische Forschungspolitik, in: Körtner, Ulrich/Kopetzki, Christian (Hg.), Stammzellforschung. Ethische und rechtliche Aspekte, Wien, New York, 62–76.

Kopetzki, Christian (2008), Stammzellforschung in Österreich – eine Bestandsaufnahme des geltenden Rechts, in: ders./Körtner, Ulrich (Hg.), Stammzellforschung. Ethische und rechtliche Aspekte, Wien, New York, 269–296.

Körnter, Ulrich (2002), Forschung an embryonalen Stammzellen. Zur Diskussion und Gesetzeslage in Österreich, in: Theologische Zeitschrift 58, 339–358.

Körtner, Ulrich (2003), Bioethische Ökumene? Chancen und Grenzen ökumenischer Ethik am Beispiel der Biomedizin, in: ders./Anselm, Reiner (Hg.), Streitfall Biomedizin. Urteilsfindung in christlicher Verantwortung, Göttingen, 71–96.

Körtner, Ulrich (2008), Stammzellforschung: Der bisherige Diskurs in der Bioethikkommission beim Bundeskanzleramt, in: ders./Kopetzki, Christian (Hg.), Stammzellforschung. Ethische und rechtliche Aspekte, Wien, New York, 1–11.

Körtner, Ulrich (ohne Jahresangabe), Stammzellforschung: Die Doppelmoral der österreichischen Biopolitik, http://sciencev1.orf.at/science/koertner/51548 (15.1.2010).

„Lächerliche“ Rechtslage (2008), in: Der Standard, 09.01.

Maio, Giovanni (1995), Die französische nationale Ethikkommission. Entstehungsgeschichte, Arbeitsweise und Bedeutung am Beispiel ihrer Empfehlungen zur Embryonenforschung, in: Zeitschrift für medizinische Ethik 41, 291–299.

Österreichische Bischofskonferenz (2001), Presseerklärungen der Herbstvollversammlung der Österreichischen Bischofskonferenz, vom 6. bis 8. November 2001 in Wien, Wien, http://www.bischofskonferenz.at/content/site/dokumente/presseerklaerungen/2001/article/55.html (15.1.2010).

Prat, Enrique (2007), Bioethikkommission: Neustart nach Ende mit Schrecken?, in: Die Presse, 24.08.

Schmidt, Veronika (2008), Forschung in Österreich: „Hinter vorgehaltener Hand", in: Die Presse, 29.01.

Spezial-Eurobarometer 108/46.1 (1997), The Europeans and modern biotechnology, http://ec.europa.eu/public_opinion/archives/ebs/ebs_108_en.pdf (15.1.2010).

Spezial-Eurobarometer 177/58.0 (2003), Europeans and Biotechnology in 2002, http://ec.europa.eu/public_opinion/archives/ebs/ebs_177_en.pdf (15.1.2010).

Spezial-Eurobarometer 225/63.1 (2005), Social values, Science and Technology, http://ec.europa.eu/public_opinion/archives/ebs/ebs_225_report_en.pdf (15.1.2010).

Statistik Austria (2007), Bevölkerung nach dem Religionsbekenntnis und Bundesländern 1951 bis 2001, Wien, http://www.statistikaustria.at/web_de/statistiken/bevoelkerung/volkszaehlungen/bevoelkerung_nach_demographischen_merkmalen/022885.html (15.1.2010).

Umstrittene Zellen ohne Kontrolle (2009), in: Der Standard, 24.03.

Voigt, Friedemann (2008), Religion und Religionsvertreter in ethischen Diskursen und Kommissionen, in: Grimm, Herwig/Zichy, Michael (Hg.), Praxis in der Ethik. Zur Methodenreflexion in der anwendungsorientierten Moralphilosophie, Berlin, New York, 249–273.

Wagner-Westerhausen, Katja (2008), Die Statusfrage in der Bioethik, Berlin.

Wolfslehner, Doris (2007), Die Bioethikkommission beim Bundeskanzleramt. Neuausrichtung in der vierten Amtsperiode, in: Recht der Medizin 6, 172–174.

World Values Survey 1999, http://www.worldvaluessurvey.org (15.1.2010).

Religion in Norwegian Bioethical Discourse[1]

Ulla Schmidt

1. Studying Religion in Bioethical Discourse through the Norwegian Case

Norway is among the countries where bioethical issues have been hotly debated. Controversy has repeatedly surrounded questions like embryonic research, euthanasia, prenatal diagnosis or access to assisted reproduction. The role of religion in these controversies has been differently assessed. Some have suggested that the relatively high degree of controversy is partly due to religion's improper influence. Others claim that bioethical discourse has in fact become secularised and that religious agents are too reluctant to articulate the religious grounds that nurture their moral views. Without siding with either position this suggests that Norway might be a fruitful case for studying religion in bioethical discourse.

This article sets out to do that, asking how religion and bioethical discourse interrelate in a Norwegian context along three different dimensions: Institutional religion's involvement with bioethics, participation in bioethical discourse by individuals or organisations identified or aligned with religion or religious beliefs, and individual religiosity and its connections with bioethical views. The dimension of religion's critical self-reflection in terms of theological bioethics has been left out for reasons of limitation.

More specifically the questions asked are: What is the nature and character of religion's and religiosity's involvement with bioethical

---

[1] This article uses data from Norwegian Social Science Data Services' survey "on religion" 2008. This survey is funded by the Research Council of Norway. Data were collected by TNS Gallup and Norwegian Social Science Data Services, and have been prepared for research use by Norwegian Social Science Data Services. None of these institutions are responsible for the analysis or the interpretation of data in this article.

discourse? Is one or the other of the above-mentioned assumptions about religion exacerbating bioethical controversy respectively being silenced in an increasingly secularised bioethical discourse, the more plausible? And how does religion and religiosity contribute to the construction and shaping of bioethical discourse?

For this purpose a relatively open definition and delimitation of bioethics which comprises not only molecular medicine and genetics and other forms of medical use of biotechnology[2], but also a wider array of issues related to health care, such as end-of-life issues, reproductive issues, access to health care, doctor-patient-relationship, is suitable. It is, however, confined to the human area. This is also the approach chosen in recent titles on the subject, which largely refrain from a specific definition.[3]

Norway is a relatively homogeneous society, also religiously. Not only does the vast majority belong to a protestant, Lutheran form of Christianity. Approximately 80 % belong to one religious institution, namely the Church of Norway. Another 9 % are members of other religious and life stance communities, and the rest stands outside any community. Of these, more than 50 % belong to Christian churches, the largest portion to the Catholic Church, with Pentecostals and Lutheran free churches as other large groups. Others belong to Islamic congregations (about 20 % registered, the actual number of people affiliated to Islam is probably significantly higher, 150 000 or about 3 % of the entire population are often mentioned as an estimate), and another 20 % to life stance communities, mainly the secular Humanist association. Hindus, Buddhists and Jews form minor groups.

The Church of Norway has been organised as a state church since the Reformation. It is grounded in the Constitution, the head of state (the

---

2 Which for example is the definition implied in the Norwegian biotechnology-act; Act of 5 December 2003 No. 100 relating to the application of biotechnology in human medicine etc., which defines the scope of the act as "application of biotechnology in human medicine, etc. including medically assisted reproduction, research on embryos and cloning, prenatal diagnosis, postnatal genetic testing, gene therapy etc."

3 This goes for example for: Guinn, David E. (ed.) (2006), Handbook of Bioethics and Religion, Oxford; Peppin, John F./Cherry, Mark J./Iltis, Ana (eds.) (2004), Religious Perspectives in Bioethics, London, New York; Cahill, Lisa Sowle (2005), Theological Bioethics. Participation, Justice, and Change, Washington, D.C.

monarch) is also the head of the church (i. e. the minister responsible for church affairs), its activities are publicly funded, and it is regulated by law passed by the Parliament. However, the state church organisation is in the process of changing in direction of a more independent position for the church vis à vis the state. These changes will not become effective until 2013 at the earliest.

As a majority-church it has also over the centuries enjoyed a strong cultural dominance, closely intertwined with the wider society. Membership in the Church of Norway has historically been – and to some extent still is, at least in some regions – considered the normal form of religious affiliation and almost requisite for social integration.

The formal bond of membership is obviously compatible with highly diverse forms of participation in and identification with the Church of Norway. Although not necessarily indifferent about their membership, a large group of the members do not primarily conceive it in terms of strong, doctrinal beliefs, or active participation in regular congregational life. Whereas a little over one tenth of the members participate in Sunday service on a regular basis at least once a month, approximately 40 % never go to church and another 40 % attend once a year (typically at Christmas). Consequently, church-members form a rather heterogeneous group of people, some identifying more or less closely with the community in their local congregation, others holding on to their membership, but without further bonds of allegiance.

2. Institutional Religion and Bioethical Discourse

2.1 Two Main Questions

It follows from this description of a Norwegian religious context that the Church of Norway is the dominant institutional religious agent in Norwegian bioethical discourse. Other churches and communities have only to a very limited extent involved themselves in this field. Free churches in Protestant tradition have by and large advocated similar positions as the Church of Norway, and the Catholic Church/Oslo Diocese has offered statements reflective of the Catholic Church's views of bioethics in general. Other religious communities (or their umbrella organisation The Council for Religious and Life Stance Communities) have not expressed official positions on bioethical issues. The following analysis therefore focuses on the Church of Norway and its involvement with bioethical issues as a case of how institutional religion takes part in Norwegian bioethical discourse.

A dominant mode of the Church of Norway's involvement with bioethics relates to discussions over policy-making and legislation, for example by issuing statements in consultative hearings. In its own words, two concerns have been particularly prominent. First: When does human life begin (and end); second: What constitutes human dignity?[4] And by summing up more than twenty different statements on various issues from 1960 on, a consistent reply is identified: That human life starts at conception, and that from that moment on it has a particular and unique dignity which flows from its being created in the image of God. These two basic propositions form a recurrent theme throughout a number of statements on several issues and from different agents: the Bishops' Conference, the General Synod and the National Council.

The doctrine of creation is a fundamental and recurring starting point for the Church of Norway's involvement with bioethics. This ontological description of being as created by God is inherently associated with an understanding of being as marked by value and morally qualified as good. As such it also implies a certain point of orientation for human action and practice, in the sense that some ways of relating to reality are approved and commended, whereas others are disapproved or condemned as conflicting with an inherent quality that springs from the creative act of God.

The fundamental qualification of human life as created in the image of God, derived from the biblical narratives about God's creation, is particularly important in this context. It sets human beings apart from the rest of creation, and as such human life is endowed with a particular and unique, infinite value, a dignity that inheres in human life by virtue of its very existence, as its indispensable hallmark. This dignity does not rest in any innate or contingent quality of human life or anything that human being can claim for itself. Consequently it can neither be diminished nor eradicated due to lack of contingent features. It is entirely endowed from outside, originating in the particular relation established through God's loving act of creation. As a consequence it pertains to all humans equally, irrespective of developmental stage, age or level of

4 Kirkerådet [The Church of Norway National Council] (2006), Høringssuttalelse til Utkast til endringer i lov om humanmedisinsk bruk av bioteknologi m. m. [Consultative statement on draft revision of the Act relating to the application of biotechnology in human medicine etc.], Oslo.

functioning. Human dignity, it is claimed, must therefore necessarily be present from conception on, as the beginning and condition of a self-organised, developing human life. Few efforts are made to explicate the link between a theological notion of created in the image of God, and physiologically described processes of fertilisation and embryology. Unlike for example the Catholic Church's reflection on these matters, the statements from the Church of Norway make no use of notions like personhood, ensoulment or spirit to argue the presence of absolute dignity. The question whether fertilisation is in fact such a fixed starting point of a self-organised and self-developing human life is not explicitly addressed, but rather argued by default by referring to allegedly regrettable moral implications of not taking fertilisation as the starting point of a living entity with human dignity. What justifies this mixing of theological and moral language concerning the grounding of human dignity and its moral implications, and a physiological statement about the beginning of human life as a biological fact, is not really explained or addressed.

These two fundamental ideas – that human life begins at conception, and that human dignity as an absolute quality of all human life is grounded in the relation to God, established through creation in God's image –, it is suggested, have guided the Church of Norway's orientation for reflections and standpoints on various bioethical questions.

Correct as that may be, one could also ask whether they have not only guided reflection and stand-taking, but have also guided attention in the first place, working as lenses that allowed some questions to appear on the radar, and excluded others from any interest or consideration. At least it is quite clear that a main focus in the Church of Norway's involvement with bioethics has been directed towards issues easily described as related to and probably as challenging these concerns. More specifically two groups of questions have been at the forefront: First, issues perceived as cases of ending life, in particular at life's earliest stages, such as abortion and embryonic research, but also euthanasia (whereas decisions with a death-hastening effect, probably more acute in everyday clinical practice, but not categorised as intentionally ending life, such as ending life-prolonging treatment, or palliative sedation, have attracted virtually no attention); second, issues perceived as cases of classifying – and potentially ending – life based on (risk for) future illness, genetic diseases or disorders, such as prenatal diagnosis or pre-implantation genetic diagnosis.

2.2 Ending Human Life?

Like many other churches and religious groups, the Church of Norway first encountered and engaged with bioethics in terms of the highly contested issue of legalisation of abortion throughout the 1970ies.[5] Its early statements on abortion established an approach that formed a trajectory for future bioethical involvement. Abortion, they said, conflicts with human life's basic dignity by gravely violating its right to protection, a right that also the foetus enjoys by participating in the status as created in the image of God and having unrestricted human dignity.[6] Not only is abortion therefore morally objectionable unless the mother's life or health is seriously at risk. It is also legally problematic because one of the essential tasks of the state is to protect human life against violations. Most church-statements emphasise that legislation derives its legitimacy from promoting and protecting a common good for society and all citizens, and not from religious authority. But, they claim, the duty to protect citizens' physical life is a fundamental task of the state considered from the perspective of all citizens, and not a parochial interest of a religious community.

Concerns such as potential risk of continued pregnancy to the mother's and the family's health as well as society's responsibility to provide pregnant women and couples with adequate support and resources, are indeed mentioned in these statements. But the primary concern remains the absolute dignity and right to protection of human life from its beginning at conception.

This focus resurfaces as the dominant perspective in several subsequent statements on other issues, such as the highly controversial issue of embryonic research. Based on the fundamental principle that even from its earliest beginning human life is created in the image of God, possesses dignity and infinite value, embryonic research has been and still is largely rejected by the church. Embryonic research is basically perceived along similar lines as abortion, as ending a human life that in spite of its extremely early age possesses full human dignity and is

---

5 Bispemøtet [The Church of Norway Bishops' Conference] (1971), Abortspørsmålet. Vedtak [The abortion issue. Decision], Oslo; Bispemøtet [The Church of Norway Bishops' Conference] (1977), Vern om fosterets liv BM 24/77 [Protecting the life of the foetus], Oslo.

6 Bispemøtet [The Church of Norway Bishops' Conference] (1991), Kirkens arbeid med abortspørsmålet BM 20/91 [The church's efforts on abortion], Oslo.

entitled to protection against instrumentalisation and destruction.[7] That good may come from this kind of research can not justify instrumental use of human life which violates its dignity and infinite value. The underlying premise, that human dignity, infinite value and inviolability pertain to human life from its beginning in conception, is not so much argued as it is presupposed as the corollary of human dignity's basis in God's creation. Thus grounded, any link between human dignity and contingent, physiological features of human life must be precluded, and so must curtailments of human dignity grounded in developmental stage.

In 2006 a proposal for a revision of the Norwegian biotechnology-act, opening up for embryonic research on surplus embryos which had so far been banned, was sent on a consultative round. Unlike former statements from the Church of Norway, the National Council now opened up its position slightly, reluctantly accepting research on surplus embryos, but only for purposes of improving IVF-methods and thereby reducing the number of surplus embryos.[8] This reluctant and conditional acceptance of embryonic research was not viewed as a change in the basic affirmation of the embryos' dignity and entitlement to protection, but rather an acknowledgement that a restricted use of embryos to prevent a much larger, unethical use of embryos might be the lesser evil. But using embryos – even surplus embryos that will eventually be destroyed anyway – for other research purposes such as stem cell research, is considered an unacceptable instrumentalisation of human life.

Similar concerns are also brought to bear on the issue of euthanasia, addressed at length at least on one occasion.[9] It is a violation against human life's fundamental dignity to intentionally end the life of an incurably ill or dying patient at his or her request, even when the request is well-considered and permanent. As human dignity is grounded in being created in the image of God and not in any innate or contingent features of human life, it is also untouched by illness, suffering, dependence, func-

7 Kirkemøtet [The Church of Norway General Synod] (1993), Vern om fosteret – vern om livet. Handlingsplan, vedtatt av Kirkemøtet 1993 [Protecting the foetus – protecting life. Action plan, passed by the Church of Norway General Synod 1993], Oslo.

8 Kirkerådet [The Church of Norway National Council] (2006).

9 Kirkemøtet [The Church of Norway General Synod] (1998), Døden en del av livet. – om kirken og eutanasi/aktiv dødshjelp [Death a part of life. – the church and euthanasia], Oslo.

tional ability or any other concrete frailties of human life. In order to confirm and comply with rather than deny this dignity, requests for euthanasia can and should be met in other ways than ending the patient's life, basically by providing relevant and sufficient care that can alleviate the patient's suffering. Once again, the main concern is human dignity and the infinite value of all human life, its alien origin in God's creation and the independence of contingent, bodily features, and the normative insights in terms of right to protection, care and support that flow from it.

2.3 Prenatal Diagnosis

The other category of bioethical questions that has dominated the agenda of the Church of Norway's involvement with bioethics, is prenatal diagnostics, either at the foetal stage – for example as amniocentesis or early ultrasound, or as pre-implantation genetic diagnosis. The possibilities of improved health care for the foetus and newborn are obviously welcomed. But more attention is directed to the risk that these measures are used with the foreseen and approved outcome that human life is terminated for reasons of genetic disorder or serious illness. On this point the Church of Norway takes a restrictive position, saying that prenatal and pre-implantation diagnosis can only be accepted to detect very serious, hereditary diseases.[10] How to define such a list of diseases is not further discussed, but it is implied that the prospective child's condition must involve a burden for the family that puts their health at risk. Only the situation of the family and their health can warrant these diagnostic measures, not eugenic assessments of the value or quality of the life of the prospective child. The 2006-draft's proposal to allow pre-implantation genetic diagnosis in combination with testing for donor-match-qualities to donate stem-cells to an older, affected sibling (so-called HLA-typing), is explicitly rejected as an unacceptable instrumentalisation of the future child.

This fundamentally restrictive position is related to two intertwined concerns. One follows from human life's dignity, infinite value and entitlement to protection as fundamentally independent of contingent features and qualities. A life marked by serious disease or disorder is still a life with dignity, value and right to protection, even though its functional level is severely reduced. Opening up – through prenatal or pre-

[10] Kirkerådet [The Church of Norway National Council] (2006).

implantation diagnosis – a discussion as to whether this life is worth living, truncates its full dignity.

But another concern is also prominent, namely the fear that society might, by a too permissive practice of prenatal diagnosis, become increasingly inhospitable and excluding towards people with those disorders and diseases. Here reference is made to a notion and rhetorical metaphor that features prominently in Norwegian bioethical debate and especially among those who take more restrictive positions, namely "society of exclusion" (plain-spoken: "classification society"). This denotes a society that stigmatises and excludes human life that deviates too much from a normal standard of human life. New diagnostic possibilities and more permissive legislation, it is implied, move society in this direction.

This corresponds with a more general criticism against contemporary culture and society that also plays a part in the Church of Norway's involvement with bioethics. Increasing acceptance and use of prenatal diagnosis as well as instrumentalising human life for research-purposes, are indicative of a society and culture that values success, perfection, self-sufficiency and absence of disease and disorder over being receptive and welcoming towards human lifes marked by disease, dependence and a reduced level of functionality.

2.4 Institutional Religion and Clinical Bioethics

Institutional religion is not merely involved with bioethics in terms of public discussion of policy-making and legislation, but also by being involved in actual clinical practice where bioethical questions and dilemmas arise in relation to treatment of patients. Given that discourse understood as shaping and structuring a certain field not only has a theoretical dimension but also a practical one, it is reasonable to view also concrete clinical practice as involvement in bioethical discourse. In Norway several facilities and institutions whose practices are connected with bioethical questions are operated by organisations or foundations that have connections with the Church of Norway (for example by defining their activities in loyalty to its basis). This connection between institutional religion and bioethics falls within the much wider area of religion, welfare provision and civil society. Through this kind of institutions and facilities institutional religion involves with at least some bioethical areas and questions. Advanced medical science and technologies, such as molecular medicine and genetic diagnostics, and technologically advanced forms of assisted reproduction, are typically located at the publicly organised and operated university hospitals. But issues related to practices of care as well as end of life will arise also at religiously based institutions. They also organise and model relationships between patient and health care personnel, or distribution of resources and access to health care.

And by setting up homes and other supporting facilities, organisations connected to institutional religion involve with the issue of abortion by confronting some of the important factors that lead young women to terminate unplanned pregnancies.

In short, institutional religion also involves with bioethical discourse by operating facilities and modelling actual practices of bioethics. How it is actually reflected in these practices that they are embedded within institutions that through ownership, statutes and basic values are connected to institutional religion, and how it makes them different from practices in institutions that lack this foundation, is a rather complex question. The institutions themselves often seem to struggle to articulate how their everyday operations as health care facilities, as models of doctor-patient-relations, and as caring environments are different because of this basis, and differ from other institutions. Among other things a reason might be that, although having this religious or faith-based foundation, they are also closely interconnected with a public health care system: they are public funded, they recruit personnel of all beliefs or no beliefs, and they attract patients from the entire population as well, not only believers.

2.5 Institutional Religion: Mainly Involved in Public Bioethics

This analysis demonstrates that a dominant mode of institutional religion's involvement with bioethics in Norway is participation in public discussion of legislation and policy-making in society. Statements in consultative rounds concerning proposed changes in legislation or regulations, or statements on topics on the general public agenda, are the typical format. This locates institutional religion mainly within public bioethics. Public bioethics is obviously not the only possible mode of bioethical discourse. And as mentioned above, alongside this public dimension of bioethical discourse the Church of Norway is also to some extent engaged in clinical bioethics, via organisations and institutions committed to a basis in Christian tradition and faith, are involved in treatment of patients in a clinical and therapeutic setting.[11] A third possible mode

[11] See for example: Lysaught, M. Therese (2006), And Power Corrupts …: Reli-

of bioethical discourse which receives very little attention is what we might call narrative, community-shaping bioethics. This mode would be concerned with exploration and articulation of narratives, doctrines and symbolic and liturgical language of Christian tradition and life, in order to nurture and educate communities of faith and shape the moral practices of Christian believers. Congregational programs (such as study groups, parish magazines, meetings etc.) or the liturgies of the church hardly reflect any involvement with or connection to a bioethical field. The most visible sign is probably a brief passage in one of the alternatives for intercession prayer in the Sunday service, praying for wisdom to protect life "from its beginning till its end". But other than that, there is scarce indication of involvement with bioethics as an activity to reflect on life and practices of a Christian community of believers. The main concern is with reflection on legislation and political decision-making for society as a whole.

Public sphere and public discourse can be briefly described as a set of communicative practices through which society attempts to reach a common mind over controversial issues.[12] As such it is constituted and maintained by the continuous practices of those who participate in this common action. How is this reflected in institutional religion's involvement with public bioethics?

As shown above, moral notions and values prominent also in a more common moral vocabulary play an important role in the Church of Norway's reasoning, typically notions like human dignity, infinite value of human life, human life's right to protection, and compassion and care for the ill. These values are widely shared in a more general moral discourse in Norwegian society and do not depend on an explicit background of Christian faith and tradition to be comprehensible.[13] That obviously does not imply that they are always used in the same sense or with the

---

gion and the Disciplinary Matrix of Bioethics, in: Guinn (ed.) (2006), 93–123. She refers to Daniel Callahan's listing of a variety of different modes of bioethics: foundational, clinical, pedagogical, institutional, etc.

12 Taylor, Charles (2004), Modern Social Imaginaries, Durham, London, 89–91.

13 For example it is stated in the Norwegian biotechnology-act that "The purpose of this Act is to ensure that medical applications of biotechnology are utilised for the benefit of everyone in an inclusive society. This shall be done in accordance with the principles of respect for human dignity, human rights and personal integrity, and without any discrimination on the basis of genetic constitution, on the basis of the ethical norms that form part of our Western cultural

same meaning. However, these common moral notions are also embedded in a more distinct Christian narrative, most prominently perhaps the narrative of creation. Human dignity and human life's infinite value are typically rooted in a description of human being as created in the image of God, and an understanding of God's love in creation as justification and a token of human life's infinite value. So on one hand the Church of Norway articulates its concerns and positions on bioethics in a language connected with its distinct tradition. On the other, it seems to prefer images and symbols that can relatively easily be explicated in terms of more familiar and deep-seated moral concepts, such as human dignity or the value of human life. Also, its involvement with bioethics reveals a relatively narrow use of explicit Christian symbolic language. There is no comprehensive and elaborate explication of Christian tradition and its narratives, only brief mentioning of a very few specific images perceived to be especially pertinent to the issue at hand.

Rather than examining and explicating its own tradition and narratives in detail in order to shape ways of life of a distinct community of faith, the Church of Norway concentrates on taking part in mutual exchange concerning interpretation and formulation of widely shared moral notions and values.

There are some resemblances between this kind of discursive practices and Jürgen Habermas' more recent post-secular theory concerning religion's relation to the public sphere. Clearly, he claims, a parliamentary public of constitutional power (such as government, bureaucracy, courts, parliament) can not favour any religion or belief system over any other, and must thus be religiously neutral and articulate its decisions and reasons in a neutral language. But this is not a reason to preclude religious voices from the "wild, political public", the diverse and variegated public spaces that precede the spheres of constitutional power, or to demand that they articulate their grounds and reasons in a religiously neutral language.[14] The fact that religious belief and tradition might contain resources for public deliberation and articulation is far more a reason to encourage religious believers to state their concerns in a fully-fledged religious language. Still, translation into a commonly accessible and shared language would be required in the course of joint, public delibera-

heritage". Act of 5 December 2003 No. 100 relating to the application of biotechnology in human medicine etc., Chapter 1, § 1–1.

[14] Habermas, Jürgen (2005), Zwischen Naturalismus und Religion. Philosophische Aufsätze, 1. edition, Frankfurt a. M., 136 f.

tion in order to conserve and transfer the meaning of religiously voiced concerns beyond the threshold of the political public and into a constitutional sphere of governmental power. Religious participants in public discourse might therefore do well by articulating their concerns and interests on religious grounds that lend themselves more easily to this kind of translation.

This description of how religion and public sphere can relate in post-secular societies might allow further articulation of the discursive practices analysed here. Not only does this exemplify institutional religion resisting descriptions of religion's privatisation and retreat from public sphere in a secular society. It also demonstrates its participation in public discourse to seek influence over political decision-making and legislation in a common exchange with conflicting interests and concerns.[15] This goes against theories that claim religion's separation from politics and political influence. But it does so by at the same time describing how religion also implicitly submits to certain constraints and standards in order to pursue this influence, by acquiescing in the ways that public sphere operates: denying religion any privileged position and demanding that religion is prepared to engage in communicative efforts of translation with other participants and opponents. On these conditions, however, religion might offer resources of articulation to public bioethics. According to the present analysis it can for example offer a specific explication of human dignity, namely the idea that human dignity does not flow from a human activity of valuing or human life's potential for pleasure or benefit, but lies outside any human power or capacity.

3. Religion in Bioethical Discourse: Political Parties, Organisations and Individual Agents

So far the question about religion in bioethical discourse has been approached in terms of institutional religion. But religion gets into contact with and relates to bioethical discourse in other ways than through institutional religion's formal representation. This is obviously a far more amorphous and heterogeneous form of interplay between religion and bioethical discourse. What I have in mind is the rather simple observation that public bioethical discourse, to continue the focus above on pu-

15 According to the accounts of public sphere presented by Habermas (2005) and Taylor (2004) respectively.

blic bioethics, features a highly mixed group of participants. Political parties, civil society organisations and individuals with certain positions or functions might all be potential agents in bioethical discourse. In fact it is within these groups that some of the most vociferous participants in Norwegian bioethical discourse, also on the more restrictive side, are found. Some of these might identify with or be connected to religion in ways that make their participation worth studying as a case of religion in bioethics.

3.1 Political Parties

Among political parties the Norwegian Christian Democrat Party is unsurprisingly perhaps the clearest case of religion in relation to bioethical discourse. Historically this party has been informally but closely linked through its members to Christian faith and community, and it still has a main stronghold among Christian believers. Value-questions related to the use of biotechnology have been a continuous core issue, and the party was considered as one of the driving forces behind the former, relatively restrictive Norwegian biotechnology-legislation. As the centre-left coalition took over government in 2005 and soon proposed a revision of the biotechnology-act, generally perceived as a liberalisation, spokespersons from the Christian Democrat Party were among the vehement opponents against this liberalisation. They strongly opposed embryonic stem cell research as well as liberalisation of pre-implantation genetic diagnosis, partly for the reason that it conflicts with human life's infinite value, partly for the reason that it is indicative of a "society of exclusion", inhospitable to people with serious diseases or disabilities.

The Conservative Party refers to a "Christian cultural basis" as an essential foundation of their politics. Although modern bio- and genetechnology provides many opportunities for progress and improved conditions of life and health, it also raises ethical dilemmas. Respect for human dignity requires firm ethical and moral boundaries in order to prevent unwanted consequences. Their political program explicitly rejects research on embryos, and rejects classification of human life based on its qualities. Likewise it rejects manufacturing children according to particular features or for the purpose of being instrumental in helping another human being. Abortion based on eugenic indications should be removed, and euthanasia is explicitly rejected, referring to the basic principle that the state should not take life.

The Progress Party (right wing liberalists) identifies the liberalist tradition as their core foundation, but additionally claims Norwegian and Western tradition and a cultural heritage of Christian view of life as well as humanist values as their ideological basis. When it comes to bio- and gene-technology, the party advocates a more liberal stance and rejects "unnecessary interference in regulation of gene- and biotechnology". Safeguards are obviously required to avoid unacceptable development, but ethical guidelines must be based on personal choice and the concern for the wellbeing of the individual. That Norwegian legislation is allegedly more restrictive than comparable societies is viewed as an abnormality.

The Socialist Party made a turn in its 2005 programme when it abandoned a restrictive policy and embarked on a more permissive line, accepting pre-implantation genetic diagnosis as well as research on surplus embryos, supporting the more liberal legislation passed in 2007. One of its prominent spokespersons on health care policy, however, later stated that he regretted this shift. Its formerly more restrictive policies as well as the afterthought presented by the spokesperson lacked any reference to a Christian or religious legacy or basis, but made use of a similar moral vocabulary, such as inviolable human dignity as a reason for restrictive policies, infinite value of human life, and fear of a society of exclusion.

Norwegian political parties thus feature religion in bioethical discourse in different ways. Especially the Christian Democrats, but to some extent also the Conservative Party, make use of moral notions and patterns of reasoning that resonate with a religious foundation. The right wing liberalist Progress Party somewhat vaguely lays claim to a Christian cultural heritage, yet advocates views and concerns that are entirely different from the church's considerations and involvement with bioethics. The Socialist Party lacks any reference to a religious dimension or heritage, and has traditionally distanced itself from religion. But it is supported also by politically radical Christian believers, who favour its political stance on issues like justice, solidarity and environment. And regarding bioethics it has to a considerable extent made use of a similar moral vocabulary and professed similar standpoints as the church.

In other words claims to a religious tradition or framework and a specific form of moral communication on bioethics do not directly follow each other. Moral communication that resembles that of the church (except for its explicit reference to a Christian narrative of creation and human being as the image of God) is not only found among agents who identify with Christian tradition, but also among political agents that are either silent on the matter respectively indifferent, or critical against it. And moral communication that more or less conflicts with the church's, is endorsed by a party that explicitly claims Christian, cultural legacy as part of its foundation. This political context thus demonstrates and exemplifies different pathways along which religion moves within contexts of bioethical discourse, be it in terms of distinct and recognisable elements of a doctrinal tradition, or rather in terms of a cultural legacy present in a wider context of society. Moreover, this analysis testifies to the various ways that moral values and notions might attain or inspire fundamental agreement as to their meaning and implication across such different contexts of belief.

3.2 Organisations in Civil Society

Organisations in civil society are other places where religion and bioethical discourse might intersect. "Human dignity" is an organisation involved in information work, lobbying and public debate on issues like abortion, embryonic research, euthanasia and prenatal diagnostics, and strongly advocates the absolute and inalienable dignity and inviolability of all forms of human life. Supported by a number of churches, church-agencies (like some diocesan councils in the Church of Norway), various diaconal organisations and missionary associations, it explicitly identifies with and bases its activities and work on a Christian view of life. Particularly vital is the commitment to the view that every human being has the same, equal dignity from conception until a natural death. It joins forces with individual and organisational agents that share their commitment to a restrictive approach to various bioethical questions. Thus it exemplifies religion involved in bioethical discourse, cooperating with agencies or interests that share some of their basic moral values and concerns regarding bioethics, yet renounce a distinct, religious basis.

Some professional organisations which are related to the health care sector and therefore also occasionally address bioethical issues, identify explicitly with a religious basis in Christian faith and thus further exemplify religion's involvement with bioethical discourse. The Christian Medical Association is one example. Other professional unions have a much wider range and membership basis and lack any identification to particular belief systems or practices. Yet they might address bioethical issues in ways that resemble concrete moral reflections and positions issued by religious agencies. The Ethical board of the Norwegian Medical Association has for example issued restrictive positions on euthanasia, invoking similar moral notions and with a similar meaning as church-representatives.

3.3 Individual Participants in Bioethical Discourse

Individual persons are also prominent participants in Norwegian bioethical discourse in various capacities. This includes for example researchers and scientists in various fields, such as medicine, law, philosophy, theology, health care professionals, and members of advisory boards and committees.[16] Some of these are self-identified religious believers (usually Christian), others more vaguely "known" to be affiliated to religious faith and practice. They might typify positions and moral reasoning that resemble that of institutional religion, but often without explicating their views and positions on religious grounds. On occasion it has become a matter of contention whether this way of professing a particular position, which some believe can only be defended on religious grounds, without revealing those grounds or laying them out for public scrutiny, is an illegitimate way of comporting oneself in public debate.

3.4 A Less Clear Relation between Religion and Bioethical Discourse

What characterises this dimension of religion in bioethical discourse is, unsurprisingly, that it is far more heterogeneous and that links between distinctive elements of religious tradition and doctrines on one hand, and values, concerns and positions relating to bioethical issues on the other, are far less clear and often less explicit. Similar values and concerns can be articulated and justified in different ways, with or without or perhaps against religious beliefs and doctrines. Christian religion is one among several interpretative frameworks within which certain values and concerns pertinent to bioethics are articulated, but far from being the only one. This testifies to the fluid and porous boundaries there might be between values that are explicitly supported from a religiously articulated basis, and those supported from a basis that lacks this explicit religious articulation.

4. Individual Religious Beliefs and Practices, and Bioethical Discourse

A third mode of how religion relates to bioethical discourse concerns popular opinion as a background for public discourse on bioethics, more

---

16 In Norway committees and councils (for example the Norwegian Biotechnology Advisory Board appointed by the government) do not have formal repre-

specifically how individual religion is connected with views of bioethical issues.

A set of representative, randomised survey-data collected in Norway in 2008 provides possibilities for studying how various dimensions of individual religiosity are connected with bioethical beliefs and positions on questions like abortion, embryonic research, prenatal/pre-implantation genetic testing and euthanasia. The following analysis focuses on three questions. First, how those who identify with religious beliefs and practices are inclined to hold distinctive bioethical beliefs; second, how pervasive this tendency to distinctive views in bioethics is; third, how the connection between religion and views of bioethics vary depending on the dimension religion: beliefs, practices or self-identified affiliation.

The data show that religious people tend to hold distinctive and more restrictive views of bioethical issues, compared to non-religious. Of those who subscribe to the statement "I know God really exists and I have no doubts about it", 64 % believe that abortion for social and economic reasons is wrong, whereas 28 % of those who agree with the statement "I don't believe in God" consider it wrong. Table 1 shows a similar pattern for embryonic research.

However, this difference is found only in connection with more traditional, Christian beliefs (or beliefs that lend themselves to interpretation as traditional doctrines, such as belief in heaven, hell or miracles). More alternative or spiritual beliefs, such as belief in fortune-telling, reincarnation or astrology, show no difference compared to the total sample in views of bioethical questions.

A similar result is reached also for other dimensions of religiosity like religious practice. Of those who attend church services at least once a month, 19 % believe embryonic research is OK, whereas 71 % of those who never attend church services think it is OK (see table 1). In short, these data support the traditional and well-documented view that strong religious identification goes together with distinctive and more restrictive views on bioethical questions.

---

sentation from faith communities like the Church of Norway. But it is implied that they should be broadly composed, also with regard to religious faith or life stances.

Table 1 Religiosity and Bioethical Views. Per cent.

		Belief in God			Church-going		
		Don't believe in God	I know God really exists and I have no doubts about it	Total sample	Never	≥ once a month	Total sample
Abortion when there is severe risk of serious disease	Wrong	3	39	12	5	65	13
	Not wrong	93	51	82	90	29	82
Embryonic research	Wrong	4	36	13	8	49	13
	Not wrong	82	34	62	71	19	62

Source: ISSP 2008, Norway, Norwegian Social Sciences Data Services

Although there is a clear tendency that bioethical views of those who are strongly religious differ from those of the non-religious, this difference and distinctiveness of religious believers are relative, not absolute, to borrow a phrase from Robin Gill.[17] Significant numbers among those who identify with religious beliefs or participate in religious practices share the bioethical opinions of those who do not believe and never participate in religious practices. Interestingly, the converse does not seem to hold. Among those who do not believe or take part in religious activities, only a minor fraction (less than 10 %, cfr. table 1) sides with the restrictive view otherwise more characteristic of the religious believers.

How religious beliefs connect with bioethical views can also be studied by comparing changes over time among religious and non-religious people. Values and religious beliefs typically change at a relatively slow pace, but in some cases more rapid changes can occur. Whereas views of abortion have not changed much over the last decades, views of euthanasia apparently underwent quite rapid changes from 1980 to around 2000. On a scale from 1 to 10, where 1 indicates "never" and 10 "always", the mean score in 1981 on the question "Can euthanasia always be justified, never be justified, or something in between?" was 2.8, in 1996 it had risen

[17] Gill, Robin (1999), Churchgoing and Christian Ethics, Cambridge, 104.

to 5.3.[18] (Later surveys indicate that this change in a more permissive direction has stopped since around 2000). As shown in table 2, those who reject all traditional, Christian beliefs surveyed in three different years are more inclined to view euthanasia as justifiable, than those who endorse such beliefs. But as their views grow more permissive, so do the views among religious believers. The views among those who share traditional religious beliefs change in the same direction and more or less at the same speed as the views of those who denounce traditional, religious beliefs.

Table 2. Changes in View of Euthanasia among those who Endorse Traditional Christian Dogmas (God, Sin, Hell, Heaven, Devil, Life after Death), 1982–1996. Mean.

Norwegian Value Study		Euthanasia can be justified: never (=1) – always (=10)		
		1982	1990	1996
Belief in traditional Christian dogmas	0	3.7	5.3	6.4
	1–5	2.9	4.3	5.5
	6	1.7	2.4	3.5

Source: Listhaug 1998

Two observations follow from this. First it demonstrates how religious position and practice is no definite determinant of distinctive bioethical views. A second, related observation is that moral beliefs more characteristic of those who are religious adapt to the views typical of those who are not. It is far more common that religious believers share the bioethical positions that dominate among the non-religious, than the other way around, as shown in table 1.

These observations add up to the conclusion that although religiosity is indeed connected to distinctive bioethical reflections and views, individual religiosity does not determine such moral beliefs. Religion and religiosity contribute to and feed into the construction of bioethical views, but do so in exchange with other values and beliefs where it must prove itself as a relevant basis for bioethical reflection and articulation.

[18] Listhaug, Ola (1998), Norske verdier og holdninger 1982–1996: Sentrale verdier endrer seg sakte [Norwegian values and attitudes 1982–1996: Basic values changing slowly], in: Samfunnsspeilet, http://www.ssb.no/samfunnsspeilet/ (15.1.2010).

A third question about connections between individual religiosity and bioethical views concerns the significance of religiosity's various dimensions.

As shown in figure 1 it is among those who attend church services at least once a month that we find the largest share who also think that abortion (due to severe risk of serious disease), embryonic research and genetic testing of embryos/foetuses are wrong. Frequent church-goers appear to be the most restrictive group among the three. Less restrictive are those who profess belief in God and endorse the statement "I know God really exists and I have no doubts about it". A third group, which is the least distinctive and restrictive, says they feel connected to a church, religious community or activity, such as congregational life in the Church of Norway, free-church communities, Christian organisations, independent Christian work and activities, or non-Christian, religious activities (the latter is only a small share, the results of the analysis remain the same if these are removed). This dimension taps into something else than membership, namely a subjective sense of belonging and feeling connected to religious communities and their activities.

Fig. 1 Various Dimensions of Individual Religiosity – View that Abortion / Embryonic Research / Genetic Testing is Wrong. Per cent. Source: ISSP 2008. Norway. Norwegian Social Sciences Data Services

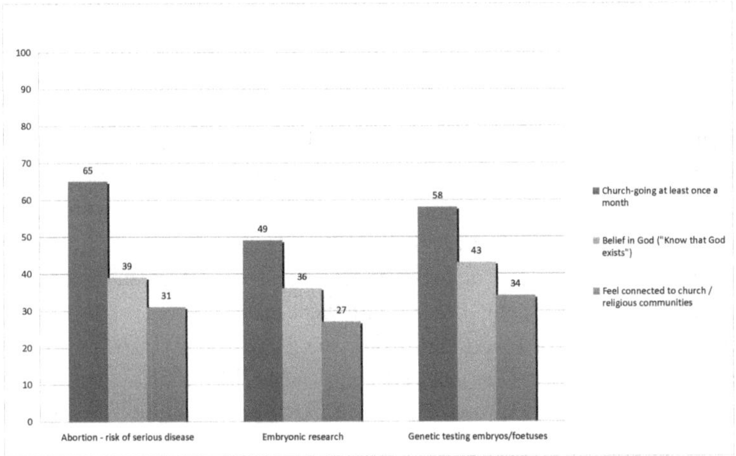

This kind of differences in bioethical views related to religiosity can be interpreted in different perspectives. Theory of sociology of religion, trying to capture changes in religion and religiosity, commonly distinguishes between various main forms or expressions of religion and religiosity. One form is oriented towards distinctive communities based on tradition and doctrinal truths, the authority of religious institutions, participation in collective, traditional practices of devotion, and organising human life and practices according to moral decrees that flow from a religious tradition and are nurtured by its social and collective practices. People whose religiosity takes the form of frequent church-going might reflect this kind of religiosity. Another main form of religion and religiosity is oriented towards personal meaning and expressing individual authenticity. Rather than shaping a distinctive community based on doctrinal truths, religion is about expressing individual experiences or rational insights based on the authority of the individual subject. A good human life is about being authentically in tune with one's own values, rather than by following instructions and corrections from religious authorities and traditions. Religiosity that expresses itself in a feeling of connectedness to a church or religious community might reflect this form. Linda Woodhead's and Paul Heelas' description of religions of difference and religions of humanity, in addition to spiritualities of life, is a well-known example of this kind of religious typology.[19]

An important modification can be drawn from a study of religion and change in Norway by Inger Furseth. Using life story-interviews to document a generational shift in perceptions and expressions of religion and religiosity, from tradition-and-truth-oriented towards self-expression-and-authenticity-oriented, she shows that also in the latter form of religion one finds references to tradition, doctrines and collective life-forms.[20] But these elements of traditional religion are now mediated and appropriated through the authority of the individual subject, tested in light of subjective experiences and inner beliefs.

The difference between bioethical views among different groups of religious persons can be seen as reflective of these two different, though not sharply divided perceptions of religion and how they are associated with overall moral orientation. But then the less distinctive and restrictive

---

19 Woodhead, Linda/Heelas, Paul (eds.) (2000), Religion in Modern Times. An Interpretative Anthology, Oxford.

20 Furseth, Inger (2006), From Quest for Truth to Being Oneself. Religious Change in Life Stories, Frankfurt a. M., 295–312.

moral views among those whose religiosity embodies a feeling of connectedness, do not represent a compartmentalisation and disconnection of morality from religion. A more fitting interpretation is that a different type of religion inspires a different moral outlook.[21]

Ethical theory might throw further light on this difference between more restrictive bioethical views among frequent church-goers and less distinctive views among those feeling connected to religious communities, by interpreting them as reflective of different constructions of ethical reflection and overall moral orientation. Narrative ethical theory emphasises how moral insight, concepts and reasoning are intrinsically related to living within a community constituted by traditions, language and symbols, ways of living together, value-systems and collective practices. Regular church-going is one such practice through which believers are inserted into narratives about God's relation to the world of human life in creation and redemption. There they become familiarised with a certain way of looking upon reality and human life, for example in terms of a moral order allegedly rooted in a narrated perspective on being. Frequent church-going might thus be associated with a type of ethical reflection emphasising how a morally good life is led in accordance with a moral order interpreted in narratives constitutive of a Christian community and taught in church services.

Other ethical approaches emphasise the priority of concrete judgement perceptive of the specific features of a situation and of how fundamental values can best be protected and realised. Obviously a narratively shaped community might be the place to learn sound moral judgement and discernment. The point is that moral decision can not be reduced to upholding the manners and ways of this community, but must primarily be about personal judgement of how it is best to realise certain fundamental values of human life that might cut across different communities and traditions. That those whose religiosity is more oriented towards a feeling of connection than towards concrete participation are less inclined to hold distinctively restrictive bioethical positions, might be reflective of this construction of ethical reflection and moral outlook.

5. Conclusion

I will conclude by summing up three main points I believe the preceding analysis shows to be characteristic of religion in bioethical discourse.

---

[21] Cfr. also Schmidt, Ulla (2002), A Weakened Link Between Religion and Mora-

First, religion in bioethical discourse is a heterogeneous and complex phenomenon. Not only does religion involve with different modes of bioethical discourse, such as public bioethics, clinical bioethics, and what one might for lack of a better word call popular bioethics, namely popular opinions regarding bioethics. It also does so in different forms or along different dimensions. Institutional religion's engagement in public bioethics is easy to identify, as religion reveals itself in terms of representation as well as language. But religion also melts into bioethical discourse in far less monolithic ways. Religion as tradition is not sharply distinguished from other realms of society, nor (usually) is religion the only allegiance for a human being but is accompanied by professional, familial or political allegiances. Thus religion blends in with other spheres and contexts in an ongoing bioethical discourse, for example by merging moral languages and shared commitment to certain values, like human dignity.[22] One might add that this kind of "non-monolithic" presence of religion, marked by ongoing negotiation rather than advocacy of a fixed truth upheld by the institution of the church, is in some ways congenial to a Protestant understanding of religion, indicative of the influence of a largely Protestant tradition in Scandinavia.[23]

Second, tracing some of the complex ways religion moves within bioethical discourse suggests that this discourse can hardly be described as secular in the sense of religion being absent from it. However, it also shows that the various ways religion does involve with Norwegian bioethical discourse are not primarily concerned with unfolding and explicating the specifics of religious narratives and traditions. Rather it is about participating in a general debate about a common good in society across contexts and traditions, concerning appropriate interpretations and articulations of widely shared values and concerns, like human dignity and infinite value of human life. In this sense religion is not necessarily perceptible as a parochial language and tradition claiming superiority over alternative traditions. Rather than reflecting on a specific

lity? The Relation Between Religiosity and Moral Values Examined with Respect to Euthanasia, in: Tidsskrift for kirke, religion og samfunn [Journal for Church, Religion and Society] 15, 113–130.

22 Cahill, Lisa Sowle (2006), Theology's Role in Public Bioethics, in: Guinn (ed.) (2006), 37–60, 44.

23 Graf, Friedrich Wilhelm (2007), Der Protestantismus, in: Joas, Hans/Wiegandt, Klaus (eds.), Säkularisierung und die Weltreligionen, 2. edition, Frankfurt a. M., 78–125.

way of life embedded in religious community and shaped by its narratives, it participates in a wider negotiation concerning how to form and regulate bioethical practices in a common society. As such, the principles that govern these public negotiations, for instance maintaining practices through which a common mind can be reached rather than exacerbating conflict, must also be obeyed by religious participants. And in this sense religion's involvement with bioethical discourse consents to the restraints connected to the kind of secularity that precludes privilege of authority or influence of religion over the structuring of this discourse itself.[24]

However, thirdly, the rear side of this focus on a restricted range of basic and shared values and concerns might be that it also considerably narrows down religion's participation in bioethical discourse. This is perhaps especially conspicuous in institutional religion's involvement with bioethics, which has almost exclusively engaged with a limited range of questions that can easily be seen to challenge and confront those basic values that are its main concern. Embryonic research and prenatal diagnosis receive considerable attention, and so does euthanasia. But other questions, such as for example postnatal genetic testing, which have been debated in public media, have not evoked any comment from religious participants. Recent and rather heated controversies over respectively genetic testing for breast cancer, and HPV-vaccine for young girls, have received no attention. Apparently they fall off the radar which institutional religion in terms of the Church of Norway has primarily devised to react to threats against the two basic concerns mentioned before: that human life starts at conception, and that as such it has inalienable human dignity and an absolute right to protection.

In this sense religion not only involves with and presents its basic concerns regarding a range of bioethical questions. It also shapes and constructs bioethical discourse, by approaching and structuring it according to its own preconceived ideas of what concerns are particularly important and essential for religion to bring to bear on bioethical discourse. On one hand religion seems to have at its disposal languages and interpretative resources that might widen the grasp of bioethical questions, reminding how they raise questions that go beyond assessment of medical risk, patients' rights and cost vs. benefit assessments, to mention some of the most widespread topics in bioethical discourse. But on the other hand this also seems to lead to a considerable truncation at least

---

[24] Taylor (2004), 94.

of institutional religion's involvement with bioethics in the sense that it confines itself to a rather narrow repertoire of actual topics and thus constructs a narrow bioethical discourse.

References

Act of 5 December 2003 No. 100 relating to the application of biotechnology in human medicine etc. [biotechnology-act].

Bispemøtet [The Church of Norway Bishops' Conference] (1971), Abortspørsmålet. Vedtak [The abortion issue. Decision], Oslo.

Bispemøtet [The Church of Norway Bishops' Conference] (1977), Vern om fosterets liv BM 24/77 [Protecting the life of the foetus], Oslo.

Bispemøtet [The Church of Norway Bishops' Conference] (1991), Kirkens arbeid med abortspørsmålet BM 20/91 [The church's efforts on abortion], Oslo. Cahill,

Lisa Sowle (2005), Theological Bioethics. Participation, Justice, and Change, Washington, D.C.

Cahill, Lisa Sowle (2006), Theology's Role in Public Bioethics, in: Guinn, David E. (ed.), Handbook of Bioethics and Religion, Oxford, 37–60.

Furseth, Inger (2006), From Quest for Truth to Being Oneself. Religious Change in Life Stories, Frankfurt a. M.

Gill, Robin (1999), Churchgoing and Christian Ethics, Cambridge.

Graf, Friedrich Wilhelm (2007), Der Protestantismus, in: Joas, Hans/Wiegandt, Klaus (eds.), Säkularisierung und die Weltreligionen, 2. edition, Frankfurt a. M., 78–125.

Guinn, David E. (ed.) (2006), Handbook of Bioethics and Religion, Oxford.

Habermas, Jürgen (2005), Zwischen Naturalismus und Religion. Philosophische Aufsätze, 1. edition, Frankfurt a. M.

Kirkemøtet [The Church of Norway General Synod] (1993), Vern om fosteret – vern om livet. Handlingsplan, vedtatt av Kirkemøtet 1993 [Protecting the foetus – protecting life. Action plan, passed by the Church of Norway General Synod 1993], Oslo.

Kirkemøtet [The Church of Norway General Synod] (1998), Døden en del av livet. – om kirken og eutanasi/aktiv dødshjelp [Death a part of life. – the church and euthanasia], Oslo.

Kirkerådet [The Church of Norway National Council] (2006), Høringssuttalelse til

Utkast til endringer i lov om humanmedisinsk bruk av bioteknologi m. m. [Consultative statement on draft revision of the Act relating to the application of biotechnology in human medicine etc.], Oslo.

Listhaug, Ola (1998), Norske verdier og holdninger 1982–1996: Sentrale verdier endrer seg sakte [Norwegian values and attitudes 1982–1996: Basic values changing slowly], in: Samfunnsspeilet 1, http://www.ssb.no/samfunnsspeilet/ (15.1.2010).

Lysaught, M. Therese (2006), And Power Corrupts…: Religion and the Disciplinary Matrix of Bioethics, in: Guinn, David E. (ed.) (2006), Handbook of Bioethics and Religion, Oxford, 93–123.

Peppin, John F./Cherry, Mark J./Iltis, Ana (eds.) (2004), Religious Perspectives in Bioethics, London, New York.

Schmidt, Ulla (2002), A Weakened Link Between Religion and Morality? The Relation Between Religiosity and Moral Values Examined with Respect to Euthanasia, in: Tidsskrift for kirke, religion og samfunn [Journal of Church, Religion and Society] 15, 113–130.

Taylor, Charles (2004), Modern Social Imaginaries, Durham, London. Woodhead,

Linda/Heelas, Paul (eds.) (2000), Religion in Modern Times. An Interpretative Anthology, Oxford.

Religion in den bioethischen Diskursen Deutschlands

Konrad Hilpert

1. Themen und Kontroversen

Es waren sehr unterschiedliche Fragen, die die bioethischen Diskurse in Deutschland während der letzten Jahrzehnte beschäftigt, angefacht und gar nicht selten auch mit kämpferischem Elan versehen haben. Zunächst ging es vor allem um die Reichweite und die geeigneten Mittel des Schutzes menschlichen Lebens vor der Geburt – ein zwar schon altes Thema, das aber im Kontext eines sich verändernden Frauenbildes und des damit einhergehenden Anspruchs auf mehr Selbstbestimmtheit seit der zweiten Hälfte der 1960er-Jahre eine bisher nie da gewesene Heftigkeit erhalten hat, die ihm bis in die Gegenwart noch anhaftet und trotz aller inzwischen erfolgten Regelungen jederzeit wieder akut aufbrechen kann.

Hinzu trat seit den 1970er-Jahren der Diskurs über die extrakorporale Befruchtung, die 1978 weltweit und 1982 in Deutschland erstmals gelungen war und sich binnen kürzester Zeit als praktikables medizinisches Verfahren zur Überwindung ungewollter Kinderlosigkeit etablierte.

Und da war fast gleichzeitig damit die genetische Forschung im Aufblühen, der es nicht nur gelang, die molekularen Strukturen der Lebensprozesse aufzuklären (Entschlüsselung des menschlichen Genoms 2001[1]), sondern in Verbindung mit anderen Schlüsseltechnologien – insbesondere der Informationstechnik und der Reproduktionsmedizin – eine Vielzahl neuer diagnostischer und therapeutischer Verfahren bereitzustellen bzw. wenigstens in Anwendungsnähe zu entwickeln, die auf viele Lebensgewohnheiten Einfluss nehmen und sie in der Zukunft verändern könnten. Anders als beim Problem Schwangerschaftsfortsetzung oder -abbruch, bei dem es im Kern um eine individuelle Einstellung und ihre gesellschaftlichen Bedingungen geht, aber auch

[1] Dazu Hilpert, Konrad (2002), Was bedeutet die Entschlüsselung des menschlichen Genoms für unser Menschenbild?, in: Münchener Theologische Zeitschrift 53, 3–17.

anders als bei der In-vitro-Fertilisation, bei der um ein medizinisches Verfahren zur Überwindung unfreiwilliger Kinderlosigkeit gestritten wurde (eine Diskussion, die gesellschaftlich bis auf wenige Stimmen derzeit zur Ruhe gekommen zu sein scheint!), war hier ein ganzes Forschungsgebiet Gegenstand der Debatte, das Optionen zu einer Vielzahl von praktischen Anwendungsmöglichkeiten umfasst – von der Vermeidung genetisch bedingter Behinderungen bis hin zur Gewebe-Ersatz-Therapie und zu individuell angepassten Medikamenten; wegen der erfolgreichen Klonierung von Säugetieren wurde auch viel über die Übertragung dieser Möglichkeit auf den Menschen diskutiert.

Schließlich ist zunächst eher leise und bis in die 1970er- und 1980er-Jahre nur vereinzelt, inzwischen allerdings deutlich und kontinuierlich die Gestaltung des Sterbens zu einem wichtigen Feld einer intensiven und häufig kontroversen Diskussion geworden. Auch hierbei handelt es sich um ein Thema mit langer Tradition, das sich aber im Kontext der rasant erweiterten intensivmedizinischen Möglichkeiten und einer stark veränderten demografischen Entwicklung verschärft hat.

Bilanziert man die diversen Debatten unter inhaltlichem Aspekt, dann ragen zwei Themen heraus, weil um sie kontinuierlich und intensiv gestritten wurde: die Frage nach dem moralischen Status des Embryos einerseits und die Frage nach den Möglichkeiten und Grenzen der individuellen Selbstbestimmung andererseits. Die Diskussion beider Fragen wird stets mit den möglichen gesellschaftlichen Auswirkungen in Beziehung gesetzt.

Es fällt auf, dass in den Diskursen zu diesen Themenfeldern selten zwischen moralischen und rechtlichen Argumenten unterschieden wurde. Vielmehr gingen ethische Überlegungen und rechtspolitische Forderungen nach einer rechtlichen Regelung bzw. einer strafrechtlichen Sanktionierung häufig bruchlos ineinander über. Das gilt nicht nur für die öffentliche Diskussion, sondern auch für den Diskurs unter den Fachleuten und dessen Niederschlag in Berichten und Kommentaren der Medien. Und es gilt ebenso für die Befürworter wie für die Gegner bestimmter umstrittener Positionen. In ethischen Beiträgen wurde (und wird immer noch) häufig auf Verfassungsgrundsätze Bezug genommen, während politische und rechtliche Voten gerne auf die moralische Qualität von Heilungsoptionen verwiesen bzw. verweisen. Auch wenn Recht und Sittlichkeit miteinander verschränkt sind und Forderungen nach einer Normierung nicht immer schon nach ihrer jeweiligen Verbindlichkeitsart differenziert werden können, ist es doch wichtig, sich bewusst zu halten, dass nicht alles, was moralisch bedenklich oder fragwürdig erscheint, zwingend auch rechtlich verboten werden muss. Eine rechtliche Regulierung braucht nicht zwangsläufig das Ziel zu verfolgen, Wege vorzuschreiben oder aber zu verbieten, sondern kann auch den Sinn haben, moralische Entscheidungen von Einzelnen bzw. von Gruppen zu sichern. Zusätzlich hat die rechtliche Regelung oft auch den Sinn, bei höchst umstrittenen Fragen eine Regelung zu finden, mit der beide moralischen „Parteien" ihren Frieden machen können. Insofern kann es für die Wahrnehmung der einzelnen Debattenstränge durchaus aufschlussreich und entlastend sein, zwischen eigentlich bioethischer und biopolitischer Dimension zu unterscheiden.[2]

Dabei ist offensichtlich, dass die bioethischen und biopolitischen Diskurse in Deutschland nicht insular, das meint in diesem Zusammenhang: beschränkt auf das eigene Land, stattgefunden haben. Vielmehr gibt es einen zunehmenden Trend bzw. sogar Zwang zur Vernetzung dieser Diskurse über Deutschland hinaus, vor allem in die Länder im europäischen Raum und in Nordamerika. Dieser Trend resultiert zum einen aus der Europäisierung des gesamten Rechts und hat in der so genannten Bioethik-Konvention[3] bereits ein stilbildendes und in den Einzelheiten bis zur Stunde[4] auch im nationalen Binnenbereich stark diskutiertes Regelungsbeispiel hervorgebracht. Andererseits hat der Trend zur Europäisierung der bioethischen Regelungen seinen Grund in der zunehmenden Kooperation der biomedizinischen Forscher und im Austausch der Ergebnisse dieser Forschung über die nationalen Grenzen hinweg. Re-

2 Das betont zu Recht Friele, Minou B. (2008), Rechtsethik der Embryonenforschung. Rechtsharmonisierung in moralisch umstrittenen Bereichen, Paderborn, 11 f. und 94 f.

3 Übereinkommen zum Schutz der Menschenrechte und der Menschenwürde im Hinblick auf die Anwendung von Biologie und Medizin: Übereinkommen über Menschenrechte und Biomedizin, http://conventions.coe.int/Treaty/ger/Treaties/Html/164.htm (2.3.2010).

4 Siehe dazu u. a. Klinnert, Lars (2009), Der Streit um die europäische Bioethik-Konvention. Zur kirchlichen und gesellschaftlichen Auseinandersetzung um eine menschenwürdige Biomedizin, Göttingen. Zur Würdigung siehe Honnefelder, Ludger (1997), Das Menschenrechtsübereinkommen zur Biomedizin des Europarats, in: Jahrbuch für Wissenschaft und Ethik, Bd. 2, Berlin, New York, 305—318; und Honnefelder, Ludger (1999), Intention und Charakter des Übereinkommens über Menschenrechte und Biomedizin, in: ders./Taupitz, Jochen/Winter, Stefan F. (Hg.), Das Übereinkommen über Menschenrechte und Biomedizin des Europarates. Argumente für einen Beitritt, Sankt Augustin, 9–15.

gelungen, Spielräume und Standards im eigenen Land werden folglich andauernd mit denjenigen im Ausland[5] verglichen. Auch auf der Seite potenzieller Nutzer kann das Wissen um Möglichkeiten und Spielräume in anderen Ländern verfügbar gemacht werden, was unter Umständen zu einem Medizin-Tourismus führt, der mit dem Legitimationsverlust der im eigenen Land geltenden Regelungen „bezahlt" werden muss (Vorwurf der „Doppelmoral").

Bezüglich der bioethischen Diskurse, die in Deutschland während der letzten Jahrzehnte geführt wurden, gibt es gleichwohl eine Besonderheit, die bis auf weiteres Bestand haben wird: nämlich die Rolle, die die nationalsozialistische Vergangenheit spielt. Der Vergleich mit dem Holocaust und in milderer Fassung die Erinnerung an Euthanasie- und Eugenik-Programme wurden (und werden) immer wieder bemüht – sei es als Gegenwirklichkeit, von der man sich mit Entschlossenheit absetzen möchte, sei es als Mittel, um eine gegnerische Position moralisch zu disqualifizieren.

Mehr als andere Beispiele lässt gerade die Verwendung dieses Topos deutlich werden, wie kontrovers und mit welcher zum Teil auch verletzenden Schärfe die bioethische Diskussion in Deutschland in den letzten Jahren streckenweise verlaufen ist.[6]

2. Religion als Faktor der Meinungsbildung im demokratischen Rechtsstaat

Politische Entscheidungsfindung im demokratischen Rechtsstaat setzt nicht nur verlässliche Institutionen und Verfahren voraus, sondern auch eine politische Willensbildung, an der sich alle Bürgerinnen und Bürger beteiligen können. Diese haben als Ausfluss ihrer Religionsfreiheit

---

[5] Einen Eindruck davon vermittelt Friele (2008), 166–202.

[6] Dies gilt vor allem für die Stammzelldiskussion. Für einen Überblick siehe Hilpert, Konrad (2008), Warum der Stichtag zum Symbol wurde. Rückblick auf eine emotionalisierte Debatte, in: Journal für Reproduktionsmedizin und Endokrinologie 5, 110–113; und Hilpert, Konrad (2009b), Der Streit um die Stammzellforschung. Ein kritischer Rückblick, in: ders. (Hg.), Forschung contra Lebensschutz? Der Streit um die Stammzellforschung, Freiburg i. Br., 14–28; zusätzlich sehr kritisch zur Entwicklung der bioethischen Positionen der Kirchen: Kreß, Hartmut (2010), Dogmatisierung ethischer Fragen. Kirchliche Stellungnahmen zu ethischen Themen, in: Materialdienst 61, 3–9.

auch das Recht, ihre religiösen und ihre damit verbundenen moralischen Überzeugungen in die vorausgehende Meinungsbildung einzubringen. Sie dürfen das nicht nur als private Individuen tun, sondern auch als Mitglieder organisierter Überzeugungsgruppen bzw. Religionsgemeinschaften. Anders als zu Zeiten der Reichskirche und später des Staatskirchentums haben diese aber kein Deutungs-, Definitions- und Bewertungsmonopol, sondern müssen vielmehr hinnehmen, dass sie sich bei der Deutung von gesellschaftlichen Entwicklungen, beim Angebot von Unterricht, seelsorgerlicher Begleitung und Diakonie sowie bei der Bewertung von Entwicklungen in Gesellschaft und Wissenschaft in einer Konkurrenz mit anderen Wettbewerbern um die Zustimmung der Bürger und Bürgerinnen befinden, die sie nicht mit Einsatz von Gewalt beseitigen können. Allenfalls dürfen sie darauf setzen, dass auch Staat und offene Gesellschaft an ihrem überzeugungsbasierten Engagement interessiert sind, insofern sie die Verpflichtungs- und die Bindekraft, die notwendig sind für den Zusammenhalt einer freien Gesellschaft, nicht selbst bereitstellen, geschweige denn generieren können.

Dieser Möglichkeit und diesem Interesse der staatlichen Rechtsordnung entspricht umgekehrt das Selbstverständnis vieler Glaubender, dass es zu ihren genuinen Aufgaben als Geschöpfen Gottes gehört, aktiv dazu beizutragen, dass das Zusammenleben der Menschen so organisiert und gefördert wird, dass individuelles Leben als gelingend erfahren werden kann. Viele der Religionsgemeinschaften, denen sie sich zugehörig fühlen, namentlich die christlichen Kirchen, sehen es überdies ausdrücklich als einen aus ihren eigenen Ursprüngen resultierenden zentralen Auftrag an, die Entwicklungen in der Gesellschaft, gerade auch was den Umgang mit und den Schutz des menschlichen Lebens angeht, aufmerksam zu begleiten und die Verpflichtung des Staates, des Rechts und der Politik, die Menschenwürde, die Menschen- und Grundrechte zu achten und aktiv zu schützen, immer wieder in Erinnerung zu rufen. Dies impliziert ebenso, dass sie als Anwältinnen der Menschen auftreten, die tatsächlich bedroht sind oder die sich in einer Situation struktureller Schwäche befinden, in der sie daran gehindert sind, ihre Interessen und Anliegen selbst zur Sprache zu bringen.[7]

---

[7] Ausdrücklich formuliert Johannes Paul II. die Intention der Kirche, „den Stimmlosen Stimme zu sein", und erwähnt dann die große Zahl „schwacher und wehrloser Menschen, wie es insbesondere die ungeborenen Kinder sind", siehe Johannes Paul II. (1995), Enzyklika „Evangelium vitae". An die Bischöfe, Priester und Diakone, die Ordensleute und Laien sowie an alle Menschen guten Wil-

Anlässe, solches mit Nachdruck zu tun, gibt es bedauerlicherweise genügend.

Freilich verlangt diese Rolle einer Anwältin für die tatsächlich oder nur potentiell Benachteiligten gleichzeitig ein hohes Maß an Sorgfalt und Informiertheit bei den Stellungnahmen, das Bemühen um argumentative Schlüssigkeit und auch Fairness in der Kritik anderer Positionen. Andernfalls gerät sie in den Verdacht, bloß Überrest früherer Machtansprüche zu sein oder aber bloße Artikulation untergründiger Ängste gegenüber komplexeren Fortentwicklungen in Medizin, Wissenschaft und Technik.

3. Die Orte von Religion in den bioethischen Diskursen

Die religiöse Situation Deutschlands ist vielfältig. Neben den beiden großen Kirchen und dem Judentum haben sich mittlerweile eine Reihe kleinerer christlicher und nichtchristlicher Religionsgemeinschaften, vor allem muslimischer Minderheiten etabliert. Trotz zahlenmäßigen Rückgangs und einem Bedeutungsverlust bilden die beiden christlichen Volkskirchen nach wie vor die größten und einflussreichsten Religionsgemeinschaften.

Allen Religionsgemeinschaften ist gemeinsam, dass sie Antworten vorhalten für die Grundfragen der menschlichen Existenz und dass sie von der Ordnung und den Formen des Zusammenlebens je eigene Vorstellungen und Visionen haben. Damit hängt auch zusammen, dass sie sich aktiv in gesellschaftlichen Debatten einbringen und in diesem Zuge zu den großen bioethischen Fragen und biopolitischen Entwicklungen Stellung beziehen, sei es institutionalisiert an die Adresse der Öffentlichkeit, sei es bloß nach innen an die eigenen Mitglieder gerichtet oder gar nur reagierend auf Anfragen.

Ohne Anspruch auf Vollständigkeit werden im Folgenden die Beiträge der religiösen Gruppen zu den bioethischen Debatten in fünf Areale eingeteilt und kurz charakterisiert.

---

lens über den Wert und die Unantastbarkeit des menschlichen Lebens. Deutsche Übersetzung, in: Verlautbarungen des Apostolischen Stuhls 120, Rom, nr. 5.

3.1 Offizielle Stellungnahmen der Kirchen

Die standardisierte und bewährte Form, wie die christlichen Kirchen ihren Beitrag zur ethischen Urteilsbildung hinsichtlich ethischer Fragen bzw. damit zusammenhängender rechtspolitischer Vorgänge zu leisten versuchen, sind offizielle öffentliche Verlautbarungen. Päpstliche Enzykliken, vatikanische Instruktionen bzw. Worte der deutschen Bischöfe bzw. Denkschriften der evangelischen Kirche haben trotz unterschiedlichen Verbindlichkeitsanspruchs alle einen stark lehrhaften Charakter und richten sich je nachdem vor allem „an die Bischöfe, Diakone und Priester, die Ordensleute und Laien sowie an alle Menschen guten Willens“[8], an die Gläubigen der eigenen Kirche und die, „die jedenfalls eine Sendung der Kirche [...] im Dienst der ‚Zivilisation der Liebe‘ und des Lebens anerkennen“[9], die katholischen Ärzte und Forscher[10], die politischen Autoritäten und der Gesetzgeber[11], an „Menschen aus unterschiedlichen Lebensbereichen, mit unterschiedlichen politischen Überzeugungen und weltanschaulichen Prägungen, an Christen und Nichtchristen“[12], an „die Gläubigen und an alle wahrheitssuchenden Menschen“[13], „vor allem die Ärzte und Forscher“[14], und an die Politiker und Politikerinnen, Wissenschaftler und Wissenschaftlerinnen sowie an das Parlament[15]. Solche Verlautbarungen mit bioethischem Inhalt sind in den letzten 40 Jahren in stattlicher Zahl erschienen. Zu nennen sind:

---

8 So Johannes Paul II. (1995).

9 So Kongregation für die Glaubenslehre (1987), Instruktion „Donum vitae“ über die Achtung vor dem beginnenden menschlichen Leben und die Würde der Fortpflanzung. Antworten auf einige aktuelle Fragen. Deutsche Übersetzung, in: Verlautbarungen des Apostolischen Stuhls 74, Rom, 7.

10 Kongregation für die Glaubenslehre (1987), 29.

11 Kongregation für die Glaubenslehre (1987), 31.

12 Rat der Evangelischen Kirche in Deutschland und Deutsche Bischofskonferenz (1989), Gemeinsame Erklärung „Gott ist ein Freund des Lebens“. Herausforderungen und Aufgaben beim Schutz des Lebens, Trier, Gütersloh, 11.

13 Kongregation für die Glaubenslehre (2008), Instruktion „Dignitas personae“ über einige Fragen der Bioethik. Deutsche Übersetzung, in: Verlautbarungen des Apostolischen Stuhls 183, Rom, nr. 3 und 37.

14 Kongregation für die Glaubenslehre (2008), nr. 37.

15 So Deutsche Bischofskonferenz (2001), „Der Mensch: sein eigener Schöpfer?“. Wort der Deutschen Bischofskonferenz zu Fragen von Gentechnik und Biomedizin (Die deutschen Bischöfe 69), 12 f.

Bezeichnung	Erscheinungsjahr	Autor
Instruktion „Donum vitae" über die Achtung vor dem beginnenden menschlichen Leben und die Würde der Fortpflanzung. Antworten auf einige aktuelle Fragen (DnV)	1987	Kongregation für die Glaubenslehre (Vatikan)
Gemeinsame Erklärung „Gott ist ein Freund des Lebens". Herausforderungen und Aufgaben beim Schutz des Lebens (GE)	1989	Rat der Evangelischen Kirche Deutschlands und Deutsche Bischofskonferenz
Enzyklika „Evangelium vitae" über den Wert und die Unantastbarkeit des menschlichen Lebens (EV)	1995	Papst Johannes Paul II.
Wort „Der Mensch: sein eigener Schöpfer?" (MS)	2001	Deutsche Bischofskonferenz
Instruktion „Dignitas personae" über einige Fragen der Bioethik (DP)	2008	Kongregation für die Glaubenslehre (Vatikan)

Wichtigste kirchliche Dokumente zur Bioethik[16]

3.2 Wissenschaftlicher Diskurs der theologischen Ethiker

Die theologischen Ethiker haben die Fragen der Bioethik und Biopolitik seit den Anfängen aufgegriffen und intensiv bearbeitet. Es geht ihnen dabei vorrangig nicht um die Kommentierung oder um die bessere Fundierung der kirchlichen Positionen. Vielmehr geht es ihnen vorausgehend, begleitend und auch in kritischem Rückblick um die gründliche Reflexion der neu entstandenen Fragen in der Auseinandersetzung mit dem naturwissenschaftlichen Fachwissen und den medizinischen Erkenntnissen. Einen Meilenstein in dieser Bemühung stellte das dreibändige „Lexikon der Bioethik" dar[17]. Die intensiven Diskussionen haben sich in ei-

[16] Für eine vollständigere Liste bis 2006 siehe Hilpert, Konrad (2006), Stellungnahmen zur Bioethik aus dem kirchlichen und aus dem staatlichen Raum in Auswahl, in: ders./Mieth, Dietmar (Hg.), Kriterien biomedizinischer Ethik. Theologische Beiträge zum gesellschaftlichen Diskurs, Freiburg, Basel, Wien, 471–487.

[17] Korff, Wilhelm/Beck, Lutwin/Mikat, Paul (Hg.) (1998), Lexikon der Bioethik, 3 Bde., Gütersloh.

ner Fülle von Lehrbüchern[18], Diskussionsbänden[19], Monografien[20] und Aufsätzen niedergeschlagen, deren bibliografische Auflistung jeden überschaubaren Rahmen sprengen müsste, insofern fast jeder theologische Ethiker, gleich ob evangelisch oder katholisch, sich an dieser Diskussion beteiligt hat. Auffallend ist die Bereitschaft, sich hierfür in interdisziplinäre Diskurse mit Philosophen, Medizinern, Biologen, Juristen und mit entsprechenden Berufsvertretern zu begeben.

3.3 Mitarbeit in Ethikkommissionen

Eine Reihe von Theologen und einige Bischöfe sind Mitglieder in jenen Ethikkommissionen, die seit Ende der 1970er-Jahre nach englischen und amerikanischen Vorbildern in Deutschland eingerichtet wurden und die Aufgabe haben, die prinzipielle ethische Reflexion anwendungsbezogen weiterzuführen und Entscheidungen über die Notwendigkeit bzw. Vorbereitung von Gesetzen zu beraten, und gleichzeitig das Bewusstsein der Öffentlichkeit, der Politik und der Wissenschaft für die ethischen Aspekte der neuen Entwicklungen schärfen sollen. Sie arbeiten dort zusammen

---

[18] Körtner, Ulrich H. J. (2001), Unverfügbarkeit des Lebens? Grundfragen der Bioethik und der medizinischen Ethik, Neukirchen-Vluyn; Dabrock, Peter/Klinnert, Lars/Schardien, Stefanie (2004), Menschenwürde und Lebensschutz. Herausforderungen theologischer Bioethik, Gütersloh; Reiter, Johannes (2008), Bioethik, in: Arntz, Klaus/Heimbach-Steins, Marianne/ders./Schlögel, Herbert (Hg.), Orientierung finden. Ethik der Lebensbereiche, Freiburg i. Br., 7–60; Kreß, Hartmut (2009), Medizinische Ethik. Gesundheitsschutz – Selbstbestimmungsrechte – heutige Wertkonflikte, 2. Auflage, Stuttgart; Schockenhoff, Eberhard (2009a), Ethik des Lebens. Grundlagen und Herausforderungen, Freiburg i. Br.

[19] Hilpert, Konrad/Mieth, Dietmar (Hg.) (2006), Kriterien biomedizinischer Ethik. Theologische Beiträge zum gesellschaftlichen Diskurs, Freiburg i. Br.; Hilpert, Konrad (Hg.) (2009a), Forschung contra Lebensschutz? Der Streit um die Stammzellforschung, Freiburg i. Br.; Anselm, Reiner/Körtner, Ulrich H. J. (Hg.) (2003), Streitfall Biomedizin. Urteilsfindung in christlicher Verantwortung, Göttingen.

[20] Haker, Hille (2002), Ethik der genetischen Frühdiagnostik. Sozialethische Reflexionen zur Verantwortung am Beginn des menschlichen Lebens, Paderborn; Mieth, Dietmar (2002), Was wollen wir können? Ethik im Zeitalter der Biotechnik, Freiburg i. Br.; Breuer, Clemens (2003), Person von Anfang an? Der Mensch aus der Retorte und die Frage nach dem Beginn des menschlichen Lebens, 2. Auflage, Paderborn.

mit Vertretern anderer wissenschaftlicher Disziplinen, vorwiegend der Rechtswissenschaft, der Philosophie und der Medizin, in der Funktion als ausgewiesene Experten für Ethik oder als Repräsentanten der Kirchen, die neben anderen großen gesellschaftlichen Gruppen Mitglieder in diese Kommissionen entsenden dürfen. Für die Beratung der Politik in bioethischen bzw. -politischen Fragen besonders wichtig waren mehrere Enquete-Kommissionen des Deutschen Bundestags („Recht und Ethik der modernen Medizin" bzw. „Ethik und Recht der modernen Medizin"), die Ethikkommission beim Gesundheitsministerium, der zunächst beim Bundeskanzler angesiedelte Nationale Ethikrat (NER), der seit 2007 als Deutscher Ethikrat (DER) firmiert und nun gemeinsam von Parlament und Regierung besetzt[21] wird sowie die Bioethikkommissionen einzelner Bundesländer (Rheinland-Pfalz, Bayern)[22]. Theologische Ethiker haben auch mitberaten in der Ethikkommission und im Beirat der Bundesärztekammer sowie anderer Ärzteorganisationen.

3.4 Äußerungen nichtchristlicher Religionsgemeinschaften

Nichtchristliche Religionsgemeinschaften haben sich in den bioethischen Diskursen in Deutschland in den letzten Jahrzehnten nicht offiziell zu Wort gemeldet. Von jüdischer Seite gibt es immerhin eine Reihe von ausführlichen Stellungnahmen von Rabbinern.[23] Dass andere Gruppen, darunter die erhebliche Minderheit der Muslime, nicht mit

---

[21] Näheres dazu bei Schockenhoff, Eberhard (2009b), Biopolitik im Ethikrat. Zur Arbeit des Nationalen Ethikrats (2001–2007) und des Deutschen Ethikrats (ab 2008), in: Spieker, Manfred (Hg.), Biopolitik. Probleme des Lebensschutzes in der Demokratie, Paderborn, 87–103.

[22] Die Stellungnahmen können eingesehen werden unter http://www.justiz.rlp.de/Ministerium/Bioethik/ (16.3.2010) sowie http://www.bioethik-kommission.bayern.de/Stellungnahmen-.2173/index.htm (16.3.2010).

[23] Schnabel, Ulrich (1998), Ohne Mutter keine Menschenwürde, in: Die Zeit 28, http://www.zeit.de/2001/24/200124_israel.xml (2.3.2010); Homolka, Walter (2008a), Bloß Wasser oder schon eine potentielle Person? Gedanken zur Stammzellenforschung aus jüdischer Sicht, in: Jüdische Zeitung 5, http://www.j-zeit.de/archiv/artikel.1169.html (2.3.2010); Homolka, Walter (2008b), Die befruchtete Eizelle ist erst mal bloß Wasser, in: Süddeutsche Zeitung, 10.3., 2; Marx-Stölting, Lilian (2008), „Seid fruchtbar und mehret euch …" Präimplantationsdiagnostik, Klonen und Keimbahntherapie aus jüdischer Perspektive, in: Jüdische Zeitung 9, http://www.j-zeit.de/archiv/artikel.1455.html

Stellungnahmen an die Öffentlichkeit getreten sind, hat vor allem mit der andersartigen Organisation dieser Gemeinschaften zu tun und schließt Einzelvoten von intellektuellen Repräsentanten nicht aus.

3.5 Sprechen in zivilreligiösen Kontexten

Religiöse Begriffe und religionsnahe Motive tauchen auch außerhalb der institutionellen kirchlichen Kontexte und der theologischen Reflexionen, also im profanen säkularen Kulturzusammenhang bzw. in der Politik auf oder sind in unbestimmten, sachlich klingenden Container-Formulierungen wie „die Anschauungen unserer Kulturgemeinschaft" oder „die Fundamente der abendländischen Kultur" impliziert. Sie sind dann als Bestandteile christlicher Traditionen noch erkennbar und werden unter den Bedingungen der modernen Trennung von religiösem Bekenntnis und Politik als unverzichtbar erachtet, weil sie den Sinnhorizont der politischen Kultur andeuten und das Bedürfnis nach Selbsttranszendenz thematisieren. In der Religionssoziologie spricht man diesbezüglich mit einem auf Rousseau zurückgehenden vielschichtigen Begriff von Zivilreligion.[24] Entsprechende Rekurse auf selbstverständliche, unter den Bürgern unumstrittene religiöse Grundvorstellungen und theologische Themen in der Politik finden sich vorzugsweise in den Reden von Politikern, aber auch in manchen philosophischen Zeitdiagnosen. Als Beispiel genannt sei die als Berliner Rede berühmt gewordene Ansprache des damaligen Bundespräsidenten Johannes Rau im Jahr 2001 mit dem Titel „Wird alles gut?"[25], in der er sich gegen wissenschaftlichen Fortschritt um jeden Preis aussprach und konkret gegen die Zulassung der Präimplantationsdiagnostik und der embryonalen Stammzellforschung Stellung bezog. In dieser Rede heißt

---

(2.3.2010); Nordmann, Yves (2009), Änderung des Fortpflanzungsmedizingesetzes (Präimplantationsdiagnostik). Stellungnahme aus Sicht der jüdischen Bioethik, in: Schweizerischer Israelischer Gemeindebund, Politische Stellungnahmen, http://www.swissjews.ch/pdf/de/politik/2009_politics_gutachten_Praeimplantationsdiagnostik.pdf (2.3.2010).

[24] Siehe dazu u. a. Schieder, Rolf (1987), Civil Religion. Die religiöse Dimension der politischen Kultur, Gütersloh; Vögele, Wolfgang (1994), Zivilreligion in der Bundesrepublik Deutschland, Gütersloh.

[25] Rau, Johannes (2001), Wird alles gut? – Für einen Fortschritt nach menschlichem Maß, in: Graumann, Sigrid (Hg.), Die Genkontroverse. Grundpositionen, Freiburg i. Br., 14–29.

es unter anderem: „Heute scheinen Menschheitsträume wahr zu werden. Wir werden zu Mitspielern der Evolution.“[26] „Heute möchte ich dazu beitragen, dass wir in all unseren Debatten Ausschau halten nach dem, was ich das menschliche Maß nenne. [...] Wer von ‚Maß‘ spricht, der spricht von Grenzen. Ohne Grenzen, ohne Begrenzung, gibt es kein Maß.“[27] „Man muss ja wahrlich kein gläubiger Christ sein, um zu wissen und um zu spüren, dass bestimmte Möglichkeiten und Vorhaben der Bio- und Gentechnik im Widerspruch zu grundlegenden Wertvorstellungen vom menschlichen Leben stehen. Diese Wertvorstellungen sind – nicht nur bei uns in Europa – in einer mehrtausendjährigen Geschichte entwickelt worden. Sie liegt mir auf dem schlichten Satz zugrunde, der in unserem Grundgesetz allem anderen vorangestellt ist: Die Würde des Menschen ist unantastbar. Diese Wertvorstellungen zieht niemand ausdrücklich in Zweifel. Wir können es uns aber auch nicht leisten, ethische Überzeugungen unbewusst oder schweigend aufzugeben oder sie zur Privatangelegenheit zu erklären. Wir müssen uns darüber klar sein, was die Folgen wären, wenn wir den Wertekanon, den wir in einer langen Geschichte entwickelt haben, als Grundlage allen staatlichen Handelns in Frage stellten. Würden wir dann nicht die Gefangenen einer Fortschrittsvorstellung, die den perfekten Menschen als Maßstab hat?“[28] „Das Leben erinnert uns immer wieder daran, dass wir Menschen – bei allem Fortschritt – immer endliche Wesen bleiben. Wenn wir so tun, als seien unsere Möglichkeiten grenzenlos, überfordern wir uns selber. Dann verlieren wir das menschliche Maß.“[29]

In anderer Weise nahm auch Jürgen Habermas deutlich einen religiösen Gedanken auf, als er in seinem viel beachteten Beitrag über die Zukunft der menschlichen Natur den Unterschied zwischen dem Gewachsenen und dem Gemachten zum Entscheidungskriterium der menschlichen Zukunft erklärte.[30] Hier erscheint die unberührte Natur als etwas ursprüngliches Geschaffenes und Schöpferisches, geradezu Heiliges, das der Mensch durch technisches Eingreifen in die Bedingungen seiner Reproduktion mittels Gen- und Reproduktionstechnik bedrohe.

---

[26] Rau (2001), 14.

[27] Rau (2001), 15.

[28] Rau (2001), 19.

[29] Rau (2001), 28.

[30] Vgl. Habermas, Jürgen (2001a), Die Zukunft der menschlichen Natur. Auf dem Weg zu einer liberalen Eugenik?, Frankfurt a. M., 80–93.

4. Religiöse Vorstellungen und Topoi

Dass an den genannten Orten und auf den beschriebenen Wegen auch tatsächlich religiöse Vorstellungen und Sichtweisen, die in Religionsgemeinschaften fest verankert sind, in die ethischen Diskurse sowie in die Positionierungen von an ihnen beteiligten Urteilssubjekten einfließen, ist offenkundig. Die Rolle, die sie hierbei jeweils einnehmen, kann freilich sehr unterschiedlich sein: Sie reicht von Sensibilisierung über Orientierung bis hin zum Widerspruch und zum Konflikt; das gilt sowohl für Diskussionen über Grundsatzfragen als auch für Erörterungen von ganz konkreten Problemen bzw. Vorschlägen zu deren Lösung.

Worin besteht nun aber die Eigenheit der religiösen Argumente im Zusammenhang der Erörterung bioethischer Fragen? Es geht, kurz gesagt, um die Entfaltung des im Glauben sich erschließenden Verständnisses von Mensch, Gott und Welt für die Lebenspraxis der Einzelnen und der Gesellschaft, also um Wahrnehmung und Verstehen der erlebten Wirklichkeit, um einen Horizont von Sinn, der der Tatsache der Endlichkeit und der Angewiesenheit auf andere standhält und die Perspektive der grundsätzlichen Bejahtheit des Einzelnen sowie der Vertrauenswürdigkeit des Daseins insgesamt trotz aller erfahrenen Störungen und konstitutionellen Bedrohungen begründet. Das Religiöse religiöser Argumente hängt hingegen nicht davon ab, dass inhaltlich konkrete Normierungen und ethische Erkenntnisse als von Gott offenbart oder als unmittelbar aus den heiligen Schriften entnehmbar bewiesen werden können. Das kann es schon deshalb nicht, weil religiöse Argumente das Wissen um die zur Rede stehenden medizinischen, technischen und sozialen Sachverhalte, um die es bei der ethischen Beurteilung konkreter Handlungsmöglichkeiten geht, nicht aus eigenen Erkenntnisquellen gewinnen oder substituieren können. Insofern wird die Beschränkung auf das religiöse Argument auch die Bildung eines sachgemäßen Urteils insgesamt von vornherein behindern oder sogar verunmöglichen.

Wenn also in der Öffentlichkeit einer freien Gesellschaft an den genannten Orten und auf den beschriebenen Wegen religiöse Argumente im bioethischen Diskurs geltend gemacht werden, kann damit weder der Anspruch auf Alleinzuständigkeit für die Gestaltung der moralischen Lebenspraxis verbunden sein noch eine automatische Konkurrenzsituation zur philosophischen Ethik und zu allen weiteren präskriptiven Wissenschaften. Religion kann nicht autark aus ihren eigenen Erkenntnisquellen zu allen Fragen konkreter Verantwortlichkeit Stellung beziehen. Der entscheidende Punkt an der Religiosität der religiösen Argumente ist offensichtlich ein anderer, als es bei oberflächlicher Sicht den Anschein zu haben scheint, nämlich: dass die moralische Lebenspraxis und ihr folgend auch die darauf bezogene Reflexion im Zusammenhang des christlichen Glaubens in das Bezugsfeld eines Menschen-, Daseins- und Weltverständnisses gebracht wird, das sich bis in die Moral hinein auswirken kann.

Welches sind nun aber solche – vornehmlich christlichen – Topoi, mit denen ein derartiges religiöses Menschen-, Daseins- und Weltverständnis in die bioethischen Diskurse transportiert wird?

4.1 Heiligkeit des Lebens

Wohl am häufigsten dürfte in der Tradition der Topos von der Heiligkeit des Lebens benutzt worden sein. Er ist offensichtlich kulturell so tief verwurzelt und argumentativ so wirksam, dass auch Philosophen und Juristen ausgiebig auf ihn eingegangen sind.[31] Verglichen hiermit gebrauchen ihn jüngere theologische Stellungnahmen eher sparsam[32] bzw. ersetzen ihn vorzugsweise durch die Redeweise von der Unverfügbarkeit und Unantastbarkeit des menschlichen Lebens[33]. In der römischen Instrukti-

---

[31] Jonas, Hans (1984), Prinzip Verantwortung. Versuch einer Ethik für die technologische Zivilisation, Frankfurt a. M., 63; Singer, Peter (1984), Praktische Ethik, Stuttgart, 101–128; Kuhse, Helga (1990), Die Lehre von der „Heiligkeit des Lebens", in: Leist, Anton (Hg.), Um Leben und Tod. Moralische Probleme bei Abtreibung, künstlicher Befruchtung, Euthanasie und Selbstmord, Frankfurt a. M., 75–106; Gerhard, Volker (2004), Geworden oder gemacht? Jürgen Habermas und die Gentechnologie, in: Kettner, Matthias (Hg.), Biomedizin und Menschenwürde, Frankfurt a. M., 272–291.

[32] Rat der Evangelischen Kirche in Deutschland und Deutsche Bischofskonferenz (1989). In der theologischen Literatur fallen die Kommentierungen tendenziell kritisch aus: Anselm, Reiner (2003), „Geschöpflichkeit" und „Heiligkeit des Lebens" – Sozialethische Erwägungen aus protestantischer Sicht, in: Kodalle, Klaus-M. (Hg.), Das Recht auf ein Sterben in Würde. Eine aktuelle Herausforderung in historischer und systematischer Perspektive, Würzburg, 121–126; Charbonnier, Ralph (2006), „Leben ist heilig!" – Kritische Würdigung eines religiösen und zivilreligiösen Arguments, in: Schildmann, Jan/Fahr, Uwe/Vollmann, Jochen (Hg.), Entscheidungen am Lebensende in der modernen Medizin: Ethik, Recht, Ökonomie und Klinik, Berlin, 107–119; Schockenhoff (2009a), 259 f., 403 f.

[33] Zum Beispiel Rat der Evangelischen Kirche in Deutschland und Deutsche Bischofskonferenz (1989), 40 f.

on Donum vitae und in anderen Dokumenten der katholischen Kirche werden beide Redeweisen mit dem Souveränitätsgedanken kombiniert, dass Gott allein der Herr des Lebens sei[34]. Das bedeutet anders gesagt, dass das Leben des Menschen als Gottes Eigentum gilt, nicht als das des Menschen, mit der Folge, dass mit dem Leben des Menschen nicht verfahren werden darf, wie der Einzelne es möchte, also insbesondere, dass es nicht eigenmächtig beendet werden darf.

Heiligkeit ist in der biblischen Sprache ein Gottesprädikat, das die Differenz zwischen Gott und Mensch sowie zwischen Gott und der menschlichen Lebenswelt zum Ausdruck bringt. Im Blick auf das Leben drückt Heiligkeit die Teilnahme an Gottes Heiligkeit und die Repräsentation dieser Heiligkeit Gottes für andere aus. Mittels des Theologumenons von der Gottebenbildlichkeit wird die Heiligkeit auf den Menschen übertragen und zur Begründung der Unverletzlichkeit des Lebens herangezogen.

Die philosophische Kritik macht auf verschiedene Schwierigkeiten dieses Topos aufmerksam: Die konsequente Übertragung auf den Menschen würde diesen vergöttlichen und ihn jeder medizinischen Behandlung kategorisch entziehen. Ferner ist Heiligkeit so interpretierbar, dass es unterschiedslos auf sämtliche Lebewesen angewendet werden kann.

Trotz dieser Schwierigkeiten kann der Begriff als religiöse Interpretation des phänomenalen Sachverhalts begriffen werden, dass das Leben nicht hergestellt oder auch nicht erworben worden, sondern gegeben und empfangen ist und gleichzeitig verletzbar – so verletzbar, dass es jederzeit zerstört werden und dann vom Menschen nicht wieder hergestellt werden kann. Diese Erfahrung wird zusammengebracht mit der Überzeugung, dass das Leben in Gott, der Quelle des Lebens[35], seinen Ursprung und seinen Garanten hat. Aus dieser Grundüberzeugung folgt das allgemeine Tötungsverbot.

4.2 Ehrfurcht vor dem Leben

Dieser vor allem durch Albert Schweitzer prominent gewordene Topos wurde namentlich im Blick auf tier- und umweltethische Forderungen geltend gemacht und taucht in der bioethischen Diskussion eher neben-

34 Kongregation für die Glaubenslehre (1987), 12; Johannes Paul II. (1995), nr. 53.

35 Rat der Evangelischen Kirche in Deutschland und Deutsche Bischofskonferenz (1989), 15, 22, 28, 110.

bei auf.[36] Programmatischer Status wurde ihm allerdings in der Gemeinsamen Erklärung zugesprochen[37]. Ausgehend vom Phänomen, dass der Mensch sich stets schon als „Leben inmitten von Leben“ vorfindet[38], fordert dieser Grundsatz zu einer Grundhaltung der Achtung und Scheu auf, die weniger als Prinzip zur Ableitung von konkreten Normierungen taugt denn als ein „Korrektiv und [...] Gegengewicht“ zum Interesse an der Verwertung nichtmenschlichen Lebens.[39]

Der Kerngehalt, der dieser Auffassung zugrunde liegt, ist die auf den Planeten Erde begrenzte und evolutionär späte und zugleich hohe Differenziertheit aller jener Lebewesen, die nicht nur ihren Ursprung in Gottes Schöpfungskraft haben, sondern mit dem Menschen auch die Eigenschaft der Selbstorganisation teilen.[40] Die Ehrfurcht gilt also letztlich der sich erst im Staunen erschließenden Sichtbarkeit und Dankwürdigkeit des Geschöpfseins bzw. der Zeugnishaftigkeit der Lebewesen von ihrem Ursprung aus einer höheren Vernunft. Normativ bedeutet diese Anerkennung des Bereichs des Lebendigen zugleich Selbstbeschränkung im Umgang mit der vorgegebenen belebten Wirklichkeit samt ihren naturalen Bedingungen.

4.3 Leben als Geschenk (Gabe) Gottes

„Die Existenz und der Bestand von Leben hängen an Gott. Denn er schafft, will und erhält das Leben. Er ist in sich selbst lebendig und als ‚Quelle des Lebens‘ (Ps 36,10) unterschieden vom geschaffenen, damit endlichen, natürlichen Leben. Wer sich an Gott und an sein Wort

---

[36] In den rein katholischen kirchlichen Dokumenten kommt dieser Topos nur in: Kongregation für die Glaubenslehre (2008), nr. 3 vor. In der theologischen Literatur wird er ausführlich behandelt bei Körtner (2001), 9-17; Schockenhoff (2009a), 83–105 und 608–621.

[37] Rat der Evangelischen Kirche in Deutschland und Deutsche Bischofskonferenz (1989), 12, 29, 54.

[38] Rat der Evangelischen Kirche in Deutschland und Deutsche Bischofskonferenz (1989), 17.

[39] Rat der Evangelischen Kirche in Deutschland und Deutsche Bischofskonferenz (1989), 29.

[40] Vgl. Rat der Evangelischen Kirche in Deutschland und Deutsche Bischofskonferenz (1989), 16.

hält, dem verheißt die Bibel Leben [...].“[41] Die Redeweise vom Leben als Geschenk Gottes sagt unter Bezugnahme auf einen im sozialen Leben elementaren und den Zusammenhalt stärkenden Vorgang aus, dass das Leben von Gott ein verliehenes ist, und verknüpft damit die Erwartung, dass es als etwas Kostbares bewahrt, umsorgt und geschützt wird – bei sich selbst wie bei anderen. Der Sinn eines Geschenkes erschöpft sich nicht in der Darreichung eines benötigten Guts bzw. in der Befriedigung eines Bedürfnisses durch jemand anderen, sondern es transportiert symbolisch immer auch so etwas wie Anerkennung, Gemeinschaft und Wohlwollen. Als angemessene Reaktion wird Dankbarkeit erwartet.

Freilich ist das Bild vom Leben als Geschenk nicht frei von Ambivalenzen und Missdeutbarkeiten: Weil ein Geschenk nach allen Rechtsvorschriften in das Eigentum des Beschenkten übergeht und damit verfügbar wird, wird die Aussagekraft des Bildes vom Leben als Geschenk häufig dahingehend korrigiert, dass es sich nur um eine Leihgabe handelt, die dem Menschen zur Verwahrung anvertraut sei. Als Grund für diesen Vorbehalt wird die Kostbarkeit dieser Gabe genannt „für den Menschen ebenso wie im Blick auf andere Lebewesen und die Existenz von Leben überhaupt. Die Erfahrung von Gefährdung und Verlust des Lebens prägt die Menschen zu allen Zeiten.“[42] Dazu kommt die Gewissheit, dass Gott seine Gabe nicht den Mächten der Zerstörung ausliefert. „Menschen sind berufen, Gottes Willen zu tun und Leben wie Lebensmöglichkeiten auf der Erde zu bewahren.“[43] Das menschliche Leben braucht also auch die Annahme durch seinen Träger wie auch durch die Mitmenschen. „Das Geschenk des Lebens, das Gott als Schöpfer und Vater dem Menschen anvertraut hat, verlangt von diesem, sich des unschätzbaren Wertes solchen Lebens bewusst zu werden und die Verantwortung dafür zu übernehmen.“[44] Dies bezeichnet die Instruktion „Donum vitae“ als das grundlegende Prinzip aller bioethischen Fragen. Die Spitze dieses Prinzips und damit auch dieses Topos richtet sich gegen utilitari-

---

[41] Rat der Evangelischen Kirche in Deutschland und Deutsche Bischofskonferenz (1989), 22.

[42] Rat der Evangelischen Kirche in Deutschland und Deutsche Bischofskonferenz (1989), 16.

[43] Rat der Evangelischen Kirche in Deutschland und Deutsche Bischofskonferenz (1989), 16.

[44] Kongregation für die Glaubenslehre (1987), 7.

stisches Effizienz- und Nutzendenken[45]. Hiermit erübrigen sich freilich nicht alle Fragen nach der Möglichkeit der Rückgabe und des Verzichts.

4.4 Der Mensch als Ebenbild Gottes

Gerade in Zusammenhängen, in denen die fortschreitende Erkenntnis der Lebenswissenschaften und die daraus erwachsenden genetischen und medizinischen Eingriffsmöglichkeiten zum Thema werden, wird regelmäßig die Frage nach dem Menschen gestellt und versucht, ein Menschenbild freizulegen bzw. in Erinnerung zu bringen, das als normative, in diesem Fall besonders auch die Grenzen erkennen lassende Bezugsgröße dienen kann.[46] Dieses normative, manchmal auch einfach als „christlich" apostrophierte Menschenbild wird insbesondere an dem biblischen Theologumenon von der Gottebenbildlichkeit und dem diese operationalisierenden geschöpflichen Kulturauftrag in seiner doppelten Ausprägung (entsprechend Gen 1,28 und Gen 2,15) festgemacht und in seiner ideellen wie auch rechtlichen Wirkungsgeschichte bruchlos mit der Menschenwürde-Prädikation verschmolzen[47]. Besonders aufschlussreich erscheint in dieser Hinsicht der Titel des Worts der Deutschen Bischöfe zu Fragen von Gentechnik und Biomedizin aus dem Jahr 2001 „Der Mensch, sein eigener Schöpfer?", weil er bereits in der Frage die aus der Ebenbildlichkeit resultierende Bevollmächtigung des Menschen zur Mitgestaltung der Schöpfung mit der Möglichkeit der sündhaften Anmaßung der Schöpferrolle verknüpft.[48] Schon 20 Jahre vor diesem Dokument hat der Philosoph Hans Jonas im Blick auf

---

[45] Vgl. Kongregation für die Glaubenslehre (1987), 9.

[46] Kongregation für die Glaubenslehre (1987), 8 f.; Rat der Evangelischen Kirche in Deutschland und Deutsche Bischofskonferenz (1989), 12, 17, 32–37, 39 f., 47; Kongregation für die Glaubenslehre (2008), nr. 7, nr. 8; Tanner, Klaus (2003), Vom Mysterium des Menschen. Ethische Urteilsbildung im Schnittfeld von Biologie, Rechtswissenschaft und Theologie, in: Anselm, Reiner/Körtner, Ulrich H. J. (Hg.), Streitfall Biomedizin. Urteilsfindung in christlicher Verantwortung, Göttingen, 147–153; Kreß (2009), 22–25; Schockenhoff (2009a), 189–210.

[47] So Deutsche Bischofskonferenz (2001), 5: „In der Gottebenbildlichkeit des Menschen gründet auch seine Würde." Vgl. Rat der Evangelischen Kirche in Deutschland und Deutsche Bischofskonferenz (1989), 39.

[48] So auch Kongregation für die Glaubenslehre (2008), nr. 27.

die „biogenetische Kunst“ wiederholt von der neuen Schöpferrolle des Menschen gesprochen[49] und sie in latenter Konkurrenz zur gesamten religiösen Tradition des Westens gesehen, die ethisch und moralisch verhindert werden müsse.

4.5 Natürlichkeit und Kontingenz

Wenn durch die Fortschritte der Genetik und der Biomedizin bisher nicht da gewesene Möglichkeiten des Eingreifens absehbar sind oder für die Zukunft prognostiziert werden, geschieht es häufiger, dass sie als Verstoß gegen das Natürliche kritisiert werden. Natürlichkeit erscheint in diesem Zusammenhang in einer gewissen Bedeutungsnähe zur Ordnung der Schöpfung und legt handlungsmäßig nahe, dass es besser sei, auf entsprechende Interventionen oder Interventionsmöglichkeiten (des Machens) zu verzichten und stattdessen die Natur, den Zufall bzw. die darin wirkende Vorsehung gewähren zu lassen.[50] Dabei verwahren sich vor allem Stellungnahmen aus dem katholischen Raum, der von seiner Tradition her dieser Argumentationsart deutlich näher steht als Stellungnahmen aus dem protestantischen Bereich, dagegen, Natürlichkeit so zu verstehen, dass das bloß Biologische schon das sittlich Verbindliche sei. Vielmehr sei der entscheidende normative Bezugspunkt „die Würde der menschlichen Person [...], die gerufen ist, diese göttliche Berufung zum Geschenk der Liebe und zum Geschenk des Lebens zu verwirklichen“[51].

4.6 Die Differenz von Gesundheit und Heil

Gleichwohl kann nicht alles, was es gibt, als für den Menschen gut angesehen und bezeichnet werden. Der Kampf gegen Krankheiten und schicksalsmäßig auferlegte Einschränkungen ist eine legitime und verpflichtende Konsequenz aus der Tatsache, dass die Welt nicht vollkommen ist und dass Menschen unter Krankheiten, Unfällen, Kriegen und Einschränkungen leiden. „Die Medizin greift in die Natur ein, aber weil

---

[49] Jonas, Hans (1985), Technik, Medizin und Ethik. Zur Praxis des Prinzips Verantwortung, Frankfurt a. M., 211 u. a.

[50] Kongregation für die Glaubenslehre (1987), 9 f.; Rat der Evangelischen Kirche in Deutschland und Deutsche Bischofskonferenz (1989), 52 f.; Kongregation für die Glaubenslehre (2008), nr. 12, 16, 37. Vgl. Körtner (2001), 49 f.

[51] Körtner (2001), 10; Kongregation für die Glaubenslehre (2008), nr. 12.

sie an das Ziel gebunden ist, die normalen menschlichen Körperfunktionen wieder herzustellen, stellt sie keinen unbeschränkten Akt des Hochmuts und keinen Vorstoß zur Dominanz dar."[52] Wenn sie diese medizinische Zielsetzung jedoch hinter sich zurücklässt und versucht, die Konstitutionsbedingungen des Menschseins selbst, angefangen von der Geburtlichkeit über die Imperfektheit bis hin zum Altern- und Sterben-Müssen, grundsätzlich zu ignorieren oder gar den Menschen optimieren zu wollen, wäre die entscheidende Grenze überschritten, die die Anstrengung, kranke Menschen zu heilen, und das Ziel, einen biologisch besser beschaffenen oder brauchbareren Menschen entsprechend individuellen Wünschen herzustellen, voneinander unterscheiden.[53] „Die Medizin kann nicht den ‚neuen Menschen' versprechen. Der Heilauftrag ärztlichen Handelns gilt gerade dem ‚alten Menschen' in seiner Unvollkommenheit. Ihn wahrzunehmen ist ein Gebot der Menschenwürde und auch ein Postulat christlicher Ethik."[54]

4.7 Verletzlichkeit und die mögliche Sinnhaftigkeit des Leidens

Zur Konstitution des Menschen, der er sich trotz allen genetischen und medizinischen Fortschritts nie grundsätzlich entziehen kann, gehört seine Störbarkeit und Verletzbarkeit nicht nur in somatischer, sondern auch in psychischer und spiritueller Hinsicht, in seinen Beziehungen sowie in seiner entwicklungsmäßig und biografisch erworbenen Identität.[55] Der christliche Glaube schaut dieser konstitutionellen Vulnerabilität ins Auge und hält ihr unter Bezugnahme auf den Tod und die Auferweckung Jesu durch Gott die Gewissheit entgegen, „dass Gott auch uns die Treue hält und uns in Leid und Tod nicht fallen lässt. Der Glaube an die Auferstehung und die Hoffnung auf Erlösung werfen somit ein neues Licht auf die Probleme der Biomedizin. Krankheit und Behinderung, Leiden

---

[52] Sandel, Michael J. (2008), Plädoyer gegen die Perfektion. Ethik im Zeitalter der genetischen Technik, Berlin, 123.

[53] Kongregation für die Glaubenslehre (1987), 10 und 31–33. Vgl. Körtner (2001), 52 sowie Kreß (2009), 63–66.

[54] Starre Fronten überwinden. Eine Stellungnahme evangelischer Ethiker zur Debatte um die Embryonenforschung, in: Anselm/Körtner (Hg.) (2003), 197–208, hier: 205. Vgl. Tanner (2009), 50–54.

[55] Rat der Evangelischen Kirche in Deutschland und Deutsche Bischofskonferenz (1989), 27, 46 f., 61, 91; Kongregation für die Glaubenslehre (2008), nr. 3. Körtner (2001), 52 f.; Schockenhoff (2009a), 33, 538 f.

und Sterben sind bei allem Schmerz kein sinnloses Schicksal, sondern können als Teil unseres Lebens erfahren und angenommen werden."[56] „Begrenztheit und Endlichkeit, Verletzlichkeit und Gebrechlichkeit sind Wesensmerkmale alles kreatürlichen Lebens. Das wird deutlich nicht nur an der durchgehenden Erfahrung der Vergänglichkeit, sondern ebenso an dem Umstand, dass sich menschliches Leben nicht umfassend planen lässt und immer wieder mit überraschenden und unvorhergesehenen Widerfahrnissen konfrontiert ist."[57]

5. Tragweite und Grenzen religiöser Beiträge in bioethischen Diskursen

Die Beobachtung, dass diverse religiöse Überzeugungen in den bioethischen Diskursen faktisch eine Rolle spielen, evoziert weitere Fragen wie die nach der argumentativen Tragweite in einem säkularen öffentlichen Umfeld, das zwar Positionierungen erwartet, sie aber nicht automatisch auch zu den eigenen macht.

5. 1 Tragweite und Anspruch

Mit dem Hinweis auf einen der vorgetragenen religiösen Gründe allein lässt sich inhaltlich über Handlungs- und Forschungsoptionen so gut wie nie entscheiden. Aber sie fordern dazu auf, Entscheidungen über alternative Optionen und Wege im Horizont solcher Überlegungen zu prüfen und Engführungen auf Machbarkeit, kurzfristige Nützlichkeit und verdinglichte Sicht vom Menschen zu hinterfragen bzw. aufzubrechen. Dies scheint wenig zu sein, aber möglicherweise besteht die wichtigste Aufgabe der bioethischen Diskurse gerade darin, Argumente und Argumentationsmuster zu überprüfen und ihre impliziten, meist gar nicht bewussten anthropologischen und sozialen Visionen sichtbar zu machen, und weniger darin, feste Auffassungen und Positionen zu generieren, die dann in der Gesetzgebung eine rechtliche Fassung erhalten.

Von daher lohnt es sich durchaus, einmal darauf zu achten, mit welchem Anspruch die offiziellen Texte der Kirchen an ihre Adressaten herantreten. So setzt etwa die Gemeinsame Erklärung bei dem Eindruck der Ambivalenz zwischen der Hoffnung auf Erleichterungen und dem Gefühl der Bedrohungen an, mit der die Öffentlichkeit auf die ständige

---

[56] So Deutsche Bischofskonferenz (2001), 5 f.

[57] Rat der Evangelischen Kirche in Deutschland und Deutsche Bischofskonferenz (1989), 12 f.

Zunahme an Menschheitsmacht reagiert, und sieht die Kirchen in dieser Situation „herausgefordert, einen gemeinsamen Beitrag zum Nachdenken über diesen Widerspruch zwischen Erfolg und Gefährdung zu leisten – einen Beitrag, der auch politisch umstrittene Fragen nicht ausklammert“[58].

Aber auch im Zusammenhang der Darlegung von religiösen Argumenten können Reflexe des Bewusstseins der begrenzten Tragfähigkeit begegnen. So heißt es im Wort der deutschen Bischöfe „zu Fragen von Gentechnik und Biomedizin“ aus dem Jahr 2001 zum Schluss des ausführlichen Abschnitts über die biblische Sicht vom Menschen und deren Zusammenfügung mit dem Bekenntnis zur Menschenwürde und dessen Bekräftigung als „Grundlage unserer demokratischen Verfassung“ knapp, aber aufschlussreich: „Es bedarf jedoch weiterer Überlegungen, um zu bestimmen, wie im konkreten Fall zu handeln ist.“[59]

5.2 Wissen um die Pluralität der Positionen

Bemerkenswert ist auch, dass im Gegensatz zum Eindruck, den manche kirchliche Repräsentanten durch ihre Interviews und Predigten in der Öffentlichkeit immer wieder hervorgerufen haben, durchaus bewusst ist, „dass in einer pluralen Gesellschaft unterschiedliche Auffassungen aufeinander treffen“[60] und dass dies Unsicherheit und Ratlosigkeit bei der Einschätzung und Bewertung der Erkenntnisse der Lebenswissenschaften bedingt[61]. Dass man mit diesem Faktum der Pluralität sehr unterschiedlich umgehen kann, wird in den Stellungnahmen ebenfalls sehr deutlich: Während die Enzyklika „Evangelium vitae“ sie als „vollkommenen Relativismus“ beklagt[62] und diesen als Stadium in einem fortschreitenden Verfallsprozess hin zu einer „Verschwörung gegen das Leben“[63]

---

[58] Rat der Evangelischen Kirche in Deutschland und Deutsche Bischofskonferenz (1989), 11.

[59] So Deutsche Bischofskonferenz (2001), 6. Zur Begrenztheit der Erkenntnis s. Tanner (2009).

[60] Deutsche Bischofskonferenz (2001), 4. Vgl. Kongregation für die Glaubenslehre (2008), nr. 2.

[61] Vgl. Kongregation für die Glaubenslehre (2008), nr. 2.

[62] Johannes Paul II. (1995), nr. 20.

[63] Johannes Paul II. (1995), nr. 12 und 17.

bzw. „Kultur des Todes“[64] deutet, wird in der Gemeinsamen Erklärung die Meinung vertreten, „dass zwischen den Folgerungen aus unserem Glauben einerseits und den Vorschriften der staatlichen Rechtsordnung andererseits in vielen Fragen eine Deckungsgleichheit besteht“[65], wir allerdings nicht aus dem Auge verlieren dürften, „dass staatliche Regelungen sowohl mit allgemeinen Rechtsgrundsätzen als auch mit den aus unserem Glauben gewonnenen sittlichen Prinzipien in Widerspruch treten *können*“[66]. Damit werden für den Umgang mit der Pluralität im Grunde zwei Impulse gegeben, nämlich zum einen der Hinweis, dass über die Differenzen hinweg auch Konsense in grundsätzlichen bioethischen Fragen bestehen (können), und zum anderen, dass nicht alles, was moralisch und ethisch als wichtig oder dringlich erscheint, auch rechtlich geregelt werden muss.

Mit beiden Einschätzungen verbindet sich aber nicht einfach die Haltung der Resignation. Vielmehr sind die Stellungnahmen schon durch ihr bloßes Vorhandensein ein Ausdruck der Hoffnung, in der Situation wahrgenommener Pluralität durch gründliches Informieren, eingehendes Erörtern, Prüfen von Gründen und Perspektiven zu einem Mehr an Gemeinsamkeit in der Öffentlichkeit kommen zu können.

5.3 Die Herausforderung des „Übersetzens“

Diese Hoffnung auf mehr Gemeinsamkeit zieht durchaus Konsequenzen nach sich: Von den Akteuren religiöser Überzeugungen verlangt sie die Bereitschaft zur Rechtfertigung ihrer Argumente vor der Vernunft. Ganz in diesem Sinn heißt es in der Gemeinsamen Erklärung schon zu Anfang programmatisch, dass sich die Erklärung „von der Überzeugung leiten [lässt], dass den [...] gewonnenen Einsichten nicht nur Christen zustimmen können“[67]. An späterer Stelle heißt es dann in einer positiv gewendeten Selbstverpflichtung: „Kirchen und Christen müssen den Dialog mit den Vertretern von Wissenschaft, Technik und Wirt-

---

64 Johannes Paul II. (1995), nr. 19. Dasselbe Dokument gebraucht diesen Topos noch weitere neun Mal.

65 Rat der Evangelischen Kirche in Deutschland und Deutsche Bischofskonferenz (1989), 56.

66 Rat der Evangelischen Kirche in Deutschland und Deutsche Bischofskonferenz (1989), 57.

67 Rat der Evangelischen Kirche in Deutschland und Deutsche Bischofskonferenz (1989), 12.

schaft suchen. Ein solcher Dialog wird beiden Seiten neue, bisher unter Umständen vernachlässigte Perspektiven erschließen. [...] Von besonderem Gewicht sind die ethischen Grundüberzeugungen der in der Forschung und technischen Anwendung tätigen Menschen."[68] In sachlicher Übereinstimmung, aber stärker gefärbt von der Sprache der katholisch-theologischen Tradition schließt das Wort der deutschen Bischöfe zu Gentechnik und Biomedizin mit der folgenden Zusicherung: „Glaube und Vernunft sind nach der Enzyklika ‚Fides et ratio' die ‚Flügel' der praktischen Weisheit. Was wir im Glauben annehmen, steht vernünftigen Gründen offen. Was gemäß der sittlichen Vernunft falsch ist, haben wir im Glauben mit zu bekämpfen oder, was gut und richtig ist, anzuerkennen."[69]

Von daher können sich religiöse Positionen nicht einfach mit der Klassifizierung als partikuläre Sonderargumente zufrieden geben, die ihnen häufig – auch von philosophischer Seite – zugeteilt wird. Sie widerspricht nicht nur massiv dem eigenen Selbstverständnis zumindest der theologischen Reflexion, sondern schneidet auch die Möglichkeit ab, in den Formeln der Religion Erkenntnisse zu entdecken, die für das Gelingen des Zusammenlebens unverzichtbar sind, aber in der säkular gewordenen Kultur abhanden zu kommen drohen, weil ihnen dort der vitalisierende Kontext fehlt.[70] Allerdings verpflichtet solche Aufmerksamkeit für das Wertvolle und Humanitätsverbürgende im Erbe der Religionen auch dazu, sich um eine Sprache und Denkform zu bemühen, die hinreichend kompatibel sind mit dem gewonnenen neuen Wissen. Bestimmte anthropomorphe Vorstellungen vom Handeln Gottes bzw. vom Eingreifen des Schöpfers in den Prozess der Zeugung oder der Entstehung von Krankheiten mögen für den frommen „Normalverbraucher" durchaus plausibel sein und spirituell ausreichend, wirken aber für diejenigen, die die Vorgänge im Mikro- bzw. im Makrobereich des Lebens genauer erforschen, aufreizend naiv. Entsprechend sollte man auch bei der Kritik von Entwicklungen Zurückhaltung üben beim Gebrauch von Topoi wie „Gott spielen", „die Schöpfung konzipieren" und „Menschen produzieren".

---

[68] Rat der Evangelischen Kirche in Deutschland und Deutsche Bischofskonferenz (1989), 37.

[69] So Deutsche Bischofskonferenz (2001), 13.

[70] Habermas, Jürgen (2001b), Glauben und Wissen, Frankfurt a. M., besonders 20–25 und 29–31.

Literatur

Anselm, Reiner (2003), „Geschöpflichkeit“ und „Heiligkeit des Lebens“ – Sozialethische Erwägungen aus protestantischer Sicht, in: Kodalle, Klaus-M. (Hg.), Das Recht auf ein Sterben in Würde. Eine aktuelle Herausforderung in historischer und systematischer Perspektive, Würzburg, 121–126.

Anselm, Reiner/Körtner, Ulrich H. J. (Hg.) (2003), Streitfall Biomedizin. Urteilsfindung in christlicher Verantwortung, Göttingen.

Breuer, Clemens (2003), Person von Anfang an? Der Mensch aus der Retorte und die Frage nach dem Beginn des menschlichen Lebens, 2. Auflage, Paderborn.

Charbonnier, Ralph (2006), „Leben ist heilig!“ – Kritische Würdigung eines religiösen und zivilreligiösen Arguments, in: Schildmann, Jan/Fahr, Uwe/Vollmann, Jochen (Hg.), Entscheidungen am Lebensende in der modernen Medizin: Ethik, Recht, Ökonomie und Klinik, Berlin, 107–119.

Dabrock, Peter/Klinnert, Lars/Schardien, Stefanie (2004), Menschenwürde und Lebensschutz. Herausforderungen theologischer Bioethik, Gütersloh.

Deutsche Bischofskonferenz (2001), „Der Mensch: sein eigener Schöpfer?“ Wort der Deutschen Bischofskonferenz zu Fragen von Gentechnik und Biomedizin (Die deutschen Bischöfe 69), Bonn.

Friele, Minou B. (2008), Rechtsethik der Embryonenforschung. Rechtsharmonisierung in moralisch umstrittenen Bereichen, Paderborn.

Gerhard, Volker (2004), Geworden oder gemacht? Jürgen Habermas und die Gentechnologie, in: Kettner, Matthias (Hg.), Biomedizin und Menschenwürde, Frankfurt a. M., 272–291.

Habermas, Jürgen (2001a), Die Zukunft der menschlichen Natur. Auf dem Weg zu einer liberalen Eugenik?, Frankfurt a. M.

Habermas, Jürgen (2001b), Glauben und Wissen, Frankfurt a. M.

Haker, Hille (2002), Ethik der genetischen Frühdiagnostik. Sozialethische Reflexionen zur Verantwortung am Beginn des menschlichen Lebens, Paderborn.

Hilpert, Konrad (2002), Was bedeutet die Entschlüsselung des menschlichen Genoms für unser Menschenbild?, in: Münchener Theologische Zeitschrift 53, 3–17.

Hilpert, Konrad (2006), Stellungnahmen zur Bioethik aus dem kirchlichen und aus dem staatlichen Raum in Auswahl, in: ders./Mieth, Dietmar (Hg.), Kriterien biomedizinischer Ethik. Theologische Beiträge zum gesellschaftlichen Diskurs, Freiburg, Basel, Wien, 471–487.

Hilpert, Konrad (2008), Warum der Stichtag zum Symbol wurde. Rückblick auf eine emotionalisierte Debatte, in: Journal für Reproduktionsmedizin und Endokrinologie 5, 110–113.

Hilpert, Konrad (Hg.) (2009a), Forschung contra Lebensschutz? Der Streit um die Stammzellforschung, Freiburg, Basel, Wien.

Hilpert, Konrad (2009b), Der Streit um die Stammzellforschung. Ein kritischer Rückblick, in: ders. (Hg.), Forschung contra Lebensschutz? Der Streit um die Stammzellforschung, Freiburg i. Br., 14–28.

Hilpert, Konrad/Mieth, Dietmar (Hg.) (2006), Kriterien biomedizinischer Ethik. Theologische Beiträge zum gesellschaftlichen Diskurs, Freiburg i. Br.

Homolka, Walter (2008a), Bloß Wasser oder schon eine potentielle Person? Gedanken zur Stammzellenforschung aus jüdischer Sicht, in: Jüdische Zeitung 5, http://www.j-zeit.de/archiv/artikel.1169.html (2.3.2010).

Homolka, Walter (2008b), Die befruchtete Eizelle ist erst mal bloß Wasser, in: Süddeutsche Zeitung, 10.3., 2.

Honnefelder, Ludger (1997), Das Menschenrechtsübereinkommen zur Biomedizin des Europarats, in: Jahrbuch für Wissenschaft und Ethik, Bd. 2, Berlin, New York, 305–318.

Honnefelder, Ludger (1999), Intention und Charakter des Übereinkommens über Menschenrechte und Biomedizin, in: ders./Taupitz, Jochen/Winter, Stefan F. (Hg.), Das Übereinkommen über Menschenrechte und Biomedizin des Europarates. Argumente für einen Beitritt, Sankt Augustin, 9–15.

Johannes Paul II. (1995), Enzyklika „Evangelium vitae". An die Bischöfe, Priester und Diakone, die Ordensleute und Laien sowie an alle Menschen guten Willens über den Wert und die Unantastbarkeit des menschlichen Lebens. Deutsche Übersetzung, in: Verlautbarungen des Apostolischen Stuhls 120, Rom.

Jonas, Hans (1984), Prinzip Verantwortung. Versuch einer Ethik für die technologische Zivilisation, Frankfurt a. M.

Jonas, Hans (1985), Technik, Medizin und Ethik. Zur Praxis des Prinzips Verantwortung, Frankfurt a. M.

Klinnert, Lars (2009), Der Streit um die europäische Bioethik-Konvention. Zur kirchlichen und gesellschaftlichen Auseinandersetzung um eine menschenwürdige Biomedizin, Göttingen.

Körtner, Ulrich H. J. (2001), Unverfügbarkeit des Lebens? Grundfragen der Bioethik und der medizinischen Ethik, Neukirchen-Vluyn.

Kongregation für die Glaubenlehre (1987), Instruktion Donum vitae über die Achtung vor dem beginnenden menschlichen Leben und die Würde der Fortpflanzung. Antworten auf einige aktuelle Fragen. Deutsche Übersetzung, in: Verlautbarungen des Apostolischen Stuhls 74, Rom.

Kongregation für die Glaubenslehre (2008), Instruktion Dignitas personae über einige Fragen der Bioethik. Deutsche Übersetzung, in: Verlautbarungen des Apostolischen Stuhls 183, Rom.

Korff, Wilhelm/Beck, Lutwin/Mikat, Paul (Hg.) (1998), Lexikon der Bioethik, 3 Bde., Gütersloh.

Kreß, Hartmut (2009), Medizinische Ethik. Gesundheitsschutz – Selbstbestimmungsrechte – heutige Wertkonflikte, 2. Auflage, Stuttgart.

Kreß, Hartmut (2010), Dogmatisierung ethischer Fragen. Kirchliche Stellungnahmen zu ethischen Themen, in: Materialdienst 61, 3–9.

Kuhse, Helga (1990), Die Lehre von der „Heiligkeit des Lebens", in: Leist, Anton (Hg.), Um Leben und Tod. Moralische Probleme bei Abtreibung, künstlicher Befruchtung, Euthanasie und Selbstmord, Frankfurt a. M., 75–106.

Marx-Stölting, Lilian (2008), „Seid fruchtbar und mehret euch ..." Präimplantationsdiagnostik, Klonen und Keimbahntherapie aus jüdischer Perspektive, in: Jüdische Zeitung 9, http://www.j-zeit.de/archiv/artikel.1455.html (Stand: 2.3.2010).

Mieth, Dietmar (2002), Was wollen wir können? Ethik im Zeitalter der Biotechnik, Freiburg i. Br.

Nordmann, Yves (2009), Änderung des Fortpflanzungsmedizingesetzes (Präimplantationsdiagnostik). Stellungnahme aus Sicht der jüdischen Bioethik, in: Schweizerischer Israelischer Gemeindebund, Politische Stellungnahmen, http://www.swissjews.ch/pdf/de/politik/2009_politics_gutachten_Praeimplantationsdiagnostik.pdf (2.3.2010).

Rat der Evangelischen Kirche in Deutschland und Deutsche Bischofskonferenz (1989), Gott ist ein Freund des Lebens. Herausforderungen und Aufgaben beim Schutz des Lebens. Gemeinsame Erklärung, Trier, Gütersloh.

Rau, Johannes (2001), Wird alles gut? – Für einen Fortschritt nach menschlichem Maß, in: Graumann, Sigrid (Hg.), Die Genkontroverse. Grundpositionen, Freiburg i. Br., 14–29.

Reiter, Johannes (2008), Bioethik, in: Arntz, Klaus/Heimbach-Steins, Marianne/ders./Schlögel, Herbert (Hg.), Orientierung finden. Ethik der Lebensbereiche, Freiburg i. Br., 7–60.

Sandel, Michael J. (2008), Plädoyer gegen die Perfektion. Ethik im Zeitalter der genetischen Technik, Berlin.

Schieder, Rolf (1987), Civil Religion. Die religiöse Dimension der politischen Kultur, Gütersloh.

Schnabel, Ulrich (1998), Ohne Mutter keine Menschenwürde, in: Die Zeit 28, http://www.zeit.de/2001/24/200124_israel.xml (2.3.2010).

Schockenhoff, Eberhard (2009a), Ethik des Lebens. Grundlagen und Herausforderungen, Freiburg i. Br.

Schockenhoff, Eberhard (2009b), Biopolitik im Ethikrat. Zur Arbeit des Nationalen Ethikrats (2001–2007) und des Deutschen Ethikrats (ab 2008), in: Spieker, Manfred (Hg.), Biopolitik. Probleme des Lebensschutzes in der Demokratie, Paderborn, 87–103.

Singer, Peter (1984), Praktische Ethik, Stuttgart.

Tanner, Klaus (2003), Vom Mysterium des Menschen. Ethische Urteilsbildung im Schnittfeld von Biologie, Rechtswissenschaft und Theologie, in: Anselm, Reiner/Körtner, Ulrich H. J. (Hg.), Streitfall Biomedizin. Urteilsfindung in christlicher Verantwortung, Göttingen, 135–158.

Tanner, Klaus (2009), Die Religion(en) und die Bioethik, in: Joerden, Jan C./Moos, Thorsten/Wewetzer, Christa (Hg.), Stammzellforschung in Europa. Religiöse, ethische und rechtliche Probleme, Frankfurt a. M., 35–54.

Vögele, Wolfgang (1994), Zivilreligion in der Bundesrepublik Deutschland, Gütersloh.

Religion und Theologie in bioethischen Kommissionen. Eine Untersuchung zu Berufstheologen in ethischen Diskursen

Gina Atzeni und Friedemann Voigt

Die folgende Beschäftigung mit Religion in bioethischen Diskursen im konkreten Zugriff auf religiöse Akteure in bioethischen Kommissionen bedarf zunächst einiger begrifflicher und methodischer Vorbemerkungen. Aus der Vielfalt der Bezüge, welche das Thema „Religion in bioethischen Diskursen" eröffnet, konzentrieren wir uns im Folgenden auf religiöse Akteure in bioethischen Kommissionen, genauer auf den durch ihre Qualifikation und Tätigkeit als Berufstheologen zu bezeichnenden Personenkreis.[1] Dabei geht es uns zunächst darum zu erschließen, welche unterschiedlichen Typen dieser Berufstheologen *tatsächlich* in bioethischen Kommissionen vorkommen und wie sie sich dort verhalten. Damit wird ausdrücklich und gezielt ein induktiver Zugang zum Thema der „Religion in bioethischen Diskursen" gewählt. Es soll nicht ein – wie auch immer theoretisch fundierter – Religions- oder Theologiebegriff zugrunde gelegt werden,[2] sondern dieser soll aus der Beobachtung und Analyse der bioethischen Diskurse folgen. Ein abschließendes Bild der Religion in bioethischen Diskursen kann daher erst am Ende einer Untersuchungsreihe stehen, die sich freilich nicht auf die religiösen Akteure

---

1 Zum Begriffsfeld „religiöser Akteur", „Religionsvertreter", „Kirchenvertreter" vgl. Pinter, Iris (2003), Einflüsse der christlichen Bioethik auf die deutsche Humangenetik-Debatte, Münster, 12—20, und 35–45; Voigt, Friedemann (2008), Religion und Religionsvertreter in ethischen Diskursen und Kommissionen, in: Zichy, Michael/Grimm, Herwig (Hg.), Praxis in der Ethik. Zur Methodenreflexion in der anwendungsorientierten Moralphilosophie, Berlin, New York, 249–273, 253 f.

2 Für eine solche Bestimmung der Aufgabe der Theologen in Ethikkommissionen, die aus einem bestimmten Theologieverständnis gefolgert bzw. gefordert wird vgl. Müller, Denis (2001), Begleitung und Widerspruch. Die neue Rolle der Theologen und Theologinnen in den Ethikkommissionen, in: Zeitschrift für Evangelische Ethik 45, 285–301.

bzw. Berufstheologen beschränken kann, sondern auch andere Aspekte wie religiöse und theologische Sprache, Vorstellungen, Einstellungen etc. umfassen muss. Hierzu wird im Folgenden ein Beitrag geleistet.

Unter Diskursen werden im Bereich der Angewandten Ethik institutionalisierte Ethik-Debatten verstanden, wie sie sich vor allem in Kommissionen abspielen. Der Diskursbegriff ist hier zusehends zu einem terminus technicus geworden, der zwar noch an Anspruch und Pathos der großen Diskursbegriffe von Foucault und Habermas partizipiert, doch ebenso darum bemüht ist, das Eigenrecht und die Eigenproblematik der tatsächlich geführten Debatten hervorzuheben.[3] Dies führt einerseits zu wichtigen Einsichten in das ‚gelebte Leben' von Kommissionen und der in ihnen waltenden Dynamik, andererseits entfernen sich diese Beschreibungen teils so weit von den Inhalten der Diskurse wie der Diskurstheorie, dass sie zu theorie- und traditionsvergessenen Verfahrensregeln regredieren. Diese Form der theoretischen Abschottung der Kommissionsdiskurse konvergiert mit dem Bedürfnis, das Feld der Bioethik auch von gesellschaftlichen wie theoretischen Kontexten und Traditionen abzutrennen. Das führt dann zu einer Blüte zahlreicher vermeintlich „neuer" Konzeptionen und Theorieentwürfe, wie sie für die Bereiche angewandter Ethik auch in anderen Feldern wie der Wirtschafts- oder politischen Ethik typisch sind. Diesem Vorgehen stehen wiederum diejenigen Untersuchungen gegenüber, die gerade den Weg der Kontextualisierung wählen und auf den Zusammenhang europäischer Geistestraditionen und moderner Diskursverfahren verweisen[4] sowie die Kommissionsdiskurse in den Kontext des gesellschaftlichen Umgangs mit moralischem Konsens stellen.[5] In diesen Fällen geht es gezielt darum, die Ethik als ein Medium zu verstehen, in dem gesellschaftliche Problem-

---

3 Vgl. Ach, Johann S./Runtenberg, Christa (2002), Bioethik, Disziplin und Diskurs. Zur Selbstaufklärung angewandter Ethik, Frankfurt a. M.

4 Vgl. für diese Diagnose z. B. Siep, Ludwig (2008a), Konkrete Ethik – zwischen Metaethik und Ethik-Kommissionen, in: Zichy, Michael/Grimm, Herwig (Hg.), Praxis in der Ethik. Zur Methodenreflexion in der anwendungsorientierten Moralphilosophie, Berlin, New York, 47–69. Vgl. auch Siep, Ludwig (2004), Konkrete Ethik. Mannigfaltigkeit, Natürlichkeit, Gerechtigkeit, Frankfurt a. M.

5 Van den Daele, Wolfgang (2008), Streitkultur. Über den Umgang mit unlösbaren moralischen Konflikten im Nationalen Ethikrat, in: Gosewinkel, Dieter/Schuppert, Gunnar Folke (Hg.), Politische Kultur im Wandel von Staatlichkeit, Berlin, 357–384.

stellungen einer Abwägung unter Berücksichtigung des in Theorie und Praxis Vorhandenen erörtert werden.

Die vorliegende Untersuchung ist diesem zweiten Theorietyp verpflichtet. Dabei soll dem relativen Eigenrecht der Kommissionsdiskurse durchaus entsprochen werden, die einer eingehenden Betrachtung unterzogen werden. Zunächst sollen deshalb die unterschiedlichen Kommissionstypen, ihre Aufgaben, ihr rechtlicher Status sowie ihre personelle Zusammensetzung und besonders die in ihnen vorkommenden Berufstheologen dargestellt werden (1.). Vor diesem Hintergrund ist in einem zweiten Schritt zu zeigen, in welchen Wechselbeziehungen sich diese funktionalen, rechtlichen und organisatorischen Bestimmungen mit den unterschiedlichen Formen, Bedeutungen und Funktionen theologischer Expertise in den verschiedenen Gremientypen befinden (2.). Die sich in diesen funktionalen Unterscheidungen zeigende Vielfalt religiöser Akteure und ihres Verhaltens ist in einem weiteren Schritt auf die ihnen zugrunde liegende Differenz von religiöser Kommunikation und theologischer Positionalität, oder kurz: Religion und Theologie zurückzuführen (3.). Insgesamt leistet die vorliegende Studie mit ihrer Verschränkung soziologischer und theologischer Betrachtungsweisen einen Beitrag zu dem umfassenderen Vorhaben, das Thema der „Religion in bioethischen Diskursen" im Kontext moderner gesellschaftlicher Ausdifferenzierungsprozesse zu erfassen und hinsichtlich seiner religiösen und theologischen Tiefengrammatik erkennbar werden zu lassen.[6]

1. Typen bioethischer Kommissionen

In der Forschungsliteratur hat es sich als notwendig erwiesen, die Gremien bioethischer Diskurse nach ihrer unterschiedlichen Zusammensetzung, Aufgabenstellung, formalen Stellung und ihrem Diskursstil zu differenzieren.[7] Diese Faktoren bestimmen mit darüber, was in den Kom-

---

[6] Vgl. die Internetpräsenz der Forschergruppe „Religion in bioethischen Diskursen": http://www.ttn-institut.de/portal-bioethik (23.3.2010).

[7] Zur Differenzierung der unterschiedlichen Kommissionstypen vgl. Hilpert, Konrad (2006), Institutionalisierung bioethischer Reflexion als Schnittstelle von wissenschaftlichem und öffentlichem Diskurs, in: ders./Mieth, Dietmar (Hg.), Kriterien biomedizinischer Ethik. Theologische Beiträge zum gesellschaftlichen Diskurs, Freiburg i. Br., 356–379; Krippner, Bernd/Pollman, Arnd (2004),

missionen möglich, sagbar und darstellbar ist und was in ihnen ausgeschlossen bleibt. Auch werden für die unterschiedlichen Akteure in den Kommissionen hier Strukturen ihres Verhaltens vorgegeben.

1.1 Fallbesprechungs-Gremien

Als typische Fallbesprechungs-Gremien sind die Klinischen Ethik-Komitees (KEKs) anzusehen, deren Aufgabe die Reflexion ethischer Probleme ist, die in der Krankenhauspraxis entstehen. Typische Aufgabenfelder dieser Komitees sind insbesondere der Umgang von Ärzten und Pflegepersonal mit Patienten und deren Angehörigen, Fragen des Umgangs der verschiedenen Berufsgruppen im Krankenhaus miteinander, aber auch die ethische Weiterbildung von Krankenhausmitarbeitern. KEKs dienen den Krankenhäusern nicht als Entscheidungsinstrumente, sondern als Reflexionsinstanzen. Häufig werden problematische Entscheidungen von KEKs erst im Nachhinein diskutiert, d. h. Unstimmigkeiten oder Konflikte werden nachbesprochen.[8] Signifikant ist, dass von den KEK-Empfehlungen keinerlei rechtliche Bindungswirkung ausgeht – das gilt auch dann, wenn solche Fallbesprechungen vor der eigentlichen Entscheidung stehen. Die Resultate des Kommissionsdiskurses bleiben im Bereich der Empfehlungen oder appellieren an die handelnden Personen, ihr Verhalten zu überdenken und eventuell zu verändern.

Diese Fallbesprechungs-Gremien, welche auf freiwillige Initiative in Krankenhäusern eingerichtet werden, unterliegen den geringsten formalrechtlichen Restriktionen der hier verhandelten bioethischen Kommissionstypen. Die Ausgestaltung der Satzung der KEKs obliegt den jeweiligen Häusern. Es ist dieser freiwillige Charakter und die geringe Regulierung von Themen und Anlässen der KEK-Beratungen sowie der faktisch nicht vorhandene rechtliche Verpflichtungscharakter ihrer Empfehlungen, der dazu führt, dass die KEKs für sehr unterschiedliche Pro-

---

Bioethik-Kommissionen in Deutschland – ein Überblick, in: MenschenRechtsMagazin 3, 239–260.

8 Vgl. Inthorn, Julia (2008), Die Ethik Klinischer Ethik-Komitees – eine Rekonstruktion, in: Anselm, Reiner (Hg.), Ethik als Kommunikation. Zur Praxis Klinischer Ethik-Komitees in theologischer Perspektive, Göttingen, 153–174, 159 ff; Atzeni, Gina/Wagner, Elke (2010), Ethik als institutionalisierte Dauerreflexion. Zur Funktion von Unbestimmtheit in medizinethischen Beratungsgremien, in: Verhandlungen des 34. DGS-Kongresses in Jena, Wiesbaden.

blemstellungen offen sind. Gemäß dieser Offenheit für alle Probleme, die sich aus der Organisationsroutine einer Klinik ergeben, setzen sich die KEKs aus allen im Krankenhaus vertretenen Berufsgruppen sowie einem Patientenvertreter zusammen. Neben Ärzten, Pflegepersonal, Vertretern der Klinikverwaltung und zum Teil Juristen, gehören den KEKs auch ein oder mehrere Seelsorger an. Es handelt sich in diesen Fällen vorwiegend um Pfarrer, die ein Spezialpfarramt als Krankenhausseelsorger innehaben oder um Gemeindepfarrer, die sich in der Krankenhausseelsorge betätigen. Wichtig ist hier, dass der Seelsorger meist *als Teil des Krankenhauspersonals*, nicht in erster Linie *als Theologe* zur Mitgliedschaft im KEK berufen wird.

Betrachtet man nun die typische Argumentationsweise von theologischen KEK-Mitgliedern, fällt ins Auge, dass in deren Aussagen *explizit* religiöse oder theologische Begriffe und Argumentationen kaum vorkommen. Dieses Fehlen einer professionsspezifischen Fachsprache gilt aber ebenso für die anderen beteiligten Disziplinen und Tätigkeiten. Auch ökonomische und selbst medizinische Fachtermini, sofern sie nicht der grundsätzlichen Darstellung des erörterten Falls dienen, bleiben außen vor. Der Ausschluss eines „Fachjargons" ist Basis der Ausrichtung auf das Ziel gegenseitigen Verständnisses und der Ermöglichung einer die weitere Zusammenarbeit fördernde oder zumindest ermöglichenden Verständigung zwischen den Teilnehmern. Fachsprachen reklamieren „Herrschaftswissen" und erschweren das Gespräch zwischen den verschiedenen Berufsgruppen.

Das spezifische Verhalten der Religionsvertreter in den KEKs ist also nicht auf der Ebene explizit religiöser Sprache zu finden, wohl aber in der Art und Weise, in welcher sie sich in den Kommunikationsgang einbringen. Es fällt auf, dass die Theologen in KEKs als *exemplarische Laien* auftreten. Sie zeichnen sich durch aktives Nachfragen aus, durch das Insistieren darauf, alle für die Beratungssituation entscheidenden Fakten offenzulegen. Sie zielen darauf, das unterschiedliche (vor allem medizinische) Vor- und Fachwissen der Diskussionsteilnehmer hinsichtlich eines bestimmten Falls zu vermitteln und prinzipiell eine gemeinsame Ausgangsbasis für alle Diskussionsteilnehmer zu schaffen. So ist es den Theologen auch möglich, Selbstverständlichkeiten des Krankenhausalltags zu hinterfragen und hierdurch anderen Teilnehmern die Möglichkeit zur Mitsprache zu eröffnen.[9]

---

[9] Vgl. Lück, Anne-Kathrin (2008), Professionalisierung durch De-Professionalisierung. Wie Theologinnen und Theologen in Klinischen Ethik-Komi-

Die theologisch-seelsorgerliche Kompetenz bringt sich also dadurch zur Geltung, dass auf explizit religiöse oder theologische Sprache verzichtet wird, dafür der eigene Laienstatus für den Diskurs fruchtbar gemacht wird. Die Theologen nehmen also bewusst die Rolle des exemplarischen Laien ein und üben in dieser Rolle für die Komiteediskurse eine strukturierende Funktion aus. Die Kommunikationsweise der Komitees wird nicht zuletzt durch die Seelsorger einer *symmetrischen Kommunikation* angenähert, welche sich abseits der üblichen Klinikhierarchien bewegt.

Dem religiösen Akteur in den KEKs kommt damit besondere Verantwortung für Verfahrensfragen und Regeln der Diskurse zu. Diese Verfahrensfragen sind für die KEKs nicht nur Mittel zum Zweck, sondern selbst in hohem Maße zweckhaft und konstitutiv. Nicht nur ist die Einhaltung der Regeln Bedingung der Möglichkeit gegenseitigen Verständnisses, sondern steht im Dienst nicht nur des sachhaltigen, sondern auch des persönlichen Aspekts der Verständigung. Indem die Theologen dieser Dimension der KEK-Diskurse besondere Aufmerksamkeit widmen, fällt ihnen häufig die Rolle des Moderators zu. Dabei kommt ihnen zu Gute, dass sie es aus ihrem Berufskontext gewohnt sind zuzuhören und zu vermitteln.

Darüber hinaus lässt sich eine weitere, durch die professionelle Erfahrung als Klinikseelsorger geprägte, Perspektive auf die Beratungsfälle des Komitees beobachten. Bei der Reflexion ethischer Probleme im Krankenhausalltag können Theologen eine Perspektive einbringen, die insbesondere die auf Schnelligkeit und Effektivität der Arbeitsabläufe eingestellte Klinikroutine kritisch in den Blick nimmt. Die rein funktionale Sichtweise, auf sowohl den Patienten, der nur in Bezug auf die Behandlung der Krankheit von Belang ist, als auch auf Mitarbeiter, die nur in ihrer Rolle für die Arbeitsroutinen wahrgenommen werden, wird zugunsten einer Betrachtung des „ganzen Mensch“ überschritten, dessen Bedürfnissen und Gefühlen prinzipiell ebensoviel Gewicht zukommt, wie der kurativ-medizinischen und pflegerischen Versorgung oder den ökonomischen Parametern. Hier wird der religiöse Akteur zum Anwalt der Unterscheidung von Person und Tat.

---

tees auf semantischer Ebene agieren, in: Anselm, Reiner (Hg.), Ethik als Kommunikation. Zur Praxis Klinischer Ethik-Komitees in theologischer Perspektive, Göttingen, 47–71.

1.2 Beratungsgremien

Die Aufgabe des zweiten Typus von Kommissionen, der als Beratungsgremium zu bezeichnen ist, besteht in der Politikberatung bei (bio)ethischen Themen und in der Information und Einbindung der Öffentlichkeit in (bio)ethische Fragestellungen.[10] Repräsentiert wird dieser Typus vor allem vom Deutschen Ethikrat (DER) vormals Nationaler Ethikrat (NER) und von den Ethikkommissionen einzelner Bundesländer sowie dem Parlamentarischen Ethikbeirat. Die Kommissionen dieses Typs beraten politische Entscheidungsgremien (Bundes- oder Landesregierung, Parlament etc.) und sind darüber hinaus ausdrücklich als Forum eingerichtet, das die gesellschaftliche Diskussion über ethische Fragen aufnimmt und anleitet. Im Folgenden konzentrieren wir uns auf DER/NER und die Bayerische Bioethikkommission.

Am Beispiel des NER ist zu erkennen, welche Spannbreite die verhandelten Themen haben, sie reichen von aktuellen Problemen wie dem „Import menschlicher embryonaler Stammzellen“ bis hin zu grundsätzlichen moralphilosophischen Erwägungen über „ethischen Pluralismus“. Diese Themen wurden dem NER teils von der Bundesregierung oder dem Bundestag vorgegeben (wie z. B. im Falle der Debatten im Vorfeld der Stammzellgesetzänderungen), können aber auch aus den Debatten des Rates selbst hervorgehen (wie z. B. im Falle der Beratungen zum „ethischen Pluralismus“, der von dem NER selbstreflexiv in Reaktion auf vorhergehende Debatten gewählt wurde).

Formal-rechtlich ist für Gremien der Beratung die Zusammensetzung der Mitglieder sowie deren grundsätzliches Aufgabengebiet geregelt. Die rechtliche Bindungswirkung der Voten ist jedoch bei den Beratungsgremien als niedrig einzustufen. Regierung bzw. Parlamente sind nicht verpflichtet, den Empfehlungen der Kommissionen Folge zu leisten. Entsprechend sind diese Gremien keineswegs gehalten, immer einheitliche Empfehlungen abzugeben. Abweichende Sonder- und Einzelvoten zu den Empfehlungen sind im Gesetz explizit vorgesehen.[11]

Entsprechend haben diese Gremien den Anspruch, ein „plurales Meinungsspektrum“ der Gesellschaft abzubilden. Erfordert war nach § 3 des Kabinettserlasses zur Einrichtung des NER vom 25. April 2001, dass die Mitglieder „in besonderer Weise naturwissenschaftliche, medizinische, theologische, philosophische, soziale, rechtliche, ökologische und

---

[10] Ethikratgesetzes (EthRG) § 2 , Ernennungserlasses NER § 2.

[11] Ethikratgesetz (EthRG) § 7 Abs. 3, Einrichtungserlass NER § 4 Abs. 3.

ökonomische Belange repräsentieren". Dieser Passus ist auch in § 4 des Ethikratgesetzes (EthRG) vom 16. Juli 2007 eingegangen, welcher die Mitgliedschaft im DER regelt. Hier wird nun ergänzt: „Zu seinen Mitgliedern gehören Wissenschaftlerinnen und Wissenschaftler aus den genannten Wissenschaftsgebieten", aber auch weitere Personen, „die in besonderer Weise mit ethischen Fragen der Lebenswissenschaften vertraut sind." Dass in der konkreten Besetzungspraxis im NER schließlich je ein hochrangiger Kirchenfunktionär der beiden großen christlichen Kirchen und je ein in bioethischen Fragen ausgewiesener akademischer Theologe beider christlicher Konfessionen war, war kontingentes Produkt der faktischen Berufungspraxis und wurde für den DER übernommen.

Unter den Kommissionsmitgliedern stellen die Theologen unter diesen Bedingungen insofern eine Besonderheit dar, dass sie sowohl als Repräsentanten einer bestimmten Gruppe, nämlich der Kirchen bzw. möglicherweise sogar der protestantischen bzw. katholischen Christen, angesehen werden können, als sie auch als Wissenschaftler, akademische Theologen und Ethiker legitimiert sind. Die Betonung der persönlichen Verantwortung gegenüber einer repräsentativen Funktion wird im EthRG und der Geschäftsordnung des DER (gegenüber dem Einrichtungserlass des NER) ausdrücklich hervorgehoben, wenn herausgestellt wird, dass die Mitglieder „ihre persönlichen Überzeugungen" vertreten und „nur ihrem Gewissen unterworfen" sind.[12]

Eingebunden in den interdisziplinären Kontext der Kommission gilt für die beteiligten Berufstheologen, dass sie sich hinsichtlich theologischer Fachsprache der Verwendung religiöser Vorstellungen und Begriffe größte Zurückhaltung auferlegen. Eine Durchsicht der Protokolle der Sitzungen des NER und seiner Stellungnahmen aus dem Zeitraum 2001–2007 hat ergeben, dass explizite theologische oder religiöse Sprache so gut wie nicht vorkommt.[13] Wenn sie doch auftritt, wird sogleich darauf Bezug genommen, dass es sich dabei um einen spezifisch weltanschaulich gebundenen Sprachgebrauch handelt. Das Verhalten der Theologen und Bischöfe ist zum einen dadurch ausgezeichnet, dass sie in besonderem Maße auf die Verständlichkeit der naturwissenschaftlichen Sachverhalte achten und auf in diesen Beschreibungen enthaltene implizite Wertungen und Normierungen aufmerksam machen. Dies allerdings ist

---

[12] So die Formulierungen in § 1 der Geschäftsordnung des DER, http://www.ethikrat.org/ueber-uns/geschaeftsordnung-des-deutschen-ethikrates (23.3.2010).

[13] Voigt (2008), 259 ff.

kein Spezifikum der theologischen Akteure alleine, sondern auch bei Philosophen und Sozialwissenschaftlern zu beobachten. Über diese hermeneutische Funktion hinaus ist zum anderen im NER weit stärker als in den anderen Kommissionstypen die spezifisch theologische Expertise gefragt, die von den religiösen Akteuren erwartet und auch beigesteuert wird. Allerdings kleidet diese sich nicht in die theologische Fachsprache, sondern tritt in einer allgemein verständlichen, vernunftbasierten Argumentation auf. Diese dezidiert *theologische* Kompetenz der Religionsvertreter ist nun auch der Grund dafür, dass tatsächlich die Frage, *welche* Theologie von dem jeweiligen Akteur vertreten wird, für die Wirksamkeit in der Kommission von großer Bedeutung ist. Für den Theologen gilt wie etwa für den Philosophen, dass ihm eine Reihe unterschiedlicher Traditionen und Reflexionsmuster zur Verfügung stehen, aus denen er seine eigene, persönliche Überzeugung gewinnt. Theologie ist also nicht gleich Theologie, sondern die von einem Theologen vertreten Überzeugung ist das Resultat wissenschaftlicher und persönlicher Bildung. Daher lässt sich etwas zugespitzt sagen, dass es soviel Theologien wie Theologen gibt. Die Frage, inwiefern es sich hierbei um einen legitimen theologischen Pluralismus handelt und durch welche Faktoren er limitiert ist etc., gehört zu den vieldiskutierten Themen der Theologie selbst. Dies ist hier nicht zu verhandeln. Hinzuweisen ist allerdings auf eine tiefgreifende Differenz zwischen protestantischer und römisch-katholischer Theologie im Hinblick auf den in ihnen vorkommenden ethischen Pluralismus: In der römisch-katholischen Kirche gibt es kirchenrechtlich definierte Äußerungen von Papst und Bischöfen in Fragen der Moral, die für die gesamte Kirche und alle Gläubigen als verbindlich gelten. Demgegenüber abgestuft sind Äußerungen, die zwar nicht diesen unbedingt verpflichtenden Charakter haben, bei denen jedoch vorausgesetzt wird, dass sie von den Gläubigen aus Glaubens- und Willensgehorsam ebenfalls angenommen werden. In der protestantischen Kirche hingegen gibt es ein solches Lehramt in ethischen Fragen nicht. Der Protestantismus kennt nur in sehr wenigen Grundfragen des Glaubens eindeutige Vorgaben, in Fragen der Lebensführung und Weltgestaltung, in ethischen Fragen, kennt die protestantische Tradition solche eindeutige Bestimmtheit nicht.

Mag dies im Blick auf die von den Theologen in diesen Kommissionen womöglich erwartete Homogenität und Repräsentativität ihrer Meinung für die jeweilige Kirche oder gar „den" Protestantismus womöglich verwirren, hat es jedoch den Effekt, dass in dem Typus der Beratungskommission von entscheidender Bedeutung ist, *welcher* Theologe mit *welcher* theologischen und ethischen Position dort agiert. So haben die Religionsvertreter im NER in den Debatten zu moralischen Konflikten am Lebensanfang und Lebensende die Gelegenheit gesehen, die Haltung der Kirchen in diesen Fragen öffentlichkeitswirksam zu vertreten – am deutlichsten in den Debatten um die Stammzellgesetzgebung bis 2007. Dabei ging es ihnen darum, ihren „Dissens“ zu der mehrheitlich sich abzeichnenden Liberalisierung der humanen embryonalen Stammzellforschung zu dokumentieren. Auch argumentativ unterschied sich die Haltung der evangelischen und der katholischen Vertreter hier nicht, so dass von einer „christlichen Bioethik-Koalition“ gesprochen wurde.[14] Gegenüber diesem Eindruck von Homogenität ist aber auf andere Stimmen hinzuweisen, die keineswegs marginale Bedeutung haben. So haben die religiösen Akteure in der Bayerischen Bioethikkommission (mit der charakteristischen Ausnahme der Oberkirchenrätin und Regionalbischöfin Susanne Breit-Kessler) für eine Stichtagsregelung votiert, wie sie später auch vom Bundestag beschlossen wurde. Der Unterschied zwischen den religiösen Akteuren im NER bzw. in Bayern liegen letztlich in unterschiedlichen theologischen Verhältnisbestimmungen zum modernen Menschenwürde-Konzept sowie (damit zusammenhängend) einer unterschiedlichen theologischen Beurteilung des modernen Pluralismus. Dies ist an dieser Stelle im Einzelnen nicht darzulegen, wird aber bei der Frage nach der Rolle der „Religion“ in bioethischen Diskursen später nochmals aufzunehmen sein.

1.3 Begutachtungsgremien

Den dritten Kommissionstyp bilden Begutachtungsgremien, die ihre Aufgabe darin haben, die Zulässigkeit biomedizinischer Forschung und Anwendung zu beurteilen. Es geht etwa um Forschung an humanen embryonalen Stammzellen (hES) und konkrete Fälle der Lebendorganspende. Es handelt sich hierbei um Ethikkommissionen des Arzneimittel-, des Medizinprodukte-Gesetzes bzw. der Strahlenschutzverordnung (AMG/MPG/StSchVo), die Zentrale Ethikkommission für Fragen der Stammzellforschung am Robert Koch-Institut (ZES) und die Lebendspendekommissionen des Transplantationsgesetzes (TPG). Unter dem Begriff Begutachtungsgremien sind also inhaltlich stark heterogene Gremien zusammengefasst, die jedoch die zentrale strukturelle Gemeinsamkeit haben, über konkrete Einzelfälle zu beraten und rechtlich

---

[14] Pinter, Iris (2003).

bindende Beschlüsse zu fassen. Aus Gründen der Darstellung beschränken wir uns im Folgenden auf die ZES, die darüber hinaus das Verhalten der religiösen Akteure in exemplarischer Weise zu beobachten erlaubt.

Die ZES hat zur Aufgabe, der Genehmigungs-Behörde für Forschungsprojekte mit hES-Zellen, dem Robert Koch-Institut (RKI), eine Stellungnahme zur ethischen Vertretbarkeit bei der Behörde beantragter Projekte zu geben. Dabei ist ihre Aufgabe darauf beschränkt, zu prüfen, ob die beantragten Projekte den im Stammzellgesetz geforderten Kriterien der Hochrangigkeit sowie der Alternativlosigkeit hinsichtlich der Nutzung von hES-Zellen genügen. Seit Inkrafttreten des Stammzellgesetzes 2002 darf ohne Zustimmung der Genehmigungsbehörde für Stammzellforschungsvorhaben am RKI keine Forschung an hES-Zellen durchgeführt werden. Grundlage für die Entscheidung der Genehmigungsbehörde ist das Votum der ZES. § 2 der „Verordnung über die Zentrale Ethik-Kommission für Stammzellenforschung" macht deutlich, dass Gesetze und Verordnungen hier einen sehr strikten Rahmen aufstellen, innerhalb dessen die Bewertung der Kommission erfolgen muss: „Die Zentrale Ethik-Kommission für Stammzellenforschung nach § 8 Abs. 1 und 2 des Stammzellgesetzes (Kommission) prüft und bewertet nach § 9 des Stammzellgesetzes auf Anforderung der zuständigen Behörde, ob Forschungsvorhaben, die Gegenstand eines Antrags auf Genehmigung nach § 6 des Stammzellgesetzes sind, die Voraussetzungen nach § 5 des Stammzellgesetzes erfüllen und in diesem Sinne ethisch vertretbar sind, und gibt dazu gegenüber der zuständigen Behörde schriftliche Stellungnahmen nach den Vorschriften dieser Verordnung ab." Zu prüfen ist von der ZES gemäß Stammzellgesetz § 5 die *Hochrangigkeit* des Forschungsvorhabens sowie die *Alternativlosigkeit* der Nutzung von hES zur Aufklärung des interessierenden Sachverhalts.

Die genaue Zusammensetzung der ZES ist in § 8 des Stammzellgesetzes ebenfalls bereits vorgegeben, sie muss aus „neun Sachverständigen der Fachrichtungen Biologie, Ethik, Medizin und Theologie" bestehen. Weiter heißt es „Vier der Sachverständigen werden aus den Fachrichtungen Ethik und Theologie [...] berufen." Die Berufung erfolgt durch die Bundesregierung, wobei das „Nähere der Berufung" nach § 8 Abs. 4 „mit der zuständigen Behörde", also dem RKI, zu regeln ist. Praktisch wurden je ein katholischer und ein evangelischer Theologe (plus entsprechender Stellvertreter) berufen, die als Universitätstheologen langjährig ausgewiesene Experten im Bereich der Bioethik sind.[15]

---

[15] Gesetzestext und Mitglieder sind aufgeführt unter: http://www.rki.de/nn_

Für die in der ZES beteiligten Theologen erfährt dies eine zusätzliche Zuspitzung dadurch, dass sie schon durch ihre Beteiligung in der ZES sich im Gegensatz zu der offiziellen Position ihrer Kirchen befinden, die der Forschung mit hES-Zellen grundsätzlich ablehnend gegenübersteht.[16] Wie sich das faktische Verhalten der religiösen Akteure darstellt, ist nicht anhand von Wortprotokollen o. ä. nachzuprüfen. Aufgrund der Diskretion und Vertraulichkeit der ZES-Sitzungen, welche einerseits notwendig sind, da es sich um staatliche Genehmigungsverfahren handelt, und andererseits um zu vermeiden, dass bei dem gesellschaftlich heiklen Thema der Stammzellforschung die Arbeit der Kommission zum Schauplatz öffentlichkeitsorientierter Grundsatzdebatten wird, liegen von ZES-Sitzungen keine Wortprotokolle vor. Der klar umrissene Aufgabenbereich und die Notwendigkeit, Voten an die Genehmigungsbehörde zu geben, legen jedoch auch für diese Kommission einen sachlichen auf den Einzelfall bezogenen Diskussionsstil nahe. Genau dies ist nach Angabe des Vorsitzenden der Kommission, des Philosophen Ludwig Siep, auch der Fall: „Im Alltag der Kommission wird *nicht* ‚um Gott und die Welt gerungen'. Es wird überwiegend über einzelne Anträge diskutiert und geprüft, ob die beantragte Forschung im Sinne des Gesetzes ethisch vertretbar ist."[17] Wir konzentrieren unsere Analyse deshalb auf die öffentliche Selbstdarstellung der ZES-Theologen.

Bei einer Tagung anlässlich des fünfjährigen Bestehens der ZES sind entsprechende Zeugnisse zu finden.[18] Die Theologen richten besonderes Augenmerk darauf, dass sie in ihrer Begrenzung auf die Beurteilung der ethischen Vertretbarkeit im Sinne des Gesetzes kein grundsätzliches ethisches Urteil über die Forschung an hES-Zellen zu fällen haben, was ihnen teils den Vorwurf einhandelt, keine selbstständige ethische Urteilskraft zu entfalten.[19]

228968/DE/Content/Gesund/Stammzellen/ZES/zes__node.html__nnn=true (23.3.2010).

16 Zu der unterschiedlichen Bindung der protestantischen und katholischen Theologie an das kirchliche „Lehramt" vgl. Voigt (2008), 256–259.

17 Siep, Ludwig (2008b), Ethische Bewertung der embryonalen Stammzellforschung in Deutschland. Fünf Jahre Zentrale Ethik-Kommission für Stammzellforschung, in: Bundesgesundheitsblatt – Gesundheitsforschung – Gesundheitsschutz 51, 947–949, 947.

18 Die veröffentlichten Tagungsbeiträge jetzt in: Bundesgesundheitsblatt – Gesundheitsforschung – Gesundheitsschutz 51 (2008).

19 Vgl. Fateh-Moghadam, Bijan (2010), Bioethische Diskurse zwischen Recht,

So tritt in den Beiträgen der beiden Theologen, des protestantischen Sozialethikers Hartmut Kreß und des katholischen Moraltheologen Konrad Hilpert die Auseinandersetzung mit den Argumenten und Vorbehalten gegen die hES-Forschung, und somit auch den kirchlichen Stellungnahmen in den Vordergrund. Dies geschieht charakteristischer Weise bei dem protestantischen Theologen Kreß ganz explizit unter Bezugnahme auf die Kirche, bei dem katholischen Theologen Hilpert eher implizit im Verweis auf die Öffentlichkeit und die Kirche als eines Agenten der Öffentlichkeit. Kreß reflektiert die Rolle der Kirchen kritisch und konfrontiert sie mit Perspektiven der Medizin und Forschung, aber auch des Rechts. Dabei geht es ihm vor allem darum zu zeigen, wie diverse Einflussnahmen der Kirchen auf Öffentlichkeit und politische Prozesse zwar alle möglichen Chancen suchen, die Forschung mit hES-Zellen zu unterbinden, damit aber offenkundige Selbstwidersprüche und Ungerechtigkeiten in Kauf nehmen.[20]

Konrad Hilpert argumentiert exemplarisch: Die ethischen Fragen der Stammzellforschung seien inzwischen „Chiffre und Symbol für die moralische Problematik der modernen Biomedizin im Gesamten."[21] Hierbei zeige sich ein erheblicher Vertrauensverlust der Öffentlichkeit gegenüber einer rasant fortschreitenden und immer mikroskopischer arbeitenden Biologie und ihrer Folgen für das Selbstverständnis des Menschen. Hilpert betont zum einen die aus den Wissenschaften selbst stammenden Mechanismen der Selbstkontrolle, aber auch Selbstüberhebung. Diese Bemühung um ein realistisches Bild des Wissenschaftssystems kontrastiert er mit den in der Öffentlichkeit unsachgemäß geschürten Ängsten bzw. Hoffnungen in Blick auf die modernen Wissenschaften: „Die Öffentlichkeit, d. h., die Akteure, die auf die öffentliche Meinungsbildung Einfluss nehmen (Parteien, Medien, Kirchen), müssen sich dort,

---

Ethik und Religion. Juristische Perspektiven – Zum Einfluss der Religion in bioethischen Beratungsgremien, in: Voigt, Friedemann (Hg.), Religion in bioethischen Diskursen. Interdisziplinäre, internationale und interreligiöse Perspektiven, Berlin, New York, 31–64.

20 Kreß, Hartmut (2008a), Forschung ja – Anwendung nein? Medizinische, pharmakologische und toxikologische Nutzung humaner embryonaler Stammzellen in ethischer Sicht, in: Bundesgesundheitsblatt – Gesundheitsforschung – Gesundheitsschutz 51, 965–972, 966.

21 Hilpert, Konrad (2008a), Forschung und öffentliches Vertrauen. Das Beispiel der humanen embryonalen Stammzellforschung, in: Bundesgesundheitsblatt – Gesundheitsforschung – Gesundheitsschutz 51, 980–984, 980.

wo gestritten und über die Rahmenbedingungen der Forschung entschieden werden muss, um einen möglichst guten Kenntnisstand bemühen. Die Öffentlichkeit muss, wo immer sie Gefahren erkennt, vor denen sie geschützt sein will, verhältnismäßige Instrumente wählen. Und sie muss der Versuchung widerstehen, Ziele zu unterstellen, für die eigentlich niemand eintritt."[22] So verweist Hilpert darauf, dass die Arbeit der Theologen in der ZES in genau jenem Dienst an der Öffentlichkeit steht, ein realistisches Bild von der Wissenschaft zu gewinnen, indem diese sich nicht nur als Fachdiskurs unter Naturwissenschaftlern inszeniert.

In der Vertrauensbildung statt in der Produktion von Misstrauen sehen die beteiligten Theologen ihre Aufgaben und machen deutlich, dass sich gerade darin auch theologische Potentiale entbinden: „Die Bevorzugung von Untergangs- und Verfallsszenarios verträgt sich übrigens auch schlecht mit dem Geist der grundsätzlichen Affirmation, der vom Schöpfungsbekenntnis des Christentums trotz allen Wissens um Endlichkeit und Versagen ausstrahlt."[23] Hier wird also – auch im Selbstverständnis der in der ZES engagierten Theologen – eine spezifische Leistung von Religion, nämlich das Schaffen von Vertrauen exemplarisch für die Öffentlichkeit vollzogen.

2. Typen religiöser Akteure

Die vorgenommenen *idealtypischen* Unterscheidungen implizieren natürlich, dass in der tatsächlichen Beteiligung der religiösen Akteure die Elemente sich nicht so reinlich scheiden lassen. Aber sie weisen auf wichtige Tendenzen und Differenzen in der Funktion von Religion in bioethischen Debatten hin. Sie sollen im Folgenden – ebenfalls idealtypisch – noch einmal nach den ihnen formal und faktisch entgegengebrachten *Erwartungen*, ihrem tatsächlichen *Agieren* sowie ihrem *Selbstverständnis* dargestellt werden.

2.1 Der Seelsorger

Der Typus des Seelsorgers ist dadurch gekennzeichnet, dass er in einem Krankenhaus oder einer vergleichbaren, mit biomedizinischen Problemfällen befassten Einrichtung arbeitet und dort gegenüber vor allem Pa-

---

[22] Hilpert (2008a), 984.

[23] Hilpert (2008a), 984.

tienten oder Pflegebedürftigen, aber auch dem Personal seelsorgerlich tätig ist. Er gehört den Fallbesprechungs-Gremien, also vor allem den KEKs, als Angehöriger der Institution an.

Die dem Seelsorger in den Kommissionen entgegengebrachten Erwartungen, wie sie sich in den gesetzlichen Vorgaben oder Geschäftsordnungen, aber auch Äußerungen anderer Kommissionsmitglieder entnehmen lassen, sind unspezifisch. Der Seelsorger ist in einem KEK, weil er eben auch an dem Klinikum arbeitet. Ihrem faktischen Verhalten nach kultivieren die Seelsorger ihre Laienstatus, indem sie ihn als eine *legitime und ethisch relevante Referenz* des Kommissionsdiskurses inszenieren. Als „exemplarische Laien" machen sie gleichsam aus der Not ihrer fehlenden medizinisch-naturwissenschaftlichen Expertise die Tugend des common sense, allgemeinverständlicher Sprache, fairen Umgangs in der Kommunikation. Diese kommunikative *Kultivierung* des Laienstatus ist dabei von entscheidender Bedeutung: Anders als bei seiner seelsorgerlichen Tätigkeit unterbleibt hier *grundsätzlich* der (mehr oder weniger explizite) Bezug auf die Vorstellungswelt der christlichen Religion. Erst recht wenn sich der Seelsorger in expressiver religiöser oder unvermittelter theologischer Sprache als prophetischer Verkünder des „Ganz-Anderen" darstellt, schließt er sich von den Debatten selbst aus und bleibt für die Kommissionsdiskurse ohne Bedeutung.[24]

Ob hier die persönliche und professionelle Disposition und Selbstreflexion des Krankenhausseelsorgers entscheidend ist, oder ob die Diskurse der KEKs hier auch eine entsprechende Disziplinierung bzw. Zivilisierung der religiösen Akteure bewirken, wäre noch weiter zu erforschen (wahrscheinlich spielen beide Aspekte eine Rolle). Jedenfalls entspricht auch das Selbstverständnis des Seelsorgertypus in den KEKs in der Regel seinem Agieren. Er ist der exemplarische Laie, der seine spezifische Leistung für den Kommissionsdiskurs in der Gestaltung der Diskurskommunikation sieht, der Moderator mit Verantwortung für die Verfahrensregeln, der Anwalt der Person, jenseits einzelner Funktionsbezüge. Dabei spielen Fragen der theologischen Begründung und Position des Seelsorgers praktisch keine Rolle, vielmehr scheint er „intuitiv"[25] be-

---

[24] Vgl. hierzu Plaul, Konstantin (2008), Prophet oder Pastor? Zum Selbstverständnis von Theologen in Klinischen Ethik-Komitees, in: Anselm, Reiner (Hg.), Ethik als Kommunikation. Zur Praxis Klinischer Ethik-Komitees in theologischer Perspektive, Göttingen, 71–86, 84.

[25] Anselm, Reiner (2008), Common Sense und anwendungsorientierte Ethik, in:

stimmte *Funktionen* von Religion wahrzunehmen. Darauf ist zurückzukommen.

2.2 Der akademische Theologe

Der Akteurstyp „akademischer Theologe“ kommt in den Ethikkommissionen der Beratung und Begutachtung vor. Es handelt sich in aller Regel um Universitätstheologen mit einem meist auch durch den Lehrstuhl ausgewiesenen Schwerpunkt im Bereich der Ethik bzw. speziell der Bioethik. Diese professionelle Expertise im Bereich der (Bio-)Ethik ist auch der Grund für die Aufnahme dieses Typus in die Kommissionen wie DER/NER oder ZES.

Die Erwartung gegenüber dem akademischen Theologen richtet sich an ihn zum ersten als Wissenschaftler im Allgemeinen. Als Mitglied der scientific community werden ihm Kenntnisse der Prozesse und Standards wissenschaftlicher Forschung, Antragstellung etc. zugeschrieben. Zum Zweiten wird beim akademischen Theologen ethische Expertise vorausgesetzt, die Kenntnis ethischer Grundlagen- und Anwendungsfragen sowohl nach der theoretischen Tradition als auch hinsichtlich aktueller Problemfelder. Drittens repräsentiert der Theologe für die anderen Kommissionsmitglieder Tradition, religiöses Gedankengut und Werte. Dieser dritte Erwartungshorizont ist eher implizit und relativ stark enttäuschungsgefährdet, verbindet sich damit doch häufig die Annahme, es gebe so etwas wie „die“ protestantische oder katholische Auffassung zu bioethischen Problemen, was der inneren Vielfalt der theologisch-ethischen Tradition beider christlicher Konfessionen nicht gerecht wird.

Das tatsächliche Verhalten des akademischen Theologen variiert stark nach Kommissionstyp und reicht von dem als Partei agierenden Verfechter bestimmter theologisch-ethischer Positionen (NER/DER) bis zum Repräsentanten exemplarischer Öffentlichkeit (ZES).

Das Selbstverständnis dieses Typus religiösen Akteurs ist stark durch seine Theologie bestimmt. In anderen Worten: Die von ihm vertretene theologisch-ethische Position, das Verständnis der Ethik im Ganzen der Theologie sowie das damit zusammenhängende Verständnis der Theologie im Bezugsfeld von Wissenschaft, Kirche, Gesellschaft und Kultur bestimmt im hohen Maße das Verhalten des akademischen Theologen in den Kommissionen. Besonders anschaulich wird dies vor allem beim

---

ders. (Hg.), Ethik als Kommunikation. Zur Praxis Klinischer Ethik-Komitees, Göttingen, 175–197, 187.

Blick auf die akademischen Theologen in NER/DER und ZES. Hier liegt ein positioneller Unterschied auf der Hand: Während im NER um die Frage der ethischen Bewertung der Forschung an hES-Zellen kontrovers gerungen wurde und sich der Großteil der dort engagierten akademischen Theologen in einem langen Prozess von der strikten Ablehnung dieser Forschung zu einer Duldung bzw. einer Zustimmung zu der Stichtagsregelung durchgerungen haben,[26] setzt die Mitarbeit in der ZES von Anfang an voraus, dass eine Zustimmung zu der Frage besteht, ob überhaupt an hES-Zellen geforscht werden soll.

2.3 Der Kirchentheologe

Der Typus Kirchentheologe zeichnet sich durch eine exponierte, zumeist nicht nur innerkirchlich, sondern auch gesamtgesellschaftlich sichtbare Position in der Kirche aus. Es handelt sich vor allem um hohe Kirchenvertreter (z. B. Bischöfe). Typischerweise finden sich Kirchentheologen in den öffentlich und politisch sichtbaren Kommissionstypen wie NER/DER, in welchen Sie von den anderen Mitgliedern aber auch von der Öffentlichkeit und insbesondere von Mitgliedern ihrer eigenen Kirche als Vertreter dieser Kirche wahrgenommen werden.

Die Kirchentheologen in bioethischen Beratungsgremien sind mit der Erwartung konfrontiert, als Vertreter der Kirchen bzw. der konfessionellen Christentümer zu wirken. Wenngleich die Mitglieder von NER/DER ihr Amt „persönlich und unabhängig" ausüben,[27] ist die Übereinstimmung mit offiziellen kirchlichen Positionen sowohl empirisch zu beobachten und wird von einigen der Theologen durchaus auch als Ziel und Aufgabe ihres Wirkens verstanden.[28] Diese Erwartungen und Selbsteinschätzungen sind durch die Erfahrungen im NER modifiziert worden. Vielleicht am deutlichsten im Falle der religiösen Akteure und ihres ver-

---

[26] Dazu detailliert Kreß, Hartmut (2008b), Humane embryonale Stammzellforschung in der Sicht protestantischer Ethik und die Reform des Stammzellgesetzes in Deutschland am 11. April 2008, in: Körtner, Ulrich H. J./Kopetzki, Christian (Hg.), Stammzellforschung. Ethische und rechtliche Aspekte, Wien, New York, 192—210; und Voigt (2008).

[27] Ethikratgesetz (EthRG) § 3, sowie sinngemäß Einrichtungserlass NER § 4 Abs. 1.

[28] Hier bestehen durchaus große Unterschiede zwischen den Vertretern der evangelischen und katholischen Kirche, vgl. hierzu 1.2 sowie Voigt (2008), 258 f., 259–266.

geblichen Versuchs im Vorfeld der Stammzellgesetzgebung von 2002 repräsentative Eindeutigkeit darzustellen, wurde deutlich, dass eine *stellvertretende* Funktion der Mitglieder für eine Interessengruppe, Institution oder Gemeinschaft nicht möglich ist, allenfalls eine *exemplarische* Vertretung solcher Gruppen plausibel erscheint. Wurde im Einrichtungserlass des NER die repräsentative Funktion zumindest nahegelegt, wurde später im Ethikratgesetz durch die Betonung der ausschließlichen Gewissensbindung der Mitglieder der persönliche und unabhängige Charakter weiter betont.

Betrachtet man das tatsächliche Diskussionsverhalten der Kirchentheologen, wird deutlich, dass auch hier nur in Ausnahmefällen expliziter Gebrauch von religiöser Sprache gemacht wird. Aus den Wortprotokollen geht hervor, dass auch die Kirchentheologen sich der sachlichen Erörterung des Diskussionsthemas anschließen und auch in allgemeinen sowie Sondervoten auf offensichtlich religiöse Begründungen verzichten. Ihre Diskurseinlassungen unterscheiden sich nicht wesentlich von denen der akademischen Theologen. Sie vertreten als gleichberechtigte Mitglieder in den Beratungsgremien ihre Positionen und beziehen Stellung zu den Positionen anderer Teilnehmer, vermerken kritisch blinde Flecken und mögliche strategische Argumentationsweisen einer rein naturwissenschaftlichen Betrachtungsweise. Darüber hinaus agieren sie als Experten für Fragen der Philosophie und Ethik.

Trotz mancher funktionaler Analogien von Kirchentheologen und ihrer akademischen Kollegen gibt es aber einen *strukturell* bedeutenden Unterschied. Die Kirchentheologen sind *faktisch* in anderer Weise an die offiziellen Verlautbarungen der Kirchen gebunden. Die Bindungswirkung kirchlicher Stellungnahmen für die Kirchentheologen hat unterschiedliche Grade. In der katholischen Kirche mit ihrem Verständnis des Lehramts ist diese Bindungswirkung selbst kirchenrechtlich definiert: Bestimmte Äußerungen von Papst und Bischöfen in Fragen des Glaubens und der Moral sind für die gesamte Kirche und alle Gläubigen verbindlich. Demgegenüber abgestuft sind Aussagen, die zwar nicht diesen verpflichtenden Status haben, aber bei denen vorausgesetzt wird, dass die Gläubigen sie glaubens- und willensgehorsam befolgen. Der Protestantismus kennt zwar ein solches Lehramt nicht, dennoch liegt es in der Natur der Sache, dass sich ein Kommissionsmitglied, welches als Vertreter der Kirche teilnimmt, bzw. mit dieser Erwartung konfrontiert wird, an solche offiziellen Verlautbarungen gebunden fühlt. Dies muss nicht in der Form völliger Übereinstimmung geschehen, aber der Kirchentheologe muss sich zu dieser Vorgabe zumindest verhalten. Davon hängt seine

Glaubwürdigkeit in der Kommission ebenso ab wie seine Autorität gegenüber den kirchlichen Institutionen. Gerade dieser letzte Aspekt darf nicht unterschätzt werden. Würde ein Kirchentheologe im Kommissionskontext ohne Rücksicht auf die kirchenoffiziellen Stellungnahmen sprechen, würde er riskieren, seine berufliche Position zu schwächen, in welcher er sich in noch einmal ganz anderen Bezügen als den bioethischen Kontexten bewegt. Ein akademischer Theologe kann in dieser Beziehung wesentlich freier agieren.

Darüber hinaus ist auffällig, dass Kirchentheologen und akademische Theologen *inhaltlich* nicht selten unterschiedlich votieren. Dabei weisen die Stellungnahmen der Kirchentheologen stärkere Vorbehalte gegenüber den modernen Lebenswissenschaften sowie einem neuzeitlichen Verständnis von Autonomie und Selbstbestimmung auf. Die Gründe hierfür sind in der Renaissance klassisch theologisch-antimoderner Ressentiments in der neueren Theologie- und Kirchengeschichte aufzusuchen.[29] Dies verweist auf Differenzen von akademischer und kirchlicher Theologie, bzw. Kirche und Theologie die in die Struktur des neuzeitlichen Christentums eingelassen sind,[30] und nicht nur in Fragen der Bioethik auftreten, sondern sich an diesen vielmehr aktualisieren.

3. Religion und Theologie in bioethischen Diskursen

„Religion spricht das menschliche Gemüt an; sie redet zur Parteilosen Überzeugung. In allen Ständen und Klassen der Gesellschaft darf der Mensch nur Mensch sein, um Religion zu erkennen und zu üben [...] Wenn Religion sich von Lehrmeinungen scheidet, so läßt sie jeder ihren Platz; nur sie will nicht Lehrmeinung sein. Lehrmeinungen trennen und erbittern; Religion vereinet; denn in aller Menschen Herzen ist sie nur Eine."[31] Diese Worte Johann Gottfried Herders aus dem Jahr 1798

---

[29] Vgl. dazu jetzt auch Kreß, Hartmut (2010), Dogmatisierung ethischer Fragen. Kirchliche Stellungnahmen zu ethischen Themen: Neue Dogmatisierungen, Konfessionalisierungen und die Retardierung der kirchlichen ethischen Urteilsfindung, in: Materialdienst des Konfessionskundlichen Instituts Bensheim 61, 3–9.

[30] Vgl. hierzu nach wie vor Rendtorff, Trutz (1970), Kirche und Theologie. Die systematische Funktion des Kirchenbegriffs in der neueren Theologie, 2. Auflage, Gütersloh.

[31] Herder, Johann Gottfried (1994), Von Religion, Lehrmeinungen und Gebräu-

haben auch heute nichts an ihrer Suggestionskraft verloren, vor allem weil das Thema, auf das sie sich richten, die Differenz von Religion und Theologie, bis heute eines der untergründig bestimmenden Themen der modernen *Theologie* und auch modernen *Religion* ist und bleiben wird. Die Berufung auf die Religion diente zur Befreiung des Subjekts von einer autoritativen Heteronomie durch Kirche und Dogmatik. Für die Theologie, die sich diese Unterscheidung zwischen Religion und Theologie zu eigen machte, ergab und ergibt sich die Aufgabe, sich selbst im Dienste dieses frommen Subjekts und der christlichen Religion zu verstehen. Die daraus resultierenden Umformungsprobleme der modernen Theologie sind bis heute virulent.

Wenn von Religion in bioethischen Diskursen die Rede ist, erhält die Unterscheidung von Religion und Theologie durch die vorliegende Untersuchung zu den religiösen Akteuren in Bioethikkommissionen eigene Plausibilität und erfährt auch eine Erweiterung ihres Bedeutungsvolumens.[32] Dies ist im Folgenden darzulegen.

Das vorhandene Material gibt Gründe für die These, dass wir es in den unterschiedlichen Kommissionstypen auch mit unterschiedlichen Ausdifferenzierungsgestalten von Religion und Theologie zu tun haben. Dabei ergibt sich offensichtlich eine Steigerung des theologischen Reflexionsgrades von der gleichsam rudimentären Theologizität seelsorgerlichen Wirkens in den Fallbesprechungs-Gremien der KEKs über die positionelle Theologie in der Beratungsinstanz von NER/DER bis zur hochgradig selbstreflexiven Theologie in der Begutachtungskommission der ZES.[33]

Die These von der rudimentären Theologizität des seelsorgerlichen Handelns in den Bioethikkommissionen ist rein deskriptiv bezogen auf

---

chen (zuerst 1798), in: ders., Theologische Schriften, Frankfurt a. M., 725–857, 727.

[32] Zur Bedeutung der *Theologie* für ethische Diskurse und besonders ihre öffentliche Funktion vgl. Hilpert, Konrad (2008b), Die Rolle der Theologie in der Ethik und ihre Implikationen für die Theorie der angewandten Ethik, in: Zichy, Michael/Grimm, Herwig (Hg.), Praxis in der Ethik. Zur Methodenreflexion in der anwendungsorientierten Moralphilosophie, Berlin, New York, 223–248.

[33] Hierbei ist natürlich zu beachten, dass diese unterschiedlichen Reflexionsgrade der Theologie *in* den Kommissionen nicht mit den Texten in eins gesetzt werden, die selbstreflexiv *über* das Verhalten der religiösen Akteure in den Kommissionen nachdenken. Dies eingerechnet lassen sich gleichwohl die unterschiedlichen hier in Betracht gezogenen Textgattungen danach befragen, welches *theologische Selbstverständnis* sich in ihnen dokumentiert.

die Kommissionsdiskurse in den KEKs. Sie umfasst nicht die sonstige Tätigkeit des Krankenhausseelsorgers und ist kein Urteil über die theologische Kompetenz der Seelsorger. Aber unabhängig von der theologischen Bestimmtheit bzw. dem theologischen Selbstverständnis des Krankenhauspfarrers und seiner wie auch immer reflektierten Seelsorgekonzeption, egalisiert der Diskurs in den KEKs die theologischen – und selbst die konfessionellen[34] – Unterschiede zwischen den Seelsorgern. Das heißt die Seelsorger in den KEKs weisen trotz Unterschieden in ihrer theologischen Ausrichtung in den KEKs ein ähnliches Verhalten und ähnliches Selbstverständnis auf. In der Forschungsliteratur werden dafür unterschiedliche Gründe aufgeführt. Während Ulrich H. J. Körtner, wenn auch mit anderer Stoßrichtung, dafür die mangelnde theologisch-ethische Qualifikation der Seelsorger anführt,[35] spricht Reiner Anselm davon, die Übernahme der „Moderatorfunktion" in den KEKs erfolge „intuitiv", wenn die Seelsorger auch „ihre eigene Beschränkung auf die Moderationskompetenz mitunter als Belastung empfinden".[36] Die Ausdeutung der Praxis der KEKs in theologischer Perspektive wie sie in dem Band „Ethik als Kommunikation" vorliegt, hat sich auf die im Titel zur Geltung kommende kommunikative Dimension konzentriert. Die KEK-Diskurse werden darin mit Wolfgang van den Daele als reflexive Steigerungsform moralischer Kommunikation zur Kommunikation über Moral aufgefasst.[37] Stephan Schleissing erwägt, den ethischen Sinn in besonderer Weise in der Kommunikation über „Handlungskontingenz" zu identifizieren.[38] Über den Kontingenzbegriff bzw. die Kommunikation über Kontingenz sucht Schleissing zugleich, wenn auch implizit, den Anschluss an die Religionsthematik herzustellen. Wenn Religion als „Kon-

---

[34] Vgl. Lück (2008), Plaul (2008), in deren Material sich die konfessionelle Indifferenz der Seelsorger zeigt, jedoch ohne, dass dies von den Autoren thematisiert wird.

[35] Körtner, Ulrich H. J. (2007), Ethik im Krankenhaus. Diakonie – Seelsorge – Medizin, Göttingen, 99 ff.

[36] Anselm (2008), 187 f.

[37] Vgl. van den Daele, Wolfgang (2001), Von moralischer Kommunikation zur Kommunikation über Moral. Reflexive Distanz in diskursiven Verfahren, in: Zeitschrift für Soziologie 30, 4–22.

[38] Schleissing, Stephan (2008), „Wir leben ja nun mal nicht auf 'ner Insel" Zum ethischen Sinn moralischer Kommunikation in Klinischen Ethik-Komitees, in: Anselm, Reiner (Hg.), Ethik als Kommunikation. Zur Praxis Klinischer Ethik-Komitees in theologischer Perspektive, Göttingen, 133–152, 149 ff.

tingenzbewältigungspraxis" (Hermann Lübbe) verstanden wird, würde sich also die Diskurskultur der KEKs insgesamt in einem religiös geprägten Kontext verstehen. Die Analysen Anselms und Schleissings weisen jedenfalls in dieselbe Richtung, nämlich das Agieren der Seelsorger in KEKs im Sinne persönlich eingelebter („intuitiv") bzw. kulturell eingeprägter („Kommunikation über Kontingenz") Religion zu deuten, die weder in bewusstem Rekurs auf die religiöse Tradition noch sprachlich explizit vorkommen muss.

In den Debatten der *Beratungskommissionen* ist hingegen ein davon signifikant unterschiedenes Vorkommen von Religion und Theologie zu beobachten. Es ist stark von theologischer Positionalität gekennzeichnet. Die Stellungnahmen und Beiträge der religiösen Akteure, es handelt sich vor allem um akademische Theologen sowie um Kirchentheologen, sind Ausdruck einer bestimmten individuellen, d. h. für eine bestimmte theologische Tradition und Gruppe charakteristischen Lehrmeinung.[39] Allerdings, so ist hinzuzufügen, entspricht diese Beschreibung nicht in allen Fällen auch dem Selbstverständnis der Theologen. Dieses lässt sich danach unterscheiden, ob sie sich zu ihrer eigenen Positionalität reflexiv verhalten, d. h. ob sie akzeptieren, dass sie individuelles Gepräge haben, oder ob sie davon ausgehen, für die Gesamtheit der Theologie, der jeweiligen Konfession oder gar des Christentums zu sprechen. Die *innertheologischen* Streitigkeiten um die Legitimität eines positionellen Pluralismus sowie des Umgangs damit gründen hier. Im Falle der Debatte um die Forschung an hES-Zellen im NER und den Reaktionen darauf, lassen sich diese innertheologischen Differenzen in einem charakteristischen Verlauf beobachten. Zunächst wurde von der ganz überwiegenden Mehrzahl der Theologen der Eindruck erweckt, es könne in dieser Frage nur eine einzige wohlbegründete christliche Haltung geben, nämlich die Ablehnung der Forschung an den hES-Zellen. In einem gemeinsamen Text der beiden großen christlichen Kirchen in Deutschland „Gott ist ein Freund des Lebens" wird mit einer „besonderen Würde des menschlichen Lebens" argumentiert, die im biblischen Sprachgebrauch mit der Gottesebenbildlichkeit des Menschen verankert sei und in deren Konsequenz auch die Fassung und der besondere Schutz der Menschenwürde in Art. 1 des Grundgesetzes stehe. Dieser besonderen Würde werde mit dem unbedingten Lebensrecht und dem Tötungsverbot entsprochen.

---

[39] Vgl. Rössler, Dietrich (2006), Positionelle und kritische Theologie (zuerst 1970), in: ders., Überlieferung und Erfahrung. Gesammelte Aufsätze zur Praktischen Theologie, hg. von Christian Albrecht/Martin Weeber, Tübingen, 140–154.

In einer weiteren Argumentation wird dann diese Menschenwürde auf das vorgeburtliche Leben bezogen. Dafür werden Ergebnisse der „embryologischen Forschung" namhaft gemacht, welche eindeutig bestätigten, dass mit der Verschmelzung von Ei- und Samenzelle ein „individuelles menschliches Leben" bestehe. In der katholisch-lehramtlichen Argumentation wird dies naturrechtlich mit dem Gedanken der Potentialität des Embryos zur vollen Menschwerdung verbunden, welchem daher bereits vom Zeitpunkt der Verschmelzung an der volle Schutz der Menschenwürde gebühre.[40]

Bei den protestantischen Theologen, die sich gegen die Forschung an hES aussprachen, bleibt die kirchliche Stellungnahme aus dem gemeinsamen Papier und die in ihr angelegte naturrechtliche Argumentation hintergründig. Tatsächlich argumentieren sie meist mit dem „Dammbruchargument", dass also mit der „Zerstörung" des Embryos ein Präzedenzfall für den Übergriff (vor allem von Wissenschaft und Forschung) auf den Menschen mit zerstörerischen Folgen für die Zivilisation gegeben sei.[41] Hier zeichnet sich also innerhalb der protestantischen Argumentationen bereits eine Differenz zwischen kirchlicher Verlautbarung und theologischer Argumentation – auch der Kirchentheologen im NER – ein, die nur durch die gemeinsame Ablehnung der Forschung an hES überblendet wird. Der theologische und ethische Dissens wird durch positionellen Konsens gleichsam kompensiert .

Auf diesem theologischen Hintergrund hatten die beiden großen christlichen Kirchen in Deutschland den hES-Zellen-Import, wie er vom Deutschen Bundestag im Januar 2002 beschlossen wurde, abgelehnt und sich in einer gemeinsamen Pressekonferenz darüber enttäuscht gezeigt. Dieser Eindruck einer quasi alternativlosen „bioethischen Ökumene" (Ulrich H. J. Körtner) wurde aber seitens protestantischer akademischer Theologen öffentlichkeitswirksam bestritten, die angesichts der weit auseinander liegenden und konfliktuösen Positionen sowie den ungeklärten (und gleichsam ihrer Natur nach derzeit auch unlösbaren) Fragen bezüglich der Definition des menschlichen Lebens statt auf eine eindeutige Haltung in Fragen der hES-Zellforschung auf einen „Kom-

[40] Vgl. Schockenhoff, Eberhard (2006), Lebensbeginn und Menschenwürde. Eine Begründung für die lehramtliche Position der katholischen Kirche, in: Hilpert, Konrad/Mieth, Dietmar (Hg.), Kriterien biomedizinischer Ethik. Theologische Beiträge zum gesellschaftlichen Diskurs, Freiburg i. Br., 198–228.

[41] Vgl. etwa Huber, Wolfgang (2006), Wissenschaft verantworten. Überlegungen zur Ethik der Forschung, in: Zeitschrift für Evangelische Ethik 50, 170–181.

promiss" setzten, wie er in der Stichtagsregelung zu finden sei.[42] Diese akademischen Theologen berufen sich auf den internen Pluralismus evangelischer Ethik, welcher aus den Grundsätzen der reformatorischen Theologie hervorgeht: der Freiheit zu eigenen Standpunkten in Fragen der Lebensführung und Weltgestaltung, die eben nach protestantischer Auffassung keine Grundfragen des Glaubens sind. In dieser wichtigen Unterscheidung des protestantischen Rechtfertigungsgedankens liege zugleich die Bedeutung der reformatorischen Freiheitsauffassung für die moderne Gesellschaft. Diese ausdrücklich als „Moral des Pluralismus" (Dietrich Rössler) verstandene Theologie des Kompromisses wurde zunächst von den Kirchentheologen im NER abgelehnt, nach und nach aber von denselben protestantischen religiösen Akteuren übernommen und als Distinktionsgewinn gegenüber der katholischen Kirche erkannt. Dies ist geradezu ein Musterbeispiel der für die moderne Theologie so charakteristischen Positionalität, die aufgrund ihrer identitätsrepräsentierenden und -stiftenden Funktion für bestimmte Kirchen und Gruppen von einem Bündel von theologischen, aber eben auch soziologischen, sozialpsychologischen etc. Motiven vorangetrieben wird, zugleich aber kein konstruktives Verhältnis zu ihrer positionellen Ausdifferenzierung und deren Gründen finden kann.[43] Zu dem Pluralismus selbst konnte Huber keine Zustimmung artikulieren. Dieser sei „sich selbst zum Programm gewordene Pluralität", die er wegen der „relativistischen Folgen" ablehnt: „Pluralismus ist kein Selbstzweck."[44]

---

[42] Vgl. Anselm, Reiner u. a. (2002), Starre Fronten überwinden. Eine Stellungnahme evangelischer Ethiker zur Debatte um die Embryonenforschung, in: Frankfurter Allgemeine Zeitung, 23.1., 8; für die Argumentationen im Einzelnen siehe die Beiträge in Anselm, Reiner/Körtner, Ulrich H. J. (Hg.) (2003), Streitfall Biomedizin. Urteilsfindung in christlicher Verantwortung, Göttingen.

[43] In diesem Sinne lassen sich auch die von Kreß (2010) nahmhaft gemachten Tendenzen zur „Dogmatisierung" bzw. „Re-Dogmatisierung" ethischer Stellungnahmen bes. kirchlicher Herkunft interpretieren.

[44] Huber, Wolfgang (2003), [Pluralismus], in: Nationaler Ethikrat. Wortprotokoll. Niederschrift über die öffentliche Sitzung 27.3.2003 in Berlin, Berlin, 25–27, 26 f. Es soll nicht unerwähnt bleiben, dass Huber hierbei die Unterscheidung eines legitimen „ethischen Pluralismus", der sich auf die Frage nach dem Guten richtet, und einem „moralischen" Pluralismus unterscheidet, welcher bei der Frage nach dem „Gerechten" zu überwinden ist. Zu dieser Unterscheidung vgl. Habermas, Jürgen (1991), Vom pragmatischen, ethischen und moralischen Gebrauch der Vernunft, in: ders., Erläuterungen zur Diskursethik, Frankfurt a. M., 100–118.

Diese Beobachtung zur *theologischen* Positionalität steht nun in einer auffälligen Entsprechung zu Fragen der *moralischen* Positionalität, wie sie in NER/DER erörtert wurden und werden. In seinen Analysen der dort geführten Debatten hat Wolfgang van den Daele (selbst Mitglied des NER) darauf hingewiesen, dass hier „moralischer Dissens als Pluralismus" auftritt. D. h. die unterschiedlichen Positionen wissen um die rationale Unaufhebbarkeit ihrer Differenzen, ohne die Vertreter einer anderen Position als unmoralische Wesen zu betrachten. Die Beobachtung van den Daeles geht aber noch darüber hinaus: Es ist von besonderem Interesse, dass dieser Pluralismus zwar *faktisch* herrscht, aber von den meisten Mitgliedern des NER *normativ* nicht akzeptiert wird. Da die Mitglieder des NER aber bereit sind, die Entscheidung in diesen Fragen letztlich den demokratischen Gesetzgebungsverfahren zu überlassen, werde der moralische Pluralismus „zumindest implizit als legitimer Pluralismus anerkannt."[45] Van den Daele spricht dann auch von einer „halbierten" Anerkennung des Pluralismus – und erwägt: „Mehr ist vielleicht im Diskurs nicht zu erreichen."[46] Diese nüchterne und ernüchternde soziologische Perspektive weist freilich über sich selbst hinaus, so wie ihr Gegenstand, die Positionalität über sich selbst hinausweist. Dies gilt strukturell und normativ: *Strukturell* sind die in jeder Positionalität enthaltenen Voraussetzungen ja grundsätzlich explikationsfähig. Wendet sich eine Position ihren Voraussetzungen zu, wird die Positionalität selbstreflexiv. Die dafür notwendige Explikation der Voraussetzungen hat aber nicht nur diese Selbstrelativierung der jeweiligen Position zur Folge, sondern zugleich eine enorme Ausweitung des Untersuchungsbereiches: Die Betrachtung der Ausdifferenzierung der eigenen Position führt zu einer Analyse der soziokulturellen Herkunft einer moralischen Überzeugung. Damit wird eine solche selbstreflexive Theorie der Positionalität tendenziell zur Theorie des gegenwärtigen Zeitalters oder theologisch gesprochen zu einer Theorie des neuzeitlichen Christentums.[47] In *normativer* Hinsicht enthält die Einsicht in die Voraussetzungshaltigkeit der eigenen Position den moralischen Appell, die damit einhergehende Einsicht in den Pluralismus als Voraussetzung der eigenen Position nicht nur hinzunehmen, zu dulden. Erzwungene Duldung ist in sich keine moralische Position. Die moralische Position realisiert sich vielmehr in der akzeptierten Gestaltung des Pluralismus durch Kompromisse. Für die-

[45] Van den Daele (2008), 382.

[46] Van den Daele (2008), 378.

[47] Vgl. Rössler (2006), 152 f.

se kritische Positionalität ist der Pluralismus, zugespitzt gesagt, durchaus Selbstzweck, aber er „ist nicht unendlich. Die individuelle Besonderheit der einzelnen ethischen Positionen nimmt sich selbst wahr als Auslegung dessen, was sie mit anderen teilt.“[48]

Diese theologische Haltung und Position – denn natürlich ist die Kritik nicht ohne eine eigene Position möglich – findet sich bei den religiösen Akteuren der Bayerischen Bioethikkommission, welche dort 2002 den Vorschlag einer Kompromissfigur der Stichtagsregelung wesentlich mitgestalteten – drei akademische Theologen bei der charakteristischen Ausnahme der evangelischen Kirchentheologin Breit-Kessler. Diese Haltung artikuliert sich auch in den Schilderungen Konrad Hilperts zur Tätigkeit in der ZES, in der er die Repräsentation der gesellschaftlichen Ambivalenz von Hoffnung und Misstrauen gegenüber der Wissenschaft als Aufgabe ethischer Reflexion begreift und dies in konstruktive Beziehung setzt zu der im christlichen Schöpfungsgedanken artikulierten Einsicht in die Selbstbegrenzung des Menschen bei gleichzeitigem Vertrauen in die menschliche Leistungsfähigkeit. Diese Beispiele zeigen auch, in welcher Gestalt eine solche „kritische Theologie“[49] in den bioethischen Kommissionsdiskursen vorkommt und in welcher Weise sie sich den Diskursbedingungen anpasst. Dabei sollte nicht unterschlagen werden, dass sich die – mit dem guten Recht ihrer historischen Herkunft – als Markenzeichen des Protestantismus gekennzeichnete Kompromissfigur faktisch auch bei katholischen religiösen Akteuren findet und es innerhalb der katholischen Theologie durchaus vergleichbar argumentierende Theologen bzw. in Bioethikkommissionen agierende Vertreter gibt.[50] Auch sei hier an Diskurse in den KEKs erinnert, in welchen die konfessionellen und theologischen Differenzen der Seelsorger hinter ih-

[48] Rössler, Dietrich (2003), Die Moral des Pluralismus. Anmerkungen zur evangelischen Ethik im Kontext der neuzeitlichen Gesellschaft, in: Anselm, Reiner/Körtner, Ulrich H. J. (Hg.), Streitfall Biomedizin. Urteilsfindung in christlicher Verantwortung, Göttingen, 179–193, 192.

[49] Unter „kritischer Theologie“ wird hier im Sinne Rösslers (2006) eine auf ihre eigene Positionalität reflexiv gerichtete Theologie verstanden, nicht „Kritik“ im Sinne eines Widerspruchs, der sich durch die Inanspruchnahme „prophetischer“ oder offenbarter Gewalt legitimiert, wie dies etwa bei Müller (2001), 296 f., der Fall ist.

[50] Goertz, Stephan (2009), Die Würde des Kompromisses. Ein moraltheologisches Plädoyer, in: Hilpert, Konrad (Hg.), Forschung contra Lebensschutz. Der Streit um die Stammzellforschung, Freiburg i. Br., Basel, Wien, 279–296.

rer Verantwortung für die Diskurskultur, die Verfahrensregeln und die Achtung der Person, zurücktreten. Hier wird über die Grenzen von Kirchen, Konfessionen und Lehrmeinungen hinweg das Wasserzeichen einer menschenfreundlichen Religion sichtbar, welche durch die Ausarbeitung einer Ethik des Kompromisses weiter gefördert werden kann.

Literatur

Ach, Johann S./Runtenberg, Christa (2002), Bioethik, Disziplin und Diskurs. Zur Selbstaufklärung angewandter Ethik, Frankfurt a. M.

Anselm, Reiner (2008), Common Sense und anwendungsorientierte Ethik, in: ders. (Hg.), Ethik als Kommunikation. Zur Praxis Klinischer Ethik-Komitees, Göttingen, 175–197.

Anselm, Reiner/Fischer, Johannes/Frey, Christofer/Körtner, Ulrich H. J/Kreß, Hartmut/Rendtorff, Trutz/Rössler, Dietrich/Schwarke, Christian/Tanner, Klaus (2002), Starre Fronten überwinden. Eine Stellungnahme evangelischer Ethiker zur Debatte um die Embryonenforschung, in: Frankfurter Allgemeine Zeitung, 23.1., 8.

Anselm, Reiner/Körtner, Ulrich H. J. (Hg.) (2003), Streitfall Biomedizin. Urteilsfindung in christlicher Verantwortung, Göttingen.

Atzeni, Gina/Wagner, Elke (2010), Ethik als institutionalisierte Dauerreflexion. Zur Funktion von Unbestimmtheit in medizinethischen Beratungsgremien, in: Verhandlungen des 34. DGS-Kongresses in Jena, Wiesbaden, im Druck.

Fateh-Moghadam, Bijan (2010), Bioethische Diskurse zwischen Recht, Ethik und Religion. Juristische Perspektiven – Zum Einfluss der Religion in bioethischen Beratungsgremien, in: Voigt, Friedemann (Hg.), Religion in bioethischen Diskursen. Interdisziplinäre, internationale und interreligiöse Perspektiven, Berlin, New York, 31–64.

Daele, Wolfgang van den (2001), Von moralischer Kommunikation zur Kommunikation über Moral. Reflexive Distanz in diskursiven Verfahren, in: Zeitschrift für Soziologie 30, 4–22.

Daele, Wolfgang van den (2008), Streitkultur. Über den Umgang mit unlösbaren moralischen Konflikten im Nationalen Ethikrat, in: Gosewinkel, Dieter/Schuppert, Gunnar Folke (Hg.), Politische Kultur im Wandel von Staatlichkeit, Berlin, 357–384.

Goertz, Stephan (2009), Die Würde des Kompromisses. Ein moraltheologisches Plädoyer, in: Hilpert, Konrad (Hg.), Forschung contra Lebensschutz. Der Streit um die Stammzellforschung, Freiburg i. Br., Basel, Wien, 279–296.

Habermas, Jürgen (1991), Vom pragmatischen, ethischen und moralischen

Gebrauch der Vernunft, in: ders., Erläuterungen zur Diskursethik, Frankfurt a. M., 100–118.

Herder, Johann Gottfried (1994), Von Religion, Lehrmeinungen und Gebräuchen (zuerst 1798), in: ders., Theologische Schriften, Frankfurt a. M., 725–857.

Hilpert, Konrad (2006), Institutionalisierung bioethischer Reflexion als Schnittstelle von wissenschaftlichem und öffentlichem Diskurs, in: ders./Mieth, Dietmar (Hg.), Kriterien biomedizinischer Ethik. Theologische Beiträge zum gesellschaftlichen Diskurs, Freiburg i. Br., 356–379.

Hilpert, Konrad (2008a), Forschung und öffentliches Vertrauen. Das Beispiel der humanen embryonalen Stammzellforschung, in: Bundesgesundheitsblatt – Gesundheitsforschung – Gesundheitsschutz 51, 980–984.

Hilpert, Konrad (2008b), Die Rolle der Theologie in der Ethik und ihre Implikationen für die Theorie der angewandten Ethik, in: Zichy, Michael/Grimm, Herwig (Hg.), Praxis in der Ethik. Zur Methodenreflexion in der anwendungsorientierten Moralphilosophie, Berlin, New York, 223–248.

Huber, Wolfgang (2003), [Pluralismus], in: Nationaler Ethikrat. Wortprotokoll. Niederschrift über die öffentliche Sitzung 27.3.2003 in Berlin, Berlin, 25–27, 26 f.

Huber, Wolfgang (2006), Wissenschaft verantworten. Überlegungen zur Ethik der Forschung, in: Zeitschrift für Evangelische Ethik 50, 170–181.

Inthorn, Julia (2008), Die Ethik Klinischer Ethik-Komitees – eine Rekonstruktion, in: Anselm, Reiner (Hg.), Ethik als Kommunikation. Zur Praxis Klinischer Ethik-Komitees in theologischer Perspektive, Göttingen, 153–174.

Körtner, Ulrich H. J. (2003), Bioethische Ökumene? Chancen und Grenzen ökumenischer Ethik am Beispiel der Biomedizin, in: Anselm, Reiner/ders. (Hg.), Streitfall Biomedizin. Urteilsfindung in christlicher Verantwortung, Göttingen, 71–96.

Körtner, Ulrich H. J. (2007), Ethik im Krankenhaus. Diakonie – Seelsorge – Medizin, Göttingen.

Kreß, Hartmut (2008a), Forschung ja – Anwendung nein? Medizinische, pharmakologische und toxikologische Nutzung humaner embryonaler Stammzellen in ethischer Sicht, in: Bundesgesundheitsblatt – Gesundheitsforschung – Gesundheitsschutz 51, 965–972.

Kreß, Hartmut (2008b), Humane embryonale Stammzellforschung in der Sicht protestantischer Ethik und die Reform des Stammzellgesetzes in Deutschland am 11. April 2008, in: Körtner, Ulrich H. J./Kopetzki, Christian (Hg.), Stammzellforschung. Ethische und rechtliche Aspekte, Wien, New York, 192–210.

Kreß, Hartmut (2010), Dogmatisierung ethischer Fragen. Kirchliche Stellungnahmen zu ethischen Themen: Neue Dogmatisierungen, Konfessionalisierungen und die Retardierung der kirchlichen ethischen Urteilsfindung, in: Materialdienst des Konfessionskundlichen Instituts Bensheim 61, 3–9.

Krippner, Bernd/Pollman, Arnd (2004), Bioethik-Kommissionen in Deutschland – ein Überblick, in: MenschenRechtsMagazin 3, 239–260.

Lück, Anne-Kathrin (2008), Professionalisierung durch De-Professionalisierung. Wie Theologinnen und Theologen in Klinischen Ethik-Komitees auf semantischer Ebene agieren, in: Anselm, Reiner (Hg.), Ethik als Kommunikation. Zur Praxis Klinischer Ethik-Komitees in theologischer Perspektive, Göttingen, 47–71.

Müller, Denis (2001), Begleitung und Widerspruch. Die neue Rolle der Theologen und Theologinnen, in: Zeitschrift für Evangelisch Ethik 45, 285–301.

Pinter, Iris (2003), Einflüsse der christlichen Bioethik auf die deutsche Humangenetik-Debatte, Münster.

Plaul, Konstantin (2008), Prophet oder Pastor? Zum Selbstverständnis von Theologen in Klinischen Ethik-Komitees, in: Anselm, Reiner (Hg.), Ethik als Kommunikation. Zur Praxis Klinischer Ethik-Komitees in theologischer Perspektive, Göttingen, 71–86.

Rendtorff, Trutz (1970), Kirche und Theologie. Die systematische Funktion des Kirchenbegriffs in der neueren Theologie, 2. Auflage, Gütersloh.

Rendtorff, Trutz (2003), Evangelische Ethik im Disput um die Biomedizin. Eine Einführung, in: Anselm, Reiner/Körtner, Ulrich H. J. (Hg.), Streitfall Biomedizin. Urteilsfindung in christlicher Verantwortung, Göttingen, 11–24.

Rössler, Dietrich (2003), Die Moral des Pluralismus. Anmerkungen zur evangelischen Ethik im Kontext der neuzeitlichen Gesellschaft, in: Anselm, Reiner/Körtner, Ulrich H. J. (Hg.), Streitfall Biomedizin. Urteilsfindung in christlicher Verantwortung, Göttingen, 179–193.

Rössler, Dietrich (2006), Positionelle und kritische Theologie (zuerst 1970), in: ders., Überlieferung und Erfahrung. Gesammelte Aufsätze zur Praktischen Theologie, hg. von Christian Albrecht/Martin Weeber, Tübingen, 140–154.

Schleissing, Stephan (2008), „Wir leben ja nun mal nicht auf 'ner Insel" Zum ethischen Sinn moralischer Kommunikation in Klinischen Ethik-Komitees, in: Anselm, Reiner (Hg.), Ethik als Kommunikation. Zur Praxis Klinischer Ethik-Komitees in theologischer Perspektive, Göttingen, 133–152.

Schockenhoff, Eberhard (2006), Lebensbeginn und Menschenwürde. Eine Begründung für die lehramtliche Position der katholischen Kirche, in: Hilpert, Konrad/Mieth, Dietmar (Hg.), Kriterien biomedizinischer Ethik. Theologische Beiträge zum gesellschaftlichen Diskurs, Freiburg i. Br., 198–228.

Siep, Ludwig (2004), Konkrete Ethik. Mannigfaltigkeit, Natürlichkeit, Gerechtigkeit, Frankfurt a. M.

Siep, Ludwig (2008a), Konkrete Ethik – zwischen Metaethik und Ethik-Kommissionen, in: Zichy, Michael/Grimm, Herwig (Hg.), Praxis in der Ethik. Zur Methodenreflexion in der anwendungsorientierten Moralphilosophie, Berlin, New York, 47–69.

Siep, Ludwig (2008b), Ethische Bewertung der embryonalen Stammzellforschung in Deutschland. Fünf Jahre Zentrale Ethik-Kommission für Stammzellforschung, in: Bundesgesundheitsblatt – Gesundheitsforschung – Gesundheitsschutz 51, 947–949.

Voigt, Friedemann (2008), Religion und Religionsvertreter in ethischen Diskursen und Kommissionen, in: Zichy, Michael/Grimm, Herwig (Hg.), Praxis in der Ethik. Zur Methodenreflexion in der anwendungsorientierten Moralphilosophie, Berlin, New York, 249–273.

Islamische Bioethik: Determinanten und Elemente der Meinungsbildung und Entscheidungsfindung[1]

Thomas Eich

Bei meiner Darstellung islamischer Bioethik verfolge ich einen akteursorientierten Ansatz. Daher stelle ich zunächst ausführlich die verschiedenen Gremien und Akteure vor, durch die zeitgenössische Entscheidungsfindung zu bioethischen Fragen in islamischer Perspektive stattfindet. Dabei beschränke ich mich auf eine Darstellung der überwiegend arabisch-sunnitisch geprägten Perspektive. Diese wird in hohem Maße durch die des islamischen Rechts (šarīʿa) geprägt, weswegen im zweiten Abschnitt dessen für die bioethischen Debatten wesentlichen Konzepte und Prinzipien vorgestellt werden. In šarīʿa-Diskussionen mischen sich rechtliche, ethisch-moralische und theologische Fragen, weswegen bereits hier vor einer einfachen Übertragung eines säkular geprägten Rechtsverständnisses auf den šarīʿa-Begriff gewarnt werden muss. In den Abschnitten 3 und 4 werden dann die zwei Komplexe „Staatsmacht“ und „naturwissenschaftliche Erkenntnis” innerhalb der islamisch-bioethischen Debatten verortet und zu den in Abschnitt 2 vorgestellten Konzepten und Prinzipien in Beziehung gesetzt. Im abschließenden fünften Abschnitt erörtere ich vor diesem Hintergrund

[1] Dieser Artikel ist in vielen Teilen eine Zusammenfassung meiner seit 2005 publizierten Forschungsarbeiten zum Thema. Aus Gründen der Übersichtlichkeit werden die vielen anderen Forschungsarbeiten, die darin Eingang gefunden haben, hier nicht mehr eigens aufgeführt. Für einen Überblick über Forschungen zur islamischen Bioethik siehe Eich, Thomas (2009a), Islamische Medizinethik: Geschichte, Perspektiven, Herausforderungen, in: ders. (Hg.), Reproduktionsmedizin bei Muslimen: säkulare und religiöse Ethiken im Widerstreit? – Beiträge eines wissenschaftlichen Kolloquiums am Interfakultären Zentrum für Ethik in den Wissenschaften (IZEW) der Universität Tübingen am 20. Juni 2008, http://tobias-lib.ub.uni-tuebingen.de/volltexte/2009/3785/(15.1.2010), 4–13.

den Wandel sunnitisch-islamisch-bioethischer Debatten in historischer Perspektive.

1. Islamische Bioethik-Akteure

1.1 Institutionen

Zu unterscheiden sind nationale und internationale Institutionen. Zu letzteren gehören vor allem die zwei so genannten Islamic Fiqh Academies (IFAs) der Islamischen Weltliga in Mekka und der Organization of Islamic Conferences (OIC) in Jedda. Diese Gremien treffen sich mindestens einmal jährlich, um aktuelle Fragen von Belang für die islamische Ökumene (umma) im Lichte der šarīʿa zu diskutieren. An diesen Treffen nehmen auch schiitische Vertreter Teil, die jedoch im Verlauf der durch die sunnitische Mehrheit geprägten Diskussion oft marginalisiert werden. Die Rechtsgelehrten (ʿulamāʾ) dieser Gremien sind im Unterschied zu den 1980er-Jahren inzwischen fast ausnahmslos Araber, die ihren Lebensmittelpunkt in der arabischen Welt, also Ländern muslimischer Mehrheitsbevölkerungen, haben.

Bei den nationalen Institutionen handelt es sich grundsätzlich um die so genannten nationalen fatwa-Behörden (in der Regel arab. Dār al-Iftāʾ), denen der jeweilige Obermufti des Landes vorsteht, sowie – sofern existent – nationale Ethikräte, unter denen bislang lediglich das tunesische Comité national d'éthique médicale nennenswerte politische Wirkung entfaltet hat. Die nationale und internationale Bedeutung der einzelnen fatwa-Behörden variiert stark. So ist z. B. das syrische Dār al-Iftāʾ weitgehend bedeutungslos, während die Aussagen des Ober-Muftis von Ägypten auch internationale Beachtung finden.[2] Mit Ausnahme der Ethikräte beschäftigen sich die nationalen wie auch die internationalen Gremien nicht ausschließlich mit bioethischen Fragen, jedoch nehmen diese einen nicht unerheblichen Teil der Arbeit der Gremien ein.[3]

---

[2] Zu den nationalen Gremien siehe Skovgaard-Petersen, Jakob (1997), Defining Islam for the Egyptian State: Muftis and Fatwas of the Dar al-Ifta, Leiden, und Böttcher, Annabelle (1997), Syrische Religionspolitik unter Asad, Freiburg i. Br., und zu den internationalen Schulze, Reinhard (1990), Islamischer Internationalismus im 20. Jahrhundert: Untersuchungen zur Geschichte der Islamischen Weltliga, Leiden.

[3] Zur Rolle der nationalen und internationalen Gremien in islamischen Bioethik-

Die nationalen und internationalen Institutionen unterscheiden sich in drei Aspekten, die mir für die Analyse ihrer Rolle in sunnitisch-islamischen Bioethikdebatten relevant erscheinen.

a) Die nationalen Gremien sind in der Regel in Gesetzgebungsverfahren eingebunden, indem sie Gesetzesentwürfe auf deren Vereinbarkeit mit der šarīʿa überprüfen. Darüber hinaus regeln Gesundheitsministerien in der arabischen Welt ihre Politik oftmals nicht durch Gesetze sondern Ministerialdirektive. Diese werden in der Regel durch eine fatwa legitimiert. Die internationalen Gremien haben demgegenüber keinerlei institutionalisierte Kanäle, um ihre Beschlüsse und Empfehlungen auf nationaler Ebene in politischen Maßnahmen durchzusetzen.

b) Die nationalen Gremien verzeichnen einen stetigen Verlust von Autorität bei der muslimischen Bevölkerung.[4] Dies liegt vor allem daran, dass sie als staatliche Behörden unmittelbar von der gegenwärtigen Legitimitätskrise vieler nahöstlicher Regime mit betroffen sind. Hinzu tritt die zunehmende Autorität der IFAs, die daraus resultiert, dass diese Gremien nicht mit einem bestimmten Staat und dessen Regierung identifiziert werden (können). Ferner arbeiten dort führende Rechtsgelehrte aus der islamischen Welt zusammen, weswegen die IFA-Beschlüsse als ein Konsens dieser Gelehrten aufgefasst und somit eher als repräsentativ für „den Islam" angesehen werden, als die Aussagen nationaler Institutionen.

c) Genau diese Arbeitsweise der IFAs bedingt, dass sie mit einer Tradition brechen müssen, die gemeinhin als ein „Markenzeichen" der stark kasuistisch geprägten šarīʿa gilt: dem Meinungspluralismus. Im Lauf der Geschichte haben sich verschiedene große Rechtsschulen (maḏhabs) eta-

Debatten siehe Eich, Thomas (2005a), Islam und Bioethik. Eine kritische Analyse der modernen Diskussion im islamischen Recht, Heidelberg, 13-16; Eich, Thomas/Brockopp, Jon E. (2008), Introduction, in: Brockopp, Jon E./Eich, Thomas (Hg.), Muslim Medical Ethics: From Theory to Practice, Columbus, SC, 1–13, hier 5 f.; Eich, Thomas (2009b), Bioethics, in: Gaborieau, Marc/Krämer, Gudrun/Nawas, John/Rowson, Everett (Hg.), Encyclopedia of Islam, 102–108, und Eich, Thomas/Bentlage, Björn (im Erscheinen a), The Social Functions of Bioethics: the Example of Egypt, in: Myser, Cat (Hg.), The Social Functions of Bioethics, Oxford.

4 Skovgaard-Petersen, Jakob (2004), A Typology of State Muftis, in: Haddad, Yvonne Yazbeck/Freyer Stowasser, Barbara (Hg.), Islamic Law and the Challenges of Modernity, Lanham, 82–97, v. a. 94 f.; Eich, Thomas (im Erscheinen b), A Tiny Membrane Defending „Us" Against „Them": The Arabic Debate from 2007 about Hymenorraphy in Sunni Islamic Law, Culture, Health & Sexuality.

bliert, die in ihrer Rechtsmethodik wie auch ihren konkreten Urteilen erheblich voneinander abweichen konnten und in bestimmten Regionen jeweils dominierten. Dies führte jedoch nie dazu, dass die einzelnen Schulen sich gegenseitig die Legitimität ihrer jeweiligen Position grundsätzlich abgesprochen hätten.[5] Diese Tradition regional dominierender maḏhabs ist maßgeblich in die Arbeit der heutigen fatwa-Behörden überführt worden, die eine bestimme Sichtweise als z. B. islamisch-legitim für Ägypten konstatieren und damit nicht genuin eine Aussage über die Legitimität abweichender Meinungen der entsprechenden Behörde in Marokko machen. Die IFAs unterscheiden sich hiervon grundsätzlich, da sie einen Konsens erzielen müssen, der beansprucht, eine universal islamische Sichtweise zu repräsentieren.[6]

Ein weiterer, maßgeblicher Akteur ist die Islamic Organization of Medical Sciences (IOMS) mit Sitz in Kuwait.[7] Sie gehört zu keiner internationalen Organisation wie die beiden IFAs und ist auf bioethische Fragen spezialisiert. Im Gegensatz zu den nationalen Ethikkomitees spielen Vertreter der traditionellen islamischen Rechtsgelehrsamkeit ('ulamâ') auf Tagungen von IFAs und IOMS eine große Rolle. Im Lauf der letzten zwanzig Jahre hat sich eine zunehmende Vernetzung mit den IFAs ergeben, so dass die IOMS-Tagungen in der Praxis inzwischen regelmäßig zur Vorbereitung von IFA-Tagungen dienen. So sehr Teilnehmer an den internationalen Konferenzen immer wieder versuchen, ihre jeweiligen nationalen Regelungen in den Diskussionsprozess einzuspeisen, hat sich mehrheitlich der Usus etabliert, Rechtsfortentwicklung im Rahmen der Beschlüsse und Empfehlungen vorangegangener IFA- und IOMS-Tagungen zu verwandten Themen zu gestalten.[8]

---

[5] Johansen, Baber (1999), Contingency in a Sacred Law. Legal and Ethical Norms in the Muslim Fiqh, Leiden, 1–43.

[6] Ein solcher Konsens kann durchaus auch durch Techniken der Manipulierung des Diskussionsverlaufs beeinflusst werden, vgl. Eich, Thomas (2008a), Decision Making Processes Among Contemporary ʿulamâ': ‚Islamic Embryology' and the Discussion about ‚Frozen Embryos', in: Brockopp, Jon E./ders. (Hg.), Muslim Medical Ethics: From Theory to Practice, Columbus, SC, 61–77.

[7] Siehe zu ihr auch Eich (2005a), 13 f.

[8] Siehe z. B. ʿAwaḍī, ʿAbd ar-Raḥmān al-/Aḥmad Raǧā'ī al Ǧendī (Hg.) (2000), Ru'yā islāmiya bi-baʿḍ al-muškilāt aṭ-ṭibbiya al-muʿāṣira. Ṯabat kāmil li-aʿmāl nadwat: „al-Wirāṯa wa l-handasa al-wirāṯiya wa l-ǧīnūm al-bašarī wa-l-ʿilāǧ al-ǧīnī – ru'ya islāmiya" al-munʿaqada fī l-Kuwait fī l-fitra min 23–25 Ǧumāda al-Āḫara 1419 h al-muwāfiq 13–15 Uktubir 1998 m, 2 Bde, Kuwait, Bd. 1, 220, 563 f., 584–587, 593, und Bd. 2, 637, 675, 692, 712, 786, 859, 1003, 1014 mit

Eine IOMS-Tagung von 1998 zum Thema „Gentechnik" wird auf Basis der Konferenzakten, die insbesondere auch Diskussionsprotokolle enthalten, im Folgenden eingehender analysiert werden.

1.2 Ärzte und Naturwissenschaftler

Da in späteren Abschnitten ausschließlich die Arbeitsweise islamischer Rechtsgelehrter analysiert werden wird, soll hier noch eigens auf die Rolle von Ärzten und Naturwissenschaftlern (in der Folge der Einfachheit halber „die Ärzte") in islamischen Bioethik-Debatten eingegangen werden. Im Unterschied zu den Rechtsgelehrten finden sich unter den Ärzten Frauen.[9] Die Ärzte können aufgrund ihrer Ausbildung ausnahmslos Fremdsprachen und haben oft Teile ihrer Ausbildung in Europa oder den USA erhalten. Aus ihrer Mitte stammen auch die einzigen Konferenzteilnehmer, die ihren Lebensmittelpunkt nicht im Nahen Osten haben.[10] Im Vorfeld von Tagungen werden immer ausgewählte Ärzte darum gebeten, Studien zum jeweiligen Thema zu verfassen, die die Rechtsgelehrten über die naturwissenschaftlichen Fakten informieren sollen, was sich im Tagungsablauf dann auch darin widerspiegelt, dass sie den šarīʿa-Studien immer vorausgehen. Die meisten der Naturwissenschaft gewidmeten Teile der Studien der ʿulamāʾ beziehen sich fast ausschließlich auf diese ärztlichen Studien.[11]

Verweisen auf IOMS- und IFA-Beschlüsse sowie Bd. 1, 413–416, und Bd. 2, 691, 742–745, 785, 956 für Bezüge auf nationale Rahmen.

9 Bei der IOMS-Tagung 1998 waren sieben von 93 Teilnehmern Frauen, zwei von 13 naturwissenschaftlichen Präsentationen auf der Tagung stammten von Naturwissenschaftlerinnen. Siehe das Inhalts- und TeilnehmerInnenverzeichnis in ʿAwaḍī/Ǧendī (2000), Bd. 1, 5-10 und ʿAwaḍī/Ǧendī (2000), Bd. 2, 1055-1059. In den Diskussionen traten vor allem die Gentechnikexpertinnen Habiba Chaabouni (Tunesien) und Ṣadīqa al-ʿAwaḍī (Kuwait) hervor, siehe ʿAwaḍī/Ǧendī (2000), Bd. 1, 201 f., 304-307, 310 f., 353 f., 364 f., 535-537 und ʿAwaḍī/Ǧendī (2000), Bd. 2, 707-709, 847 f., 903 f., 904 f., 1002 f., 1014.

10 Dies wird besonders am Ende der Tagung bei den Danksagungen deutlich, siehe ʿAwaḍī/Ǧendī (2000), Bd. 2, 1021-1030.

11 Von den 14 auf der IOMS-Tagung von 1998 vorgestellten šarīʿa-Studien machten zehn Angaben über ihre naturwissenschaftlichen Quellen. Alle stützten sich substanziell bis ausschließlich auf die Genetik-Studien der Tagung, siehe z. B. ʿAwaḍī/Ǧendī (2000), Bd. 1, 214, 230, 432 f., 452, 548 f., 556, 558–562, 576-578, 593, und Bd. 2, 727–733, 736 f., 741, 744 f., 749, 759–761, 783, 803–806, 921–924, 930, 964–971.

Oft wird moniert, dass die Rechtsgelehrten die Inhalte dieser Studien nicht verstünden. Am Anfang der IOMS-Tagung von 1998 waren sogar die ersten präsentierten Ärzte-Studien offenkundig so unverständlich, dass das ursprünglich für den nächsten Tag eingeplante Referat des Mediziners Ḥassan Ḥatḥūt, der ob seiner didaktischen Fähigkeiten in islamischen Bioethiker-Kreisen öfter als „Literat" bezeichnet wird, vorgezogen wurde.[12] Bei der Diskussion der naturwissenschaftlichen Studien korrigieren die Ärzte einander oft hinsichtlich Fehlern, was sowohl als Korrektiv als auch als das Konkurrieren um Autorität gesehen werden kann.[13] Das Selbstverständnis der Ärzte ist hierbei keineswegs, sich ausschließlich auf die Präsentation naturwissenschaftlicher Informationen zu beschränken.[14] Ihre große Mehrheit gibt in ihren Studien explizit theologische Statements ab.[15] Die Dynamik der Akteure islamischer Bioethikdiskussionen lässt sich also nicht mit einer Lagerbildung „religiös vs. säkular bzw. naturwissenschaftlich" beschreiben, die überwiegend mit beruflichen Prägungshintergründen korrelieren würde.[16] Mit dieser Betonung ihrer Identität als Muslime geht auch einher, dass die Ärzte gelegentlich bereits bestehende Ver-

---

[12] Siehe hierzu ʿAwaḍī/Ǧendī (2000), Bd. 1, 195 f., 203, 301–303. Weitere Kommentare hinsichtlich Verständnisproblemen finden sich in den Diskussionen 294, 353 (wo ein Religionsgelehrter konstatiert, er habe nichts verstanden) und in ʿAwaḍī/Ǧendī (2000), Bd. 2, 847, 903. Ein anderes Beispiel nicht verstandener naturwissenschaftlicher Abläufe wird behandelt in: Eich, Thomas (2005b), The Cloning Debate among Muslim Religious Scholars since 1997. An Overview, in: Roetz, Heiner (Hg.), Cross-Cultural Issues in Bioethics: The Example of Human Cloning, Amsterdam, 291–309, v. a. 301 f.

[13] Siehe v. a. ʿAwaḍī/Ǧendī (2000), Bd. 1, 309–311, 320–322 und ʿAwaḍī/Ǧendī (2000), Bd. 2, 706, 710, 713, 719, 895–898.

[14] Siehe hierzu die ausführliche Stellungnahme von Aḥmad Šauqī am Ende seiner Studie und während einer Diskussion, siehe ʿAwaḍī/Ǧendī (2000), Bd. 1, 185 f., 600, für eine kurze Replik siehe ʿAwaḍī/Ǧendī (2000), Bd. 2, 855.

[15] ʿAwaḍī/Ǧendī (2000), Bd. 1, 110, 127, 137, 142, 148, 150, 185 f., 274 f., 336, 345, 349 und ʿAwaḍī/Ǧendī (2000), Bd. 2, 623 und 675. In drei der 13 naturwissenschaftlichen Präsentationen finden sich keine theologischen Aussagen, siehe ʿAwaḍī/Ǧendī (2000), Bd. 1, 289–93, und ʿAwaḍī/Ǧendī (2000), Bd. 2, 867–891.

[16] Siehe hierzu auch Eich/Bentlage (im Erscheinen) für eine Analyse im nationalstaatlichen Rahmen.

fahrensabläufe medizinischer Praxis eingehend beschreiben, um deren ethische Integrität aufzuzeigen.[17]

Besondere Bedeutung kommt den Ärzte-Studien zu, weil sie an den Überblick über Forschungsfragen immer ausführliche Teile anschließen, in denen sie formulieren, in welchen Punkten ethischer Klärungsbedarf bestehe. Diesen Studien kommt also in hohem Maße die Funktion des „agenda-settings" zu.[18]

2. Prinzipien

Die Rechtsgelehrten gehen von der Maxime aus, dass alles, was nicht gegen ein šarīʿa-Verbot unmittelbar verstößt, zunächst als erlaubt einzustufen sei.[19] Dies und die Aussage, dass der Islam zum Streben nach naturwissenschaftlichen Kenntnissen aufrufe, führt in einem ersten Schritt die ʿulamāʾ zu einer sehr permissiven Haltung gegenüber biotechnologischen und medizinischen Neuerungen. Forschung sei das Aufdecken von Prinzipien, die Gott in seine Schöpfung gelegt habe. Sie gegen seinen Willen zu entdecken sei unmöglich. Darüber hinaus ist laut Koran die Schöpfung ausdrücklich dazu da, dem Menschen zu dienen und zu diesem Zwecke auch gegebenenfalls von ihm beeinflusst zu werden. Hierbei muss es sich allerdings ausdrücklich um *Manipulierung* der Schöpfung mittels der von Gott dafür vorgesehenen und geschaffenen Regeln handeln. Eine *Veränderung* der Schöpfung (taġyīr (li-)ḫalq Allāh) wird – in der Regel unter Bezug auf Koran 4:117 ff. – immer als unverhandelbares Verbotskriterium postuliert.[20] Allerdings gab es historisch wie auch in

---

17 ʿAwaḍī/Ǧendī (2000), Bd. 1, 364, 535 f.

18 Die Studie des Rechtsgelehrten ʿUǧayl Ǧāsim an-Našmī zum Beispiel bezieht ihre ethischen Fragestellungen ganz explizit vornehmlich aus den Ärzte-Studien, siehe ʿAwaḍī/Ǧendī (2000), Bd. 1, 550-552, vgl. ʿAwaḍī/Ǧendī (2000), Bd. 2, 971 für die Übernahme einer in einer Mediziner-Studie vorgefertigten ethischen Position. Diese Aussage des erfolgreichen „agenda-settings" durch eine kleine Zahl von Ärzten in Bioethik-Diskussionen ist allerdings auf Tagungen wie die der IOMS oder IFA zu beschränken und darüber hinaus nicht zu generalisieren, siehe Eich, Thomas (Hg.) (2008c), Moderne Medizin und Islamische Ethik. Biowissenschaften in der muslimischen Rechtstradition. Ausgewählt, übersetzt und kommentiert von Thomas Eich, Freiburg i. Br., 210 f.

19 ʿAwaḍī/Ǧendī (2000), Bd. 2, 834 f.

20 ʿAwaḍī/Ǧendī (2000), Bd. 1, 127, 248, 257, 564, und ʿAwaḍī/Ǧendī (2000), Bd. 2, 749.

der zeitgenössischen Debatte keinen allgemeinen Konsens, wann genau taġyīr vorliege.[21] Nach meinem Dafürhalten entwickelt in islamischen Bioethik-Diskussionen dieses Argument daher trotz seiner überragenden Prominenz kaum praktische Wirkung – sieht man von Extrembeispielen wie der Schaffung von Tier-Mensch-Chimären einmal ab.

Vielmehr überwiegen konsequentialistische Argumente gegenüber deontologischen. Hierbei handelt es sich vor allem um Prinzipien der Schadensvermeidung und -abwägung des klassischen islamischen Rechts wie lā ḍarar wa lā ḍirar fī l-Islām („kein Schaden und keine Schädigung im Islam"), sadd aḏ-ḏarā'i' („Blockieren dessen, was zum Schlechten führt") oder aḍ-ḍarar al-ašadd yazāl bi-ḍ-ḍarar al-aḫaff (frei übersetzt „das kleinere Übel ist vorzuziehen").[22] Diese Prinzipien werden im konzeptionellen Rahmen von maṣlaḥa zur Anwendung gebracht, dem islamisch definierten öffentlichen Interesse. Maṣlaḥa wird unter Bezugnahme auf die so genannten maqāṣid aš-šarīʿa definiert, die fünf unverhandelbaren Ziele der šarīʿa.[23] Diese werden als die Bewahrung der Religion (dīn), des Besitzes (māl), des Lebens (nafs), der Vernunft (ʿaql) und des Nachwuchses (nasl) definiert.[24] Letzteres ist neben dem Lebensschutz das šarīʿa-Ziel, auf das in Bioethik-Diskussionen am häufigsten Bezug genommen wird. Ist eine der maqāṣid bedroht, konstituiert dies einen Notstand (ḍarūra), der dann Ausnahmeregelungen erlaubt.[25] Ḍarūra ist also ein konsequentialistisches Prinzip, das gleichermaßen materialen wie auch gesellschaftlichen oder moralischen Schaden berücksichtigt, mithin den Nutzen (vs. die bloße Nützlichkeit) einer Handlung in den Mittelpunkt der Betrachtung stellt und somit utilitaristisches Argumentieren ermöglicht. Da ḍarūra in den Rahmen der maṣlaḥa-Konzeption fällt, die genuin als Interesse der Allgemeinheit

---

[21] Siehe Eich (2005b), 296 f. und (2008b), 150 f. sowie z. B. ʿAwaḍī/Ǧendī (2000), Bd. 1, 263, 313, 513 f., 566, und ʿAwaḍī/Ǧendī (2000), Bd. 2, 751 f.

[22] Z. B. ʿAwaḍī/Ǧendī (2000), Bd. 1, 236-239, 257 f. (in einer Diskussion), 579, 587, und ʿAwaḍī/Ǧendī (2000), Bd. 2, 762, 782, 815, 953 f.

[23] Siehe hierzu Opwis, Felicitas (2005), Maṣlaḥa in Contemporary Islamic Legal Theory, in: Islamic Law and Society 12, 182-223.

[24] Statt Bewahrung des nasl wird oft auch Bewahrung der Genealogien (nasab) formuliert. Die Relation der beiden Begriffe zueinander wird thematisiert in: ʿAwaḍī/Ǧendī (2000), Bd. 1, 442-444 und 575.

[25] Siehe hierzu Krawietz, Birgit (1997), Ḍarūra in Modern Islamic Law: The Case of Organ Transplantation, in: Gleave, Robert/Kermeli, Eugenia (Hg.), Islamic Law: Theory and Practice, London, New York, 185–193.

definiert wird, werden Individualrechte im Falle von Normenkollisionen gegenüber denen der Allgemeinheit schwächer gewertet.[26] Grundsätzlich können daher auch Forschung oder die mittelfristigen Folgen einer medizinischen Handlung als der maṣlaḥa dienlich definiert und damit implizit bis zu einem gewissen Grade als gegenüber den unmittelbaren Interessen einzelner überwiegend eingestuft werden.[27] Zwei weitere Bewertungskategorien neben ḍarūra sind ḥāǧa (Bedarf) und taḥsīn (Verbesserung bzw. Verschönerung). Diese können nur gegenüber schwächer formulierten Verboten aufgewogen werden und eine Handlung legitimieren. Allerdings können in einem z. B. geschlechtersegregierenden Diskurs wie dem islamischen Recht unterschiedliche Bewertungen entstehen, wann eine Notlage vorliegt – z. B. wenn eine Frau fürchtet, ohne Schönheitsoperation von ihrem Mann verlassen zu werden, was umgekehrt so nicht argumentieren werden kann – oder ob überhaupt ein Verstoß gegen ein Verbot vorliegt („wenn eine Frau ihre Gesichtshaare zupft bringt sie die göttliche Schöpfung zum Vorschein, während ein Mann mit der gleichen Handlung die Grenze zum taġyīr überschreiten würde").[28]

3. „Der Staat"

Das Konzept der maṣlaḥa wird in den zeitgenössischen Bioethik-Debatten oft mit der Rolle des Staates in Verbindung gebracht oder auch gelegentlich damit gleichgesetzt. Als illustrierendes Beispiel soll hier eine der auf der IOMS-Tagung von 1998 diskutierten Hauptfragen dienen, ob Gentests im islamischen Recht Vaterschaft etablieren können – eine zutiefst kontroverse Frage, wie weiter unten gezeigt werden wird. Da über die Vaterlinie in arabischen Ländern auch die Staatsbürgerschaft festgelegt wird, wurde von einem kuwaitischen Rechtsgelehrten die Frage der Erschleichung von Staatsangehörigkeit problematisiert. Die Staatsinteressen konzeptionalisierte er wie folgt: „Der Aspekt der Staatsangehörigkeit in diesen rechtlichen Fragen fällt in die Verantwortung der Zuständigen und des Staates. Es gehört also zum Recht der Staatsmacht (sulṭa), im Verwaltungsbereich dies umzusetzen,

---

26 Vgl. Opwis (2005), 187–197.

27 ʿAwaḍī/Ǧendī (2000), Bd. 1, 240, 564, 568, 580, und ʿAwaḍī/Ǧendī (2000), Bd. 2, 858 f., 937.

28 Siehe hierzu ausführlich Eich (2008b).

insbesondere in den Rechtsfragen, die die maṣlaḥa des Staates betreffen, [...] besonders in der Frage der Staatenlosen, vor allem [da] sich hier die allgemeine maṣlaḥa (maṣlaḥa ʿāmma) des Vaterlands vollzieht."[29]

Noch intensiver wurde auf der Tagung die Rolle des Staates anhand der Frage diskutiert, ob voreheliche Gentests zur Abprüfung von Erbkrankheiten verpflichtend gemacht werden sollten. Einerseits wurden Überlegungen vorgebracht, dass der Staat dies tun und gegebenenfalls auch Eheschließungen verbieten können solle. Dies wurde sowohl mit der Rolle des Staates als des Beschützers Dritter vor Krankheit als auch staatlichen Kosteneinsparungen begründet.[30] Insgesamt setzte sich aber die Gegenposition durch, die verpflichtende vor-eheliche Untersuchungen ablehnte. Es handle sich um einen Eingriff in die Individualrechte, da in der Regel bei einem positiven Befund keine Ehe geschlossen werde, selbst wenn dies rechtlich erlaubt sei, und das soziale Umfeld dann auch trotz Geheimhaltung der Untersuchungsergebnisse einen Zusammenhang herstellen werde. Dies könne dann Einzelpersonen aber auch ganze Familien gesellschaftlich in Bedrängnis bringen. Weiterhin wurde argumentiert, dass der Aufbau der benötigten Infrastruktur für solche flächendeckenden screening-Programme enorme Summen verschlänge und daher entweder nicht möglich sei oder sich jedenfalls nicht rechnen werde. Ferner wurde – teilweise auf Erfahrungswerte gestützt – vorgebracht, dass ein verpflichtendes screening-Programm nur zu Bestechung und gefälschten Dokumenten führen werde, um die gesetzliche Regelung de facto zu umgehen.[31]

Vor diesem Hintergrund ist also die Ablehnung verpflichtender screening-Programme nur bis zu einem gewissen Grad als ein Indiz dafür zu werten, Individualrechte seien gegenüber Staatsinteressen als gewichtiger eingestuft worden. Vielmehr führten Überlegungen zu

---

[29] ʿAwaḍī/Ǧendī (2000), Bd. 1, 539 f. Zum Vorlauf dieser Aussage siehe ʿAwaḍī/Ǧendī (2000), Bd. 1, 417 und 529.

[30] Zur Rolle des Beschützers siehe ʿAwaḍī/Ǧendī (2000), Bd. 2, 707, 781 f., 853, 937 (ggf. Untersuchungszwang für Schwangere), zu den Kosteneinsparungen 782. Zu diesem Komplex siehe ausführlich Eich, Thomas (2006), Die Diskussion islamischer Rechtsgelehrter um pre-marital screening und die Abtreibung behinderter Embryonen, in: ders./Hoffmann, Thomas S. (Hg.), Kulturübergreifende Bioethik zwischen globaler Herausforderung und regionaler Perspektive, Freiburg i. Br., 152–178.

[31] ʿAwaḍī/Ǧendī (2000), Bd. 2, 646, 832-834, 842, 930-932, 936, 972 und 1052 (Abschlussdokument).

diesem Ergebnis, die neben den Rechten des Einzelnen in erheblichem Maße auch staatliche Interessen artikulierten. So sehr hierbei ein paternalistisch-autoritäres Staatsverständnis überwiegt, in dem der Staat seine überwiegend unverständige jeweilige Bevölkerung erziehen und gegebenenfalls finanziell einspringen müsse, wenn bei einem Arbeitnehmer in der freien Wirtschaft eine Erbkrankheit ausbreche,[32] zeigt der Hinweis auf die grassierende Korruption ein realistisch-ambivalentes Verhältnis zu „Vater Staat".

Zu dieser Ambivalenz, einerseits ein paternalistisches Staatsverständnis zu haben und andererseits die innere (nicht nur finanziell bedingte) Schwäche der Mehrheit der arabischen Staaten konstatieren zu müssen, kommt hinzu, dass die Judikative in diesen Staaten überwiegend nicht von ʿulamāʾ dominiert wird und somit eine grundsätzliche Distanz zwischen diesen und genuin islamrechtlich arbeitenden Institutionen und Gremien wie den IFAs und der IOMS besteht. Dies kam am Ende der IOMS-Tagung von 1998 unmissverständlich zum Ausdruck, als der Textentwurf für die Abschlusserklärung diskutiert wurde und der Rechtsgelehrte Abd al-Ġaffār al-Šarīf einwandte: „Am Ende der Empfehlung bzgl. der Vaterschaftstests heißt es: ‚[Die Frage] ob man sich auf [Vaterschaftstests] in dem Sinne stützen soll, dass sie ein Hilfsmittel (wasīla) zur [Vaterschafts]festlegung sind, soll in der Hand der gesetzgebenden Macht (as-sulṭa at-tašrīʿīya) liegen, d. h. den Parlamenten, die die Gesetze im Lichte des Allgemeinwohls (al-maṣlaḥa al-ʿāmma) formulieren'. Ich denke, dass dies eine sehr gefährliche Aussage ist. Wenn wir die [Frage] der Gentests den Parlamenten überlassen, *die überwiegend nicht mit* šarīʿa-[Vertretern besetzt] sind (muʿẓamuhā ġair šarʿīya),[33] und diese das dann entscheiden, so würde die biologische Vaterschaft zur šarīʿa-Vaterschaft [erklärt werden]. Ich denke, wenn wir diesen Absatz streichen, schadet dies dem Empfehlungstext gar nicht".[34]

Wie ein Blick in die Abschlussempfehlung der Tagung verrät, wurde diesem Vorschlag entsprochen.[35]

---

32 ʿAwaḍī/Ǧendī (2000), Bd. 2, z. B. 842, 929 zu ersterem und 930, 937 zu zweiterem.

33 Oder: „die überwiegend nicht šarīʿa-gemäß [legitimiert] sind".

34 ʿAwaḍī/Ǧendī (2000), Bd. 2, 1000; s. a. 1003 für eine unterstützende Wortmeldung eines weiteren Rechtsgelehrten.

35 ʿAwaḍī/Ǧendī (2000), Bd. 2, 1050.

4. Naturwissenschaft und islamisches Recht

Šarifs Zitat verweist auf die Kernfrage islamischer Bioethik-Debatten, wie man einerseits neue Erkenntnisse und Methoden der modernen Naturwissenschaft in den Rahmen der šarīʿa inkorporiert ohne andererseits dadurch althergebrachte Regularien in Frage zu stellen. Täte man dies, wäre damit unmittelbar die Autoritativität islamrechtlicher Begründungsstrukturen und somit der grundsätzliche Vorrang der šarīʿa vor allen anderen möglichen Systemen der Normsetzung bedroht. Auf der IOMS-Tagung von 1998 wurde dies an Beispielen Gentests sowie Kinder- und Verwandtenehe deutlich.

4.1 Gentests

Während der Abschlusssitzung der Tagung meldete sich kurz nach Šarifs Wortbeitrag der bei der IOMS sehr einflussreiche kuwaitische Rechtsgelehrte Ḫālid al-Madkūr, um den kritisierten Formulierungsvorschlag zu verteidigen. Man solle vielleicht deutlicher machen, dass darin der Terminus Hilfsmittel (wasīla) bewusst gewählt sei, indem betont werde, Gentests könnten in der šarīʿa nicht als Beweis von Vaterschaft akzeptiert werden.[36] Denn islamrechtlich wird diese nicht allein durch die Gene bestimmt. Vielmehr ist entscheidend, ob der Geschlechtsverkehr, aus dem das Kind entstand, im legitimierenden Rahmen der Ehe vollzogen wurde. Ein unehelich gezeugtes Kind hat im sunnitischen Recht keine rechtlich relevante Verwandtschaftsbindung (nasab) zu seinem Vater.[37] In den IOMS-Empfehlungen von 1998 sollte daher laut Madkūr der wasīla-Begriff verhindern, dass Parlamente die Festlegung von Vaterschaft ausschließlich biologisch definierten und somit die bisherige šarīʿa-Definition des Begriffs de facto mit neuen Inhalten füllten. Offenbar überwogen auf der Tagung die Zweifel, dass diese Maßnahme ausreiche, weswegen der Passus ganz gestrichen wurde. Diese ausdrücklich mit Blick auf die Zusammensetzung der Parlamente arabischer Staaten formulierte Sorge ist sicherlich auch mit der Verabschiedung eines tunesischen Gesetzes zur Etablierung von Vaterschaft auf Basis von Gentests aus dem Jahre 1997 zu sehen. Die Stimmenmehrheit im Parlament kam

---

36 ʿAwaḍī/Ǧendī (2000), Bd. 2, 1004.

37 Siehe ausführlich Eich (im Erscheinen b) sowie Eich (2005a), 106 f.

seinerzeit gegen den ausdrücklichen Widerstand der islamischen Rechtsgelehrsamkeit und allein aufgrund vieler Stimmenthaltungen zustande.[38]

Die Ansicht, der nasab zum Vater solle weiterhin nicht primär oder ausschließlich biologisch definiert werden, wurde konsequentialistisch damit begründet, alles andere werde zu gesellschaftlicher Unruhe oder Verwerfungen führen. Damit war zweierlei gemeint: erstens werde dies zu einer Zunahme šarīʿa-rechtlich illegitimem Geschlechtsverkehrs (zinā) führen, was per se verwerflich sei. Auch würde das gesamte nasab-System in Unordnung geraten, was im Rahmen der šarīʿa letztendlich mit gesellschaftlichem Chaos gleichzusetzen ist, da im Prinzip deren gesamtes Regelwerk des zwischenmenschlichen Umgangs und insbesondere auch des Erbrechts darauf fußen, dass Verwandtschaftsbeziehungen nach einem einheitlichen System klar festgelegt sein müssen.[39] Zweitens aber – und das war der weitaus häufiger vorgetragene Punkt und offenkundig die größere Befürchtung – könnten Gentests dann ja auch bereits etablierte nasab-Verhältnisse negieren. In der šarīʿa gilt (wie z. B. auch im deutschen Recht) das Prinzip, dass bei einer existierenden Ehe als Vater eines neugeborenen Kindes automatisch der Ehemann der Frau angenommen wird. Macht dieser von seinem Widerspruchsrecht keinen Gebrauch, so gilt in der šarīʿa ein nasab als etabliert und somit registriert. Dies kann dann nachträglich nur durch ein liʿān-Verfahren negiert werden, in dessen Verlauf die Frau öffentlich des zinā beschuldigt und damit automatisch die Vaterschaft des Kindes negiert sowie eine Scheidung eingeleitet wird.[40] Da die fälschliche zinā-Beschuldigung mit massiven körperlichen Strafen bewehrt ist und auch sonst an den gesamten rechtlichen Vorgang hohe verfahrensrechtliche Auflagen geknüpft werden, sehen die Rechtsgelehrten den liʿān nicht als ein Tor zur Willkür, sondern als Damm dagegen. Würden Gentests in der šarīʿa die Position von Beweisen erhalten, so könnten sie nun einen nasab nicht nur etablieren, sondern auch negieren. 1998 argumentierten die Rechtsgelehrten wie auch viele Mediziner, dass dies zur Korrosion der Institution der Familie innerhalb der Gesellschaft zu führen drohe. Das Prinzip des sitr („Bedeckens"), Fehltritte nach Möglichkeit nicht öffentlich zu skandalisieren und damit deren unmittelbaren und auf die Gesellschaft ausstrahlenden Schaden möglichst gering zu halten,

---

[38] Eich (2005a), 107.

[39] Vgl. die Positionierung dieses Arguments in der Klondebatte, vgl. Eich (2005 b), 297–299.

[40] Vgl. Eich (2005a), 105.

könne dann nicht mehr aufrecht erhalten werden.[41] Die Familie habe die Position von Zellen im Körper der Gesellschaft. Sei die Zelle von einer Krankheit befallen, sei daher auch der gesamte Organismus krank.[42] Ein Kommentar der kuwaitischen Medizinerin Ṣadīqa al-ʿAwaḍī, in ihrem Zentrum für Erbkrankheiten beantworteten Männer die Frage nach der Zahl ihrer Kinder öfters z. B. mit „Fünf, wenn man der Mutter glaubt", macht deutlich, dass man hier keineswegs vor dem Hintergrund eines idealisierten Bildes nahöstlicher Gesellschaften diskutierte.[43]

4.2 Kinder- und Verwandtenehe

Während die Frage, ob Gentests einen nasab verifizieren oder zurückweisen könnten, stark konsequentialistisch mit Blick auf die zu erwartenden gesellschaftlichen Folgen diskutiert wurde, bezog man sich bei der Diskussion über eine explizite Stellungnahme gegen Kinder- und Verwandtenehe stärker auf die frühislamische Geschichte. Das Grundproblem bestand darin, dass einerseits ein großer Konsens bestand, diese Eheformen führten zur erhöhten genetischen Schädigung des Nachwuchs, andererseits aber der Prophet und seine ersten Anhänger diese Heiratsstrategien praktizierten. So entsteht eine Form der Normenkollision, denn die Schadensvermeidung ist ja ein prophetisch legitimiertes Grundprinzip der šarīʿa. Ein hierauf gegründetes, ausdrückliches Verbot von Kinder- und Verwandtenehe würde aber mit prophetischer Praxis kollidieren.

Hinsichtlich der Kinderehe zeichnete sich im Lauf der Konferenz ein relativ eindeutiges Bild ab. Zwar hatte Muḥammad seine Frau ʿĀʾiša ge-

---

41 Siehe die Studien und Diskussionen in: ʿAwaḍī/Ǧendī (2000), Bd. 1, 335-529. Parallele Argumentationen bringen auch Befürworter von Hymen Restauration vor, da diese Technologie ja genauso unmittelbar mit Fragen des zinā verbunden sei, vgl. Eich (im Erscheinen a) und Eich, Thomas (2008d), Was ist eigentlich eine Jungfrau? Arabische Debatten über Hymenrekonstruktion, in: Motika, Raoul/Meier, Christian H. (Hg.), Bioethische und gesundheitliche Herausforderungen für die islamische Welt: AIDS, Drogen und Reproduktionsmedizin. Beiträge eines wissenschaftlichen Kolloquiums am Asien-Afrika-Institut der Universität Hamburg, 22. Juni 2007, http://www.aai.uni-hamburg.de/voror/Material/Bioethik_Tagungsband.pdf, 11-26 (15.1.2010),(dort auch ausführlicher zu sitr). Zu weiteren Beispielen siehe Eich/Bentlage (im Erscheinen).

42 ʿAwaḍī/Ǧendī (2000), Bd. 2, 470.

43 ʿAwaḍī/Ǧendī (2000), Bd. 1, 535.

heiratet, als diese noch ein Kind war, jedoch sei daraus nicht zu schließen, dass man es ihm unbedingt gleich tun solle. Insbesondere sei zwischen dem Schließen eines Ehevertrags und der Schwängerung der Frau zu unterscheiden, da ja nur dadurch Nachwuchs geschädigt werden könne. Wenn bekannt sei, dass eine solche Ehe zu Schaden für die Frau oder den Nachwuchs führe, könne man durchaus die Menschen anleiten, diese Eheform zu meiden.[44] Für ein ausdrückliches Verbot trat aber nur eine kleine Minderheit der Diskussionsteilnehmer ein.

Wesentlich kontroverser verlief die Diskussion über die Verwandtenehe. Das hat mehrere Gründe. Erstens ist der Zusammenhang zwischen bestimmten Erbkrankheiten und Verwandtenehe nicht monokausallinear und es ist im konkreten Fall ungewiss, ob eine Erbkrankheit auch tatsächlich vererbt werden oder ausbrechen wird. Hinsichtlich der Bekämpfung von Erbkrankheiten gibt es auch Überlegungen, dass Verwandtenehen durch so genanntes cascade screening eigentlich positiv genutzt werden könnten: wenn bei einer Person eine bestimmte Erbkrankheit entdeckt werde, müsse man einfach nur dessen erweiterte Familie untersuchen, um mit hoher Wahrscheinlichkeit weitere Träger der Krankheit zu entdecken. In einer exogamen Gesellschaft sei dies viel schwieriger und letztendlich nur durch teure, flächendeckende screenings zu erreichen.[45] Zweitens sind endogame Ehestrategien im Nahen Osten sehr verbreitet und ihr Verbot hätte weit reichende Folgen.[46] Drittens, gibt es zwar Aussagen aus der islamischen Frühzeit, die von der Verwandtenehe abraten, um dadurch kräftigen Nachwuchs sicherzustellen. Diese stammen aber nicht vom Propheten sondern dem zweiten Kalifen ʿUmar, ihre Authentizität wird als schwach eingestuft und bestimmte Überlieferungsversionen sind eher als Ratschläge denn Befehle zu verstehen. Für die Begründung eines Verbots einer vom Propheten und seinen ersten Anhängern praktizierten Handlungsweise reichen diese Texte keineswegs aus. Vor diesem Hintergrund setzte sich die Ansicht durch, dass ein Verbot der Verwandtenehe nicht

---

44 ʿAwaḍī/Ǧendī (2000), Bd. 1, 603 f. (wo in Replik auf eine gegenläufige Aussage auf S. 585 auch ausdrücklich vom Schaden für die Frau die Rede ist) und ʿAwaḍī/Ǧendī (2000), Bd. 2, 705 f., 709 f., 714.

45 ʿAwaḍī/Ǧendī (2000), Bd. 2, 706, 714, 831, 847.

46 Zu dem Ganzen siehe ausführlich Eich (2006), 153-158. Auf der IOMS-Tagung von 1998 wurde dieser Aspekt deutlich weniger artikuliert als auf anderen Tagungen, siehe Eich (2006), 156 f. und im weiteren Sinne ʿAwaḍī/Ǧendī (2000), Bd. 2, 716, 846.

islamisch begründet werden könne, man aber sehr wohl die Staaten zu Informationskampagnen aufrufen solle, um allgemein für die Gesundheitsproblematik von Verwandtenehen zu sensibilisieren.[47] Hierbei ist zu betonen, dass die Trennlinien in dieser Debatte keineswegs entlang der Berufsstandgrenzen verliefen und sich gleichermaßen Ärzte und ʿulamāʾ jeweils unter den Befürwortern und Gegnern eines Verbots befanden.

Beide Vorstöße, Vaterschaftstests als Beweismittel in die šarīʿa zu integrieren und bestimmte Eheformen explizit zu verbieten, diskutierten am konkreten Beispiel die Frage der Quellen zur Normenherleitung im islamischen Recht. Muss oder kann man islamrechtliche Verfahren zur Etablierung von Vaterschaft im Lichte moderner technischer Möglichkeiten modifizieren, auch wenn die Basistexte des islamischen Rechts, Koran und frühislamische Überlieferung, dies eigentlich nicht hergeben?[48] Darf man ein Verbot von Kinder- und Verwandtenehe formulieren, auch wenn dies aus den Basistexten allein nicht hergeleitet werden kann? Auf der IOMS-Tagung von 1998 wurden diese Fragen letztendlich einhellig abschlägig beantwortet.[49] Medizinische Entdeckungen könnten auf diese Weise die Menschen dazu bringen, nicht mehr die als ewig wahr aufgefassten, koranisch-religiösen Wahrheiten zu akzeptieren. Verstünden die Menschen mit ihren beschränkten Mitteln diese Wahrheiten zu einem bestimmten Zeitpunkt einmal nicht, müssten sie warten, bis sie deren Sinn verstünden. Die šarīʿa orientiere Bewertungen nicht allein an einem rein materialen Befund, sondern strebe nach der Verwirklichung einer Gesellschaftsvision. Die Anwendung neuer Techniken habe sich also immer an diesem Rahmen messen zu lassen und dürfe ihn nicht als solchen verändern, wie es ein Rechtsgelehrter in der Diskussion über

---

47 ʿAwaḍī/Ǧendī (2000), Bd. 2, 715 f., 784, 834, 851-853 und 1051 (Abschlusserklärung).

48 Besonders kontrovers und einhellig ablehnend wurde der Gedankenanstoß des tunesischen, weithin Respekt genießenden Gelehrten Muḥammad al-Muḫtār as-Salāmī diskutiert, aufgrund der Möglichkeit von Gentests könne das liʿān-Verfahren eigentlich komplett für abgeschafft erklärt werden, siehe ʿAwaḍī/Ǧendī (2000), Bd. 1, 395-407 und 503-541.

49 Zum Zusammenhang von technischer Innovation und Rechtswandel in der šarīʿa siehe z. B. Moosa, Ebrahim (2008), Die Nahstelle von Naturwissenschaft und Jurisprudenz: Unterschiedliche Blickwinkel auf den Körper in der modernen muslimischen Ethik, in: Eich (2008c), 170-201 mit der dort angegebenen Literatur.

Gentests formulierte.[50] Diese Grundausrichtung der Tagung führte zeitweise auch zu einer Debatte über den Krankheitsbegriff, der aufgrund seiner negativen Konnotationen mit Koranaussagen kollidiere, Gott habe die Welt und den Menschen darin in der besten Form geschaffen.[51]

5. Wandel islamisch-bioethischer Debatten in historischer Perspektive

Generell haben sich im Lauf der Geschichte islamrechtliche Begründungsstrukturen und manchmal auch Bewertungen immer wieder gewandelt.[52] Dies gilt auch für bioethisch relevante Fragen. So durchlief die Abtreibungsdiskussion während der ersten sieben Jahrhunderte islamischer Rechtsgeschichte signifikante Veränderungen. Besondere Bedeutung kam dabei theologisch getragenen Entwicklungen im Bild des Menschen zu, der ab dem zweiten bis dritten Jahrhundert islamischer Zeitrechnung (entspricht ca. achtem bis neuntem Jahrhundert n. Chr.) zunehmend durch die Vorstellung eines Leib-Seele-Dualismus definiert wurde.[53] Im Bereich der Vaterschaftszuschreibung und Eheregularien wurden etwa ab dem zehnten Jahrhundert – um es anachronistisch auszudrücken – „genetische" Erwägungen allmählich aufgewertet und führten zu veränderten Begründungsstrukturen für das Verbot bestimmter inzestuöser Heiratskonstellationen und teilweise radikal neuen Ansätzen bei nasab-Zuschreibungen.[54]

Insofern sind zeitgenössische Entwicklungen im islamischen Recht erst einmal kein neues Phänomen. Anhand der IOMS-Tagung von 1998 können jedoch drei Faktoren festgemacht werden, die nach meinem Dafürhalten die zeitgenössischen bioethischen Debatten von den in den klassischen Rechtskompendien Dokumentierten klar absetzen und somit als ein fundamentaler Wandel der šarīʿa in diesem Bereich zu werten sind.

---

[50] ʿAwaḍī/Ǧendī (2000), Bd. 1, 518 f., siehe auch ʿAwaḍī/Ǧendī (2000), Bd. 2, 707, 1001 und 1004 f.

[51] ʿAwaḍī/Ǧendī (2000), Bd. 2, 840, 847, 849, 857 f.

[52] Siehe generell hierzu Hallaq, Wael (2001), Authority, Continuity and Change in Islamic Law, Cambridge.

[53] Eich, Thomas (2009c), Induced Miscarriage in Early Maliki and Hanafi Fiqh, Islamic Law and Society.

[54] Eich (im Erscheinen b).

Erstens ist hier der Qualitätssprung in den medizinischen Techniken zu nennen, die nun in bestimmten Fragen letztendlich hundertprozentige Gewissheiten erzeugen können. Aborte sind heute eindeutig feststellbar und Gentests erzeugen nahezu absolute Sicherheit bei der Bestimmung biologischer Vaterschaft. Historisch hatte die islamische Rechtsgelehrsamkeit mit Ermessensspielräumen gearbeitet, die es den ʿulamāʾ ermöglichten, moralische oder gesellschaftliche Folgeerwägungen gegenüber naturwissenschaftlichen Aspekten in dem Sinne stärker zu gewichten, dass letztere ja unter vormodernen, technischen Bedingungen kein absolut sicheres Wissen darstellten. In einer Rechtsgüterabwägung hatten naturwissenschaftliche Informationen daher im Vergleich mit anderen Abwägungsgütern geringes Gewicht. Dies hat sich durch die technologischen Entwicklungen vor allem seit der zweiten Hälfte des 20. Jahrhunderts verändert. Die identischen Prozesse der Rechtsgüterabwägung können nun dazu führen, dass naturwissenschaftliche Aussagen aufgrund ihrer absoluten Gewissheit in frontale Opposition zu einer šarīʿa-Aussage geraten können und diese Situation nun nicht mehr durch die althergebrachten Regeln dieser Abwägungsprozesse auflösbar ist.[55] Weiterhin führen die medizinhistorischen Unterschiede dazu, dass gewissermaßen die Blickrichtung der zeitgenössischen islamischen Bioethik-Debatten entgegengesetzt zu den historischen verläuft. In den klassischen islamischen Rechtskompendien ging es immer darum, eine Handlung retrospektiv zu bewerten. Aus diesem Grund ging man der Frage nach, ob überhaupt eine Abtreibung vorgelegen habe und unter welchen konkreten beweisrechtlichen Auflagen sie dann wie zu bewerten sei, oder welche formalrechtlichen Möglichkeiten es gibt, um ein offenkundig unehelich gezeugtes Kind doch noch einem Vater zurechnen zu können.[56] Die zeitgenössischen Diskussionen etwa über den Umgang mit extra-korporalen Embryonen oder Gentests diskutieren demgegenüber prospektiv: hier steht jeweils die Einführung einer Technologie bzw. die Festlegung ihrer rechtlichen Relevanz im Vordergrund. Aus diesem Grund rücken auch konsequentialistische Argumente so stark in den Vordergrund und Bioethik-Debatten werden zu einem Ort, an dem die Gesamtsituation nahöstlicher Gesellschaften und deren Wandel diskutiert und bewertet werden.[57] Deswegen haben auch die Verlautbarungen der IOMS wie aber auch der beiden IFAs in hohem Maße politische

[55] Siehe hierzu auch Eich (im Erscheinen b).

[56] Eich (im Erscheinen b) und Eich (2009c).

[57] Siehe auch Eich (im Erscheinen a) und Eich/Bentlage (im Erscheinen).

Dimensionen, wie sich beispielsweise in der IOMS-Abschlusserklärung von 1998 anhand der Passagen zeigen lässt, in denen die islamischen Staaten zur verstärkten Forschungsförderung aufgerufen werden.[58]

Zweitens diskutieren die Rechtsgelehrten heutzutage vor dem Hintergrund der Existenz moderner Staaten, die zumindest theoretisch – in vielen Ländern wie den Golfstaaten aber auch de facto – den Anspruch einer möglichst umfassenden Gesundheitsversorgung ihrer jeweiligen Bevölkerungen haben. Der Staat hat somit das Interesse der Kostensenkung, das vor dem Hintergrund moderner Möglichkeiten der Diagnose und Vorbeugung rein technisch gesehen auch erreicht werden kann. Dies knüpft einerseits natürlich an die erwähnte prospektive Ausrichtung der zeitgenössischen Bioethik-Debatten an. Es bedeutet aber vor allem, dass die zeitgenössischen ʿulamāʾ in der Diskussion bioethisch relevanter Fragestellungen unter einem ganz anderen Interessensdruck arbeiten als dies in der Geschichte normalerweise der Fall war – zumal die meisten von ihnen heutzutage in der ein oder anderen Form Staatsangestellte sind. Historisch wurden z. B. Gesundheitsfragen im Rahmen des Eherechts auf der individuellen Ebene diskutiert („ist eine übertragbare Krankheit ein legitimer Grund zur Scheidung oder Eheauflösung?"), im zeitgenössischen Kontext geschieht dies jedoch mit Blick auf das öffentliche Interesse (maṣlaḥa), das oft mit denen des Staates gleichgesetzt wird.[59]

Drittens werden bioethische Debatten vor dem Hintergrund der durch (Post-)Kolonialismus geprägten nahöstlichen Geschichte der letzten Jahrhunderte zu einem Ort der Identitätsverhandlung in einem Orient-Okzident-Schema im Sinne einer Dichotomie von Modernisierung und Rückständigkeit. Auf der IOMS-Tagung von 1998 wurde „der Westen" in der Regel in expliziter Abgrenzung gegen das „Selbst" als rein materialistische Gesellschaft ohne jegliches Wertesystem gezeichnet.[60] Die biotechnologischen Neuerungen werden als genuin westlich aufgefasst und die Einberufung bioethischer Diskussionsrunden wie der aktuellen Tagung seien dringend nötig, um zu prüfen, was in die nahöstliche Gesellschaft integriert werden könne und was darin ein

58 ʿAwaḍī/Ǧendī (2000), Bd. 2, 1047.

59 Siehe hierzu auch die explizite Bemerkung von Ayatollah Dāmād in ʿAwaḍī/Ǧendī (2000), Bd. 2, 981 f. sowie Eich (2006), 162 f.

60 ʿAwaḍī/Ǧendī (2000), Bd. 1, 257, 298, 321, 328 (Abtreibung) und ʿAwaḍī/Ǧendī (2000), Bd. 2, 716 f. (Promiskuität), 653 f. (Rassismus), 895 (Abtreibung).

Fremdkörper sei.[61] Vor diesem Hintergrund kann „der Westen“ auch zur Referenzgröße in einem argumentum a fortiori werden: wenn bestimmte Technologien nicht einmal im Westen unumstritten seien, warum solle man sie im Islam einfach akzeptieren?[62] Dieses Bild wurde von Ärzten und ʿulamāʾ gleichermaßen gezeichnet. Differenzierende Bemerkungen kamen ausschließlich von Medizinern, wobei allerdings die Grundannahme, im Westen sei ethische Reflexion nicht wirkmächtig, implizit aufrechterhalten wurde.[63] Gleichzeitig sieht man sich in einer Art Wettrennen mit „dem Westen“, bioethische Fragen früher als dieser zu behandeln und sie auch zeiteffizienter entscheiden zu können.[64] Wie sehr allein schon die Diskussion bioethischer Fragen als ein Akt der Identitätsverhandlung aufgefasst wird, zeigen die abschließenden Worte des Gründers und Präsident der IOMS ʿAbd ar-Raḥmān al-ʿAwaḍī auf der Tagung von 1998: „Wir müssen diesem Westen zeigen, wie sehr wir in der Lage sind zu dieser Tätigkeit [der Debatte drängender bioethischer Fragen], in dieser wissenschaftlichen, hervorragenden Weise, diesem Verständnis und dieser einfachen, klaren Ausdrucksweise, derer wir uns bedienen. All dies zeigt, dass wir – so Gott will – uns auf einen besseren Tag zu bewegen. Die Muslime brauchen nicht verzweifeln: Der westliche Mensch wird den Weg finden, uns besser zu verstehen, und [kann] uns nicht unterdrücken, so wie er uns derzeit durch die entstellten Bilder vom Islam zeigt. Wir können die wahren Bilder vom Islam übermitteln, denn er ist Wissenschaft, Religion und Licht. Und zwar ein Licht des Fortschritts und eine zukunftsfähige Religion, keine engstirnige und extremistische Religion, wie sie [immer] insistieren.“[65]

61 ʿAwaḍī/Ǧendī (2000), Bd. 1, 211 f., und ʿAwaḍī/Ǧendī (2000), Bd. 2, 799.

62 ʿAwaḍī/Ǧendī (2000), Bd. 1, 519, 523 f., und ʿAwaḍī/Ǧendī (2000), Bd. 2, 602 f., 831. Zu einer expliziten Gegenpositionierung ʿAwaḍī/Ǧendī (2000), Bd. 1, 422.

63 ʿAwaḍī/Ǧendī (2000), Bd. 2, 837, 902 f., 1005 f. (immer Redebeiträge vom gleichen, in England lebenden Mediziner), 1012 f. und 1017-1020 (zu der Behauptung, Krebserkrankungen in Marokko seien durch Getreideimporte aus dem Westen verursacht).

64 ʿAwaḍī/Ǧendī (2000), Bd. 1, 320, und ʿAwaḍī/Ǧendī (2000), Bd. 2, 1032 f.

65 ʿAwaḍī/Ǧendī (2000), Bd. 1, 1038.

Literatur

ʿAwaḍī, ʿAbd ar-Raḥmān al-/Aḥmad Raǧāʾī al Ǧendī (Hg.) (2000), Ruʾyā islāmiya bi-baʿḍ al-muškilāt aṭ-ṭibbiya al-muʿāṣira. Ṯabat kāmil li-aʿmāl nadwat: „al-Wirāṯa wa l-handasa al-wirāṯiya wa l-ǧīnūm al-bašarī wa-l-ʿilāǧ al-ǧīnī – ruʾya islāmiya" al-munʿaqada fī l-Kuwait fī l-fitra min 23–25 Ǧumāda al-Āḫara 1419 h al-muwāfiq 13–15 Uktubir 1998 m, 2 Bde, Kuwait.

Böttcher, Annabelle (1997), Syrische Religionspolitik unter Asad, Freiburg i. Br.

Eich, Thomas (2005a), Islam und Bioethik. Eine kritische Analyse der modernen Diskussion im islamischen Recht, Heidelberg.

Eich, Thomas (2005b), The Cloning Debate among Muslim Religious Scholars since 1997. An Overview, in: Roetz, Heiner (Hg.), Cross-Cultural Issues in Bioethics: The Example of Human Cloning, Amsterdam, 291–309.

Eich, Thomas (2006), Die Diskussion islamischer Rechtsgelehrter um pre-marital screening und die Abtreibung behinderter Embryonen, in: ders./Hoffmann, Thomas S. (Hg.), Kulturübergreifende Bioethik zwischen globaler Herausforderung und regionaler Perspektive, Freiburg i. Br., 152–178.

Eich, Thomas (2008a), Decision Making Processes Among Contemporary ʿulamâʾ: ‚Islamic Embryology' and the Discussion about ‚Frozen Embryos' in: Brockopp, Jon E./ders. (Hg.), Muslim Medical Ethics: From Theory to Practice, Columbus, SC, 61–77.

Eich, Thomas (2008b), Verfügungsrechte am eigenen Körper in der sharia am Beispiel von Schönheitsoperationen, Intersexualität und Hymen Restauration, in: Döring, Ole/Steineck, Christian (Hg.), Kultur und Bioethik: Eigentum am eigenen Körper, Baden-Baden, 149–162.

Eich, Thomas (Hg.) (2008c), Moderne Medizin und Islamische Ethik. Biowissenschaften in der muslimischen Rechtstradition. Ausgewählt, übersetzt und kommentiert von Thomas Eich, Freiburg i. Br.

Eich, Thomas (2008d), Was ist eigentlich eine Jungfrau? Arabische Debatten über Hymenrekonstruktion, in: Motika, Raoul/Meier, Christian H. (Hg.), Bioethische und gesundheitliche Herausforderungen für die islamische Welt: AIDS, Drogen und Reproduktionsmedizin. Beiträge eines wissenschaftlichen Kolloquiums am Asien-Afrika-Institut der Universität Hamburg, 22. Juni 2007, http://www.aai.uni-hamburg.de/voror/Material/Bioethik_Tagungsband.pdf (15.1.2010), 11–26.

Eich, Thomas (2009a), Islamische Medizinethik: Geschichte, Perspektiven, Herausforderungen, in: ders. (Hg.), Reproduktionsmedizin bei Muslimen: säkulare und religiöse Ethiken im Widerstreit? – Beiträge eines wissenschaftlichen Kolloquiums am Interfakultären Zentrum für Ethik in den Wissenschaften (IZEW) der Universität Tübingen am 20. Juni 2008, http://tobias-lib.ub.uni-tuebingen.de/volltexte/2009/3785/ (15.1.2010), 4–13.

Eich, Thomas (2009b), Bioethics, in: Gaborieau, Marc/Krämer Gudrun/Nawas, John/Rowson, Everett (Hg.), Encyclopedia of Islam, 102–108.

Eich, Thomas (2009c), Induced Miscarriage in Early Maliki and Hanafi Fiqh, in: Islamic Law and Society 16, 302–336.

Eich, Thomas (im Erscheinen a), A Tiny Membrane Defending „Us" Against „Them": The Arabic Debate from 2007 about Hymenorraphy in Sunni Islamic Law, Culture, Health & Sexuality.

Eich, Thomas (im Erscheinen b), Constructing kinship in Islamic Legal Discourse, in: Inhorn, Marcia/Tremayne, Soraya (Hg.), Islam & the Biotechnologies of Human Life.

Eich, Thomas/Brockopp, Jon E. (2008), Introduction, in: Brockopp, Jon E./Eich, Thomas (Hg.), Muslim Medical Ethics: From Theory to Practice, Columbus, SC, 1–13.

Eich, Thomas/Bentlage, Björn (im Erscheinen), The Social Functions of Bioethics: the Example of Egypt, in: Myser, Cat (Hg.), The Social Functions of Bioethics, Oxford.

Hallaq, Wael (2001), Authority, Continuity and Change in Islamic Law, Cambridge.

Johansen, Baber (1999), Contingency in a Sacred Law. Legal and Ethical Norms in the Muslim Fiqh, Leiden.

Krawietz, Birgit (1997), Ḍarūra in Modern Islamic Law: The Case of Organ Transplantation, in: Gleave, Robert/Kermeli Eugenia (Hg.), Islamic Law: Theory and Practice, London, New York, 185–193.

Moosa, Ebrahim (2008), Die Nahstelle von Naturwissenschaft und Jurisprudenz: Unterschiedliche Blickwinkel auf den Körper in der modernen muslimischen Ethik, in: Eich, Thomas (Hg.), Moderne Medizin und Islamische Ethik. Biowissenschaften in der muslimischen Rechtstradition. Ausgewählt, übersetzt und kommentiert von Thomas Eich, Freiburg i. Br., 170–201.

Opwis, Felicitas(2005), Maṣlaḥa in Contemporary Islamic Legal Theory,in: Islamic Law and Society 12, 182–223.

Schulze, Reinhard (1990), Islamischer Internationalismus im 20. Jahrhundert: Untersuchungen zur Geschichte der Islamischen Weltliga, Leiden.

Skovgaard-Petersen, Jakob (1997), Defining Islam for the Egyptian State: Muftis and Fatwas of the Dar al-Ifta, Leiden.

Skovgaard-Petersen, Jakob (2004), A Typology of State Muftis, in: Haddad, Yvonne Yazbeck/Freyer Stowasser, Barbara (Hg.), Islamic Law and the Challenges of Modernity, Lanham, 82-97.

Jüdische Perspektiven auf bioethische Fragestellungen und ihre Rolle in bioethischen Diskursen in Deutschland

Lilian Marx-Stölting

1. Einführung: Jüdische Perspektiven auf bioethische Fragestellungen

In öffentliche bioethische Debatten in Deutschland fließen viele unterschiedliche Gesichtspunkte ein. Jüdische Perspektiven spielen jedoch bislang eine eher untergeordnete Rolle. Dabei könnte die Auseinandersetzung mit diesen die gesamtgesellschaftlichen und wissenschaftlichen Diskurse bereichern.

Es gibt verschiedene Auffassungen darüber, was unter jüdischen Perspektiven auf bioethische Fragestellungen zu verstehen ist.[1] Neben der Interpretation von religiösen jüdischen Texten könnte man etwa auch die Auseinandersetzung mit jüdischen Philosophen[2] oder biopolitischen Entscheidungen des Staates Israel darunter fassen.[3] Zu jeder bioethi-

---

[1] Die einführenden Überlegungen zu jüdischen Perspektiven auf bioethische Fragestellungen, zu Quellen jüdischer Ethik sowie zur positiven Grundhaltung gegenüber der Medizin wurden bereits dargelegt in: Marx-Stölting, Lilian (2009a), Ethics in Health Care Chaplainy – A Jewish Perspective, in: Moczynski, Walter/Haker, Hille/Bentele Katrin (Hg.), Medical Ethics in Health Care Chaplaincy, Essays, Berlin, 67–88. Deutsche Fassung: Marx-Stölting, Lilian (2009b), Ethik in der Klinikseelsorge – eine jüdische Perspektive, in: Haker, Hille/Bentele, Katrin/Moczynski, Walter/Wanderer, Gwendolin (Hg.), Perspektiven der Medizinethik in der Klinikseelsorge, Berlin, 79–104.

[2] Etwa mit Maimonides. Für eine Interpretation von Spinoza siehe Beauchamp, Tom (1999), Spinoza and Judaism. Jewish and Catholic Bioethics, in: Pellegrino, Edmund/Faden, Alan (Hg.), An Ecumenical Dialogue, Washington, D.C., 3–12.

[3] Es ist zu betonen, dass jüdische Bioethik nicht mit biopolitischen Entscheidungen des Staates Israel gleichzusetzen ist. Zur israelischen Bioethik-Diskussion siehe Lavi, Shai (2010), The Paradox of Jewish Bioethics in Israel: The Case of Reproductive Technologies, in: Voigt, Friedemann (Hg.), Religion in bioethischen Diskursen. Interdisziplinäre, internationale und interreligiöse Perspektiven, Berlin, New York, 81–101.

schen Frage gibt es somit nicht nur eine, sondern viele jüdische Perspektiven. Die Mehrheit der in Deutschland rezipierten Beiträge zum Thema sind jedoch Interpretationen der jüdischen Gesetzeslehre, der Halacha, für den biomedizinischen Bereich[4], und sind mit wenigen Ausnahmen aus orthodoxer Sicht verfasst. Dabei können unterschiedliche Interpreten trotz Nutzung derselben Quellen zu verschiedenen Urteilen kommen.

Bei der bioethischen Interpretation jüdischer Quellen (s. u.) werden einerseits jüdische Prinzipien abgeleitet, beispielsweise das Prinzip der Heiligkeit des Lebens.[5] Andere Autoren betonen, dass es in der jüdischen Bioethik gerade nicht um die Anwendung von Prinzipien geht, sondern um rein kasuistisch orientierte Analogieschlüsse von bereits im Talmud beschriebenen Situationen auf heutige Fragestellungen.[6] Diese kasuistische, am Einzelfall und vergleichbaren Präzedenzfällen orientierte Vorgehensweise ermöglicht es, auch als grundsätzlich problematisch eingestufte Verfahren unter besonderen Umständen im Einzelfall zu erlauben. Die Möglichkeit der Grenzziehung zwischen erlaubten und unerlaubten Anwendungen wird dabei bejaht.

Im Judentum gibt es eine Vielzahl verschiedener Richtungen mit Unterschieden in Glaubensinhalten, der Auslegungen der Halacha und ihrem Bindungscharakter. Auch in Deutschland ist „das Spektrum der religiösen Denomination innerhalb der Gemeinden [...] weit gefächert und reicht von streng orthodoxen über Reform- und konservative bis hin zu liberalen Gemeinden“[7]. Die unterschiedlichen Vorstellungen über Entstehung, Entwicklung und Wesen des Judentums fließen in die Auffassungen darüber ein, was eine jüdische Bioethik sein könnte und sein

---

[4] Vgl. Nordmann, Yves/Birnbaum, Michel (2003), Die aktuelle Biomedizin aus der Sicht des Judentums, in: Schicktanz, Silke/Tannert, Christof/Wiedemann, Peter (Hg.), Kulturelle Aspekte der Biomedizin. Bioethik, Religionen und Alltagsperspektiven, Frankfurt a. M., 84–106.

[5] Z. B. Bleich, J. David (1998), Bioethical Dilemmas: A Jewish Perspective, Bd. 1, Hoboken, NJ.

[6] Vgl. Staszewski, Schimon (2007), Der Natur nachgeholfen. Mutter mit 64: Künstliche Befruchtung aus medizinischer und halachischer Sicht, in: Jüdische Allgemeine 50, 15; Wyschogrod, Michael (1999), Geleitwort II, in: Jage-Bowler, Kerstin, Fragen des Lebensendes. Spuren und Wurzeln jüdisch medizinischer Ethik, Münster, IIX–IX.

[7] Homepage des Zentralrats der Juden in Deutschland: http://www.zentralratdjuden.de/de/topic/5.html (8.6.2009).

sollte, mit konkreten Konsequenzen: Zum einen gibt es keine Position, die als „die jüdische Position“ bezeichnet werden könnte, unter anderem weil es keine von allen Juden anerkannte oberste Instanz gibt, welche diese Position als für alle bindend erklären könnte. Zum anderen hat auch der Bindungscharakter für Anhänger der verschiedenen Strömungen unterschiedliche Bedeutung. Im orthodoxen Judentum kommt der Rolle des Rabbiners mit der Fällung halachischer Entscheidungen (Posek) eine besondere Bedeutung und Verbindlichkeit zu.[8] Im liberalen Judentum hingegen sind Urteile des Rabbiners[9] eine von mehreren Faktoren, die auf eine autonome Entscheidung einwirken. Die Befolgung der Halachot ist in den Ermessensspielraum des Einzelnen gestellt.[10]

2. Jüdische Bioethik in Deutschland[11]

In Deutschland sind Beiträge zur jüdischen Bioethik in der Regel an grundlegenden Werken aus Israel und den USA orientiert, wo jüdische Bioethik inzwischen zu einem wichtigen Forschungsfeld avanciert ist. Einen wesentlichen Einfluss haben die überwiegend orthodoxen Pioniere der jüdischen Medizinethik wie beispielsweise Immanuel Jakobovits,[12]

---

8 Hurwitz, Peter (2006), Warum ist Sterbehilfe heute weltweit ein aktuelles Problem?, in: ders./Picard, Jacques/Steinberg, Avraham (Hg.), Jüdische Ethik und Sterbehilfe. Eine Sammlung rabbinischer, medizinethischer, philosophischer und juristischer Beiträge, Basel, 7–13, 10 f.; Zemer, Moshe (1999), Jüdisches Religionsgesetz heute. Progressive Halacha, Neukirchen-Vluyn, 212.

9 Aus Gründen der besseren Lesbarkeit wird an einigen Stellen im Text die männliche Form für beide Geschlechter verwendet. Es sind jedoch stets auch Rabbinerinnen, Ärztinnen, Patientinnen etc. gemeint. Um dies kenntlich zu machen, werden, wo ohne Abstriche in der Lesbarkeit möglich, beide Formen verwendet.

10 Für mehr Informationen zu den verschiedenen Richtungen im Judentum siehe http://www.berlin-judentum.de/synagogen/richtungen.htm (25.6.2009).

11 Dieser Beitrag versteht sich als erste Bestandsaufnahme mit dem Ziel, einige wichtige Merkmale und Entwicklungen der Auseinandersetzung mit jüdischen Perspektiven in der Bioethik in Deutschland aufzuzeigen. Er erhebt keinen Anspruch auf Vollständigkeit. Auch die genannten Institute und Personen werden lediglich exemplarisch angeführt. Es handelt sich ausdrücklich nicht um eine Auflistung sämtlicher sich mit dem Thema beschäftigender Institute und Personen in Deutschland.

12 Jakobovits, Immanuel (1959), Jewish Medical Ethics. A Comparative and Histo-

David Bleich,[13] Fred Rosner[14] und Avraham Steinberg[15].[16] Die behandelten Themen sind vielfältig und umfassen so unterschiedliche Bereiche wie Abtreibung, künstliche Befruchtung, Hirntod und Organtransplantation, Sterbehilfe und genetische Diagnostik, aber auch grundsätzliche Fragen wie die nach einer gerechten Allokation von medizinischen Ressourcen, nach Grundlagen einer ärztlichen Standesethik aus jüdischer Perspektive oder nach Fundamenten jüdischer Ethik. Jüdische Medizinethik und Bioethik sind in Israel und den USA expandiert und haben sich differenziert.[17] Es wurden in beiden Ländern zahlreiche Konferenzen, Workshops und Vorlesungen zum Thema veranstaltet, wobei sich besonders in den USA auch nicht-halachische sowie aus einem progressiven Verständnis von Halacha heraus entspringende Ansätze entwickelten.[18]

---

rical Study of the Jewish Religious Attitude to Medicine and Its Practice, New York.

13 Bleich (1998); Bleich, J. David (1981), Judaism and Healing, New York; Bleich, J. David (2006), Bioethical Dilemmas: A Jewish Perspective, Bd. 2, Nanuet, NY.

14 Rosner, Fred (1986), Modern Medicine and Jewish Ethics, New York.

15 Steinberg, Avraham (Hg.) (2003), Encyclopedia of Jewish Medical Ethics. A Compilation on All Topics of Medical Interest, from the Most Ancient Sources to the Most Recent Deliberations and Decisions, With a Concise Medical and Historical Background, and a Comparative Analysis of Relevant General Ethical Approaches, 3 Bde, Jerusalem, Nanuet, NY.

16 Auch Rabbinische Autoritäten wie Rabbi Shlomo Zalman Auerbach, Moshe Feinstein und Eliezer Waldenberg werden von orthodoxen Autoren gerne zitiert, etwa auf der Tagung „1st International Conference on Jewish Medical Ethics in Switzerland" vom 6.–10.3.2008 in Fürigen, Schweiz, http://www.jmec.ch/download.html (15.1.2010).

17 Zur Expansion gehört auch die Gründung von Publikationsorganen wie der israelischen Zeitschrift Assia. Hebrew Journal on Jewish Medical Ethics http://www.medethics.org.il/siteEng/PagesEn.asp?cat_id=4&page_id=19 (15.1.2010) oder die Institutionalisierung, in Israel zum Beispiel in Form des Institutes for Jewish Medical Ethics & Halacha Research im Shaare Zedek Medical Center in Jerusalem, siehe http://www.medethics.org.il/ (15.1.2010).

18 Z. B. Feldman, David (1974), Marital Relations, Birth Control, and Abortion in Jewish Law, New York; Zohar, Noam (1997), Alternatives in Jewish Bioethics, Albany; Dorff, Elliot (1998), Matters of Life and Death: A Jewish Approach to Modern Medical Ethics, Philadelphia; Zoloth, Laurie (1999), Health Care and the Ethics of Encounter: A Jewish Discussion of Social Justice, Chapel Hill,

In den USA gibt es inzwischen auch eine „Academic Coalition on Jewish Bioethics“ (ACJB), ein Zusammenschluss verschiedener Rabbinerseminare und Universitäten.[19] Außerdem sind im Internet Responsa der Reformbewegung (CCAR Central Conference of American Rabbis)[20] und der konservativen Bewegung[21] erhältlich, allerdings sind nur zu relativ wenigen bioethischen Fragen Responsa verfügbar. Solche progressiven Ansätze scheinen in der deutschen Diskussion weniger prominent zu sein.[22] Auch einen der ACJB vergleichbaren Zusammenschluss an jüdischer Bioethik interessierter Wissenschaftler oder Rabbiner gibt es in Deutschland bislang nicht. Um die Vernetzung aller Beteiligten zu fördern und dem Thema zu mehr Öffentlichkeit innerhalb und außerhalb der jüdischen Gemeinden zu verhelfen, könnte die Gründung einer derartigen Organisation hilfreich sein.

Doch obwohl eine spezialisierte Dachorganisation fehlt, gibt es auch im deutschsprachigen Raum gelegentlich Veranstaltungen zum Thema jüdischer Medizin- und Bioethik.[23] So führte ein 1988 in Berlin durchgeführter Kongress zum Thema „Medizin und Halacha“ zur Gründung des Landesverbands jüdischer Ärzte und Psychologen in Berlin.[24] In der Schweiz fand 2008 eine große, orthodox geprägte internationale

NC; Washofsky, Mark (2001), Jewish Living. A Guide to Contemporary Reform Practice, New York.

19 Sie umfasst auch die jüdischen Richtungen „Reform“, „Conservative“ und „Reconstructionist“, www.jewishbioethics.org (10.6.2010). Die ACJB veranstaltet regelmäßig Tagungen zum Thema Jüdische Bioethik.

20 http://ccarnet.org/documentsandpositions/responsa/ (15.1.2010).

21 http://www.rabbinicalassembly.org/law/teshuvot_public.html (15.1.2010).

22 Eine Veröffentlichung einer Enzyklopädie orthodoxer und progressiver Ansätze jüdischer Bio- und Medizinethik wäre hier sicher hilfreich, um die heutige Vielfalt der Methoden und Positionen innerhalb des Gebietes zugreifbarer zu machen.

23 Die folgend aufgeführten Veranstaltungen sind exemplarisch ausgewählt, um zu belegen, dass es immer wieder Veranstaltungen zum Themenkreis jüdischer Medizin- und Bioethik gibt. Es besteht kein Anspruch auf Vollständigkeit.

24 Körner, Nina (2006), Ist ‚Viagra‘ eigentlich koscher?, in: Jüdische Zeitung 13. Für mehr Informationen zum Landesverband jüdischer Ärzte und Psychologen in Berlin e. V. siehe www.jewishdoctors.de (16.12.2009). Inzwischen gibt es in mehreren Bundesländern ähnliche Verbände. Auch ein Bundesverband befindet sich derzeit in Gründung.

Tagung zum Thema „Jewish Medical Ethics“ statt.[25] Auch wenn Tagungen in dieser Größenordnung die Ausnahme sind, werden kleinere Veranstaltungen mit Relevanz zur Thematik immer wieder erfolgreich durchgeführt, beispielsweise eine deutsch-israelische Tagung zum Einfluss von Religion und Kultur auf die Biomedizin in Berlin 2007.[26] Darüber hinaus gibt es an verschiedenen Orten und Institutionen Vorträge zum Thema als Teil größerer Veranstaltungen[27] oder auch in Form einzelner wissenschaftlicher Vorträge. Auch an interreligiösen Podiumsdiskussionen nehmen gelegentlich jüdische Referenten teil. Außerdem werden gezielt einzelne Projekte im Rahmen von Doktorarbeiten und Forschungsprojekten von der Deutschen Forschungsgemeinschaft (DFG), dem Bundesministerium für Bildung und Forschung (BMBF) und anderen Institutionen der Forschungsförderung in Deutschland unterstützt, die sich mit verschiedenen Aspekten der Thematik befassen. Dennoch lässt sich feststellen, dass in deutscher Sprache insgesamt eher wenige Publikationen zum Thema vorliegen. Gelegentlich werden jedoch Beiträge veröffentlicht, so etwa in der jüdischen Presse,[28] in

---

[25] Tagung „1st International Conference on Jewish Medical Ethics in Switzerland” vom 6.–10.3.2008 in Fürigen, Schweiz, http://www.jmec.ch/download.html (15.1.2010).

[26] Ehm, Simone/Schicktanz, Silke (Hg.) (2008), Der Einfluss von Religion und Kultur auf die Biomedizin – ein Deutsch-Israelischer Dialog. Tagung der Evangelischen Akademie zu Berlin und der Abt. für Ethik und Geschichte der Medizin der Universitätsmedizin Göttingen, Berlin, 29.–30.11.2007, Dokumentation Nr. 24, Evangelischer Pressedienst, Frankfurt a. M.

[27] Z. B. der Vortrag von Laurie Zoloth „Essays Toward a Feminist Jewish Bioethics“, gehalten auf der Bet Deborah Tagung „Antworten jüdischer Frauen auf die Moderne“, Berlin 18.–19.2.2005; der Vortrag von Lilian Marx-Stölting „Menschen als ‚Mitschöpfer‘? Klonen, Keimbahntherapie, PID – Jüdische Perspektiven“, gehalten beim Limmud in Werbellinsee am 1.5.2009; der Vortrag von Gerhard Baader „Zwischen Sterbehilfe und Paliativmedizin“, gehalten beim Limmud am 1.5. 2009 in Werbellinsee; vgl. auch Lavi (2010).

[28] Z. B. Marx-Stölting, Lilian (2008), Seid fruchtbar und mehret euch, in: Jüdische Zeitung 37, 27; Schell-Apacik, Chaim (2007), Genetik im Kontext Jüdischer Ethik, in: Jüdische Zeitung 20; Keller, Martina (2007), Biomedizin. Alles, was geht?, in: Die Zeit, 6.9; Kauschke, Detlef (2008), „Aus halachischer Sicht nicht tragbar“ Roman Skoblo über Sterbehilfe und jüdische Ethik“, in: Jüdische Allgemeine 63, 1.

Nachschlagewerken,[29] Einführungen ins Judentum[30] oder in wissenschaftlichen Fachpublikationen.[31]

Unabhängig von der jüdischen Bioethik-Diskussion gibt es in Deutschland eine umfangreiche Auseinandersetzung mit der Geschichte der Medizin im Nationalsozialismus, die an verschiedenen Instituten für Geschichte und/oder Ethik der Medizin stattfindet.

3. Quellen Jüdischer Ethik

Zu den Quellen jüdischer Ethik gehören verschiedene grundlegende Schriften: die Torah im Sinne der fünf Bücher Mose, die Prophetenbücher und biblischen Schriften, der Talmud, verschiedene Kodifizierungen des jüdischen Rechts und die Responsenliteratur.

Der Talmud umfasst die so genannte mündliche Lehre (Mischna), die um ca. 200 nach der (christlichen) Zeitrechnung (n. d. Z.) niedergeschrieben wurde, sowie rabbinische Kommentare zur Mischna, welche in zwei verschiedenen Versionen redigiert wurden, welche als palästinensischer Talmud (ca. 400 n. d. Z.) und babylonischer Talmud (ca. 500 n. d. Z.) bezeichnet werden.[32] Für die Herausbildung der jüdischen Gesetzesleh-

---

[29] Z. B. Albertini, Francesca (2006), Jüdische Theologie und Ethik, in: Düwell, Marcus/Hübenthal, Christoph/Werner, Micha H. (Hg.), Handbuch Ethik, 2. Auflage, Stuttgart, 404–415.

[30] Z. B. Romain, Jonathan A./Homolka, Walter (1999), Progressives Judentum. Leben und Lehre, München.

[31] Z. B. Rakover, Nahum (1999), Der Mensch als eine Synthese aus Körper und Geist aus jüdischer Perspektive, in: Kraus, Walter/Altner, Gunter/Schwarz, Meier (Hg.), Bioethik und Menschenbild bei Juden und Christen. Bewährungsfeld Anthropologie. Neukirchen-Vluyn, 17–21; Schwarz, Meier (1999), Theologische Grundlegung zum Menschenbild aus jüdischer Sicht, in: Kraus, Walter/Altner, Gunter/ders. (Hg.), Bioethik und Menschenbild bei Juden und Christen. Bewährungsfeld Anthropologie, Neukirchen-Vluyn, 22–33; Nordmann/Birnbaum (2003); Rheinz, Hanna (2006), Natur- und Tierschutz nach jüdischer Tradition, in: Altner, Günter (Hg.), Jahrbuch Ökologie 2007, 29–38; Hurwitz (2006).

[32] Mehr dazu siehe Bollag, David (2006), Das jüdische Religionsgesetz, in: Hurwitz, Peter/Picard, Jacques/ Steinberg, Avraham (Hg.), Jüdische Ethik und Sterbehilfe. Eine Sammlung rabbinischer, medizinethischer, philosophischer und juristischer Beiträge, Basel, 19–35; Romain/Homolka (1999), 377.

re (Halacha) wurde der babylonische Talmud besonders bedeutsam.[33] Die Halacha umfasst traditionell 613 Gebote und Verbote. Bekannte Beispiele hierfür sind das Gebot zur Heiligung des Schabbats und das daraus resultierende Arbeitsverbot, oder auch die Speisegesetze mit den Verboten, milchige und fleischige Speisen zu mischen oder Schweinefleisch zu verzehren. Die aus dem Talmud abgeleiteten Gesetze wurden verschiedentlich kodifiziert. Wichtige Kodifizierungen sind die Mischne Torah des Maimonides (11. Jahrhundert), oder der Schulchan Aruch des Joseph Karo (16. Jahrhundert.) Als Responsenliteratur bezeichnet man die zahlreichen rabbinischen Entscheidungen und Schriften der vergangenen Jahrhunderte bezüglich der Umsetzung der Halacha.[34] Sie wird immer weiter fortgeschrieben.

Aus orthodoxer Sicht[35] wurden sowohl die schriftliche als auch die mündliche Überlieferung am Berg Sinai dem Moses übergeben und seither von Generation zu Generation weitergegeben.[36] Das liberale Judentum hingegen geht davon aus, dass ein Großteil der schriftlichen und mündlichen Überlieferung nicht direkt auf eine göttliche Offenbarung zurückgeht, sondern menschlichen Ursprungs ist. Besonders die Entstehung der von der Orthodoxie als mündliche Torah bezeichnete Teil der Überlieferung wird für einen viel späteren Zeitpunkt, nämlich nach der Zerstörung des Zweiten Tempels, angenommen.[37] Die Halacha wird dabei als grundsätzlich für Veränderungen offenes und sich weiter entwickelndes System verstanden.[38]

---

33 Romain/Homolka (1999), 377.

34 Vgl. Bollag (2006), 33.

35 Auch innerhalb der Orthodoxie gibt es verschiedene Strömungen und unterschiedliche Auffassungen, es handelt sich hierbei lediglich um eine Aussage über eine weit verbreitete Vorstellung.

36 Bollag (2006), 22 f.

37 Bollag (2006), 22.

38 Zemer (1999), 28; Leaman, Oliver (1998), Judaism, in: Chadwick, Ruth (Hg.), Encyclopedia of Applied Ethics, Bd. 3, San Diego, 1–8. Zum Glauben an die Geschichtlichkeit der göttlichen Offenbarung und der jüdischen Tradition siehe außerdem die Stellungnahme der Union Progressiver Juden in Deutschland e. V., http://www.liberale-juden.de/cms/index.php?id=88type=98 (30.5.2007).

4. Medizin als religiöse Verpflichtung

Die Medizin genießt im Judentum traditionell ein sehr hohes Ansehen, sie gilt als religiöse Verpflichtung, als Mitzvah.[39] Diese Hochachtung wird darauf zurückgeführt, dass die Rettung von Leben (pikuach nefesh) als die höchste Mitzvah gilt, wegen der alle anderen Mitzvot (in Lebensgefahr) vernachlässigt werden dürfen. Eine Torahstelle, welche die Pflicht zu helfen begründet, ist Lev. 19:16: „[...], stehe nicht (still) bei dem Blute deines Nächsten“[40]. Darüber hinaus heißt es im Talmud: „Herr, der Welt, du sagtest, wenn jemand eine Seele von Jisraél erhält, sei es ebenso, als erhielte er die ganze Welt [...]“.[41] Auch der Besuch und die Pflege erkrankter Menschen (Bikkur Cholim) werden im Judentum als Mitzvah angesehen und auch sie gelten als geboten.[42]

Aus dieser positiven Grundhaltung der Medizin gegenüber werden auch neue technische Möglichkeiten tendenziell eher positiv beurteilt.[43] Der Mensch wird als Partner Gottes gesehen, der die kreative Aufgabe

---

[39] Eine Mitzvah ist eine religiöse Verpflichtung, ein Gebot oder auch eine gute Tat. Traditionell werden im Judentum 613 Gebote und Verbote aus der Torah abgeleitet. Washofsky (2001), 222; Broyde, Michael J. (2004), Pre-Implantation Genetic Diagnosis, Stem Cells and Jewish Law, in: Tradition 38, 54–75; Nordmann/Birnbaum (2003), 20.

[40] Zunz, Leopold (1997), Die vierundzwanzig Bücher der Heiligen Schrift. Nach dem masoretischen Text, übersetzt von Leopold Zunz, Tel-Aviv.

[41] Babylonischer Talmud, Baba Batra 11a, zitiert nach der deutschen Übersetzung: Goldschmidt, Lazarus (1981), Der Babylonische Talmud, Bd. 2, neu übertragen durch Lazarus Goldschmidt, 3. Auflage, Königstein, 41. Häufig interpretiert im Sinne von „Wer ein Menschenleben rettet, rettet die ganze Welt“, z. B.: Hurwitz (2006), 9.

[42] Washofsky (2001), 223; Taylor, Bonita E./Zucker, David J. (2002), Nearly Everything We Wish Our Non-Jewish Supervisors Had Known About Us As Jewish Supervisees, in: The Journal of Pastoral Care & Counseling 56, 327–338; Ozarowski, Joseph S. (2005), Cholim, Bikur: A Paradigm for Pastoral Caring, in: Friedman, Dayle A. (Hg.), Jewish Pastoral Care. A Practical Handbook from Traditional & Contemporary Sources, 2. Auflage, Woodstock, VT, 56–74. Zu Überlegungen zur Ethik in der Klinikseelsorge aus jüdischer Perspektive siehe Marx-Stölting (2009a).

[43] Nordmann, Yves/Birnbaum, Michel (2002), Die aktuelle Biomedizin aus Sicht des Judentums. Gutachten für die AG Bioethik und Wissenschaftskommunikation am Max-Delbrück-Centrum für Molekulare Medizin, Berlin, 20, http://www.bioethik-diskurs.de/portal/documents/

hat, an der Gestaltung der Welt mitzuwirken, und der das Recht und die Pflicht hat, Krankheiten zu bekämpfen.[44] Technik und Wissenschaft gelten als Werkzeuge Gottes bei der Weiterentwicklung der Welt.[45]

Über religiöse Erklärungen hinaus werden jedoch auch ganz andere Gründe für den Rückhalt von Medizin, Technik und insbesondere Reproduktionsmedizin in Israel verantwortlich gemacht,[46] wie etwa die positive Technikeinstellung des Zionismus und die wahrgenommene demographische Bedrohung der israelischen als jüdischer Gesellschaft.[47]

Die Positionen und Argumentationen aus jüdischer Perspektive sind je nach Themenfeld ganz unterschiedlich. Zwei der prominentesten Bereiche sind der Bereich der Sterbehilfe[48] und der Bereich der Reproduktionsmedizin.[49] Diese beiden Bereiche lassen Unterschiede besonders deutlich erkennen. Im Bereich der Fortpflanzungstechniken und der Em-

---

wissensdatenbank/gutachten/Download-Dokumente/Nordmann-Gutachten/download (15.2.2008).

44 Z. B. Feit, Carl (2002), Genetically Modified Food and Jewish Law (Halakhah), in: Ruse, Michael/Castle, David (Hg.), Genetically Modified Foods: Debating Biotechnology, Amherst, NY, 123–129, 124; Nordmann/Birnbaum (2002), 10; Washofsky (2001), 239–242; Taylor/Zucker (2002), 329–330.

45 Vgl. Nordmann/Birnbaum (2002), 25.

46 Z. B. Prainsack, Barbara (2005), Streitbare Zellen? Die Politik der Bioethik in Israel, in: Leviathan 1, 69–93; Prainsack, Barbara/Firestine, Ofer (2006), ‚Science for Survival': Biotechnology Regulation in Israel, in: Science & Public Policy 33, 33–46.

47 Zu Forschungsergebnissen in Bezug zur israelischen Biopolitik siehe z. B. Hashiloni-Dolev, Yael (2007), A Life (Un)Worthy of Living. Reproductive Genetics in Israel and Germany, Berlin, Heidelberg; Shalev, Carmel (2008), Die Diskussion über den Umgang mit dem Lebensende in Israel – Ethik und Politik, in: Ehm/Schicktanz (Hg.), 46–48; Raz, Aviad/Schicktanz, Silke (2009), Diversity and Uniformity in Genetic Responsibility: Moral Attitudes of Patients, Relatives and Lay People in Germany and Israel, in: Medicine, Health Care and Philosophy 12, 433–442, http://www.springerlink.com/content/5781124n3241437u/fulltext.pdf (8.10.2009); siehe auch Lavi (2010).

48 Zum Thema Sterbehilfe siehe den deutschsprachigen Sammelband zu diesem Thema: Hurwitz, Peter/Picard, Jacques/Steinberg, Avraham (Hg.) (2006), Jüdische Ethik und Sterbehilfe. Eine Sammlung rabbinischer, medizinethischer, philosophischer und juristischer Beiträge, Basel.

49 Ein weiterer Bereich mit einiger Öffentlichkeitswirksamkeit ist der des Tierschutzes und des Schächtens, siehe z. B. Rheinz (2006).

bryonenforschung wird die israelische Regelung als deutlich liberaler angesehen als die deutsche, während es im Bereich der Sterbehilfe genau umgekehrt ist, hier ist die deutsche Regelung liberaler.[50] Dabei ist jedoch wichtig, die israelische Politik nicht mit ethischen Begründungen gleichzusetzen, da politische Entscheidungen häufig auf der Notwendigkeit basieren, Kompromisse zu erzielen, statt auf stringenten ethischen Argumentationen.[51]

5. Das Beispiel Lebensanfang: Reproduktionsmedizin[52]

5.1 Positive Grundhaltung gegenüber Reproduktionsmedizin

Die positive Grundhaltung gegenüber der Medizin trägt auch zu einer positiven Beurteilung der Fortpflanzungsmedizin bei. Da der Mensch als Partner Gottes bei der Aufgabe der Verbesserung der Welt gesehen wird,[53] ist er in diesem Sinne rechtmäßig ein „Mit-Schöpfender". Wissenschaften und technische Fortschritte sind vor diesem Hintergrund Ausdruck der kreativen Schöpferkraft des Menschen. Da neue Entwicklungen stets auf der Weiterentwicklung bereits existierender Prozesse und Eigenschaften basieren, werden sie nicht als Infragestellung der Macht

---

50 Schicktanz, Silke/Raz, Aviad/Shalev, Carmel (2010), The Cultural Context of End-of-Life Ethics: A Comparison of Germany and Israel, in: Cambridge Quarterly of Healthcare Ethics (im Druck). Für einen detaillierten Vergleich der deutschen und der israelischen Ansichten und Politik bezüglich moderner Reproduktionstechniken siehe Hashiloni-Dolev (2007); Zur Sterbehilfe in Israel siehe z. B. Shalev (2008), 46–48; zum Umgang mit Behinderung Raz, Aviad (2008), Behinderung, Genetik und Tradition – Soziokulturelle Aspekte der genetischen Praxis in Israel, in: Ehm/Schicktanz (Hg.), 26–28.

51 Zur Rolle religiöser Argumentationen für Bioethik und Biopolitik in Israel siehe Lavi (2010). Im Rahmen meines Artikels geht es ausdrücklich nicht speziell um Israel, doch da sich das deutsche Judentum stark an Entwicklungen in Israel und den USA orientiert (s. u.), können Entwicklungen dort für Betrachtungen der deutschen Situation auch nicht außer Acht gelassen werden.

52 Die Abschnitte zum Thema Reproduktionsmedizin und Präimplantationsdiagnostik sind überarbeitete Versionen des bereits in der Jüdischen Zeitung veröffentlichten Artikels „Seid fruchtbar und mehret euch", siehe Marx-Stölting (2008).

53 Vgl. Breitowitz, Yitzchok (2002), What's so Bad About Human Cloning?, in: Kennedy Institute of Ethics Journal 12, 325–341, 326.

Gottes gesehen.[54] So werden auch Eingriffe in biologische Abläufe im Kontext von Schwangerschaft und Geburt nicht als unerlaubtes „Gott spielen“ gewertet, sondern als grundsätzlich legitim angesehen.

Die Mehrheit der halachischen Autoritäten steht modernen Reproduktionstechniken aus mehreren Gründen grundsätzlich positiv gegenüber: Zunächst gilt die Fortpflanzung als Mitzvah, sie ist sowohl ein göttlicher Segen, als auch Gebot (Genesis 1, 28: „Seid fruchtbar und mehret euch“).[55] Daher ist Unfruchtbarkeit im Judentum traditionell ein sehr schwer wiegendes Problem und Kinderlosigkeit wird sogar als Scheidungsgrund anerkannt.[56]

Hinzu kommt noch die Annahme einer abgestuften, graduell ansteigenden Schutzwürdigkeit des sich entwickelnden Embryos. Erst ab der Geburt kommen dem Neugeborenen die volle Menschenwürde und die volle Schutzwürdigkeit zu.[57] Eine Zerstörung von Embryonen in ihren frühen Entwicklungsstadien wird daher nicht als Mord gewertet.[58] Der genaue Status und die Schutzwürdigkeit von Embryonen sind jedoch auch im Judentum umstritten.

Exemplarisch sollen einige jüdische Perspektiven auf zwei verschiedene Reproduktionstechniken vorgestellt werden, nämlich die im Kontext der bereits außerhalb Deutschlands etablierten Technik der Präimplantationsdiagnostik (PID) und der noch utopischen Technik des Klonens.

---

[54] Steinberg, Avraham (2003a), Human Cloning, in: ders. (Hg.), Encyclopedia of Jewish Medical Ethics. A Compilation on All Topics of Medical Interest, from the Most Ancient Sources to the Most Recent Deliberations and Decisions, With a Concise Medical and Historical Background, and a Comparative Analysis of Relevant General Ethical Approaches, Bd. 2, Jerusalem, Nanuet, NY, 509–519, 513; Revel, Michel (2003), Human Reproductive Cloning, Embryo Stem Cells and Germline Gene Intervention: An Israeli Perspective, in: Medicine and Law 22, 701–732, 730; Broyde (2004).

[55] Rosner, Fred (2001), Assisted Reproduction: A Jewish Perspective, in: Mount Sinai Journal of Medicine 68, 219–223; Popovsky, Mark (2007), Jewish Perspectives on the Use of Preimplantation Genetic Diagnosis, in: The Journal of Law, Medicine and Ethics 35, 699–711, 701.

[56] Shapiro, David (2000), Be Fruitful and Multiply, in: Rosner, Fred/Bleich, J. David (Hg.), Jewish Bioethics, 2. Auflage, Hoboken, NJ, 71–90.

[57] Vgl. Nordmann/Birnbaum (2003), 98.

[58] Popovsky (2007).

5.2 Präimplantationsdiagnostik

Bei der so genannten PID handelt es sich um eine genetische Diagnostik, welche die Auswahl von mittels künstlicher Befruchtung im Reagenzglas erzeugten Embryonen nach bestimmten genetischen Kriterien ermöglicht.[59] Den in-vitro erzeugten Embryonen werden etwa am dritten Tag der Entwicklung (4- bis 8-Zell-Stadium) ein bis zwei Zellen entnommen und auf bestimmte genetische Merkmale hin untersucht. Die untersuchten Zellen werden dabei zerstört, die um ein bis zwei Zellen reduzierten Embryonen können sich theoretisch normal weiter entwickeln. Die Methode wird eingesetzt, um aus einer Anzahl vorhandener Embryonen diejenigen auszuwählen, die ein bestimmtes genetisches Merkmal, wie etwa eine genetische Erbkrankheit, nicht tragen. Eine bestimmte (je nach Land unterschiedliche) Anzahl ausgewählter Embryonen wird dann in die Gebärmutter übertragen. Die restlichen Embryonen werden verworfen oder eingefroren. In der Regel wird eine Kontrolle der Diagnose im Rahmen einer Pränataldiagnostik zusätzlich durchgeführt. In Deutschland ist die PID verboten, da das Embryonenschutzgesetz totipotente[60] embryonale Zellen als Embryonen definiert, welche durch das Klonverbot geschützt sind. Auch die Erzeugung von überzähligen Embryonen (nach dem Vorkernstadium) ist hier nicht erlaubt.

Halachische Probleme im Zusammenhang der PID betreffen in erster Linie die zwingend mit ihr verbundene künstliche Befruchtung (In-vitro-Fertilisation, IVF). So kann das Verbot, Samen zu vergießen, mit einer möglicherweise notwendigen Samenspende kollidieren. Außerdem könnte es bei einer (eventuell auch anonymen) Spende von Eizellen oder Samenzellen mehr als zwei mögliche Eltern geben, sodass aufgrund der unklaren Abstammungsverhältnisse die Verwandschaftsverhältnisse sowie der halachische Status des Kindes zu klären wären. Dazu gehört z. B.

---

[59] Vgl. Renwick, Pamela/Ogilvie, Caroline M. (2007), Preimplantation Genetic Diagnosis for Monogenic Diseases: Overview and Emerging Issues, in: Expert Review of Molecular Diagnostics 7, 33–43; Traeger-Synodinos, Joanne (2006), Real-Time PCR for Prenatal and Preimplantation Genetic Diagnosis of Monogenic Diseases, in: Molecular Aspects of Medicine 27, 176–191.

[60] Unter zellulärer Totipotenz wird hier die Möglichkeit verstanden, dass aus der Zelle ein ganzer Organismus hervorgeht. Zur Terminologie siehe Hüsing, Bärbel u. a. (2003), Menschliche Stammzellen, Studie des Zentrums für Technologiefolgen Abschätzung, TA 44/2003, Bern, 29–31, http://www.ta-swiss.ch/a/biot_stam/2003_44_Stammzellen_d.pdf (15.1.2010).

die Frage, wie bei unklarer Abstammung eine verbotene Geschwisterehe verhindert werden kann.

Trotz dieser Schwierigkeiten halten viele Autoren die IVF zu therapeutischen Zwecken für unter bestimmten Umständen erlaubt.[61] Die problematische Erzeugung und Verwerfung von überzähligen Embryonen wird dabei durch die Hochrangigkeit des Zieles der Herbeiführung einer Schwangerschaft gerechtfertigt. Mögliche Anwendungsbereiche der PID werden in erlaubte therapeutische und unerlaubte nicht-therapeutische Anwendungen unterteilt. Als nicht-therapeutisch gilt etwa die Manipulation von Eigenschaften wie Größe oder Augenfarbe oder der Wunsch gehörloser Eltern nach einem ebenfalls gehörlosen Kind.[62] Obwohl die Schwierigkeit einer klaren Grenzziehung zwischen therapeutischen und nicht-therapeutischen Anwendungen gesehen wird, kann sie aus Sicht vieler Autoren kein Verbot der Technik rechtfertigen. Es wird betont, dass eine PID eine spätere genetische Diagnostik (Pränataldiagnostik) und einen Schwangerschaftsabbruch verhindern könnte. Manche Autoren sprechen auch von einer „Heilung" der Nachkommen durch die PID und sehen diese Technik nicht nur als erlaubt, sondern als möglicherweise sogar geboten an.[63] Allerdings ist der Begriff der „Heilung" in diesem Kontext irreführend, weil betroffene Embryonen nicht geheilt, sondern zerstört und durch nicht betroffene Embryonen ersetzt werden.

Auch die Möglichkeit, mittels PID ein Geschwisterkind als Knochenmarkspender für ein älteres, an Leukämie leidendes Kind zu zeugen, wird von einigen jüdischen Autoren als besonders löbliche Tat bewertet, die zwei Mitzvot umfasst: die Mitzvah ein Kind zu bekommen und die Mitzvah, ein Leben zu retten.[64] Die Gefahr der Instrumentalisierung des zweiten Kindes, welches zum Zweck der Rettung des ersten Kindes gezeugt wurde und die mögliche Verletzung der Menschenwürde dessel-

---

[61] Z. B. Washofsky (2001), 233–242; eine ausführliche Diskussion der künstlichen Befruchtung siehe Steinberg, Avraham (2003b), In-Vitro Fertilization, in: ders. (Hg.), Encyclopedia of Jewish Medical Ethics. A Compilation on All Topics of Medical Interest, from the Most Ancient Sources to the Most Recent Deliberations and Decisions, With a Concise Medical and Historical Background, and a Comparative Analysis of Relevant General Ethical Approaches, Bd. 2, Jerusalem, Nanuet, NY, 571–586.

[62] Z. B. Popovsky (2007); Nordmann/Birnbaum (2003), 105.

[63] Z. B. Broyde (2004), 66.

[64] Z. B. Broyde (2004), 64.

ben, wird dabei nicht als Verbotsgrund anerkannt. Eine Verpflichtung, die PID zur Erfüllung der Mitzvah der Fortpflanzung zu nutzen, wird jedoch verneint.[65]

5.3 Klonen

Unter reproduktivem Klonen wird die Erzeugung menschlicher Embryonen mit Erbgut, welches mit dem Erbgut eines bereits geborenen Spenders identisch ist, verstanden.[66] Das Klonen nach der Dolly-Methode ist eine Technik, bei der der Zellkern einer bereits ausgereiften Spenderzelle in eine entkernte Eizelle injiziert wird, wodurch ein Embryo mit dem Erbgut der Spenderzelle entstehen kann. Auf diese Weise lassen sich in aufwändigen Tierversuchen erwachsene Exemplare mancher Tierarten (z. B. das Schaf) genetisch vervielfältigen, was als reproduktives Klonen bezeichnet wird. Das Klonschaf Dolly wurde 1996 auf diese Art und Weise und nach mehr als zweihundert Fehlversuchen erzeugt.[67] Als therapeutisches Klonen oder Forschungsklonen bezeichnet man das Klonen zum Zweck der Erforschung und Entwicklung neuartiger Therapien, da hier die entstehenden Embryonen nicht ausgetragen, sondern für die Gewinnung von Stammzellen oder Geweben genutzt werden. Es bleibt derzeit offen, ob reproduktives Klonen beim Menschen je zur etablierten Reproduktionstechnik heranreifen wird. Es werden jedoch zahlreiche Tierversuche durchgeführt, sodass zumindest mit einem Erkenntnisgewinn und der Reifung der technischen Verfahren zu rechnen ist. In Deutschland ist das Klonen im Rahmen des Embryonenschutzgesetzes (EschG) verboten[68].

Zum Thema Klonen gibt es nur wenige Publikationen aus jüdischer Perspektive, welche bislang eher als Gedankenanstöße und nicht als bindende halachische Gesetze formuliert sind. Die jüdische Tradition kennt schon lange Geschichten vom Golem, einem künstlich erschaffenen We-

---

[65] Z. B. Popovsky (2007), 708.

[66] Siehe hierzu Clausen, Jens (2006), Biotechnische Innovationen verantworten. Das Beispiel Klonen, Darmstadt; Schreiner, Regine (2005), Klonen durch Zellkerntransfer. Stand der Forschung. Literaturauswertung im Auftrag des Nationalen Ethikrates, http://www.ethikrat.org/dateien/pdf/Schreiner_Klonen-durch-Zellkerntransfer.pdf (15.1.2010).

[67] Wilmut, Ian u. a. (1997), Viable Offspring Derived from Fetal and Adult Mammalian Cells, in: Nature 385, 810–813.

[68] http://bundesrecht.juris.de/eschg/ (3.9.2009).

sen, sodass hier Parallelen gezogen werden können.[69] Kinderlosigkeit wird im orthodoxen Judentum aber als so großes Problem gesehen, dass sogar reproduktives Klonen als Heilungsmöglichkeit für Unfruchtbarkeit oder familiäre Erbkrankheiten von einigen Autoren in Betracht gezogen wird.[70] So wird beispielsweise in der Encyclopedia of Jewish Bioethics dafür plädiert, das Klonen von Menschen nicht grundsätzlich zu verbieten, da mit dieser Methode eines Tages möglicherweise das Leid unfruchtbarer oder genetisch vorbelasteter Menschen verringert werden könne.[71] Sowohl Forschungsklonen als auch das Klonen zur Behandlung von Unfruchtbarkeit oder zur Vermeidung schwerer Erbkrankheiten werden als legitime Anwendungen gesehen. Als grundsätzlich problematisch erscheint lediglich das Klonen aus narzisstischen Gründen und die Vervielfältigung bestimmter besonders begabter oder mächtiger Menschen, was als Missbrauch der Technik gesehen wird. Das Klonen zu Reproduktionszwecken wird also wie auch die PID als neutral gesehen und in erlaubte und unerlaubte Anwendungen unterteilt. Außerdem wird vorgebracht, es sei besser, die Forschung und mögliche Anwendungen in bestimmten Grenzen zu erlauben, als das Gebiet in die Illegalität zu drängen, wo die Anwendungen keiner Kontrolle unterliege.[72]

Dennoch wird das Klonen von Menschen zum jetzigen Zeitpunkt abgelehnt, weil die Technik noch sehr unsicher ist und mit großen gesundheitlichen Risiken für geklonte Kinder behaftet wäre. Statt eines Verbotes wird jedoch lediglich ein Moratorium gefordert, also ein zeitlich begrenztes Verbot, bis die Methoden besser entwickelt sind. Sollte die Technik effizienter und sicherer werden, könnte sie aus Sicht einiger jüdischer Autoren erlaubt sein.[73]

Trotz der inzwischen umfangreichen Literatur bleiben im Kontext moderner und teils noch utopischer Reproduktionstechniken derzeit

---

[69] Kucera, Tom (2006), Abortion in the Jewish Sources, unveröffentlichte wissenschaftliche Arbeit zur Erlangung der Ordination in das Jüdisch-Geistliche Amt, Berlin. Die Parallelen zum Golem sind jedoch begrenzt, da nach der Dolly-Methode erzeugte Klone nicht aus lebloser Materie, sondern aus bereits lebenden Zellen erzeugt werden, und sie, wie alle anderen Kinder auch und im Gegensatz zu Golem-Legenden, im Mutterleib heranreifen und ganz natürlich geboren und aufgezogen werden.

[70] Breitowitz (2002); Steinberg (2003a); Revel (2003), 712–715; Broyde (2004).

[71] Steinberg (2003a).

[72] Steinberg (2003a).

[73] Breitowitz (2002), 335.

noch viele Fragen offen. Dazu gehören der bewusste Umgang mit der Verantwortung gegenüber zukünftigen Generationen, die Diskussion über die Manipulation und Selektion von Embryonen nach von Menschen gewählten Kriterien, die Bedeutung neuer Fortpflanzungstechniken für die Selbstgestaltung des Menschen im *biologischen Sinne,* die Möglichkeit einer Verbesserung der menschlichen Natur und die Frage der schwierigen Grenzziehung zwischen erlaubten und unerlaubten Anwendungen von Reproduktionstechniken. Auch das tatsächliche therapeutische Potenzial der Reproduktionstechniken ist derzeit noch unklar.

Viele Argumentationen aus jüdischer Perspektive beruhen auf der Interpretation einer sehr kleinen Zahl von Talmud-Zitaten. Je nach Zuspitzung der Fragestellung können jedoch auch andere Stellen in diesem Zusammenhang herangezogen werden. Außerdem sind alternative Lesarten der traditionellen Texte möglich.[74] Vor diesem Hintergrund scheint es sinnvoll, die innerjüdische Diskussion um weitere Perspektiven, sowohl innerhalb als auch außerhalb der Halacha, zu erweitern. Dazu gehört auch die Entwicklung von Positionen aus dem Kontext des progressiven Judentums, wie sie insbesondere in den USA diskutiert werden. Dabei können jüdische und andere Perspektiven einander wechselseitig befruchten.

6. Mögliche Rolle(n) jüdischer Perspektiven für bioethische Diskussionen in Deutschland

Die aktuelle politische Bedeutung jüdischer Perspektiven für die Bioethik ist in Deutschland insgesamt gesehen derzeit gering. Dabei ist zu betonen, dass es ebenso wie es nicht „die“ jüdische Perspektive geben kann, auch nicht „die“ deutsche Bioethik-Diskussion, sondern eine Vielzahl bioethischer Diskurse zu unterschiedlichen Themen gibt, in der sehr unterschiedliche Standpunkte vertreten werden. Doch auch wenn

[74] So führt Laurie Zoloth beispielsweise feministische Gesichtspunkte in die Diskussion ein und diskutiert die moderne Medizin auch im Lichte ihrer Heilsversprechungen, wobei sie talmudische Textstellen heranzieht, welche Fragen nach der Zulässigkeit von Alchemie und Magie diskutieren, siehe Zoloth, Laurie (2002), Reasonable Magic and the Nature of Alchemy: Jewish Reflections on Human Embryonic Stem Cell Research, in: Kennedy Institute of Ethics Journal 12, 65–93.

in bestimmten Bereichen, wie etwa der Embryonenforschung oder der Sterbehilfe, gelegentlich auf die Forschungspolitik in Israel hingewiesen wird, so findet eine systematische Auseinandersetzung mit Positionen und ihren Begründungen eher vereinzelt statt, und ihr Einfluss auf die öffentlichen Diskussionen ist begrenzt. Jüdische Mitglieder in Ethik-Kommissionen, wie etwa in der Zentralen Ethikkommission der Bundesärztekammer, sind die Ausnahme,[75] und im Deutschen Ethikrat ist keine dezidiert jüdische Stimme vertreten.

Auch die innerjüdische Auseinandersetzung mit jüdischen Positionen zur Bioethik hat derzeit noch Potenzial. Während die Kirchen und kirchennahe Einrichtungen regelmäßig in zahlreichen öffentlichen Tagungen und Veranstaltungen zur Diskussion bioethischer Themen einladen, ist eine entsprechende Auseinandersetzung seitens jüdischer Institutionen nicht in gleicher Weise erkennbar. Dies hängt vermutlich auch mit der vergleichsweise geringen Anzahl von Juden in Deutschland zusammen.

Dabei könnte eine Aufgabe jüdischer Bioethik nicht nur in der Anregung innerjüdischer Diskussionen zu bioethischen Themen, sondern auch darin liegen, die Öffentlichkeit über jüdische Perspektiven zu informieren. Dies könnte in der medizinischen Praxis zur besseren Berücksichtigung möglicher besonderer Bedürfnisse observanter Juden bei einem Krankenhausaufenthalt beitragen.[76] Die Auseinandersetzung mit jüdischen Gesichtspunkten könnte so zur Sensibilisierung für Minderheiten-Probleme im medizinischen Kontext beitragen. Darüber hinaus könnte sie Jüdinnen und Juden eine Entscheidungshilfe an die

---

[75] Zur Zusammensetzung von Ethik-Kommissionen siehe das Informationsportal der Nachwuchsgruppe Religion in bioethischen Diskursen unter: http://www.ttn-institut.de/node/510 (15.1.2010). Als jüdische Akteure sind dort lediglich Roman Skoblo als ehemaliges Mitglied der Zentralen Ethikkommission bei der Bundesärztekammer und Josef Schuster als derzeitiges Mitglied der Zentralen Ethikkommission bei der Bundesärztekammer sowie der Bioethik-Kommission Bayern erwähnt. Damit ist jedoch nicht gesagt, dass nicht noch andere Juden Mitglieder in Kommissionen sind. Auch in direkt zu einem Krankenhaus gehörenden Beratungsgremien können jüdische Ärzte beteiligt sein (z. B. im Jüdischen Krankenhaus in Berlin). Insgesamt gesehen sind es jedoch eher wenige.

[76] Hierzu gehören etwa die Einhaltung des Shabbat und der Kashruth-Regeln im Krankenhaus, beispielsweise die Frage, ob Arzneimittel koscher sind oder auch ob eine bestimmte Behandlung abgelehnt werden darf oder nicht. Für mehr Informationen siehe Marx-Stölting (2009a).

Hand geben, wenn persönliche bioethische Entscheidungen (wie etwa die zur Durchführung einer PID) anstehen.

Die Globalisierung von Forschung und Technik führt dazu, dass auch auf globaler Ebene nach gemeinsamen bioethischen Grundsätzen gesucht wird. Eine Technik, die in einem Land verboten, im Nachbarland aber erlaubt ist, führt zum so genannten „Bio-Tourismus", also dazu, dass Menschen, die diesen Service im eigenen Land nicht in Anspruch nehmen können, dies im Nachbarland tun. Auch durch Migration zunehmend heterogene Gesellschaften machen die Auseinandersetzung mit verschiedenen ethischen Begründungen für Antworten auf biomedizinische Fragen hilfreich. Es ist außerdem eine Grundvoraussetzung für die Suche nach universalen Normen (z. B. im Projekt Weltethos)[77] und die Aufstellung internationaler Codizes (wie etwa die Universal Declaration on Bioethics and Human Rights der UNESCO)[78]. Das Aufzeigen der kulturellen Vielfalt ethischen Argumentierens kann dabei der Herausarbeitung geteilter Grundwerte und Prinzipien sowie von Unterschieden dienen und das Verständnis von und den Respekt vor anderen Positionen stärken.

Die Auseinandersetzung mit jüdischen Perspektiven könnte auch zur Identifizierung vermeintlicher Selbstverständlichkeiten beitragen und kulturelle Einflüsse auf Bioethik sichtbar machen. Wichtig sind dabei nicht nur inhaltliche Positionierungen, sondern bereits die Frage, welche Themen und Probleme überhaupt behandelt und diskutiert werden.[79] Die kritische Diskussion der Thesen leistet dabei einen Beitrag zur Schärfung von Positionen.

Darüber hinaus kann auch die methodische Herangehensweise des Diskurses über ethische Fragestellungen,[80] die Einzelfallorientierung sowie der tolerante Umgang mit Dissens im Judentum auf einer methodi-

---

[77] http://www.weltethos.org/ (15.1.2010).

[78] Für eine ausführliche Diskussion siehe Ten Have, Henk A. M. J./Jean, Michèle S. (Hg.) (2009), The UNESCO Universal Declaration on Bioethics and Human Rights. Background, Principles and Application. Paris.

[79] Schicktanz, Silke (2003), Die kulturelle Vielfalt in der Bioethik-Debatte, in: dies./Tannert, Christof/Wiedemann, Peter (Hg.), Kulturelle Aspekte der Biomedizin, Frankfurt a. M., 263–282; Schicktanz, Silke (2009), Medizinethik – Aktuelle Trends und Neuorientierungen, in: Weidmann-Hügle, Tatjana/Christen, Markus (Hg.), Handbuch Ethik im Gesundheitswesen, Bd. 5, 17–32.

[80] Vgl. den Vortrag von Laurie Zoloth, Fn. 28.

schen Ebene für die Weiterentwicklung bioethischer Ansätze interessant sein.

Halachische Begründungen sind nur für diejenigen autoritativ, die ihr Leben an der Halacha ausrichten. Der Rückgriff auf die jüdische Tradition kann aus ethischer Perspektive nicht die einzige Begründung für eine Handlung sein.[81] In der Beschäftigung mit jüdischen Perspektiven kann es daher selbstverständlich nicht darum gehen, diese einfach unhinterfragt zu übernehmen. Eine kritische Diskussion und Evaluation religiös motivierter moralischer Positionen aus philosophischer ethischer Perspektive ist dringend nötig. Aus dieser Auseinandersetzung können Impulse für bioethische Diskussionen erwachsen.

7. Ausblick

Die jüdischen Gemeinden in Deutschland sind seit 1989 von ca. 30.000 auf rund 110.000 Mitglieder[82] angewachsen. Da nicht alle Juden in Gemeinden organisiert sind, ist davon auszugehen, dass noch viele weitere Juden hinzukommen. Damit wächst auch das Potenzial derer, die sich innerhalb der Gemeinden, aber auch darüber hinaus für das gesellschaftliche Allgemeinwohl engagieren. Es wäre daher wünschenswert, wenn damit auch mehr jüdische Stimmen in gesellschaftliche Debatten zu bioethischen Themen einfließen würden. Dabei geht es nicht um die Präsentation einer bestimmten Position als „der“ jüdischen, sondern es können und müssen verschiedene jüdische Standpunkte aus den verschiedensten Richtungen eingebracht und erläutert werden, um die Diskussion um einige Facetten zu bereichern und auch die innerjüdische Diskussion in Deutschland anzuregen. Es wäre zu hoffen, dass auch jüdische Bildungszentren die Aufgabe der Durchführung bioethischer Diskurse aufgreifen und somit ihren Beitrag zur individuellen sowie zur öffentlichen Meinungsbildung im Bereich der Bioethik leisten.

---

[81] Zum Widerspruch zwischen religiöser und säkularer Ethik siehe auch Pellegrino, Edmund (1999), Epilogue: Religion and Bioethical Discourse, in: ders./Faden, Alan (Hg.), An Ecumenical Dialogue, Washington, D.C.,139–145.

[82] http://www.zentralratdjuden.de/de/topic/5.html (8.6.2009).

Literatur

Albertini, Francesca (2006), Jüdische Theologie und Ethik, in: Düwell, Marcus/Hübenthal, Christoph/Werner, Micha H. (Hg.), Handbuch Ethik, 2. Auflage, Stuttgart, 404–415.

Beauchamp, Tom (1999), Spinoza and Judaism. Jewish and Catholic Bioethics, in: Pellegrino, Edmund/Faden, Alan (Hg.), An Ecumenical Dialogue, Washington, D.C., 3–12.

Bleich, J. David (1981), Judaism and Healing, New York.

Bleich, J. David (1998), Bioethical Dilemmas: A Jewish Perspective, Bd. 1, Hoboken, NJ.

Bleich, J. David (2006), Bioethical Dilemmas: A Jewish Perspective, Bd. 2, Nanuet, NY.

Bollag, David (2006), Das jüdische Religionsgesetz, in: Hurwitz, Peter/Picard, Jacques/Steinberg, Avraham (Hg.), Jüdische Ethik und Sterbehilfe. Eine Sammlung rabbinischer, medizinethischer, philosophischer und juristischer Beiträge, Basel, 19–35.

Breitowitz, Yitzchok (2002), What's so Bad About Human Cloning?, in: Kennedy Institute of Ethics Journal 12, 325–341.

Broyde, Michael J. (2004), Pre-Implantation Genetic Diagnosis, Stem Cells and Jewish Law, in: Tradition 38, 54–75.

Clausen, Jens (2006), Biotechnische Innovationen verantworten. Das Beispiel Klonen, Darmstadt.

Dorff, Elliot (1998), Matters of Life and Death: A Jewish Approach to Modern Medical Ethics, Philadelphia.

Ehm, Simone/Schicktanz, Silke (Hg.) (2008), Der Einfluss von Religion und Kultur auf die Biomedizin – ein Deutsch-Israelischer Dialog. Tagung der Evangelischen Akademie zu Berlin und der Abt. für Ethik und Geschichte der Medizin der Universitätsmedizin Göttingen, Berlin, 29.–30.11.2007, Dokumentation Nr. 24, Evangelischer Pressedienst, Frankfurt a. M.

Feit, Carl (2002), Genetically Modified Food and Jewish Law (Halakhah), in: Ruse, Michael/Castle, David (Hg.), Genetically Modified Foods: Debating Biotechnology, Amherst, NY, 123–129.

Feldman, David (1974), Marital Relations, Birth Control and Abortion in Jewish Law, New York.

Goldschmidt, Lazarus (1981), Der Babylonische Talmud, Bd. 2, neu übertragen durch Lazarus Goldschmidt, 3. Auflage, Königstein.

Hashiloni-Dolev, Yael (2007), A Life (Un)Worthy of Living. Reproductive Genetics in Israel and Germany, Berlin, Heidelberg.

Hüsing, Bärbel u. a. (2003), Menschliche Stammzellen, Studie des Zentrums für Technologiefolgen Abschätzung, TA 44/2003, Bern, http://www.ta-swiss.ch/a/biot_stam/2003_44_Stammzellen_d.pdf (15.1.2010).

Hurwitz, Peter (2006), Warum ist Sterbehilfe heute weltweit ein aktuelles Problem?, in: ders./Picard, Jacques/Steinberg, Avraham (Hg.), Jüdische Ethik und Sterbehilfe. Eine Sammlung rabbinischer, medizinethischer, philosophischer und juristischer Beiträge, Basel, 7–13.

Hurwitz, Peter/Picard, Jacques/Steinberg, Avraham (Hg.) (2006), Jüdische Ethik und Sterbehilfe. Eine Sammlung rabbinischer, medizinethischer, philosophischer und juristischer Beiträge, Basel.

Jakobovits, Immanuel (1959), Jewish Medical Ethics. A Comparative and Historical Study of the Jewish Religious Attitude to Medicine and Its Practice, New York.

Kauschke, Detlef D. (2008), „Aus halachischer Sicht nicht tragbar" Roman Skoblo über Sterbehilfe und jüdische Ethik, in: Jüdische Allgemeine 63, 1.

Keller, Martina (2007), Biomedizin. Alles, was geht?, in: Die Zeit, 6.9.

Körner, Nina (2006), Ist „Viagra" eigentlich koscher?, in: Jüdische Zeitung 13.

Kucera, Tom (2006), Abortion in the Jewish Sources, unveröffentlichte wissenschaftliche Arbeit zur Erlangung der Ordination in das Jüdisch-Geistliche Amt, Berlin.

Lavi, Shai (2010), The Paradox of Jewish Bioethics in Israel: The Case of Reproductive Technologies, in: Voigt, Friedemann (Hg.), Religion in bioethischen Diskursen. Interdisziplinäre, internationale und interreligiöse Perspektiven, Berlin, New York, 81–101.

Leaman, Oliver (1998), Judaism, in: Chadwick, Ruth/Callahan, Dan/Singer, Peter (Hg.), Encyclopedia of Applied Ethics, Bd. 3, San Diego, 1–8.

Marx-Stölting, Lilian (2008), Seid fruchtbar und mehret euch, in: Jüdische Zeitung 37, 27.

Marx-Stölting, Lilian (2009a), Ethics in Health Care Chaplainy – A Jewish Perspective, in: Moczynski, Walter/Haker, Hille/Bentele Katrin (Hg.), Medical Ethics in Health Care Chaplaincy, Essays, Berlin, 67–88.

Marx-Stölting, Lilian (2009b), Ethik in der Klinikseelsorge – eine jüdische Perspektive, in: Haker, Hille/Bentele, Katrin/Moczynski, Walter/Wanderer, Gwendolin (Hg.), Perspektiven der Medizinethik in der Klinikseelsorge, Berlin, 79–104.

Nordmann, Yves/Birnbaum, Michel (2002), Die aktuelle Biomedizin aus Sicht des Judentums. Gutachten für die AG Bioethik und Wissenschaftskommunikation am Max-Delbrück-Centrum für Molekulare Medizin, Berlin, http://www.bioethik-diskurs.de/portal/documents/wissensdatenbank/gutachten/Download-Dokumente/Nordmann-Gutachten/download (15.2.2008).

Nordmann, Yves/Birnbaum, Michel (2003), Die aktuelle Biomedizin aus der Sicht des Judentums, in: Schicktanz, Silke/Tannert, Christof/Wiedemann, Peter (Hg.),

Kulturelle Aspekte der Biomedizin. Bioethik, Religionen und Alltagsperspektiven, Frankfurt a. M., 84–106.

Ozarowski, Joseph S. (2005), Bikur Cholim: A Paradigm for Pastoral Caring, in: Friedman, Dayle A. (Hg.), Jewish Pastoral Care. A Practical Handbook from Traditional & Contemporary Sources, 2. Auflage, Woodstock, VT, 56–74.

Pellegrino, Edmund (1999), Epilogue: Religion and Bioethical Discourse, in: ders./Faden, Alan. I. (Hg.), Jewish and Catholic Bioethics. An Ecumenical Dialogue,Washington, D.C., 139–145.

Popovsky, Mark (2007), Jewish Perspectives on the Use of Preimplantation Genetic Diagnosis, in: The Journal of Law, Medicine and Ethics 35, 699–711.

Prainsack, Barbara (2005), Streitbare Zellen? Die Politik der Bioethik in Israel, in: Leviathan 1, 69–93.

Prainsack, Barbara (2006), Negotiating Life: The Regulation of Embryonic Stem Cell Research and Human Cloning in Israel, Social Studies of Science 36, 173–205.

Prainsack, Barbara/Firestine, Ofer (2006), 'Science for Survival': Biotechnology Regulation in Israel, in: Science & Public Policy 33, 33–46.

Rakover, Nahum (1999), Der Mensch als eine Synthese aus Körper und Geist aus jüdischer Perspektive, in: Kraus, Walter/Altner, Gunter/Schwarz, Meier (Hg.), Bioethik und Menschenbild bei Juden und Christen. Bewährungsfeld Anthropologie, Neukirchen-Vluyn, 17–21.

Raz, Aviad (2008), Behinderung, Genetik und Tradition – Soziokulturelle Aspekte der genetischen Praxis in Israel, in: Ehm, Simone/Schicktanz, Silke (Hg.), Der Einfluss von Religion und Kultur auf die Biomedizin – ein Deutsch-Israelischer Dialog. Tagung der Evangelischen Akademie zu Berlin und der Abt. für Ethik und Geschichte der Medizin der Universitätsmedizin Göttingen, Berlin, 29.–30.11.2007, Dokumentation Nr. 24, Evangelischer Pressedienst, Frankfurt a. M., 26–28.

Raz, Aviad/Schicktanz, Silke (2009), Diversity and Uniformity in Genetic Responsibility: Moral Attitudes of Patients, Relatives and Lay People in Germany and Israel, in: Medicine, Health Care and Philosophy 12, 433–442, http://www.springerlink.com/content/5781124n3241437u/fulltext.pdf (8.10.2009).

Renwick, Pamela/Ogilvie, Caroline M. (2007), Preimplantation Genetic Diagnosis for Monogenic Diseases: Overview and Emerging Issues, in: Expert Review of Molecular Diagnosis 7, 33–43.

Revel, Michel (2003), Human Reproductive Cloning, Embryo Stem Cells and Germline Gene Intervention: An Israeli Perspective, in: Medicine and Law 22, 701–732.

Rheinz, Hanna (2006), Natur- und Tierschutz nach jüdischer Tradition, in: Altner, Günter (Hg.) Jahrbuch Ökologie 2007, 29–38.

Romain, Jonathan A./Homolka, Walter (1999), Progressives Judentum. Leben und Lehre, München.

Rosner, Fred (1986), Modern Medicine and Jewish Ethics, New York.

Rosner, Fred (2001), Assisted Reproduction: A Jewish Perspective, in: Mount Sinai Journal of Medicine 68, 219–223.

Schell-Apacik, Chaim (2007), Genetik im Kontext Jüdischer Ethik, in: Jüdische Zeitung 20.

Schicktanz, Silke (2003), Die kulturelle Vielfalt in der Bioethik-Debatte, in: dies./Tannert, Christof/Wiedemann, Peter (Hg.), Kulturelle Aspekte der Biomedizin, Frankfurt a. M., 263–282.

Schicktanz, Silke (2009), Medizinethik – Aktuelle Trends und Neuorientierungen, in: Weidmann-Hügle, Tatjana/Christen, Markus (Hg.), Handbuch Ethik im Gesundheitswesen, Bd. 5, 17–32.

Schicktanz, Silke/Raz, Aviad/Shalev, Carmel (2010), The Cultural Context of End-of-Life Ethics: A Comparison of Germany and Israel, in: Cambridge Quarterly of Healthcare Ethics (im Druck).

Schreiner, Regine (2005), Klonen durch Zellkerntransfer. Stand der Forschung. Literaturauswertung im Auftrag des Nationalen Ethikrates, http://www.ethikrat.org/dateien/pdf/Schreiner_Klonen-durch-Zellkerntransfer.pdf (15.1.2010).

Schwarz, Meier (1999), Theologische Grundlegung zum Menschenbild aus jüdischer Sicht, in: Kraus, Wolfgang/Altner, Gunter/ders. (Hg.), Bioethik und Menschenbild bei Juden und Christen. Bewährungsfeld Anthropologie, Neukirchen-Vluyn, 22–33.

Shalev, Carmel (2008), Die Diskussion über den Umgang mit dem Lebensende in Israel – Ethik und Politik, in: Ehm, Simone/Schicktanz, Silke (Hg.), Der Einfluss von Religion und Kultur auf die Biomedizin – ein Deutsch-Israelischer Dialog. Tagung der Evangelischen Akademie zu Berlin und der Abt. für Ethik und Geschichte der Medizin der Universitätsmedizin Göttingen, Berlin, 29.–30.11.2007, Dokumentation Nr. 24, Evangelischer Pressedienst, Frankfurt a. M., 46–48.

Shapiro, David S. (2000), Be Fruitful and Multiply, in: Rosner, Fred/Bleich, J. David (Hg.), Jewish Bioethics, 2. Auflage, Hoboken, NJ, 71–90.

Staszewski, Schimon (2007), Der Natur nachgeholfen. Mutter mit 64: Künstliche Befruchtung aus medizinischer und halachischer Sicht, in: Jüdische Allgemeine 50, 15.

Steinberg, Avraham (2003) (Hg.), Encyclopedia of Jewish Medical Ethics. A Compilation on All Topics of Medical Interest, from the Most Ancient Sources to the Most Recent Deliberations and Decisions, With a Concise Medical and Historical Background, and a Comparative Analysis of Relevant General Ethical Approaches, 3 Bde, Jerusalem, Nanuet, NY.

Steinberg, Avraham (2003a), Human Cloning, in: ders. (Hg.), Encyclopedia of Jewish Medical Ethics. A Compilation on All Topics of Medical Interest, from the Most Ancient Sources to the Most Recent Deliberations and Decisions, With a Concise Medical and Historical Background, and a Comparative Analysis of Relevant General Ethical Approaches, Bd. 2, Jerusalem, Nanuet, NY, 509–519.

Steinberg, Avraham (2003b), In-Vitro Fertilization, in: ders. (Hg.), Encyclopedia of Jewish Medical Ethics. A Compilation on All Topics of Medical Interest, from the Most Ancient Sources to the Most Recent Deliberations and Decisions, With a Concise Medical and Historical Background, and a Comparative Analysis of Relevant General Ethical Approaches, Bd. 2, Jerusalem, Nanuet, NY, 571–586.

Taylor, Bonita E./Zucker, David J. (2002), Nearly Everything We Wish Our Non-Jewish Supervisors Had Known About Us As Jewish Supervisees, in: The Journal of Pastoral Care & Counseling, 56, 327–338.

Ten Have, Henk A.M. J./Jean, Michèle S. (Hg.) (2009), The UNESCO Universal Declaration on Bioethics and Human Rights. Background, Principles and Application, Paris.

Traeger-Synodinos, Joanne (2006), Real-Time PCR for Prenatal and Preimplantation Genetic Diagnosis of Monogenic Diseases, in: Molecular Aspects of Medicine 27, 176–191.

Washofsky, Mark (2001), Jewish Living. A Guide to Contemporary Reform Practice, New York.

Wilmut, Ian u. a. (1997), Viable Offspring Derived from Fetal and Adult Mammalian Cells, in: Nature 385, 810–813.

Wyschogrod, Michael (1999), Geleitwort II, in: Jage-Bowler Kerstin, Fragen des Lebensendes. Spuren und Wurzeln jüdisch-medizinischer Ethik, Münster, IIX–IX.

Zemer, Moshe (1999), Jüdisches Religionsgesetz heute. Progressive Halacha, Neukirchen-Vluyn.

Zohar, Noam J. (1997), Alternatives in Jewish Bioethics, Albany.

Zoloth, Laurie (1999), Health Care and the Ethics of Encounter: A Jewish Discussion of Social Justice, Chapel Hill, NC.

Zoloth, Laurie (2002), Reasonable Magic and the Nature of Alchemy: Jewish Reflections on Human Embryonic Stem Cell Research, in: Kennedy Institute of Ethics Journal 12, 65–93.

Zunz, Leopold (1997), Die vierundzwanzig Bücher der Heiligen Schrift. Nach dem masoretischen Text, übersetzt von Leopold Zunz, Tel-Aviv.

Christliche Bioethik in Europa

Svend Andersen

„Christliche Bioethik in Europa": Was heißt das? In der internationalen Literatur ist der Begriff bereits gut etabliert, was u. a. in einer Reihe von Monographien zum Ausdruck kommt. Man könnte in diesem Zusammenhang das Buch „Bioethics: a primer for Christians" des amerikanischen lutherischen Theologen Gilbert Meilaender nennen, das mit der folgenden Erklärung beginnt: „I write as a Christian for other Christians who want to think about these issues. [xi.] [...] the discussion [...] is aimed at those who name as Lord the god of Abraham, Isaac, and Jacob – and who believe that this Lord lived as one of us in Jesus of Nazareth."[1]

Christliche Ethik ist eine Ethik aus dem christlichen Glauben an den leidenden und gekreuzigten Gott heraus und beinhaltet eine Bereitschaft zur Fürsorge für die Leidenden, aber keinen Glauben an die Möglichkeit einer Beseitigung des Leidens.[2]

Ein anderes Beispiel wäre die Zeitschrift „Christian Bioethics" mit der bemerkenswerten Zielsetzung: *„Christian bioethics* is a non-ecumenical, interdenominational journal, exploring the content-full commitments of the Christian faiths with regard to the meaning of human life, sexuality, suffering, illness, and death within the context of medicine and health care. *Christian bioethics* seeks not to gloss over the differences among the Christian faiths, but rather to underscore the content-full moral commitments that separate and give moral substance. – The journal will seek to be fresh, novel, critical, and controversial by taking the content of Christianity seriously, while frankly assessing how different Christian faiths

---

1 Meilaender, Gilbert C. (1996), Bioethics: A Primer for Christians, Carlisle, xi f.

2 Meilander (1996), 7. Zur bioethischen Debatte innerhalb der lutherischen Theologie in Amerika siehe Andersen, Svend (2004), Can Bioethics be Lutheran?, in: Dialog: A Journal of Theology 43, 312–323.

and different policies authentically realize that content with respect to bioethical issues."[3]

Christliche Bioethik in Europa könnte als Überschrift der Aufgabe verstanden werden, einen Überblick und eine Analyse von christlicher Bioethik in Europa im Sinne dieser Zeitschrift und des Buches von Meilaender zu geben.[4]

„Christliche Bioethik in Europa" kann jedoch im Sinne der Frage aufgefasst werden, ob so etwas wie gemeinsame christliche Grundlinien in der europäischen Bioethik vorhanden sind bzw. in welcher Weise das Christentum auf die bioethische „Kultur" Europas Einfluss hat.

Das Folgende ist ein Versuch, diese Frage in drei Schritten zu beantworten. Zunächst erwähne ich einige Beispiele faktischer Arbeit im Felde der Bioethik in Europa. Sodann nehme ich kurz die Frage nach einer einheitlichen europäischen Kultur auf, um abschließend die These zu verteidigen, dass die europäische Kultur eher durch Spaltung als durch Einheit geprägt ist, und dass dies auch für die Bioethik bedeutsam ist. – Zu allererst möchte ich jedoch einen Vorschlag zur Definition des Begriffs Bioethik machen: „Bioethik bezeichnet vorwiegend Überlegungen über diejenigen ethischen Fragestellungen, die sich aus der Entwicklung und Anwendung von Biotechnologie, sowohl innerhalb als außerhalb des humanen Bereiches, ergeben."[5]

Diese Definition dient als Grundlage für die Bestrebungen des Center for Bioethics and Nanoethics der Universität Aarhus. Als entscheidendes Definiens gilt hier also die Biotechnologie, so dass Bioethik als ein nicht fest umrissener Problembereich verstanden wird, der Teilbereiche aus medizinischer Ethik, Tierethik und Umweltethik umfasst.

Die Bioethik ist ein Beispiel dessen, was heute *angewandte Ethik* (applied ethics) genannt wird. Dieser Ausdruck ist irreführend, denn er könnte vortäuschen, konkrete ethische Fragen ließen sich durch einfaches Anwenden vorhandener ethischer Prinzipien und Theorien beantworten. Ein solches Vorgehen wäre unbefriedigend, denn man

---

3 Siehe: http://cb.oxfordjournals.org/ (15.1.2010).

4 Diese Aufgabe ist schon vor Jahren in Angriff genommen worden, siehe Hübner, Jürgen/Schubert, Hartwig von (Hg.) (1992), Biotechnologie und Evangelische Ethik. Die internationale Diskussion, Frankfurt a. M., New York; und Schubert, Hartwig von (1991), Evangelische Ethik und Biotechnologie, Frankfurt a. M., New York.

5 Siehe http://www.teo.au.dk/en/unit/departments/bioethics (15.1.2010). Vgl. Jensen, Karsten K./Andersen, Svend (1999), Bioetik, Kopenhagen.

kann die Analyse konkreter ethischer Fragen vom Bedenken der Probleme ethischer Theorie nicht scharf trennen. Es muss vielmehr eine ständige Wechselwirkung zwischen ethischer Theorie und der Analyse konkreter ethischer Probleme stattfinden, auch innerhalb der theologischen Bioethik. Hinzu kommt, dass die theologische Ethik sich mit der philosophischen Ethik auseinandersetzen muss. Ein Theologe muss allgemein-ethische Perspektiven moralischer Fragen kennen, und diese allgemeinen Perspektiven werden von der Moralphilosophie systematisch dargestellt.[6] Schließlich muss berücksichtigt werden, dass Fragen der konkreten Ethik, darunter bioethische Fragen, nicht im leeren Raum schweben. Sie erscheinen in bestimmten Kontexten, nicht zuletzt in gesellschaftlichen, rechtlichen und politischen Kontexten. Die Reflexion über bioethische Fragen muss deshalb auch Elemente der politischen Ethik bzw. der politischen Philosophie einbeziehen.

1. Erfahrungen mit Bioethik in Europa

Aber nun zu einigen Beispielen bioethischer Arbeit in Europa. Meine Überlegungen sind geprägt von meiner Mitgliedschaft im Ethischen Rat Dänemarks in den Jahren 1988 bis 1993. Dieser vom Parlament und der Regierung eingerichtete Rat hatte ursprünglich zwei Hauptaufgaben: Einerseits sollte er Politikberatung zu den neuen ethischen Fragen, die von der biomedizinischen Technologie hervorgerufen werden, treiben. Andererseits sollte der Rat laufend die Öffentlichkeit über diese Fragen informieren und zur Debatte anregen.[7]

Obwohl es in vielen Ländern entsprechende Gremien gibt, kann man den Ethischen Rat doch als Ausdruck einer spezifisch dänischen Tradition ansehen. Diese Tradition ist u. a. von einer Reihe von ‚Volksinstitutionen' geprägt: Sowohl die öffentliche Schule, die Büchereien und sogenannte Aufklärungsvereine werden mit dem Präfix ‚Volks-' bezeichnet. Das gilt auch für die wohl wichtigste dieser Institutionen, die dänische Heimvolkshochschule, die nichts mit der Volkshochschule im deutschen Sinne zu tun hat, sondern eine breitere Bildung der Jugend zum Ziel hat.

---

[6] Zum Verhältnis von theologischer und philosophischer Ethik siehe Andersen, Svend (2001), Theological Ethics, Moral Philosophy, and Natural Law, in: Ethical Theory and Moral Practice 4, 349–364.

[7] Im Jahre 2005 wurde dem Ethischen Rat vom Gesetzgeber eine erweiterte Aufgabenstellung gegeben. Vgl. http://www.etiskraad.dk/sw293.asp (15.1.2010).

Man kann kurz sagen, dass diese Tradition – die weitgehend auf den Theologen und Dichter N. F. S. Grundtvig (1783–1872) zurückgeht – die Ideen der Aufklärung mit einem nationalen Kommunitarismus verbindet.[8]

Wichtig für das Verständnis der dänischen Situation ist nun, dass auch die evangelisch-lutherische Kirche das Präfix ‚Volks-' trägt: Die evangelisch-lutherische Kirche hat nach dem dänischen Grundgesetz von 1849 den Status als „die dänische Volkskirche". Während des vorhergehenden Absolutismus war die evangelisch-lutherische Kirche Träger der Staatsreligion und als Bekenntnisgrundlage wurden hier – im Dänischen Gesetzbuch (Danske Lov) von 1683 – die Bibel, die drei altkirchlichen Symbole, das unveränderte Augsburgsche Bekenntnis von 1530 und Luthers kleiner Katechismus ausgezeichnet. Das lutherische Bekenntnis ist also Teil der staatsrechtlichen Definition der dänischen evangelisch-lutherischen Kirche. Kenner von Søren Kierkegaard werden wissen, dass der große dänische Denker – und Zeitgenosse Grundtvigs – gegen diese Kirche am Ende seines Lebens einen erbitterten Kampf ausgefochten hat.

Vor dem Hintergrund dieser Beziehung zwischen Kirche und Staat mag es überraschend sein, dass für Gremien wie den ethischen Rat nicht besondere Vertreter der Kirchen ernannt werden. Es gibt in Dänemark nicht den in Deutschland üblichen Usus, dass in solchen Gremien Vertreter der Kirchen ihren Sitz haben müssen. Vielmehr herrscht in Dänemark geradezu eine Ideologie der Nichtvertretbarkeit der Kirche. Diese hat keine Synode wie in Deutschland und keinen Erzbischof wie in England oder Schweden, sondern das Bild der Kirche in der dänischen Öffentlichkeit ist fast anarchistisch, indem es jeder einzelnen Bischöfin bzw. jedem einzelnen Bischof und jeder Pastorin bzw. jedem Pastor frei steht, ihre bzw. seine eigene Meinung zu einem gegebenen Thema in der Öffentlichkeit vorzutragen.

Mein eigenes Selbstverständnis als Mitglied des Ethischen Rates entsprach der gängigen Auffassung: Ich war genauso wenig wie das an-

---

[8] Zur dänischen Volksaufklärungstradition und ihrer Bedeutung für die bioethische Debatte, siehe Andersen, Svend (1996), Expertenurteil und gesellschaftlicher Konsens: Ethischer Rat und Konsensuskommissionen in Dänemark, in: Gethmann, Carl/Honnefelder, Ludger (Hg.), Jahrbuch für Wissenschaft und Ethik, Bd. 1, Berlin, New York, 201–208. Zur Bedeutung Grundtvigs für die demokratische Entwicklung Dänemarks vgl. Andersen, Svend (2010), Macht aus Liebe. Zur Rekonstruktion einer lutherischen politischen Ethik, Berlin.

dere theologische Mitglied Vertreter der Kirche und nicht einmal mein theologischer Hintergrund war entscheidend. Dieses Selbstverständnis war zum Teil in einer bestimmten Auffassung des Begriffes „christliche Ethik“ begründet, nämlich derjenigen meines Lehrers Knud E. Løgstrup (1905–1981). Løgstrup schreibt in seinem 1956 erschienenen Buch „Die ethische Forderung“: „Mag es sich daher um die Stellungnahme zur Ehegesetzgebung oder zur Kindererziehung drehen, mag es sich um die Frage handeln, ob Vergeltung oder Prävention die Strafgesetzgebung motivieren soll, oder nach welchen politischen und wirtschaftlichen Gesichtspunkten die Gesellschaftsordnung geregelt werden solle o. ä., so muss der Christ hierzu unter denselben Bedingungen Stellung nehmen, wie jeder andere. Ein Mensch, für den die christliche Botschaft die entscheidende Wahrheit über seine Existenz ist, kann aus dieser Botschaft nicht besondere, christliche Argumente etwa für die oder die Auffassung der Ehe, der Erziehung, der Strafmotivierung, der politisch-wirtschaftlichen Gesellschaftsordnung u. ä. holen, sondern muss für seine Ansichten auf dem oder jenem Gebiet wie jeder andere argumentieren – und zwar mit Argumenten, die vom Nicht-Christen ebenso gut wie vom Christen gebilligt werden können. Er muss seine eigene Vernunft, Einsicht und Menschlichkeit gebrauchen, um selbst Klarheit über die Frage zu gelangen, wie er auch an die Vernunft, Einsicht und Menschlichkeit des anderen Menschen appellieren muss, ohne Rücksicht darauf, ob der andere Christ oder Nicht-Christ ist. Das Christentum verleiht dem einzelnen nicht politisches oder ethisches Besserwissen.“[9]

Der Text steht in einem Kapitel mit der Überschrift „Gibt es eine christliche Ethik?“ und Løgstrup lässt keinen Zweifel bestehen, dass er diese Frage mit Nein beantwortet. Dass ein Christ zu ethischen Fragen unter denselben Bedingungen Stellung nehmen muss wie jeder andere, ist nun bei Løgstrup darin begründet, dass der christliche Glaube gar keine eigene Ethik impliziert. Die Ethik der Nächstenliebe ist eine allgemeine, auch rein human verständliche Ethik. Betrachtet man die Ethik Løgstrups als eine Gestalt lutherischer Theologie – was durchaus in seinem Sinne wäre –, kann man feststellen, dass das im Christus-Glauben enthaltene Gebot der Nächstenliebe völlig mit dem natürlichen Gesetz identifiziert worden ist.

Was nun die europäische Bioethik-Szene betrifft, war ich in den Jahren 2004 bis 2009 Mitglied der Arbeitsgruppe über Bioethik innerhalb der

[9] Løgstrup, Knud E. (1989), Die ethische Forderung, 3. Auflage, Tübingen, 122 f.

Konferenz Europäischer Kirchen (KEK). Bekanntlich ist die KEK eine Gemeinschaft von protestantischen, orthodoxen und alt-katholischen Kirchen, deren Zielsetzung u. a. beinhaltet: „Christen verschiedener Konfessionen haben sich zum gemeinsamen Leben und Zeugnis in einem Geist der Ökumene, des Miteinanderteilens, des gegenseitigen Verstehens und Achtens verpflichtet. Trotz der historischen Spaltungen und der vielen sprachlichen, geographischen und wirtschaftlichen Schranken, die auf dem europäischen Kontinent existieren, haben sie sich verpflichtet. Gemeinsam setzen sich die Kirchen für die Förderung der Einheit der Kirche und für ein gemeinsames christliches Zeugnis gegenüber den Menschen und Institutionen in Europa ein."[10]

Hier wird also gerade derjenige ökumenische Geist beschworen, den man in der Zeitschrift Christian Bioethics *nicht* zu Grunde legt. Der wichtigste Auftrag der Arbeitsgruppe ist, zu den europäischen Institutionen Kontakt zu haben, um die Gesichtspunkte der Kirchen zu bioethischen Fragen geltend zu machen. Die Institutionen sind der Europarat, genauer gesagt die Steering Committee on Bioethics (CDBI), die Kommission der EU, genauer die European Group on Ethics in Science and New Technologies (EGE) und das Europaparlament. Unter den von der Arbeitsgruppe behandelten Themen waren pränatale und präimplantatorische Diagnostik sowie Human Enhancement. Im Unterschied zur Situation im Ethischen Rat Dänemarks waren die Mitglieder dieser Arbeitsgruppe Vertreter ihrer jeweiligen Kirchen, aber damit stellt sich ja die Frage, wie 12 Vertreter von reformierten, lutherischen und orthodoxen Kirchen eine gemeinsame Stellungnahme etwa zur Präimplantationsdiagnostik formulieren? Es gibt hier grundsätzlich zwei mögliche Artworten: Entweder man sucht sozusagen den kleinsten gemeinsamen Nenner, oder man hält an den offiziellen Glaubenssätzen der jeweilige Kirche fest – den „content-full moral commitments" –, woraus dann eine Reihe separater Stellungnahmen zustande kommt.

Alles in allem kann ich aus meiner eigenen Erfahrung drei verschiedene Zugänge zur christlichen Bioethik in Europa identifizieren: 1. Die Annahme des säkularisierten Luthertums Skandinaviens, das christliche Gebot der Nächstenliebe sei mit einer universalen ethischen Forderung identisch. 2. Die behauptete gemeinsame ökumenische Ethik der nicht-römisch-katholischen Kirchen. 3. Die Mannigfaltigkeit der „content-full moral commitments" der vielen Einzelkirchen Europas.

---

[10] Siehe hierzu http://www.cec-kek.org/german_site/content/history.shtml (15.01.2010).

Aus diesem dreigeteilten Bilde ergibt sich die grundlegende Frage, ob es in Europa eine gemeinsame christlich geprägte Kultur gibt, die auch die Bioethik beeinflusst – oder ob das Charakteristische der europäischen Kultur nicht vielmehr ihre Gespaltenheit ist.

2. Das beschworene christliche Erbe

Dass es eine gemeinsame europäische Kultur gibt, gehört zu den ideologischen Voraussetzungen der europäischen Organisationen und Institutionen, wobei allerdings umstritten ist, ob das Christentum innerhalb dieser Kultur eine entscheidende Rolle spielt. So heißt es in der Präambel zur Menschenrechtskonvention des Europarates von 1950, die Regierungen seien „vom gleichen Geiste beseelt [...] und [besäßen] ein gemeinsames Erbe an geistigen Gütern, politischen Überlieferungen, Achtung der Freiheit und Vorherrschaft des Gesetzes".[11]

In einem ähnlichen Ton erklärten die Staatsoberhäupter in dem inzwischen verworfenen Verfassungsvertrag der Europäischen Union, „Schöpfend aus dem kulturellen, religiösen und humanistischen Erbe Europas, aus dem sich die unverletzlichen und unveräußerlichen Rechte des Menschen sowie Freiheit, Demokratie, Gleichheit und Rechtsstaatlichkeit als universelle Werte entwickelt haben [...]."[12]

Wie man sich erinnert, gab es leidenschaftliche Diskussionen darüber, ob das „religiöse Erbe" als christlich spezifiziert werden dürfe. Auf jeden Fall scheint es zweifelhaft zu sein, von einem gemeinsamen christlich-religiösen Erbe Europas zu sprechen. Nicht zufällig lautet ein Schlagwort des Verfassungsvertrages, Europa sei „in Vielfalt geeint". Ich tendiere dazu, gerade in der *Gespaltenheit* das Charakteristische der europäischen Kultur zu sehen, so dass Gemeinsamkeit nicht Voraussetzung, sondern beständige Aufgabe ist. Diese These möchte ich im Folgenden erläutern.

Zwei Spaltungen sind meiner Meinung nach wichtig, auch für die europäische Bioethik: Einerseits natürlich die Spaltung des europäischen Christentums sowohl in das westliche und das östlich-orthodoxe, als auch, was den Westen betrifft, in das römisch-katholische und das pro-

[11] Siehe hierzu http://conventions.coe.int/treaty/ger/treaties/html/005.htm (15.1.2010).

[12] Siehe http://eur-lex.europa.eu/JOHtml.do?uri=OJ%3AC%3A2004%3A310%3ASOM%3ADE%3AHTML (15.1.2010).

testantische. Andererseits muss aber die Spaltung zwischen christlichem und nicht-religiösem Denken berücksichtigt werden. Ich denke hier nicht einfach an den Unterschied zwischen christlicher Theologie und säkularer Philosophie, sondern es geht mir um den Gegensatz zwischen einem Denken – theologisch wie philosophisch –, das den Begriff der Menschenwürde voraussetzt und verteidigt einerseits – und einem Denken, das diesen Begriff in Frage stellt andererseits. Wir können ihn als Gegensatz zwischen *Humanismus* und *Post- oder Transhumanismus* benennen.

3. Humanismus und Trans-Humanismus

In den europäischen Bioethik-Debatten ist immer wieder Kants Formulierung des kategorischen Imperativs beschworen worden, die Menschheit in jeder Person sei auch als Zweck an sich zu gebrauchen. Der hierbei philosophisch vorausgesetzte Begriff Menschenwürde ist meiner Meinung nach mit einer christlich-theologischen Argumentation – ob nun von der schöpfungsgegebenen Gottesebenbildlichkeit oder von der Christuszugehörigkeit her – vereinbar. Übrigens ist diese Übereinstimmung des christlichen Menschenbildes mit der kantischen Ethik der Menschenwürde ein guter Ausdruck für die Vereinigung von christlichem Glauben und Aufklärung. Kant spricht von „der so unbeschränkten Gleichheit des Menschen, selbst mit höheren Wesen, die ihm an Naturgaben oder sonst über alle Vergleichung vorgehen möchten, deren keines aber darum ein Recht hat, über ihn nach bloßem Belieben zu schalten und zu walten (Muthmaßlicher Anfang der Menschengeschichte).“[13]

Man kann diese Aussage im Sinne eines aufgeklärten Christentums verstehen, und in diesem Sinne kann religiöse Ethik nicht den Charakter des blinden Gehorsams haben.

Der gemeinsamen Verteidigung der Menschenwürde steht nun immer deutlicher ein Denken gegenüber, das zunächst als Utilitarismus erscheint. Wenn der ethische Unterschied zwischen gut und böse auf den Kontrast zwischen Wohlbefinden und Unbehagen zurückgeführt wird, ist es nur folgerichtig, dass der Begriff des Menschen irrelevant wird. Nicht die Gattung eines Wesens sei für dessen ethischen Status wichtig, so schon Jeremy Bentham, sondern die Frage, ob es Schmerzen fühlen

---

[13] Kant, Immanuel (1969), Muthmaßlicher Anfang der Menschengeschichte, in: Kants gesammelte Schriften, Bd. VIII, Berlin, 114.

kann. „The French have already discovered that the blackness of the skin is no reason why a human being should be abandoned without redress to the caprice of tormentor. It may come one day to be recognized, that the number of the legs, the villocity of the skin, or the termination of the *os sacrum,* are insufficient for abandoning a sensitive being to the same fate? What else is that should trace the unsuperable line? [...] [T]he question is not, Can they *reason*? nor, Can they *talk*? but Can they *suffer*?“[14]

Bei einem zeitgenössischen Utilitaristen wie Peter Singer führt dieser Gedankengang zur Behauptung, es gebe nicht-menschliche Personen, die einen strengeren Schutz verdienen als manche Menschen: „[...] es könnte eine Person geben, die nicht Mitglied unserer Gattung ist. Es könnte auch Mitglieder unserer Gattung geben, die nicht Personen sind.“[15]

Dieser utilitaristische Anti-Humanismus wird neuerdings, etwa von dem Philosophen John Harris, ergänzt durch einen sogenannten Trans-Humanismus. Harris sieht den Anfang einer „Evolution der Verbesserung“ als Ablösung der Darwinistischen Evolution, bedingt durch neue Bio-, Nano- und Computertechnologien. „Some of these possibilities are so radical that the creatures benefiting from them would no longer be ‚human‘, in the way we think of it. The end of humanity then is not in itself a concern; making sure that those who replace us are better than we are is a huge and timely concern.“[16]

Der Utilitarismus von Singer und Harris ist explizit anti-religiös. Und man findet einen ähnlichen Utilitarismus innerhalb des sogenannten neuen Atheismus, etwa bei Richard Dawkins: „Religios moralists can be heard debating questions like, ‚when does the developing embryo become a person – a human being?‘ Secular moralists are more likely to ask, ‚Never mind wheter it is *human* (what does that even *mean* for a little cluster of cells?), at what stage does every developing embryo, of any species, become capable of *suffering*?‘“[17]

---

[14] Bentham, Jeremy (1996), An Introduction to the Principles of Morals and Legislation, Oxford, 283.

[15] Singer, Peter (1984), Praktische Ethik, Stuttgart, 106.

[16] Harris, John (2008), Who's afraid of a synthetic human?, in: The Times, 17.5., http://www.timesonline.co.uk/tol/comment/columnists/guest-contributors/article3949986.ece (17.06.2010). Ausgearbeitet ist dieser Trans-Humanismus in Harris, John (2007), Enhancing Evolution: the Ethical Case for Making Better People, Princeton, N. J., Oxford.

[17] Dawkins, Richard (2006), The God Delusion, London, 297 f.

Eine etwas subtilere Ausgabe des Trans-Humanismus hat der Philosoph Peter Sloterdijk in seiner berühmt-berüchtigten Rede „Regeln für den Menschenpark" vorgetragen. Die Rede trägt den Untertitel „Ein Antwortschreiben zum Brief über den Humanismus", wodurch klar ist, dass Sloterdijk sich auf Martin Heidegger und dessen Auffassung vom Humanismus bezieht.[18] Um Sloterdijks These würdigen zu können, muss also zunächst die Auffassung Heideggers einbezogen werden.

Die grundlegende Behauptung Heideggers im Humanismusbrief lautet, „jeder Humanismus gründet entweder in einer Metaphysik oder er macht sich selbst zum Grund einer solchen".[19] So verhält es sich nach Heidegger, weil der Humanismus die klassische Definition des Menschen als animal rationale voraussetze, d. h. vom Menschen als homo animalis denke. Ein solches Denken vom Menschen liege auch dann vor, wenn die ‚anima' als etwas Mentales, als Subjekt oder Geist, gedacht werde. Nach Heidegger denkt der Humanismus nicht hoch genug von der Würde des Menschen: Mit einem charakteristischen Kontrast sagt er, Menschen seien nicht Herrscher des Seienden, sondern Hirten des Seins. Das Wesen der Humanität sei Existenz, die nach *Sein und Zeit* mit der Sorge verbunden ist, und die Sorge gilt dem Sein. Der Grundgedanke des Humanismusbriefes ist aber, dass das Sein nicht primär das Sein des Menschen ist – dann wäre die Sorge eine Form der Selbsterhaltung –, sondern die Sorge richtet sich auf das Sein im Ganzen.

Humanismus im üblichen Sinne ist ein von Seinsvergessenheit geprägtes Denken, das sich auch in verschiedenen ‚Ismen' wie Materialismus und Kommunismus, aber auch Amerikanismus manifestiere. Auch zeige sich diese Form metaphysischen Denkens in der Technologie. Bekanntlich betrachtet Heidegger ein solches metaphysisches Denken nicht wie eine Art Fehler, der korrigiert werden könnte, sondern es ist ein Geschick. Im Zusammenhang seiner Kritik am metaphysischen Humanismus macht Heidegger einige Bemerkungen über Europa, die womöglich noch schwieriger zu verstehen sind als der Rest des Textes. Das Geschick des Denkens, so heißt es, ist grundsätzlich europäischen Ursprungs. Die Gefahr, in welche Europa gedrängt werde, bestehe vorwiegend in sein Verfallen zur Seinsvergessenheit. Aus dieser Diagnose folgt,

[18] Sloterdijk, Peter (2008), Regeln für den Menschenpark: Ein Antwortschreiben zu Heideggers Brief über den Humanismus, Frankfurt a. M.

[19] Heidegger, Martin (2000), Über den Humanismus, 10. Auflage, Frankfurt a. M., 13.

dass die Hoffnung Europas sich auf das Erscheinen von Denkern und Dichtern richten muss, die des Seins gewahr sein werden.

Von der Metaphysik in Heideggers Sinn gilt somit, dass sie nicht nach dem Sein fragt. Der grundlegende Gegensatz ist folglich bei Heidegger, wie angedeutet, derjenige zwischen einem subjektiven Hantieren mit Seiendem als bloßen Objekten – und dem die Lichtung der Wahrheit des Seins vor das Denken Bringen. Was Heidegger unter Sein versteht, ist notorisch dunkel, aber einige Metaphern und Etymologien geben Andeutungen. So interpretiert Heidegger den Ausdruck „es gibt" in einem solchen buchstäblichen Sinn, dass Sein mit einem Geschehen des Gebens ins Offene verbunden ist. Eine andere vielsagende Formulierung über das Denken lautet: es „lässt das Sein – sein". Der von Heidegger vorgetragene Kontrast besteht somit zwischen Herrschen und Kontrollieren einerseits und Gelassenheit.

Im Humanismusbrief macht Heidegger auch einige Bemerkungen über Religion und Ethik. Nur aus der Wahrheit des Seins heraus könnten wir das Heilige denken, und nur aus dem Heiligen heraus könnten wir das Wesen des Göttlichen denken. In ähnlicher Weise sei Ethik im ursprünglichen Sinne nichts anderes als das Denken der Wahrheit des Seins.

Sloterdijk betrachtet Heideggers 1946 geschriebenen Text als Eröffnung eines „trans-humanistischen oder post-humanistischen Denkraum[s]"[20], dessen gesellschaftliche Konkretisierung allerdings „völlig unklar" sei. Sloterdijk versucht deshalb den Trans-Humanismus des Hütens bzw. der Lichtung vom Sein „historisch genauer zu charakterisieren". Er greift dabei sozusagen den von Heidegger abgelehnten Begriff des „homo animalis" positiv auf, kombiniert ihn mit der Metapher des Hütens bzw. des Hirten und gelangt über Nietzsches Gedanken vom Übermenschen zu einer Auffassung vom Menschen als „gescheitertes Tier", welches ‚Zähmung' als Grundzug seines Daseins ist. Dem ‚Grundkonflikt' Nietzsches „zwischen Humanisten und Superhumanismen" gibt Sloterdijk eine politische Bedeutung durch Einbeziehung von Platons Dialog Politikos. In diesem werde zwischen Herrscher und Beherrschten ein qualitativer Unterschied behauptet und sogar dem herrschenden ‚Über-Humanisten' die Ermächtigung zur ‚Eigenschaftsplanung' der Beherrschten gegeben.

[20] Sloterdijk (2008), 22.

Diese anti-egalitäre politische Konzeption scheint Sloterdijk nun auf das gegenwärtige „technische[n] und anthropotechnische[n] Zeitalter“[21] zu übertragen. Und damit ist das Thema der Biotechnologie angesprochen: „Ob aber die langfristige Entwicklung auch zu einer genetischen Reform der Gattungseigenschaften führen wird – ob ein künftige Anthropotechnologie bis zu einer expliziten Merkmalsplanung vordringt; ob die Menschheit gattungsweit eine Umstellung vom Geburtenfatalismus zur optionalen Geburt und zur pränatalen Selektion wird vollziehen können – dies sind Fragen, in denen sich, wie auch immer verschwommen und nicht geheuer, der evolutionäre Horizont vor uns zu lichten beginnt.“[22]

Im Trans-Humanismus Sloterdijks ist der Begriff der *Menschenwürde* nicht ganz verschwunden, aber er ist jetzt darin begründet, dass „Menschen in den politischen Themenparks nicht nur gehalten werden, sondern sich selbst darin halten“[23]. Das muss wohl so verstanden werden, dass die Würde des Menschen sich darin zeigt, dass Menschen wesentlich an einem Projekt ‚Selbstzähmung‘ arbeiten, welches auch genetische Manipulation zur ‚Verbesserung‘ ihrer Eigenschaften umfasst.

Der Text von Sloterdijk ruft natürlich eine Menge bioethischer und politisch-ethischer Fragen hervor. Was das bioethische betrifft, erscheint das ganze Feld der Biotechnologie in der Menschenparkrede sehr allgemein und vage – mit Recht bemerkt Ernst Tugendhat, dass Sloterdijk überhaupt nicht „von dem durch die Gentechnik eröffneten Handlungsbedarf“ ausgeht.[24] Was das politisch-ethische betrifft, kann man bezweifeln, ob man vom Ansatz des späten Heiddegger her – wie immer auch „historisch genauer charakterisiert“ – überhaupt zu einem adäquaten Konzept des Politischen gelangen kann. In diesem Sinne merkt Jürgen Habermas zu Heideggers Spätphilosophie an: „Zumindest bleibt unklar, wie in der Mobilität des unverfügbaren Wahrheitsgeschehens der normative Kern eines Zeit- und Raum doch auch transzendierenden Wahrheitsanspruches festgehalten werden könnte.“[25] Letzten Endes be-

---

21 Sloterdijk (2008), 44.

22 Sloterdijk (2008), 46 f.

23 Sloterdijk (2008), 48.

24 Tugendhat, Ernst (1999), Es gibt keine Gene für die Moral. Sloterdijk stellt das Verhältnis von Ethik und Gentechnik auf den Kopf, in: Die Zeit 39, 31 ff.

25 Habermas, Jürgen (1985), Der philosophische Diskurs der Moderne, Frankfurt a. M, 192.

zeuge Heideggers Seinsdenken einen "Mangel an politischer und moralischer Sensibilität"[26].

Auf jeden Fall präsentiert Sloterdijk somit in seiner Rede über den Menschenpark eine eigene Version der „enhancing evolution“ und man kann sein Plädoyer für den Über-Humanismus auch als Manifestation der Gespaltenheit der europäischen Kultur betrachten.

4. Eine liberale Bioethik als Antwort auf die kulturelle Spaltung Europas

Ich teile die Auffassung von Philosophen des Liberalismus, nicht zuletzt John Rawls, dass die religiöse Spaltung Europas eine entscheidende Voraussetzung für die Entwicklung der liberalen Demokratie gewesen ist. Ich bin weiter der Überzeugung, dass das lutherische Christentum seine eigenen Gründe hat, sich in der liberalen Demokratie zurechtzufinden. Nach Rawls ist ein solches Gemeinwesen durch einen Pluralismus der Religionen und Weltanschauungen gekennzeichnet, zwischen denen es aber einen „overlapping consensus“ geben kann in dem Sinne, dass Anhänger der verschiedenen Anschauungen über die Grundprinzipien der Demokratie – bei Rawls Prinzipien der Gerechtigkeit – eine partiale Einigkeit erreichen können. Dieses Konzept kann aus theologischer Sicht als Variante der Zwei-Reiche-Lehre betrachtet werden.[27]

Was bedeutet dieses Konzept nun für die bioethischen Probleme, etwa in Bezug auf das beginnende menschliche Leben und die Menschenwürde? Statt die sparsamen Überlegungen von Rawls wiederzugeben, möchte ich als Antwort die Auffassung des englischen Rechtsphilosophen Ronald Dworkin einbeziehen, wie er sie in seinem Buch „Life's Dominion“ präsentiert hat.[28] In der Abtreibungsdiskussion wird die Streitfrage nach Dworkin zumeist daraufhin verstanden, ob ein Fötus vom Zeitpunkt der Konzeption an eine Person sei, d. h. ein menschliches Wesen mit Recht auf Leben. Bei dieser Fassung der Fragestellung werden aber Dworkin zufolge zwei Begriffe vermengt, nämlich (1) das Interesse einer Person am Leben und das darauf bauende Recht auf Schutz des Lebens; (2) der innere (intrinsische) Wert bzw. die Unantastbarkeit

---

[26] Habermas (1985), 197.

[27] Zur Begründung dieser These vgl. wiederum Andersen (2010).

[28] Dworkin, Ronald (1993), Life's Dominion: An Argument about Abortion and Euthanasia, London.

menschlichen Lebens. Diese beiden Begriffe seien klar zu trennen und entsprechend müsse man zwischen zwei Pflichten des Staates unterscheiden: seine Pflicht, die Rechte aller Personen zu verteidigen, und seine Pflicht, den Wert menschlichen Lebens zu beschützen. Dworkins These ist, dass alle Parteien der Abtreibungsdebatte menschliches Leben als in sich wertvoll betrachten, und dass die Uneinigkeit sich auf die Interpretation der Bedeutung des Wertes menschlichen Lebens bezieht. Politisch-ethisch betreffe die Kontroverse die Frage, ob ein Staat das Recht hat, seinen Bürgern eine bestimmte Interpretation des Wertes menschlichen Lebens aufzuzwingen. Der Kern der Auseinandersetzung sei deshalb ein Problem der Religion oder zumindest ein hiermit verwandtes Problem. Verfassungsrechtlich gehe es letztendlich um die Religionsfreiheit.

Ich möchte nun diese Argumentation ein wenig erläutern. Die Auffassung, dass ein Fötus Interessen haben kann, weist Dworkin ab, u. a. mit der Begründung, von Rechten könnte nur bei Wesen mit Interessen die Rede sein. Der Streit um die Abtreibung muss sich also um den Gedanken vom Wert des menschlichen Lebens drehen. Wie ist dieser Gedanke nach Dworkin zu verstehen?

Das intrinsisch Wertvolle – wozu nicht nur menschliches Leben, sondern auch Kunstwerke und natürliche Arten gehören – ist nicht nur nicht-instrumentell, sondern auch nicht-subjektiv: Es ist nicht davon abhängig, was Menschen wünschen oder benötigen. Dworkins Bestimmung des Begriffes vom Wert menschlichen Lebens („value of life“) unterscheidet sich damit klar von einer utilitaristischen Definition, wie sie etwa in folgender Behauptung Peter Singers zum Ausdruck kommt: „Ferner ist es sehr unwahrscheinlich, dass Föten von weniger als achtzehn Wochen überhaupt fähig sind, etwas zu empfinden, weil ihr Nervensystem allem Anschein nach noch nicht genug entwickelt ist. Wenn das so ist, dann beendet eine Abtreibung bis zu diesem Zeitpunkt eine Existenz, die überhaupt keinen Wert an sich hat.“[29]

Der Begriff des Intrinsischen schließt nun nach Dworkin nicht aus, dass das intrinsisch Wertvolle *verursacht* ist, im Gegenteil. Wenn wir z. B. einem Kunstwerk inneren Wert zusprechen, tun wir das wegen der ihn hervorbringenden schaffenden Tätigkeit. Und auch wenn wir von dem inneren Wert einer lebenden Art sprechen, führen wir ihn auf eine schaffende Tätigkeit zurück – in diesem Fall nicht eine menschliche Tätigkeit, sondern eine solche der Natur. Innerer Wert beruht also auf einer ‚Investition‘ schaffender Tätigkeit, entweder einer menschlichen oder ei-

[29] Singer (1984), 162 f.

ner natürlichen. Im Falle menschlichen Lebens beruht der Wert auf beiden Formen der Investition. Das Leben jedes einzelnen Menschen ist nicht nur das Ergebnis natürlicher Kreativität, sondern auch der Kreativität von Eltern, der Kultur, aber auch des Individuums selbst. Religiös im engeren Sinn ist der Gedanke von der Unantastbarkeit menschlichen Lebens nun, wenn die nicht-menschliche Kreativität als Ausdruck göttlicher Schöpfertätigkeit und der einzelne Mensch als Ebenbild Gottes gesehen wird. Der Gedanke vom inneren Wert des Lebens ist jedoch religiös in einem weiteren Sinn, insofern er beinhaltet, dass jedes menschliche Leben eine Bedeutung hat, die alles transzendiert, was Menschen erleben oder zustande bringen.

Weil menschliches Leben intrinsischen Wert hat, ist der Verlust von Leben immer schmerzlich, und zwar deshalb, weil er eine Vereitelung (‚frustration') von Investierungen bedeutet. Der Inhalt der Abtreibungsdebatte kann daher folgendermaßen formuliert werden: „Ist die Vereitelung eines biologischen Lebens, welche den Verlust eines menschlichen Lebens bedeutet, nichtsdestoweniger manchmal berechtigt, um die Vereitelung eines menschlichen Beitrages zu diesem Leben oder zu dem Leben anderer Menschen zu vermeiden [...]?"[30]

Die Uneinigkeit bei der Beantwortung dieser Frage hat nach Dworkin spirituellen Charakter, weil sie sich auf den intrinsischen Wert menschlichen Lebens bezieht. Damit zeichnet sich auch die Grundlage von Dworkins eigener Auffassung ab. Es geht seiner Meinung nach um den Konflikt zwischen zwei politisch-ethischen Prinzipien: einerseits um die Pflicht des Staates, den intrinsischen Wert menschlichen Lebens zu schützen – andererseits um das Recht des einzelnen Bürgers auf privacy, d. h. Anliegen des persönlichsten Lebens selbst, ohne staatlichen Zwang, zu entscheiden. Dieses Recht umfasst nach Dworkin eine „Autonomie der Fortpflanzung", die auch das Recht der Frau zur Abtreibung mit sich führt, und zwar deshalb, weil es sich letztlich um eine religiöse Frage handelt: „Ein Staat verletzt [...] ernsthaft die Würde einer schwangeren Frau, wenn er ihr das Recht nimmt, selbst zu entscheiden, welche Forderung die Unantastbarkeit des Lebens an ihr Handeln im Verhältnis zu ihrer Schwangerschaft stellt [...]."[31]

Dworkins Argumentation führt ihn zu derselben Konklusion wie diejenige von Rawls. Dworkin betont jedoch, dass der Staat sehr wohl der Frau – im Zuge seiner Pflicht, den Wert des Lebens zu schützen – den

[30] Dworkin (1993), 94. Übersetzung S. A.

[31] Dworkin (1993), 159. Übersetzung S. A.

Ernst ihrer Entscheidung klarmachen darf. Entscheidend ist aber, dass der Staat, will er liberal sein, den Wert des Lebens unter der Bedingung der Verantwortlichkeit des Einzelnen und nicht unter der des Zwanges schützen soll.

Obwohl ich der Auffassung Dworkins grundsätzlich zustimme, mag es unbefriedigend sein, dass der Begriff der Würde des Menschen in dem Sinne vage verbleibt, dass er sozusagen in zwei Komponenten zerfällt: die vorgegebenen ‚Investition' einerseits, und die jeweilige Interpretation dieser ‚Investition' andererseits. Man kann diesen Sachverhalt vielleicht als repräsentativ für die bioethische Debatte im angelsächsischen Bereich auffassen, denn in dieser spielt der Begriff der Menschenwürde eine vergleichsweise zurücktretende Rolle. In der wohl einflussreichsten Darstellung bioethischer Probleme, dem Buch „Principles of Biomedical Ethics"[32] der beiden Amerikaner Tom L. Beauchamp und James F. Childress, sucht man vergeblich nach der Menschenwürde unter den vier von den Autoren propagierten Prinzipien (Autonomie, Wohltun, Nichtschaden, Gerechtigkeit). Beauchamp hat sich zur Frage nach der Menschenwürde folgendermaßen geäußert: "[...] several American philosophers and others have argued that human dignity is a useless concept, can be discarded without loss, and should be discarded because it confuses public moral discourse. The Principles book places much of the content found in various – and often competing – conceptions of human dignity in other principles and rules. Most obviously, the principle of respect for autonomy expresses part of what is associated with human dignity. The principle of nonmaleficence includes not thwarting basic goods such as life and not inflicting what is often called dignitary harm. In addition, the rule of privacy captures another aspect of human dignity, while both respect for autonomy and justice rule out objectification and instrumentalization. In short, the authors believe that the important content of human dignity is adequately captured in these other moral norms, which, however broad and vague, are clearer than human dignity."[33]

---

[32] Beauchamp, Tom L./Childress, James F. (1979), Principles of Biomedical Ethics, Oxford.

[33] Persönliche Mitteilung von Tom Beauchamp.

5. Schlussbemerkung

Die Spaltung der europäischen Kultur, deren Konturen ich anzudeuten versucht habe, spitzt sich im bioethischen Bereich im Begriff der Menschenwürde zu. Auf der Seite des Trans-Humanismus wird dieser Begriff durch die ‚Überwindung' des Menschen zutiefst problematisiert.[34] Aber auch in der christlich-kantischen Synthese verbleibt der Begriff der Menschenwürde zumindest vage und umstritten. Vielleicht stellt sich daher trotz der Spaltungen, auch innerhalb christlicher Ethik, eine gemeinsame Aufgabe christlicher Bioethik im europäischen Kontext: Gegen das antihumane Denken dazu beitragen, dass der Begriff der Menschenwürde auch als säkulares Prinzip überzeugend verteidigt werden kann.

---

[34] In seinem Buch „Die Zukunft der menschlichen Natur" beschäftigt sich Jürgen Habermas mit den Fragestellungen der präimplantatorischen Diagnostik und der Forschung an embryonalen Stammzellen, erwähnt aber auch nebenbei den Posthumanismus „ausgeflippter Intellektueller" und „merkwürdige[r] Sachbuchautoren". Die Wortwahl indiziert wohl, dass der Post-, bzw. Transhumanismus nach Habermas nicht ganz ernst zu nehmen ist. Umso bedenklicher erscheint ihm die mögliche genetische Manipulation an zukünftigen Personen und die verbrauchende Embryonenforschung. Habermas betrachtet in diesem Zusammenhang eine Argumentation auf der Grundlage des Begriffs Menschenwürde als verfehlt. Ein Hauptargument besagt demgegenüber, die diskutierten biotechnologischen Möglichkeiten rufen die „gattungsethische" Frage hervor, ob wir überhaupt gewillt sind, einer moralischen Gemeinschaft anzugehören. Die Menschenwürde ist hier deshalb unangebracht, weil dieser Begriff nach Habermas an die symmetrische Beziehung zwischen sich moralisch verpflichtenden Personen gebunden ist. Von diesem kantisch gefassten Begriff der Menschenwürde sei derjenige der „Würde des menschlichen Lebens" zu unterscheiden, vgl. Habermas, Jürgen (2001), Die Zukunft der menschlichen Natur. Auf dem Weg zu einer liberalen Eugenik?, Frankfurt a. M., 43, 60 ff., 74. Wenn aber die auf den Bedingungen der Kommunikation beruhende Moral ‚gattungsethisch' in Frage gestellt werden kann, kann die an die Moral geknüpfte Menschenwürde nicht ‚unantastbar' sein. Die Menschenwürde scheint – gegen Habermas' Voraussetzungen des Nachmetaphysischen – notwendig metaphysische Annahmen zu enthalten. Es ist eine Aufgabe der theologischen Bioethik, sich philosophisch mit diesen schwierigen Fragen des Begriffs Menschenwürde auseinanderzusetzen.

Literatur

Andersen, Svend (1996), Expertenurteil und gesellschaftlicher Konsens: Ethischer Rat und Konsensuskommissionen in Dänemark, in: Gethmann, Carl/Honnefelder, Ludger (Hg.), Jahrbuch für Wissenschaft und Ethik, Bd. 1, Berlin, New York, 201–208.

Andersen, Svend (2001), Theological Ethics, Moral Philosophy, and Natural Law, in: Ethical Theory and Moral Practice 4, 349–364.

Andersen, Svend (2004), Can Bioethics be Lutheran?, in: Dialog: A Journal of Theology 43, 312–323.

Andersen, Svend (2005), Einführung in die Ethik,2. Auflage, Berlin.

Andersen, Svend (2010), Macht aus Liebe. Zur Rekonstruktion einer lutherischen politischen Ethik, Berlin.

Beauchamp, Tom L./Childress, James F. (1979), Principles of Biomedical Ethics, Oxford.

Bentham, Jeremy (1996), An Introduction to the Principles of Morals and Legislation, Oxford.

Centre for Bioethics and Nanoethics, Aarhus University, http://www.teo.au.dk/en/unit/departments/bioethics (15.1.2010).

Christian Bioethics, http://cb.oxfordjournals.org/ (15.1.2010).

Dawkins, Richard (2006), The God Delusion, London.

Dworkin, Ronald (1993), Life's Dominion: An Argument about Abortion and Euthanasia, London.

Habermas, Jürgen (1985), Der philosophische Diskurs der Moderne, Frankfurt a. M.

Habermas, Jürgen (2001), Die Zukunft der menschlichen Natur. Auf dem Weg zu einer liberalen Eugenik?, Frankfurt a. M.

Harris, John (2007), Enhancing Evolution: The Ethical Case for Making Better People,Princeton, N. J., Oxford.

Harris, John (2008), Who's afraid of a synthetic human?, in: The Times, 17.5., http://www.timesonline.co.uk/tol/comment/columnists/guest-contributors/article3949986.ece (17.06.2010).

Heidegger, Martin (2000), Über den Humanismus, 10. Auflage, Frankfurt a. M., 13.

Hübner, Jürgen/Schubert, Hartwig von (Hg.) (1992), Biotechnologie und Evangelische Ethik. Die internationale Diskussion, Frankfurt a. M.

Jensen, Karsten K./Andersen, Svend (1999), Bioetik, Kopenhagen.

Kant, Immanuel (1969), Idee zu einer allgemeinen Geschichte in weltbürgerlicher Absicht. Kant's gesammelte Schriften. Band VIII, Berlin.

Kant, Immanuel (1973). Muthmaßlicher Anfang der Menschengeschichte, in: Kants gesammelte Schriften, Bd. VIII, Berlin.

Konferenz Europäischer Kirchen, http://www.cec-kek.org/german_site/content/history.shtml (15.1.2010).

Konvention zum Schutze der Menschenrechte und der Grundfreiheiten, http://conventions.coe.int/treaty/ger/treaties/html/005.htm (15.1.2010).

Løgstrup, Knud E. (1989), Die ethische Forderung, 3. Auflage, Tübingen.

Meilaender, Gilbert C. (1996), Bioethics: A Primer for Christians,Carlisle.

Singer, Peter (1984), Praktische Ethik, Stuttgart.

Sloterdijk, Peter (2008), Regeln für den Menschenpark: Ein Antwortschreiben zu Heideggers Brief über den Humanismus, Frankfurt a M.

The Act on The Danish Council of Ethics, http://www.etiskraad.dk/sw293.asp (15.1.2010).

Tugendhat, Ernst (1999), Es gibt keine Gene für die Moral. Sloterdijk stellt das Verhältnis von Ethik und Gentechnik auf den Kopf, in: Die Zeit 39, 31 ff.

Schubert, Hartwig von (1991), Evangelische Ethik und Biotechnologie, Frankfurt a. M., New York.

Personenregister

Sachregister

Autorinnen und Autoren

ANDERSEN, SVEND, Dr. theol., Professor für Ethik und Religionsphilosophie an der Theologischen Fakultät der Universität Aarhus.
Ausgewählte Publikationen:
Can Bioethics be Lutheran?, in: Dialog: A Journal of Theology 43 (2004), 312–323; Einführung in die Ethik, Berlin (2005); Macht aus Liebe. Zur Rekonstruktion einer lutherischen politischen Ethik, Berlin (2010).

ANSELM, REINER, Dr. theol., Inhaber des Lehrstuhls für Ethik an der Theologischen Fakultät der Universität Göttingen.
Ausgewählte Publikationen:
Kann man Nicht-Wissen wollen? Theologisch-ethische Überlegungen zum verantwortlichen Umgang mit Informationen in der prädiktiven Medizin, in: Knoepffler, Nikolaus/Schipanski, Dagmar/Wiestler, Otmar D./Winnacker, Ernst-Ludwig (Hg.) (2008), Krebsforschung als gesellschaftliche Herausforderung, Freiburg, München, 66–80; Menschenwürdig sterben auch auf der Intensivstation? Orientierungsmarken aus Sicht einer evangelisch-theologischen Ethik, in: Junginger, Theodor/Perneczky, Axel/Vahl, Christian-Friedrich/Werner, Christian (Hg.) (2008), Grenzsituationen in der Intensivmedizin. Entscheidungsgrundlagen, Heidelberg, 59–69.

ATZENI, GINA, Dipl.-Soz., wissenschaftliche Mitarbeiterin der Forschergruppe „Religion in bioethischen Diskursen" an der Evangelisch-Theologischen Fakultät der Ludwig-Maximilians-Universität München.
Ausgewählte Publikationen:
Ethisch vertretbar im Sinne des Gesetzes – Zum Verhältnis von Ethik und Recht am Beispiel der Praxis von Forschungs-Ethikkomissionen (mit Fateh-Moghadam, Bijan), in: Vöneky, Silja/Hagedorn, Cornelia/Clados, Miriam/von Achenbach, Jelena (Hg.) (2008), Legitimation ethischer Entscheidungen im Recht – Interdisziplinäre Untersuchungen, Berlin, Heidelberg, New York, 115–143; Ethik als institutionalisierte Dauerreflexion. Zur Funktion von Unbestimmtheit in medizinethischen Beratungsgremien (mit Wagner, Elke), in: Soeffner, Hans-Georg (Hg.)

(im Erscheinen), Unsichere Zeiten. Herausforderungen gesellschaftlicher Transformationen. Verhandlungen des 34. Kongresses der Deutschen Gesellschaft für Soziologie in Jena 2008, Wiesbaden.

Eich, Thomas, Dr. phil., Akademischer Rat auf Zeit in der Abteilung für Orient- und Islamwissenschaft im Asien-Orient-Institut der Eberhard Karls Universität Tübingen.
Ausgewählte Publikationen:
Islam und Bioethik. Eine kritische Analyse der modernen Diskussion im islamischen Recht, Heidelberg (2005); Moderne Medizin und Islamische Ethik. Biowissenschaften in der muslimischen Rechtstradition. Ausgewählt, übersetzt und kommentiert von Thomas Eich, Freiburg i. Br (2008).

Fateh-Moghadam, Bijan, Dr. jur., Akademischer Rat auf Zeit im Exzellenzcluster „Religion und Politik" der Westfälischen Wilhelms-Universität Münster.
Ausgewählte Publikationen:
Die Einwilligung in die Lebendorganspende. Die Entfaltung des Paternalismusproblems im Horizont differenter Rechtsordnungen am Beispiel Deutschlands und Englands, München (2008); Grenzen des weichen Paternalismus – Blinde Flecken der liberalen Paternalismuskritik, in: Fateh-Moghadam, Bijan/Sellmaier, Stephan/Vossenkuhl, Wilhelm (Hg.) (2008), Grenzen des Paternalismus, Stuttgart, 21–47; Religiöse Rechtfertigung? Die Beschneidung von Knaben zwischen Strafrecht, Religionsfreiheit und elterlichem Sorgerecht, in: Rechtswissenschaft 2 (2010), 115–142.

Hilpert, Konrad, Dr. theol., Professor für Moraltheologie an der Katholisch-Theologischen Fakultät der Ludwig-Maximilians-Universität München.
Ausgewählte Publikationen:
Theologische Ethik – autobiografisch, 2 Bde, Paderborn (2007–2009); (Hg. mit Mieth, Dietmar) (2006), Kriterien biomedizinischer Ethik. Theologische Beiträge zum gesellschaftlichen Diskurs, Freiburg, Basel, Wien; (Hg.) (2009), Forschung contra Lebensschutz? Der Streit um die Stammzellforschung, Freiburg, Basel, Wien.

Karamelska, Teodora, Dr. phil., wissenschaftliche Mitarbeiterin am Institut für Soziologie an der Bulgarischen Akademie der Wissenschaften, Abteilung „Religionssoziologie und Soziologie des Alltagslebens".
Ausgewählte Publikationen:

Orthodoxie und soziale Partizipation, in: Fotev, Georgi (Hg.) (2009), Die europäischen Werte in der bulgarischen Gesellschaft heute, Sofia, 172–196; Einstellungen zur Religion in Bulgarien, in: Christentum und Kultur 39 (2009), 28–35.

KUPATT, CHRISTIAN, Dr. med., Professor an der Medizinischen Klinik und Poliklinik I der Ludwig-Maximilians-Universität München.
Ausgewählte Publikationen:
Wie weit reicht das Lebensinteresse des Einzelnen in der Medizin? Bemerkungen zu den Grenzen des medizinischen Fortschritts aus ethischer Sicht, in: Zeitschrift für Evangelische Ethik 38 (1994), 203–215; Andreas Grüntzig. Die Revolution kardiologischer Konventionen durch Interventionen, in: Christophersen, Alf/Voigt, Friedemann (Hg.) (2009), Religionsstifter der Moderne. Von Karl Marx bis Johannes Paul II., München, 232–244; Biomedizinische Eingriffe am Menschen. Ein Stufenmodell zur ethischen Bewertung von Gen- und Zelltherapie (mit Hacker, Jörg/Rendtorff, Trutz/Cramer, Patrick/Hallek, Michael/Hilpert, Konrad/Lohse, Martin/Müller, Albrecht/Schroth, Ulrich/Voigt, Friedemann/Zichy, Michael), Berlin, New York (2009).

LAVI, SHAI, Ph.D. law, senior lecturer and director of the Minerva Center for Human Rights, Faculty of Law, Tel Aviv University.
Ausgewählte Publikationen:
The Modern Art of Dying: A History of Euthanasia in America, Princeton (2005); From Bio-Ethics to Bio-Optics: The Case of the Embryonic Stem-Cell, in: Law, Culture and Humanities Vol. 4 (2008), 339–351; Der Islam zwischen christlicher Tradition und jüdischer Geschichte. Das Beispiel ritueller Tierschlachtung in Deutschland nach 1945, in: Reuter, Astrid/Kippenberg, Hans (eds.) (2010), Religionskontroversen im Verfassungsstaat, Göttingen, 393–416.

MARX-STÖLTING, LILIAN, Dr. rer. nat., assoziiertes Mitglied des Internationalen Zentrums für Ethik in den Wissenschaften der Universität Tübingen, Dozentin für Medizinethik an der Charite Berlin.
Ausgewählte Publikationen:
Pharmacogenetics and Ethical Considerations: Why Care?, in: Pharmacogenomics Journal 7 (2006), 293–296; Pharmakogenetik und Pharmakogentests: Biologische, wissenschaftstheoretische und ethische Aspekte des Umgangs mit genetischer Variation, Berlin (2007); Konkrete Diskurse zur ethischen Urteilsbildung: Ein Leitfaden für Schule und Hochschule am Beispiel moderner Biotechnologien (mit Dietrich, Julia/Kosuch,

Markus/Mildenberger, Georg/Müller, Albrecht/Rampp, Benjamin/von Schell, Thomas/Seitz, Otto/Tyroller, Alexandra/Voget, Lieske), Stuttgart (2008).

SCHMIDT, ULLA, Dr. theol., Senior researcher, Centre for Church Research, Oslo; Professor II (Ethics), Faculty of Theology, University of Oslo.
Ausgewählte Publikationen:
Christian Ethics and Empirical Research, in: Studia Theologica. Nordic Journal of Theology 63 (2009), 67–88; Poverty: A Challenge to Human Dignity, in: Diaconia. Journal for the Study of Christian Social Practice 1 (2010), 7–31; Church, Public and Bioethics: Religion's Construction of Public Significance Through the Bioethical Discourse in: Ziebertz, Hans-Georg/Francis, Leslie (eds.) (forthcoming), The Public Significance of Religion, Leiden.

VOIGT, FRIEDEMANN, Dr. theol., Privatdozent für Systematische Theologie und Leiter der Forschergruppe „Religion in bioethischen Diskursen" an der Evangelisch-Theologischen Fakultät der Ludwig-Maximilians-Universität München.
Ausgewählte Publikationen:
Religion und Religionsvertreter in ethischen Diskursen und Kommissionen, in: Zichy, Michael/Grimm, Herwig (Hg.) (2008), Praxis in der Ethik. Zur Methodenreflexion der anwendungsorientierten Moralphilosophie, Berlin, New York, 249–273; Biomedizinische Eingriffe am Menschen. Ein Stufenmodell zur ethischen Bewertung von Gen- und Zelltherapie (mit Hacker, Jörg/Rendtorff, Trutz/Cramer, Patrick/Hallek, Michael/Hilpert, Konrad/Kupatt, Christian/Lohse, Martin/Müller, Albrecht/Schroth, Ulrich/Zichy, Michael), Berlin, New York (2009); (Hg. mit Graf, Friedrich Wilhelm) (2010), Religion(en) deuten. Transformationen der Religionsforschung, Berlin, New York.

ZICHY, MICHAEL, Dr. phil., wissenschaftlicher Mitarbeiter am Institut Technik-Theologie-Naturwissenschaften an der Ludwig-Maximilians-Universität München.
Ausgewählte Publikationen:
(Hg. mit Neumaier, Otto/Sedmak, Clemens) (2005), Gerechtigkeit. Auf der Suche nach einem Gleichgewicht, Frankfurt, Lancaster; (Hg. mit Grimm, Herwig) (2008), Praxis in der Ethik. Zur Methodenreflexion in der anwendungsorientierten Moralphilosophie, Berlin, New York; Biomedizinische Eingriffe am Menschen. Ein Stufenmodell zur ethischen

Bewertung von Gen- und Zelltherapie (mit Hacker, Jörg/Rendtorff, Trutz/Cramer, Patrick/Hallek, Michael/Hilpert, Konrad/Kupatt, Christian/Lohse, Martin/Müller, Albrecht/Schroth, Ulrich/Voigt, Friedemann), Berlin, New York (2009).

FSC
www.fsc.org
MIX
Papier | Fördert
gute Waldnutzung
FSC® C083411

Kolibri 360 GmbH
Ferdinand-Jühlke-Straße 7
99095 Erfurt, Deutschland
produktsicherheit@kolibri360.de